# 塔里木盆地绿洲区
# 地下水水质研究

STUDY ON GROUNDWATER QUALITY IN THE OASIS ZONE OF TARIM BASIN

周金龙 孙 英 曾妍妍 周殷竹 等 编著

中国轻工业出版社

**图书在版编目（CIP）数据**

塔里木盆地绿洲区地下水水质研究 / 周金龙等编著
. —北京：中国轻工业出版社，2024.7
ISBN 978-7-5184-4491-5

Ⅰ. ①塔… Ⅱ. ①周… Ⅲ. ①塔里木盆地—地下水—水质—研究 Ⅳ. ①X523

中国国家版本馆CIP数据核字（2023）第136844号
审图号：新S（2024）195号

责任编辑：刘逸飞　　责任终审：劳国强　　设计制作：锋尚设计
策划编辑：张　靓　刘逸飞　　责任校对：朱　慧　朱燕春　　责任监印：张京华

出版发行：中国轻工业出版社（北京鲁谷东街5号，邮编：100040）
印　　刷：鸿博昊天科技有限公司
经　　销：各地新华书店
版　　次：2024年7月第1版第1次印刷
开　　本：787 × 1092　1/16　印张：18.25
字　　数：388千字
书　　号：ISBN 978-7-5184-4491-5　定价：88.00元
邮购电话：010-85119873
发行电话：010-85119832　010-85119912
网　　址：http://www.chlip.com.cn
Email：club@chlip.com.cn

230305K6X101ZBW

# 《塔里木盆地绿洲区地下水水质研究》
# 编委

| | | | | |
|---|---|---|---|---|
| 编 著 人 员 | 周金龙 | 孙 英 | 曾妍妍 | 周殷竹 |
| | 范 薇 | 赵江涛 | 李 玲 | 纪媛媛 |
| 地图绘制人员 | 陈远铭 | 付佳琪 | 刘 娜 | 齐建明 |
| | 朱 义 | 允 跃 | 吕 东 | 李 昆 |

# 前言
# PREFACE

塔里木盆地绿洲区是新疆主要的居民生活与第一、二、三产业发展区域之一，地下水资源为本区域生活、生产和生态用水的重要水源，开展地下水水质研究，可以为该区域地下水资源有效保护与合理开发提供科学依据。

本书依托新疆农业大学周金龙教授主持的国家自然科学基金项目“塔里木盆地绿洲带高碘地下水系统中碘的迁移富集机理（42067035）”和“新疆喀什地区地下水咸化机理研究（41662016）”，以周金龙教授指导完成的孙英、曾妍妍、范薇、赵江涛、李玲、纪媛媛博士学位论文核心章节为基础，集成课题组近年相关科研成果，编著成书。

本书主要介绍了塔里木盆地绿洲区概况、塔里木盆地绿洲带地下水化学特征与水质评价、和田河流域绿洲区地下水化学特征及形成机制、焉耆盆地平原区地下水化学特征及演化、塔里木盆地绿洲带地下水碘的来源与富集机制、喀什地区西部劣质地下水形成机制、阿克苏河流域平原区地下水砷氟赋存环境及共富集机制、塔里木盆地南缘高氟高砷地下水形成机制，并给出了结论与建议。

本书前言由周金龙撰写，第1、2、5章由孙英、周金龙、周殷竹编著；第3章由李玲、周金龙编著；第4章由赵江涛、周金龙编著；第6章由曾妍妍、周金龙编著；第7章由纪媛媛、周金龙、周殷竹编著；第8章由范薇、周金龙编著；第9章由周金龙、周殷竹编著，全书由周金龙统稿。

限于篇幅，各研究区水文地球化学模拟方面的成果未纳入本书。

由于研究区域巨大，编著时间与水平有限，书中不当之处，敬请读者批评指正。

# 目录
CONTENTS


## 1 塔里木盆地绿洲区概况

1.1 自然地理概况 ……2
1.2 地质与构造 ……6
1.3 水文地质条件 ……8
1.4 国民经济概况 ……11

## 2 塔里木盆地绿洲带地下水化学特征与水质评价

2.1 地下水样采集与检测 ……14
2.2 地下水化学特征 ……15
2.3 地下水水质现状 ……23

## 3 和田河流域绿洲区地下水化学特征及形成机制

3.1 地下水样采集 ……28
3.2 地下水质量状况及演化 ……30

3.3 地下水化学特征及演化 …… 40
3.4 地下水化学成分形成机制 …… 70

4 焉耆盆地平原区地下水化学特征及演化

4.1 地下水样采集 …… 88
4.2 地下水化学类型及 TDS 演化 …… 91
4.3 地下水演化的主要水文地球化学过程 …… 103

5 塔里木盆地绿洲带地下水碘的来源与富集机制

5.1 地下水碘的来源 …… 112
5.2 地下水碘的富集机制 …… 121
5.3 典型区高碘地下水中碘的存在形态及富集机制 …… 137

6 喀什地区西部劣质地下水形成机制

6.1 水样采集与分析检测 …… 150
6.2 地下水化学特征 …… 153
6.3 劣质地下水类型及分布特征 …… 173
6.4 地下水水质劣化影响因素分析 …… 179
6.5 劣质地下水化学形成与演化的水文地球化学过程 …… 189

# 7 阿克苏河流域平原区地下水砷氟赋存环境及共富集机制

7.1 数据来源与研究方法 ……………………………………202
7.2 地下水砷氟富集分布特征 ……………………………………209
7.3 地下水砷氟共富集形成机制 ……………………………………226

# 8 塔里木盆地南缘高氟高砷地下水形成机制

8.1 样品采集与检测 ……………………………………246
8.2 高氟高砷地下水化学特征及分布规律 ……………………………………247
8.3 高氟高砷地下水形成机制 ……………………………………267

# 9 结论与建议

9.1 主要结论 ……………………………………272
9.2 建议 ……………………………………274

参考文献 ……………………………………276

# 1 塔里木盆地绿洲区概况

# 1.1 自然地理概况

## 1.1.1 地理位置

塔里木盆地位于新疆维吾尔自治区（以下简称“新疆”）南部，是我国最大的内陆盆地。盆地位于天山山脉、昆仑山山脉和阿尔金山脉之间，西起帕米尔高原东麓，东到罗布泊洼地，北至天山南麓，南至昆仑山北麓。地理位置为东经75°～90°、北纬37°～42°，总面积为$104.11\times10^4km^2$，其中平原绿洲区为$30.14\times10^4km^2$，占总面积的28.95%；山区为$47.44\times10^4km^2$，占总面积的45.57%（图1-1）；平原荒漠区为$26.53\times10^4km^2$，占总面积的25.48%。行政区划包括巴音郭楞蒙古自治州（以下简称“巴州”）、阿克苏地区、克孜勒苏柯尔克孜自治州（以下简称“克州”）、喀什地区、和田地区五地（州）以及新疆生产建设兵团第一师、第二师、第三师等。

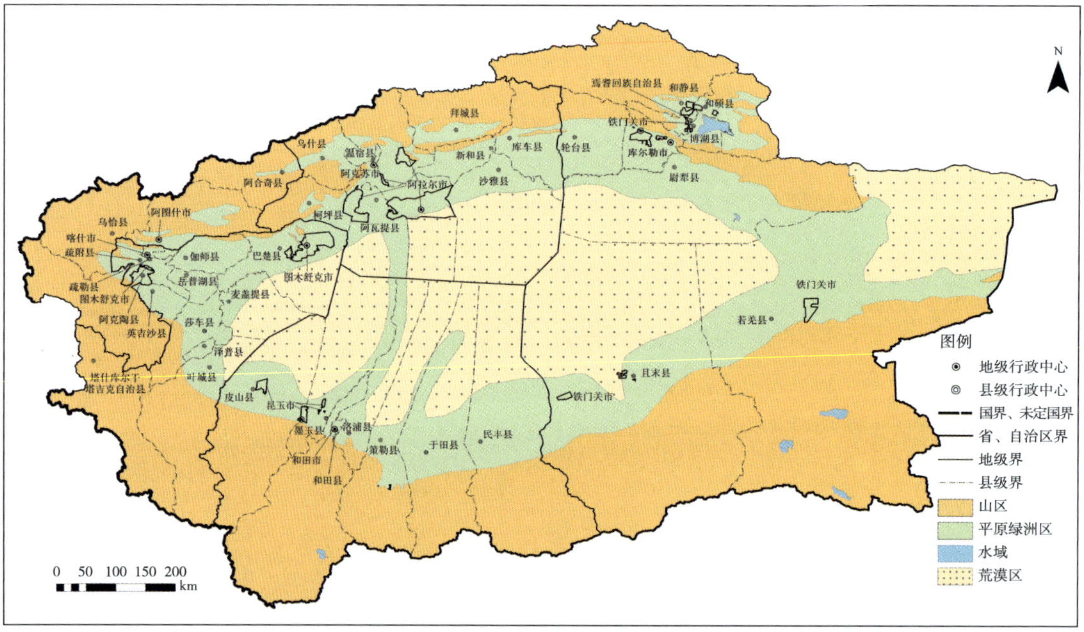


图1-1 塔里木盆地平原绿洲区分布图

## 1.1.2 地形、地貌

塔里木盆地为全封闭的大型内陆盆地，四周高山环绕，地势西高东低，微向北倾，罗布泊是盆地最低点。盆地地貌呈环状分布，边缘是与山地连接的砾石戈壁，中心是辽阔沙漠，边缘和沙漠间是冲积扇和冲积平原。

本书研究区主要为盆地平原绿洲区，由山前砾质平原向下过渡为细土平原，总体呈环状排列。倾斜平原由冲洪积物构成，属流水地貌。近山地带坡度较大，为砾质强倾斜平原，向下过渡为微倾斜的土质平原，其中天山山前规模较小，宽60～90km，昆仑山前规模较大，宽90～150km。

### 1.1.3 气象

塔里木盆地为典型大陆性干旱气候，干燥少雨，四季分明，昼夜温差大，日照时间长。平原区气温多年平均为10.5～12.2℃，7月最热，1月最冷，整体随地势的增高，气温逐渐降低。平均年降水量40.8～70.9mm，整体趋势为山区大于平原、北部大于南部、西部大于东部。平均年蒸发量可达2910.5mm，整体趋势为山区小于平原、西部小于东部。

据《新疆维吾尔自治区统计年鉴（2011—2020）》，塔里木盆地2010—2019年主要城市（库尔勒市、阿克苏市、阿图什市、喀什市、和田市）的年平均气温为12.8℃，较多年平均气温高。2010—2019年塔里木盆地主要城市月平均气温变化图（图1-2）显示，研究区6—8月气温较高，2010—2019年6—8月平均气温为25.6℃，其中7月平均气温为26.8℃；12月和1月气温较低，2010—2019年12月和1月平均气温为-4.7℃，其中1月平均气温为-5.7℃。

2010—2019年塔里木盆地主要城市年降水量均值为89.1mm。2010—2019年塔里木盆地主要城市年降水量变化图（图1-3）显示，阿图什市、阿克苏市和喀什市的年降水

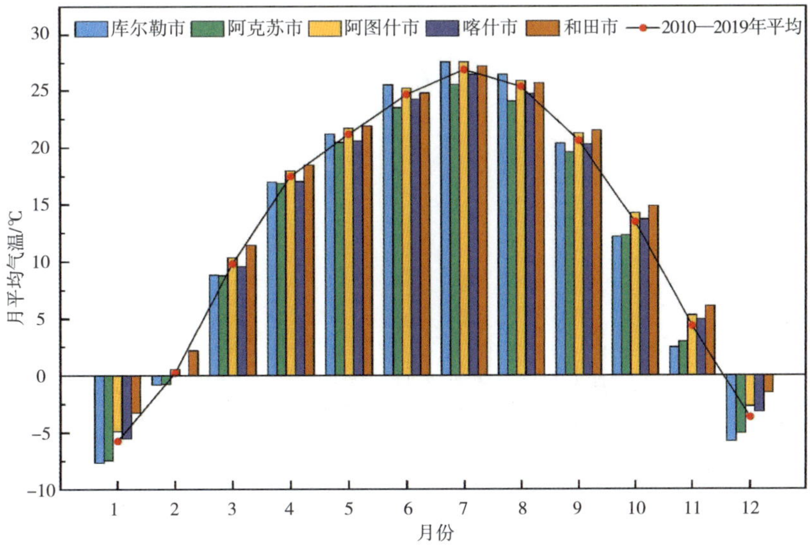


图1-2　2010—2019年塔里木盆地主要城市月平均气温变化图

量较大（2010—2019年降水量均值分别为124.0mm、104.8mm和98.6mm），库尔勒市和和田市的年降水量较小（2010—2019年降水量均值分别为63.5mm和54.9mm）。

2010—2019年塔里木盆地主要城市月平均降水量变化图（图1–4）显示，研究区6月降水量相对较大（2010—2019年6月降水量均值为21.1mm），其次为5月、7月、8月和9月（2010—2019年月降水量均值为13.3mm），其余月份的月降水量均小于10mm。

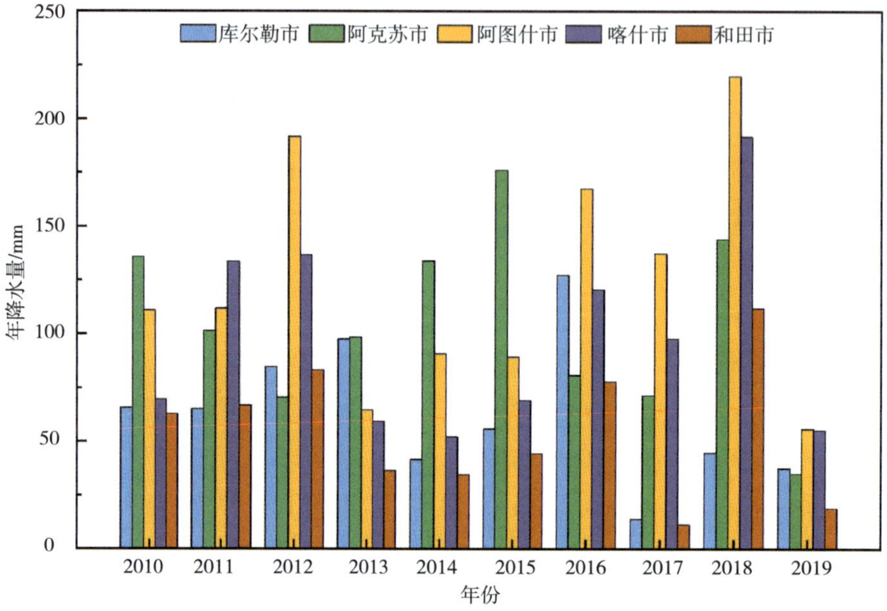


图1–3　2010—2019年塔里木盆地主要城市年降水量变化图

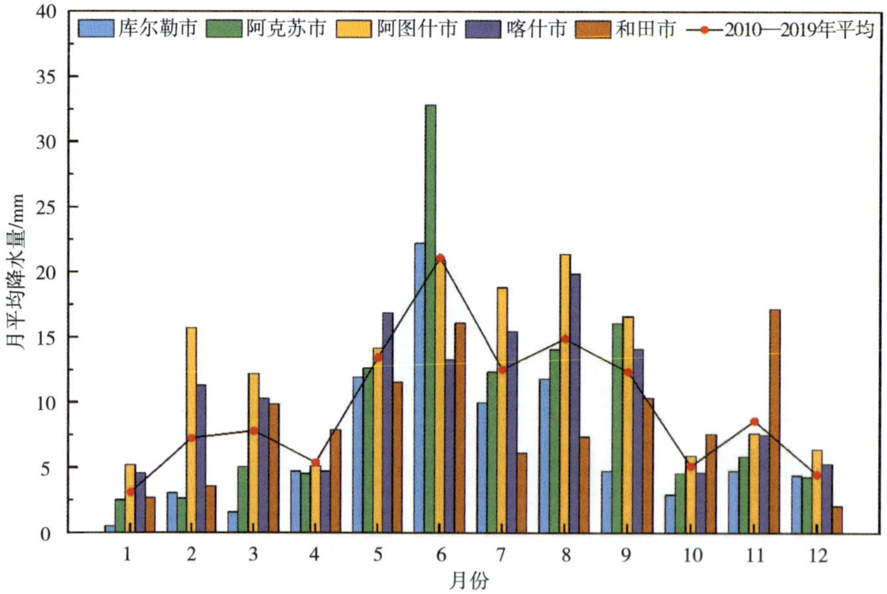


图1–4　2010—2019年塔里木盆地主要城市月平均降水量变化图

## 1.1.4 水文

盆地周围山区的降水主要通过地表径流进入盆地。发源于塔里木盆地周围山地的内陆河流，向盆地内部流动，构成向心水系，河流的归宿点是内陆盆地和山间封闭盆地的低洼部位（图1–5）。

盆地内水文网分布不均匀，山区发育树枝状水系，在低山丘陵的前山带常年水系逐渐汇集成干流，汇入平原。其余广大地域则缺乏常年性地表水流，暴雨过后季节性沟谷可形成洪流泄入平原。平原区水文网与山区汇集的主河道密切相关，形成若干不连续的扇形灌区。盆地内的塔里木河是我国最大的内陆河流，由阿克苏河、和田河和叶尔羌河三大河流汇集而成，在盆地西部由南向北流，沿天山南麓向东流行，组成宽达60～80km的现代冲积平原，干流长为1321km。盆地内较大河流有南部的叶尔羌河、克孜勒河、盖孜河、和田河、克里雅河等，北部的阿克苏河、台兰河、渭干河、库车河及开都河、孔雀河等。

盆地内主要河流均属冰雪消融水型河流，具有流程短、水量小的特点，据《新疆维吾尔自治区水资源公报（2020）》，塔里木盆地2019年年径流量为$419.46 \times 10^8 m^3$，较多年平均径流量偏低，属平水年。其中阿克苏、巴州、和田、喀什和克州2019年年径流量分别为$52.61 \times 10^8 m^3$、$140.50 \times 10^8 m^3$、$94.90 \times 10^8 m^3$、$71.08 \times 10^8 m^3$和$60.37 \times 10^8 m^3$。

图1–5 塔里木盆地水系分布及地下水系统划分

## 1.2 地质与构造

### 1.2.1 地质构造

塔里木地台位于天山、准噶尔–北天山和昆仑地槽褶皱系之间，包括塔里木盆地及周边山区，北以库尔勒、乌恰、阿其克库都克深断裂为界，南以阿尔金、柯岗深断裂为界。塔里木地台由一系列断隆和坳陷组成，具有三重结构，即由前震旦系变质基底，震旦系、古生界盖层和中新生界后地台盖层组成。

塔里木盆地在志留纪末的加里东运动之前，各山带都处于地槽稳定的堆积时期，加里东运动时地槽上升，形成了皱形山地。晚泥盆纪到晚石炭纪的海西运动，形成了古天山、古昆仑山，在此之后经历了较长时间的准平原化的夷平剥蚀作用。到了第三纪末第四纪初，又受喜马拉雅运动的影响，天山形成了三条东西向的平行断叠式山地，其间形成众多的断陷盆地。喀喇昆仑山、昆仑山在此期间，开始了剧烈的造山运动，使塔里木盆地边缘山地大幅上升，形成了现今的高大山体，破坏了山麓平原的发展，颗粒粗大的沉积物形成了山前巨大的冲积扇、洪积扇。

自新生代以来，由于印度次大陆向亚欧大陆的碰撞，使印度板块向北挤压，喜山期新构造运动使昆仑山急剧隆升，盆地继续相对沉降。新生界在塔里木盆地分布广、发育全、沉积厚度大。第三纪陆相地层以河流相褐红色碎屑岩沉积为主；河湖相为棕红色砂岩泥岩。

### 1.2.2 地层岩性

塔里木盆地地层从上古生界至新生界均有出露。沉积类型多样，岩相复杂，厚度变化大。山地多出露古老地层，以古生界最为发育；盆地内塔里木地台由前震旦系变质岩组成，由于该地台长期处于相对稳定状态，因此在平缓的古生界上覆盖了近于水平的陆相沉积为主的中、新生代沉积地层。

塔里木盆地绿洲带出露地层主要为古近–新近系和第四系。古近–新近系广泛分布于研究区内的背斜丘陵地带，各地相变较大。第四系地层十分发育，沉积物成因类型复杂，不同成因类型环盆地有规律的分布。西部边缘坳陷区沉积厚度最大，盆地边缘沉积物颗粒粗大，向盆地内部随沉积物成因类型的变化，沉积粒度变细，成因类型由河湖相代替洪积相及冰相。

第四系下更新统：多见于山麓地带，巨厚层状“西域砾岩”厚达1000m。盆地中部下更新统厚度可达500m左右，反映出第四纪早更新世早期新构造，水平与垂直运动并存，盆地快速沉降，快速堆积。下更新统成因类型主要为洪积层、冰水洪积层和湖积层。洪积层广泛分布于塔里本盆地边缘，北缘见于拜城、新和、柯坪一带，南缘自喀什到且末不连续出露；冰水洪积层分布在盆地北缘西部，分布较广的粗砾石相沉积与洪积层呈不整合接触；湖积层分布于塔里木盆地中心区，主要是一套黄灰色、灰褐色或黄褐色的泥岩、砂质泥岩、粉砂岩及砂砾石层。

中更新统：盆地沉降速度缓慢，沉积厚度较薄，多见于大型盆地边缘所残留的古老倾斜平原和河床阶地上，局部沉积物具有风成砂的特征，除一般的山麓洪积砾石层外，常伴有冰川堆积，厚度小于100m。中更新统成因类型主要为洪积层、冰水洪积层、坡积–洪积层和风成黄土。洪积层和冰水洪积层沿盆地边缘分布，以砾石为主；坡积–洪积层在盆地边缘背斜丘陵两翼发育，由砾岩、砂岩及砂泥岩风化产物组成；风成黄土广泛分布于盆地南缘。

上更新统：构成山麓倾斜平原及河床阶地，以洪积砂砾石为主，山区还发育有多期冰川堆积，各地沉积厚度，由数十米至百米。上更新统成因类型主要为冰碛层、洪积层、冰水洪积层、冲积层、洪积–冲积层、坡积–洪积层、风成黄土和火山堆积。冰碛层在塔里木盆地边缘分布，由分选不好的砂、小砾石及砂质土组成；洪积层、冰水洪积层分布在塔里木盆地边缘，由砂砾石组成；冲积层、洪积–冲积层，冲积层主要分布于山前各大河两岸，组成各大河的第二、三级阶地，岩性以粉细砂、中细砂为主，洪积–冲积层分布于各河谷上游地带；坡积–洪积层主要分布于山前丘陵坡麓，以含砾的亚砂土、亚黏土为主；风成黄土大面积分布于盆地内部；火山堆积主要分布在于田县东南，岩性为灰黑色玄武岩。

全新统：除盆地大面积风成砂堆积外，其他地区则为零星的各种成因类型堆积。全新统成因类型主要为冲积层、冲积–湖积层、洪积层、洪积–冲积层、湖积层、化学沉积层和风积层。冲积层、冲积–湖积层在塔里木河沿岸分布广泛，在河流经常迁移的过程中，形成众多的沉积物；洪积层、洪积–冲积层分布于各大河出口处的洪积扇前缘，岩性由砾石、角砾和砂土组成；湖积层、化学沉积层，湖积层主要分布于罗布泊洼地及塔里木河中段，岩性以亚砂土、淤泥为主，化学沉积层常与湖积层伴生、由强烈盐化的黏土组成；风积层组成盆地中的塔克拉玛干沙漠。

# 1.3 水文地质条件

## 1.3.1 地下水赋存与分布

第四纪松散沉积物在研究区内广泛分布，是地下水赋存的良好介质，塔里木盆地水文地质图和水文地质剖面图分别如图1-6和图1-7所示。

洪积扇上部的倾斜平原是由砂卵砾石组成的单一结构潜水含水层，含水层厚度大，接受补给条件好，富水性强，单井出水量为3000.0～5000.0m$^3$/d，地形坡度较大，地下径流条件良好，山前地下水位埋深为50.0～150.0m，向下游逐渐变小，下游仅10.0～50.0m。

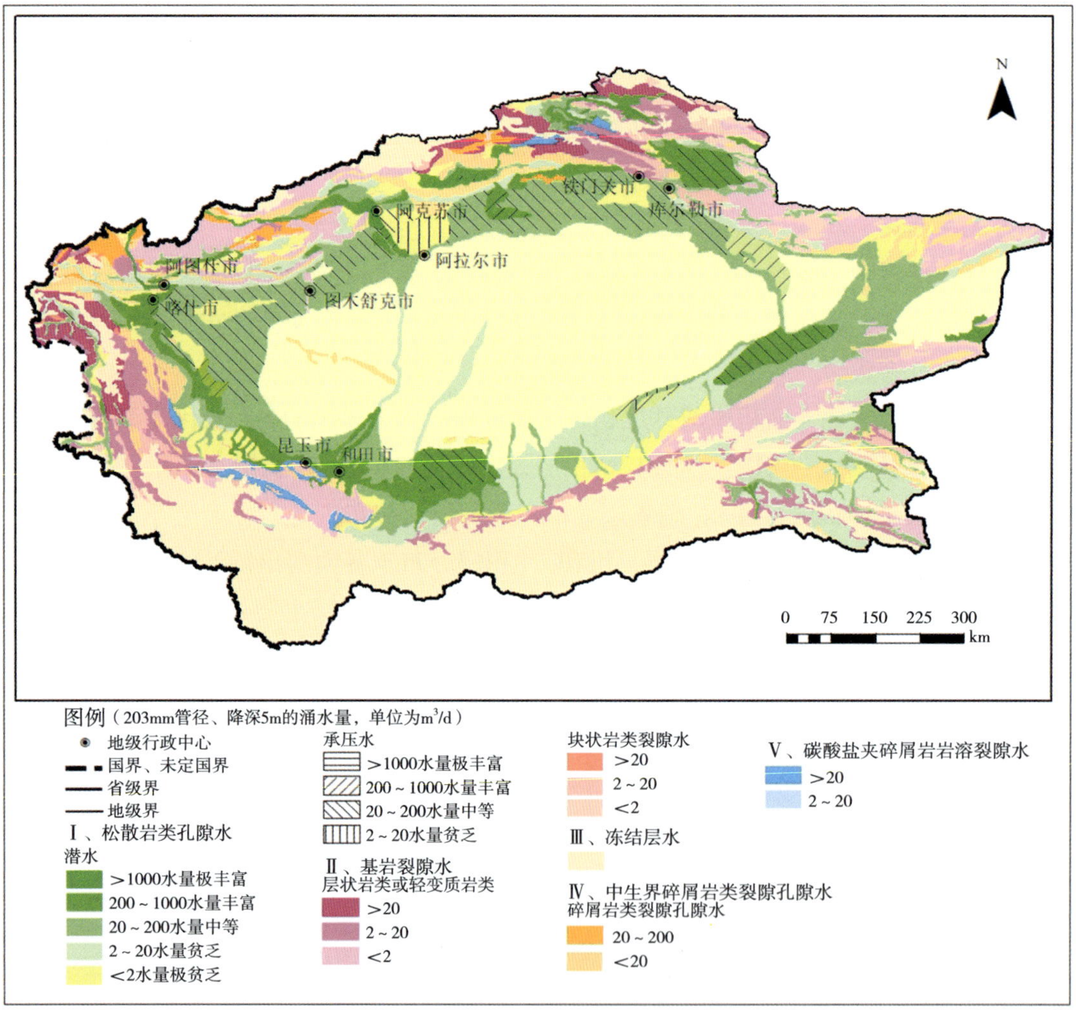


图1-6 塔里木盆地水文地质图（王彩华，2005）

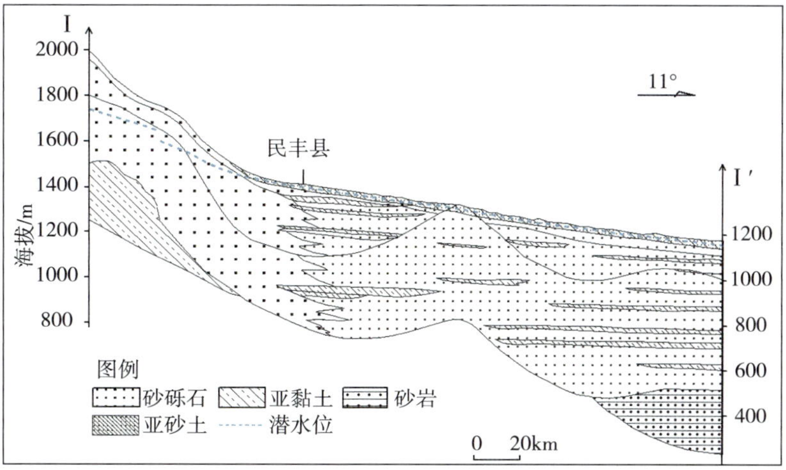


（a）研究区南北向水文地质剖面图（Ⅰ–Ⅰ′）

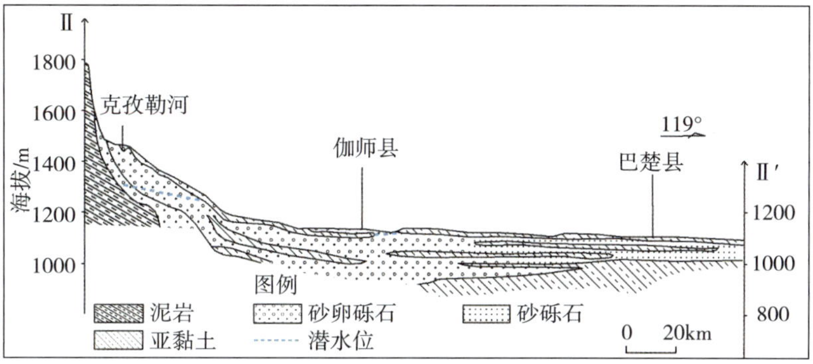


（b）研究区东西向水文地质剖面图（Ⅱ–Ⅱ′）

图1–7　塔里木盆地水文地质剖面图（王彩华，2005）

洪积扇前缘的冲洪积砾质平原，地形变缓，颗粒变细，地下径流受阻，除盆地南缘部分区域为单一结构潜水含水层外，其余多为上部承压水区潜水含水层，下部埋藏一层或多层承压含水层（埋藏深度≤100.0m为浅层承压含水层，埋藏深度＞100.0m为深层承压含水层）。承压水区潜水含岩性以砂砾石为主，富水性较好，单井出水量一般为1000.0～3000.0m$^3$/d，地下水埋深由上游向下递减，多为5.0～10.0m。

洪积扇前缘以下的细土平原，地势平坦，地下水水位埋深浅，蒸发成为主要排泄方式，除盆地近山前区域含水层为单一结构潜水含水层外，其余均为多层结构（上部承压水区潜水含水层，下部埋藏一层或多层承压含水层分布区），承压水区潜水含水层以中砂、粉细砂为主，富水性各地不一，单井出水量为100.0～1000.0m$^3$/d，地下水位埋深较浅，多≤5.0m（图1–8）。

将研究区划分为补给区（洪积扇上部的单一结构潜水含水层）、过渡区（洪积扇前缘的潜水埋深＞5.0m的多层结构潜水–承压水含水层分布区）和蒸发区（潜水埋深≤5.0m的多层结构潜水–承压水含水层分布区）。

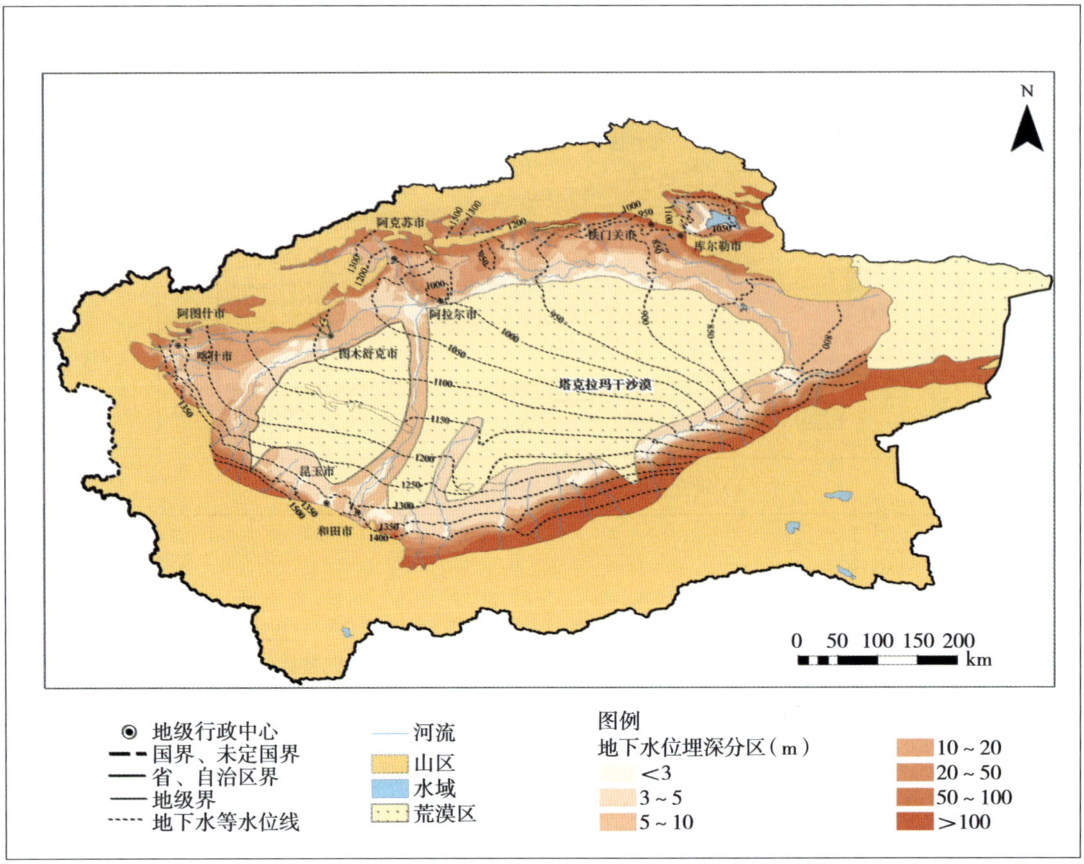


图1-8　塔里木盆地绿洲带地下水位埋深分区和等水位线图（2019年7月）

## 1.3.2　地下水补给、径流与排泄

### 1.3.2.1　地下水补给

绿洲带山前冲洪积平原地下水主要接受河道渗漏、河床潜流以及山区基岩裂隙水的侧向径流等补给；细土平原地下水水埋深较浅，同时接受灌区渠系水渗漏、田间水入渗和水库水渗漏等补给。

### 1.3.2.2　地下水径流

绿洲带地下水径流方向与地形坡向基本一致。绿洲带边缘的冲洪积倾斜平原区，地下水流向呈向心特征；在盆地中心的平原沙漠区，地下水从西南向东北方向径流。地下水径流条件整体由山前向平原逐渐减弱，含水层渗透性逐渐减弱，水力坡度逐渐变小（图1-8）。

### 1.3.2.3　地下水排泄

冲洪积扇前缘是潜水蒸发排泄区，地下水的排泄方式主要有潜水蒸发、渠沟排泄和人工开采等。

## 1.4 国民经济概况

据《新疆维吾尔自治区统计年鉴（2020）》资料，塔里木盆地内五地（州）2019年人口数为930.89 × $10^4$人，占新疆的36.9%；五地（州）GDP总值为3956.74 × $10^8$元，占新疆的29.2%；耕地面积为203.21 × $10^4$hm$^2$，占新疆的38.7%（表1–1）。

表1–1　2019年塔里木盆地五地（州）与地下水密切相关的主要国民经济指标统计

| 区域 | 人口 | | GDP | | 耕地面积 | |
|---|---|---|---|---|---|---|
| | 统计值/×$10^4$人 | 占新疆比值/% | 统计值/×$10^8$元 | 占新疆比值/% | 统计值/×$10^4$hm$^2$ | 占新疆比值/% |
| 巴州 | 128.57 | 5.1 | 1149.34 | 8.5 | 37.91 | 7.2 |
| 克州 | 62.02 | 2.5 | 159.05 | 1.2 | 5.71 | 1.1 |
| 阿克苏地区 | 25.62 | 1.0 | 1222.4 | 9.0 | 65.94 | 12.6 |
| 和田地区 | 252.28 | 10.0 | 377.65 | 2.8 | 22.65 | 4.3 |
| 喀什地区 | 462.40 | 18.3 | 1048.3 | 7.7 | 71.00 | 13.5 |
| 五地（州）合计 | 930.89 | 36.9 | 3956.74 | 29.2 | 203.21 | 38.7 |
| 新疆合计 | 2523.22 | — | 13597.11 | — | 524.23 | — |

据新疆水利厅《新疆维吾尔自治区水利统计资料汇编（2019）》，塔里木盆地内五地（州）2019年地下水用水量为38.96 × $10^8$m$^3$，地下水用水量占用水总量的14.9%，占新疆地下水用水总量的48.2%，塔里木盆地绿洲带是新疆地下水开采的主要区域（表1–2）。

表1–2　2019年塔里木盆地五地（州）地下水开采量

| 区域 | 用水量/×$10^8$m$^3$ | | | 地下水用水量占用水总量的比值/% | 地下水用水量占新疆地下水用水总量的比值/% |
|---|---|---|---|---|---|
| | 地表水 | 地下水 | 小计 | | |
| 巴州 | 25.06 | 8.74 | 33.79 | 25.9 | 10.8 |
| 克州 | 9.53 | 0.95 | 10.47 | 9.1 | 1.2 |
| 阿克苏地区 | 80.35 | 7.14 | 87.49 | 8.2 | 8.8 |
| 和田地区 | 34.61 | 5.32 | 39.94 | 13.3 | 6.6 |
| 喀什地区 | 73.50 | 16.82 | 90.33 | 18.6 | 20.8 |
| 五地（州）合计 | 223.05 | 38.96 | 262.02 | 14.9 | 48.2 |
| 新疆合计 | 337.92 | 80.80 | 418.73 | 19.3 | 100.0 |

# 2 塔里木盆地绿洲带地下水化学特征与水质评价

# 2.1　地下水样采集与检测

2015—2018年7—10月地下水和地表水化学数据来源于“新疆地下水质量调查与评价”（第三次全国水资源评价专题）。地下水化学数据717组，其中单一结构潜水318组（井深7～300m），承压水区潜水71组（井深8～35m），浅层承压水243组（井深35～95m），深层承压水85组（井深100～220m）；地表水化学数据34组。水样点位置见图2-1。本次所采集的地下水均用于饮用和灌溉。水样严格按照《地下水环境监测技术规范》（HJ/T 164—2004）进行采集、保存、检测。地下水主要检测指标包括：$Na^+$（含$K^+$）、$Ca^{2+}$、$Mg^{2+}$、$Cl^-$、$SO_4^{2-}$、$HCO_3^-$和$CO_3^{2-}$、I、溶解性总固体（TDS）、总硬度（TH，以$CaCO_3$计），部分水样记录氧化还原电位（Eh，共295组）、pH（共585组）、$F^-$、As、Fe和Mn。

绿洲带2015年水样检测工作由中国地质科学院水文地质环境地质研究所矿泉水检测中心完成，2016—2018年水样由新疆地矿局第二水文地质工程地质大队化验室完成。

现场检测指标pH、Eh、水温、电导率（EC）由哈纳（HANNA）HI 98121笔式测定仪测定。$K^+$和$Na^+$采用火焰原子吸收分光光度法测定，检出限分别为0.05mg/L和0.01mg/L；$Ca^{2+}$和$Mg^{2+}$采用乙二胺四乙酸二钠滴定法，检出限均为1.00mg/L；TDS、$Cl^-$和$SO_4^{2-}$分别采用105℃干燥重量法、硝酸银容量法和硫酸钡比浊法测定，检出限分别为0.1mg/L、1.00mg/L和5.00mg/L；$HCO_3^-$、$CO_3^{2-}$采用酸碱滴定法测定，检出限均为0.05mg/L；I和As采用电感耦合等离子体质谱法测定，检出限分别为20.0μg/L和0.001mg/L；Fe和Mn采用电感耦合等离子体原子发射光谱法测定，检出限分别为0.010mg/L和0.001mg/L；$F^-$采用离子

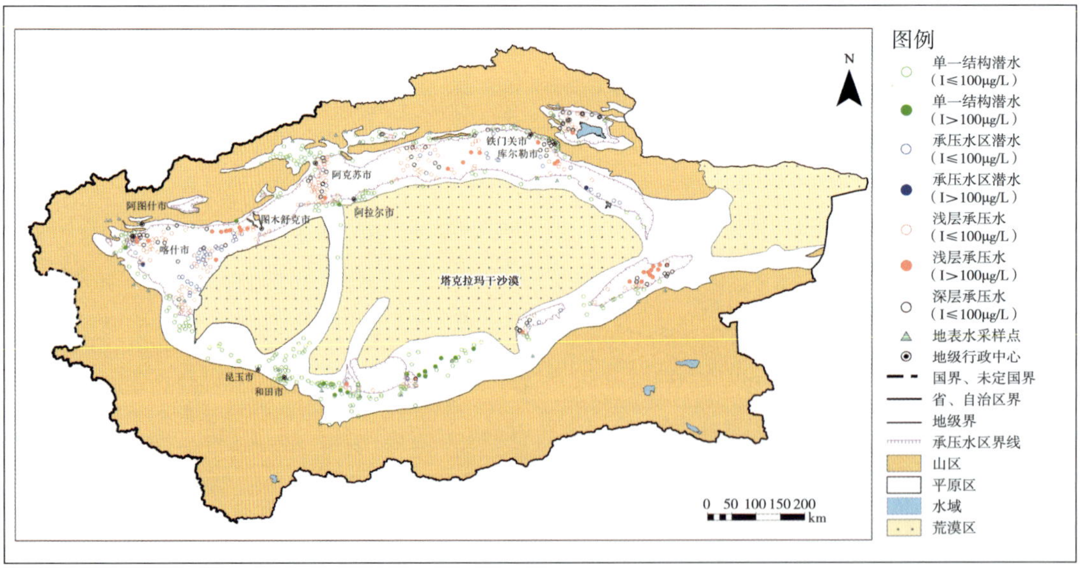


图2-1　塔里木盆地绿洲带地下水与地表水采样点分布

选择电极法测定，检出限为0.10mg/L。

所有检测样品离子的电荷平衡误差绝对值均小于5%，分析检测结果可靠。

## 2.2 地下水化学特征

以塔里木盆地绿洲带717组（单一结构潜水318组，承压水区潜水71组，浅层承压水243组，深层承压水85组）地下水水样和34组地表水水样检测结果为基础，分析绿洲带不同区域、不同含水层地下水化学特征，有利于识别地下水与周围环境之间的相互作用关系。结合地下水主要指标，对研究区地下水质量进行评价（孙英，2022）。

### 2.2.1 地下水化学指标的含量范围

塔里木盆地绿洲带地下水化学指标统计（表2-1）显示，地下水pH为6.30～10.50，

表2-1 塔里木盆地绿洲带地下水化学指标统计

| 指标 | 最小值 | 最大值 | 平均值 | 中位数 | 标准差 |
|---|---|---|---|---|---|
| I | ＜20.0 | 4000.0 | 53.7 | ND | 215.29 |
| $Na^+$ | 10.44 | 121075.28 | 1736.00 | 245.36 | 9882.40 |
| $Ca^{2+}$ | 9.89 | 1012.62 | 180.32 | 129.70 | 160.21 |
| $Mg^{2+}$ | 2.51 | 25366.14 | 216.98 | 75.65 | 1107.50 |
| $Cl^-$ | 10.50 | 172922.44 | 2251.10 | 308.48 | 13245.53 |
| $SO_4^{2-}$ | 19.00 | 54147.68 | 1414.47 | 484.40 | 4808.43 |
| $HCO_3^-$ | 36.62 | 3954.03 | 304.48 | 262.44 | 245.03 |
| TDS | 198.50 | 358693.99 | 5980.03 | 1481.50 | 28777.31 |
| TH | 40.53 | 106956.45 | 1352.80 | 666.50 | 4724.36 |
| pH | 6.30 | 10.50 | 7.69 | 7.64 | 0.49 |
| Eh | −130.00 | 282.00 | 148.22 | 166.00 | 77.88 |
| $F^-$ | ND | 28.31 | 1.37 | 0.80 | 2.07 |
| Fe | ND | 33.50 | 1.26 | 0.10 | 3.49 |
| Mn | ND | 6.545 | 0.259 | 0.05 | 0.54 |
| As | ND | 0.214 | 0.005 | ND | 0.01 |

注：pH为无量纲，Eh单位为mV，I单位为μg/L，其余指标单位为mg/L，ND表示未检出。

均值为7.69，整体呈中性至弱碱性。绿洲带地下水TDS（198.50～358693.99mg/L，均值为5980.03mg/L）整体较高，淡水（TDS≤1000mg/L）、微咸水（1000mg/L＜TDS≤3000mg/L）、咸水（3000mg/L＜TDS≤10000mg/L）、盐水（10000mg/L＜TDS≤50000mg/L）和卤水（TDS＞50000mg/L）水样分别占总水样的34.7%、40.3%、20.7%、2.5%和1.8%。绿洲带地下水TH（40.53～106956.45mg/L，均值为1352.80mg/L）整体较高，极软水（TH＜75mg/L）、软水（75mg/L≤TH＜150mg/L）、微硬水（150mg/L≤TH＜300mg/L）、硬水（300mg/L≤TH＜450mg/L）和极硬水（TH≥450mg/L）水样分别占总水样的0.3%、3.9%、14.0%、3.6%和78.2%。

绿洲带地下水$Na^+$含量（10.44～121075.28mg/L，均值为1736.00mg/L）、$Cl^-$含量（10.50～172922.44mg/L，均值为2251.10mg/L）和$SO_4^{2-}$含量（19.00～54147.68mg/L，均值为1414.47mg/L）整体偏高，$Ca^{2+}$含量（9.89～1012.62mg/L，均值为180.32mg/L）、$Mg^{2+}$含量（2.51～25366.14mg/L，均值为216.98mg/L）和$HCO_3^-$含量（36.62～3954.03mg/L，均值为304.48mg/L）相对较低。

## 2.2.2 不同区域地下水常规水化学指标的空间分布特征

塔里木盆地绿洲带地下水TDS分区图（图2-2）、不同区域地下水主要水化学组分含量变化图（图2-3）和不同区域地下水化学指标统计表（表2-2）显示，山前倾斜平原补给区地下水pH为7.36～9.93，均值为8.06，整体呈弱碱性；TDS整体较低（198.50～5814.00mg/L，均值为904.90mg/L），主要为淡水，少量分布微咸水和咸水。主要阴离子组分含量整体为：$HCO_3^- > SO_4^{2-} > Cl^-$，主要阳离子组分含量整体为：$Ca^{2+} > Na^+ > Mg^{2+}$。

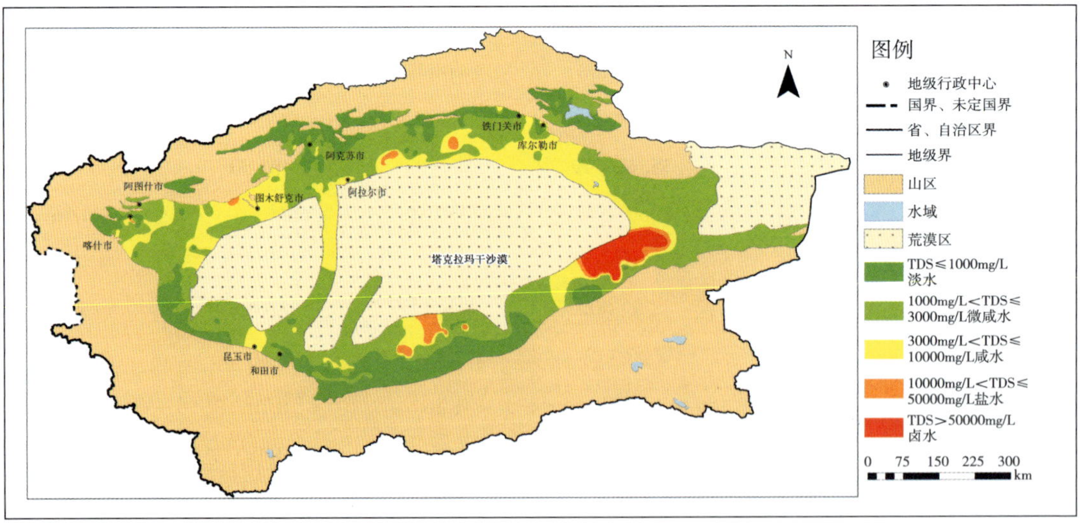


图2-2 塔里木盆地绿洲带地下水TDS分区图

表2-2　塔里木盆地绿洲带不同区域地下水化学指标统计

| 区域 | 指标 | 最小值 | 最大值 | 平均值 | 中位数 | 标准差 |
| --- | --- | --- | --- | --- | --- | --- |
| 补给区（井深67～300m，$n$=76） | I | ND | 40.0 | 16.3 | ND | 12.31 |
| | $Na^+$ | 10.44 | 1550.82 | 140.66 | 64.08 | 227.94 |
| | $Ca^{2+}$ | 26.16 | 335.00 | 98.92 | 88.24 | 60.49 |
| | $Mg^{2+}$ | 6.59 | 234.62 | 45.59 | 36.86 | 36.20 |
| | $Cl^-$ | 10.50 | 2003.00 | 171.09 | 82.81 | 286.81 |
| | $SO_4^{2-}$ | 34.83 | 1706.00 | 291.78 | 185.70 | 308.13 |
| | $HCO_3^-$ | 97.24 | 564.60 | 222.65 | 191.93 | 113.48 |
| | TDS | 198.50 | 5814.00 | 904.90 | 651.23 | 869.19 |
| | TH | 108.60 | 1284.49 | 416.22 | 356.55 | 238.30 |
| | pH | 7.36 | 9.93 | 8.06 | 8.05 | 0.50 |
| | Eh | 69.00 | 225.00 | 172.38 | 182.00 | 46.69 |
| | $F^-$ | ND | 4.13 | 0.71 | 0.49 | 0.68 |
| | Fe | ND | 12.69 | 0.98 | 0.04 | 2.28 |
| | Mn | ND | 1.105 | 0.065 | 0.008 | 0.16 |
| | As | ND | 0.050 | 0.002 | ND | 0.01 |
| 过渡区（井深10～220m，$n$=388） | I | ND | 1600.0 | 49.9 | ND | 143.94 |
| | $Na^+$ | 14.11 | 80124.29 | 1322.65 | 219.11 | 7366.86 |
| | $Ca^{2+}$ | 9.89 | 874.44 | 182.08 | 130.40 | 165.37 |
| | $Mg^{2+}$ | 2.51 | 4237.93 | 156.69 | 69.19 | 407.46 |
| | $Cl^-$ | 15.76 | 101093.12 | 1673.92 | 252.50 | 9252.19 |
| | $SO_4^{2-}$ | 19.00 | 37310.28 | 1226.95 | 481.70 | 3757.30 |
| | $HCO_3^-$ | 36.62 | 3954.03 | 277.74 | 221.98 | 274.25 |
| | TDS | 205.70 | 221574.89 | 4729.19 | 1347.50 | 20683.15 |
| | TH | 40.53 | 18963.90 | 1095.51 | 635.95 | 1925.92 |
| | pH | 6.39 | 9.51 | 7.67 | 7.66 | 0.46 |
| | Eh | -100.00 | 282.00 | 156.69 | 171.00 | 73.54 |
| | $F^-$ | ND | 28.31 | 1.30 | 0.76 | 2.00 |
| | Fe | ND | 30.29 | 1.25 | 0.07 | 3.79 |
| | Mn | ND | 5.325 | 0.248 | 0.050 | 0.55 |
| | As | ND | 0.214 | 0.006 | ND | 0.02 |

续表

| 区域 | 指标 | 最小值 | 最大值 | 平均值 | 中位数 | 标准差 |
|---|---|---|---|---|---|---|
| 蒸发区（井深7～200m，$n$=253） | I | ND | 4000.0 | 70.8 | 40.0 | 314.78 |
| | $Na^+$ | 37.13 | 121075.28 | 2849.15 | 405.18 | 13850.97 |
| | $Ca^{2+}$ | 12.03 | 1012.62 | 202.07 | 149.20 | 165.42 |
| | $Mg^{2+}$ | 4.16 | 25366.14 | 360.92 | 114.60 | 1787.28 |
| | $Cl^-$ | 26.39 | 172922.44 | 3761.07 | 468.74 | 19049.70 |
| | $SO_4^{2-}$ | 61.06 | 54147.68 | 2039.29 | 613.90 | 6569.51 |
| | $HCO_3^-$ | 51.66 | 1428.15 | 370.08 | 341.92 | 209.32 |
| | TDS | 333.00 | 358693.99 | 9422.86 | 2073.00 | 40910.66 |
| | TH | 55.04 | 106956.45 | 2028.73 | 880.70 | 7541.73 |
| | pH | 6.30 | 10.50 | 7.64 | 7.53 | 0.50 |
| | Eh | -130.00 | 253.00 | 125.45 | 143.00 | 86.71 |
| | $F^-$ | ND | 23.23 | 1.67 | 1.01 | 2.38 |
| | Fe | ND | 33.5 | 1.35 | 0.15 | 3.30 |
| | Mn | ND | 6.545 | 0.334 | 0.134 | 0.57 |
| | As | ND | 0.061 | 0.004 | ND | 0.01 |

注：pH为无量纲，Eh单位为mV，I单位为μg/L，其余指标单位为mg/L，ND表示未检出。

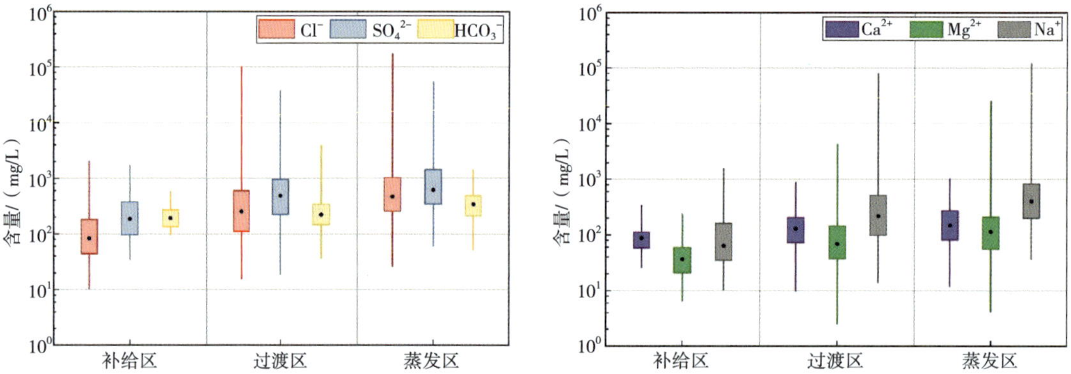


（a）主要阴离子组分含量变化　　（b）主要阳离子组分含量变化

图2-3　塔里木盆地绿洲带不同区域地下水主要水化学组分含量变化图

洪积扇前缘的冲积平原过渡区地下水pH为6.39～9.51，均值为7.67，整体呈中性至弱碱性；TDS相对较高（205.70～221574.89mg/L，均值为4729.19mg/L），主要分布微咸水和淡水，其次为咸水，少量分布盐水和卤水；主要阴离子组分含量整体为：$SO_4^{2-}$＞$Cl^-$＞$HCO_3^-$，主要阳离子组分含量整体为：$Na^+$＞$Ca^{2+}$＞$Mg^{2+}$。

细土平原蒸发区地下水pH为6.30~10.50，均值为7.64，整体呈中性至弱碱性；TDS整体较高（333.00~358693.99mg/L，均值为9422.86mg/L），主要分布微咸水和咸水，其次为淡水，少量分布盐水和卤水；主要阴离子组分含量整体为：$SO_4^{2-}>Cl^->HCO_3^-$，主要阳离子组分含量整体为：$Na^+>Ca^{2+}>Mg^{2+}$。

## 2.2.3 不同含水层常规水化学指标的空间变化特征

绿洲带不同含水层常规水化学组分含量变化图（图2-4）和不同含水层水化学指标统计表（表2-3）显示，单一结构潜水pH为6.39~10.50，均值为7.84，整体呈中性至弱碱性；TDS为198.50~41282.73mg/L，均值为2313.66mg/L，主要分布微咸水和淡水，少量分布咸水和盐水；主要阴离子组分含量整体为：$SO_4^{2-}>Cl^->HCO_3^-$，主要阳离子组分含量整体为：$Na^+>Ca^{2+}>Mg^{2+}$。

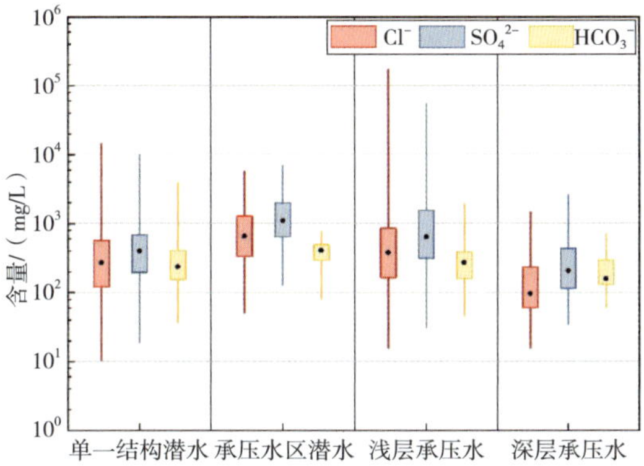


（a）主要阴离子组分含量变化

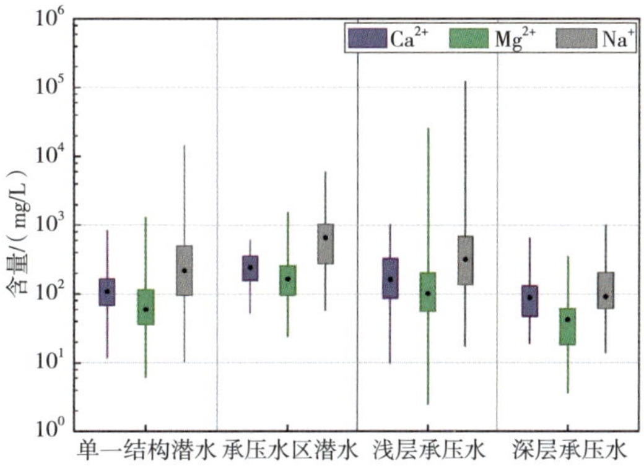


（b）主要阳离子组分含量变化

图2-4 塔里木盆地绿洲带不同含水层常规水化学组分含量变化图

表2-3 塔里木盆地绿洲带不同含水层水化学指标统计表

| 含水层类型 | 指标 | 最小值 | 最大值 | 平均值 | 中位数 | 标准差 |
|---|---|---|---|---|---|---|
| 单一结构潜水（井深7~300m，$n$=318） | I | ND | 734.0 | 33.8 | ND | 62.04 |
| | $Na^+$ | 10.44 | 14160.41 | 526.07 | 217.37 | 1250.92 |
| | $Ca^{2+}$ | 12.03 | 828.20 | 140.56 | 109.13 | 118.91 |
| | $Mg^{2+}$ | 6.30 | 1307.97 | 103.93 | 59.96 | 148.45 |
| | $Cl^-$ | 10.50 | 14348.64 | 666.91 | 272.05 | 1581.85 |
| | $SO_4^{2-}$ | 19.00 | 9889.67 | 683.79 | 399.65 | 1067.36 |
| | $HCO_3^-$ | 36.62 | 3954.03 | 317.07 | 236.80 | 304.69 |
| | TDS | 198.50 | 41282.73 | 2313.66 | 1302.37 | 4120.41 |

续表

| 含水层类型 | 指标 | 最小值 | 最大值 | 平均值 | 中位数 | 标准差 |
|---|---|---|---|---|---|---|
| 单一结构潜水（井深7～300m，$n$=318） | TH | 81.06 | 6549.30 | 765.55 | 554.50 | 829.62 |
| | pH | 6.39 | 10.50 | 7.84 | 7.80 | 0.52 |
| | Eh | −59.00 | 282.00 | 164.74 | 186.00 | 69.51 |
| | $F^-$ | ND | 28.31 | 1.49 | 0.75 | 2.71 |
| | Fe | ND | 33.50 | 1.10 | 0.05 | 3.18 |
| | Mn | ND | 6.545 | 0.167 | 0.050 | 0.57 |
| | As | ND | 0.091 | 0.003 | ND | 0.01 |
| 承压水区潜水（井深8～35m，$n$=71） | I | ND | 340.0 | 38.7 | 40.0 | 44.27 |
| | $Na^+$ | 57.73 | 5949.27 | 838.61 | 652.58 | 917.52 |
| | $Ca^{2+}$ | 52.15 | 596.40 | 256.27 | 243.20 | 130.90 |
| | $Mg^{2+}$ | 24.33 | 1533.06 | 206.27 | 165.34 | 199.66 |
| | $Cl^-$ | 51.03 | 5717.00 | 998.19 | 659.80 | 1084.63 |
| | $SO_4^{2-}$ | 127.38 | 6961.23 | 1446.97 | 1106.00 | 1222.78 |
| | $HCO_3^-$ | 78.93 | 766.42 | 393.71 | 409.80 | 151.04 |
| | TDS | 431.80 | 19120.29 | 3967.30 | 3371.00 | 3158.41 |
| | TH | 230.37 | 6762.20 | 1591.88 | 1409.00 | 992.13 |
| | pH | 6.74 | 8.25 | 7.44 | 7.44 | 0.29 |
| | Eh | −69.00 | 260.00 | 134.71 | 156.00 | 81.48 |
| | $F^-$ | 0.18 | 16.20 | 1.88 | 1.26 | 2.26 |
| | Fe | ND | 17.96 | 1.17 | 0.16 | 3.00 |
| | Mn | ND | 4.646 | 0.552 | 0.388 | 0.65 |
| | As | ND | 0.035 | 0.004 | ND | 0.01 |
| 浅层承压水（井深35～95m，$n$=243） | I | ND | 4000.0 | 96.0 | ND | 358.66 |
| | $Na^+$ | 17.52 | 121075.28 | 4129.89 | 318.21 | 16669.30 |
| | $Ca^{2+}$ | 9.89 | 1012.62 | 233.00 | 162.40 | 199.87 |
| | $Mg^{2+}$ | 2.51 | 25366.14 | 423.82 | 101.30 | 1875.78 |
| | $Cl^-$ | 15.76 | 172922.44 | 5404.59 | 381.80 | 22365.83 |
| | $SO_4^{2-}$ | 31.53 | 54147.68 | 2717.98 | 641.30 | 7976.46 |
| | $HCO_3^-$ | 45.53 | 1933.05 | 294.87 | 273.20 | 198.51 |
| | TDS | 225.50 | 358693.99 | 13083.77 | 1776.00 | 48442.28 |
| | TH | 40.53 | 106956.45 | 2329.98 | 840.70 | 7943.72 |
| | pH | 6.30 | 9.05 | 7.54 | 7.50 | 0.44 |

续表

| 含水层类型 | 指标 | 最小值 | 最大值 | 平均值 | 中位数 | 标准差 |
|---|---|---|---|---|---|---|
| 浅层承压水（井深35～95m，$n$=243） | Eh | -130.00 | 260.00 | 127.71 | 148.00 | 92.11 |
| | $F^-$ | ND | 6.78 | 1.23 | 0.90 | 1.02 |
| | Fe | ND | 30.29 | 1.53 | 0.19 | 3.51 |
| | Mn | ND | 3.193 | 0.350 | 0.155 | 0.48 |
| | As | ND | 0.110 | 0.007 | ND | 0.01 |
| 深层承压水（井深100～220m，$n$=85） | I | ND | 90.0 | 19.8 | ND | 17.25 |
| | $Na^+$ | 14.11 | 1010.57 | 168.46 | 91.69 | 198.35 |
| | $Ca^{2+}$ | 19.19 | 641.79 | 115.00 | 88.72 | 113.32 |
| | $Mg^{2+}$ | 3.66 | 347.20 | 57.51 | 42.64 | 60.82 |
| | $Cl^-$ | 15.76 | 1460.83 | 209.06 | 96.77 | 270.87 |
| | $SO_4^{2-}$ | 35.16 | 2613.00 | 394.37 | 207.30 | 496.03 |
| | $HCO_3^-$ | 59.90 | 695.20 | 210.34 | 159.10 | 111.11 |
| | TDS | 205.70 | 5519.48 | 1069.43 | 748.00 | 1083.46 |
| | TH | 91.07 | 2647.00 | 556.49 | 396.80 | 525.85 |
| | pH | 6.61 | 8.66 | 7.78 | 7.84 | 0.44 |
| | Eh | 37.00 | 244.00 | 156.81 | 166.00 | 47.90 |
| | $F^-$ | ND | 6.00 | 0.90 | 0.50 | 0.99 |
| | Fe | ND | 26.52 | 1.12 | 0.02 | 4.62 |
| | Mn | ND | 1.524 | 0.101 | 0.034 | 0.25 |
| | As | ND | 0.214 | 0.007 | ND | 0.03 |

注：pH为无量纲，Eh单位为mV，I单位为μg/L，其余指标单位为mg/L，ND表示未检出。

承压水区潜水pH为6.74～8.25，均值为7.44，整体呈中性至弱碱性；TDS相对较高（431.80～19120.29mg/L，均值为3967.30mg/L），主要分布咸水和微咸水，其次为淡水，少量分布盐水；主要阴离子组分含量整体为：$SO_4^{2-}$>$Cl^-$>$HCO_3^-$，主要阳离子组分含量整体为：$Na^+$>$Ca^{2+}$>$Mg^{2+}$。

浅层承压水pH为6.30～9.05，均值为7.54，整体呈中性至弱碱性；TDS整体较高（225.50～358693.99mg/L，均值为13083.77mg/L），主要分布微咸水、咸水和淡水，少量分布卤水和盐水；主要阴离子组分含量整体为：$Cl^-$>$SO_4^{2-}$>$HCO_3^-$，主要阳离子组分含量整体为：$Na^+$>$Mg^{2+}$>$Ca^{2+}$。

深层承压水pH为6.61～8.66，均值为7.78，整体呈中性至弱碱性；TDS整体较低（205.70～5519.48mg/L，均值为1069.43mg/L），主要分布淡水，少量分布微咸水和咸水；

主要阴离子组分含量整体为：$SO_4^{2-}>HCO_3^->Cl^-$，主要阳离子组分含量整体为：$Na^+>Ca^{2+}>Mg^{2+}$。

## 2.2.4 地下水化学类型分布特征

参照舒卡列夫分类法对地下水化学类型进行划分，并绘制地下水Piper三线图（图2–5）。水平方向上，补给区地下水化学类型以$HCO_3\cdot SO_4$–Na·（Ca）·（Mg）型为主，其次为$SO_4\cdot$Cl–Na·Ca·（Mg）型、$HCO_3\cdot SO_4\cdot$Cl–Na·（Ca）·（Mg）型和$HCO_3$–Ca·Mg型；过渡区地下水化学类型以$SO_4\cdot$Cl–Na·Ca·（Mg）型为主，其次为$HCO_3\cdot SO_4\cdot$Cl–Na·Ca·（Mg）型、$HCO_3\cdot SO_4$–Ca·Mg型；蒸发区地下水化学类型以$SO_4\cdot$Cl–Na·（Ca）·（Mg）型为主，

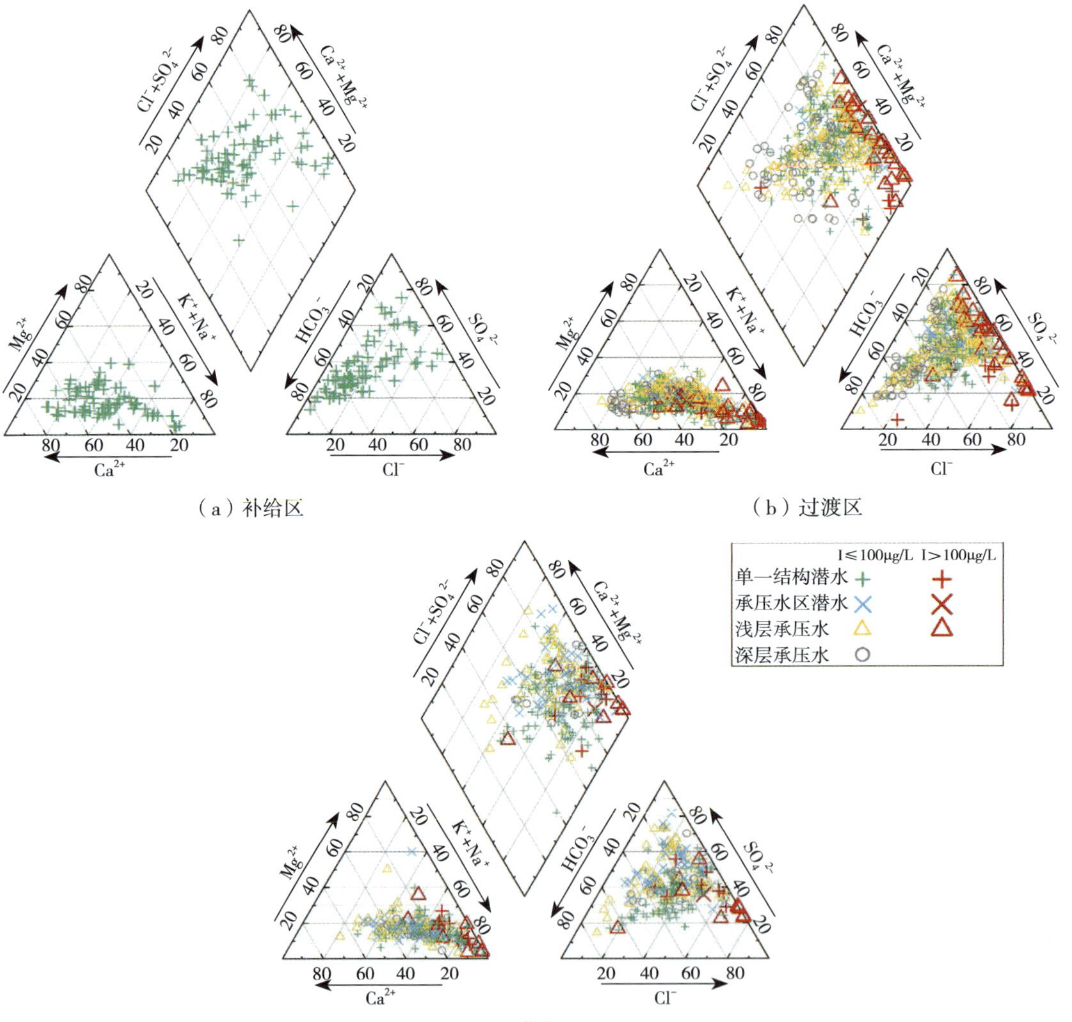


（a）补给区

（b）过渡区

（c）蒸发区

图2–5 塔里木盆地绿洲带地下水Piper三线图

少部分分布$HCO_3 \cdot SO_4 \cdot Cl-Na \cdot$（Ca）·（Mg）型和Cl–Na型。

垂直方向上，单一结构潜水化学类型以$SO_4 \cdot Cl-Na \cdot$（Ca）·（Mg）型为主，其次为$HCO_3 \cdot SO_4-Na \cdot Ca \cdot$（Mg）型和$HCO_3 \cdot SO_4 \cdot Cl-Na \cdot$（Ca）·（Mg）型；承压水区潜水水化学类型以$SO_4 \cdot Cl-Na \cdot$（Ca）·（Mg）型为主，其次为$HCO_3 \cdot SO_4-Na \cdot Ca \cdot$（Mg）型和$HCO_3 \cdot SO_4 \cdot Cl-Na \cdot$（Ca）·（Mg）型；浅层承压水水化学类型以$SO_4 \cdot Cl-Na \cdot$（Ca）·（Mg）型为主，其次为$HCO_3 \cdot SO_4-Na \cdot Ca \cdot$（Mg）型、$HCO_3 \cdot SO_4 \cdot Cl-Na \cdot$（Ca）·（Mg）型和$SO_4-Na \cdot$（Ca）·（Mg）型，少部分为Cl–Na型；深层承压水化学类型以$HCO_3 \cdot SO_4 \cdot Cl-Na \cdot$（Ca）·（Mg）为主，其次为$HCO_3-Ca \cdot$（Mg）型、$HCO_3 \cdot SO_4-$（Na）$\cdot Ca \cdot$（Mg）型、$SO_4-Ca \cdot$（Mg）型和$SO_4 \cdot Cl-Na \cdot$（Ca）·（Mg）型。

## 2.3 地下水水质现状

选用绿洲带地下水11项指标（I、$Na^+$、$Cl^-$、$SO_4^{2-}$、TDS、TH、pH、$F^-$、As、Fe和Mn）作为地下水水质评价指标。

基于《地下水质量标准》（GB/T 14848—2017），采用单项指标评价法对绿洲带717组水样进行分类，该方法采用一票否决原则，即水质评价以所有指标中最差的评价结果作为最终结果，地下水指标含量超过Ⅲ类地下水质量标准为超标。

绿洲带地下水单因子评价各指标水质类别占比（图2–6）显示，地下水指标$SO_4^{2-}$、

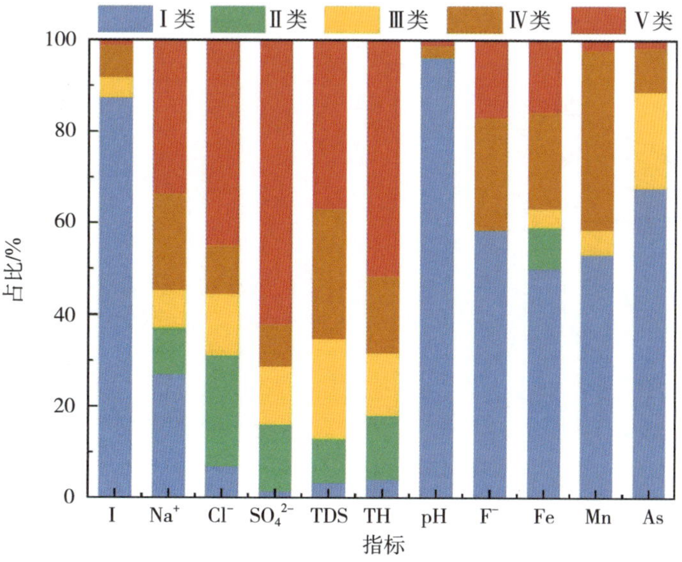


图2–6　塔里木盆地绿洲带地下水单因子评价各指标水质类别占比

TH、TDS、$Na^+$和$Cl^-$超标的样品数较多，超标比重较大（超标率均大于50.0%），其中$SO_4^{2-}$超标率为71.3%（Ⅳ类和Ⅴ类地下水占比分别为9.4%和61.9%）、TH超标率为68.3%（Ⅳ类和Ⅴ类地下水占比分别为16.9%和51.4%）、TDS超标率为65.3%（Ⅳ类和Ⅴ类地下水占比分别为28.5%和36.8%）、$Na^+$超标率为54.5%（Ⅳ类和Ⅴ类地下水占比分别为21.0%和33.5%）、$Cl^-$超标率为55.4%（Ⅳ类和Ⅴ类地下水占比分别为10.6%和44.8%）；其次分别为$F^-$、Mn和Fe，超标率分别为41.4%、41.3%和35.1%（Ⅳ类地下水占比分别24.5%、39.2%和20.1%，Ⅴ类地下水占比分别16.9%、2.1%和15.0%）；As、I和pH的超标率分别为11.3%、8.2%和3.1%（Ⅳ类地下水占比分别9.6%、7.1%和2.1%，Ⅴ类地下水占比分别1.7%、1.1%和1.0%）。

绿洲带不同区域地下水单因子评价结果（表2-4）和绿洲带地下水取样点质量类别分布图（图2-7）显示，地下水质量类别Ⅰ～Ⅴ类水样占总水样的0.1%、3.9%、9.2%、14.8%和72.0%，超标的水样占总水样的86.8%，显示出绿洲带地下水质量整体较差。

表2-4　塔里木盆地绿洲带不同区域地下水单因子评价结果

| 区域 | 样本数 | 数量 | | | | | 占比/% | | | | |
|---|---|---|---|---|---|---|---|---|---|---|---|
| | | Ⅰ | Ⅱ | Ⅲ | Ⅳ | Ⅴ | Ⅰ | Ⅱ | Ⅲ | Ⅳ | Ⅴ |
| 补给区 | 76 | 0 | 11 | 13 | 20 | 32 | 0.0 | 14.5 | 17.1 | 26.3 | 42.1 |
| 过渡区 | 388 | 1 | 15 | 40 | 60 | 272 | 0.3 | 3.9 | 10.3 | 15.4 | 70.1 |
| 蒸发区 | 253 | 0 | 2 | 13 | 26 | 212 | 0.0 | 0.8 | 5.1 | 10.3 | 83.8 |
| 全水样 | 717 | 1 | 28 | 66 | 106 | 516 | 0.1 | 3.9 | 9.2 | 14.8 | 72.0 |

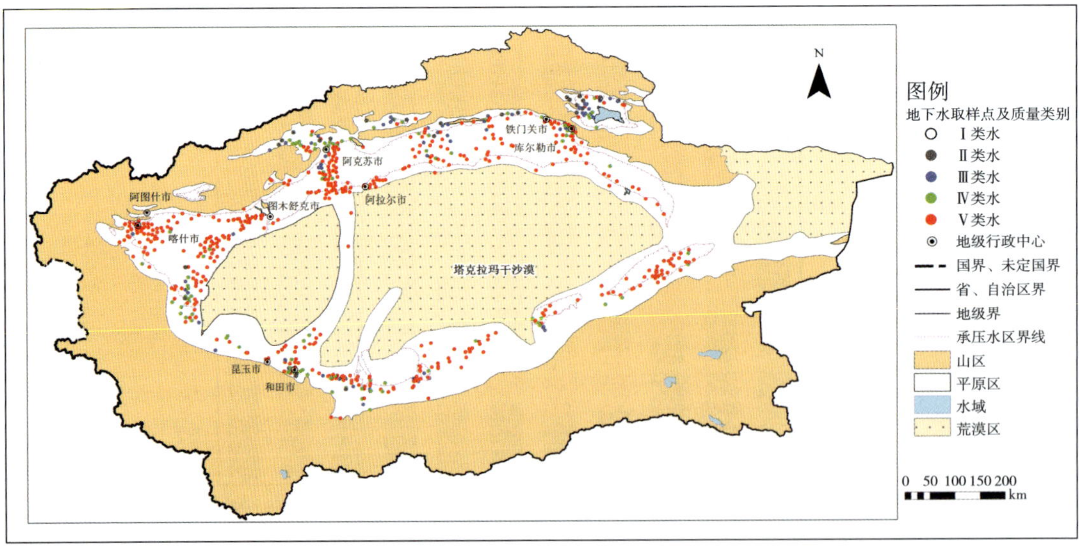


图2-7　塔里木盆地绿洲带地下水取样点质量类别分布图

由补给区至过渡区，再至蒸发区，地下水水样超标占比增加，超标率分别为68.4%、85.5%和94.1%（Ⅳ类地下水占比分别26.3%、15.4%、10.3%，Ⅴ类地下水占比分别42.1%、70.1%、83.8%）。

绿洲带不同含水层地下水单因子评价结果（表2-5）显示，单一结构潜水超标水样占比为85.5%，其中Ⅳ类和Ⅴ类地下水占比分别为18.2%和67.3%；承压水区潜水超标水样占比为97.2%，其中Ⅳ类和Ⅴ类地下水占比分别为1.4%和95.8%；浅层承压水超标水样占比为91.7%，其中Ⅳ类和Ⅴ类地下水占比分别为12.3%和79.4%；深层承压水超标水样占比为68.2%，其中Ⅳ类和Ⅴ类地下水占比分别为20.0%和48.2%。浅层地下水质量整体较差。

表2-5　塔里木盆地绿洲带不同含水层地下水单因子评价结果

| 含水层 | 样本数 | 数量 | | | | | 占比/% | | | | |
|---|---|---|---|---|---|---|---|---|---|---|---|
| | | Ⅰ | Ⅱ | Ⅲ | Ⅳ | Ⅴ | Ⅰ | Ⅱ | Ⅲ | Ⅳ | Ⅴ |
| 单一结构潜水 | 318 | 0 | 17 | 29 | 58 | 214 | 0.0 | 5.4 | 9.1 | 18.2 | 67.3 |
| 承压水区潜水 | 71 | 0 | 1 | 1 | 1 | 68 | 0.0 | 1.4 | 1.4 | 1.4 | 95.8 |
| 浅层承压水 | 243 | 0 | 4 | 16 | 30 | 193 | 0.0 | 1.7 | 6.6 | 12.3 | 79.4 |
| 深层承压水 | 85 | 1 | 6 | 20 | 17 | 41 | 1.2 | 7.1 | 23.5 | 20.0 | 48.2 |

# 3 和田河流域绿洲区地下水化学特征及形成机制

# 3.1 地下水样采集

## 3.1.1 采样点布设与数据收集

地下水水质检测数据是了解地下水质量状况、水化学特征及进行水化学形成机制研究的基础。2014年7月课题组在绿洲区进行了1：25万地下水污染调查工作，共采集地下水样45组，全部为潜水样，控制面积约为4138km$^2$；2017年7月课题组在绿洲区进行了1：25万水文地质调查，共采集地下水样75组，其中6组深层水样，全部为潜水样，采集了2个地表水样；2017年采集了三个钻孔的岩芯样进行岩矿鉴定；在分析2014年地下水化学检测数据基础上，2018年在地下水质量较差尤其是某些毒理性指标超标的采样点及附近进行采样，并进行了污染源调查工作，共采集13个潜水样，其中5个水样（H59、H61、H70、H75、H87）在2014年的原位井中采集的，8个水样是在2014年原位井附近采集的，同时还采集了2个污水样。除此之外，收集了1980年中国人民解放军00929部队开展的“新疆和田区域水文地质普查”工作中和田县（市）、洛浦县、墨玉县的27个探坑和28个钻孔采集的55组水样的水质检测数据。采样点布设位置见图3-1。

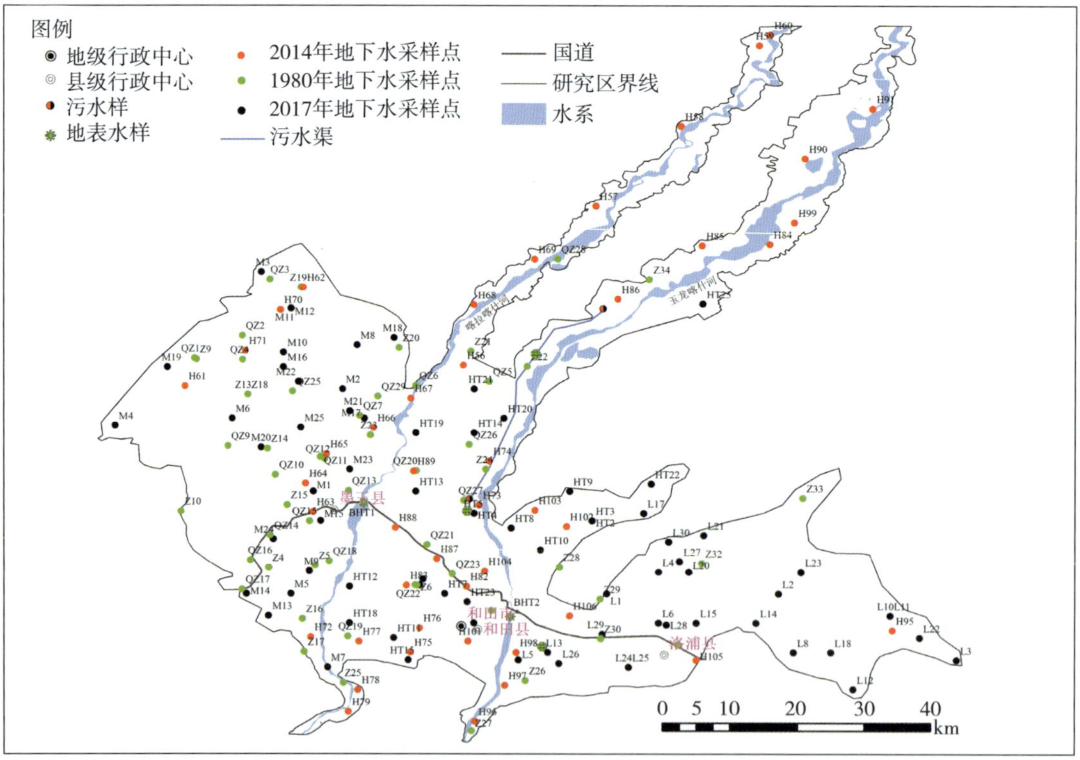


图3-1 和田河流域绿洲区地表水与地下水采样点分布图

### 3.1.2 样品采集与保存

在绿洲区进行地下水取样过程中严格按照《区域地下水污染调查评价规范》(DZ/T 0288—2015)规定的方法进行采集与保存。采样点的布设遵循在综合考虑区域水文地质条件和土地利用等情况下，选择能反映调查区地下水质量的代表性水点的原则，在此基础上尽量选择监测井、生活及农用机井等井孔或水点。地下水样品的采集在开泵10min后或抽出水量超过井孔储水量的3倍后再进行。采集水样时用新鲜的井水将取样瓶冲洗3～5次，且现场检测水温（*T*）、EC、pH、Eh、溶解氧（DO）5项指标，等趋于稳定时再进行读数。

地表水采样点布设在水流平稳、水面开阔的顺直河段，采样点位一般在水面0.5m以下，河床0.5m以上，当实际水深不足1.0m时，在实际水深的1/2处取样。样品采集后立即密封，用冰块保存，用于有机物检测的样品避光，7日内送至实验室。

### 3.1.3 样品检测

2014年共检测5项现场必测指标、28项无机指标和37项有机指标。

（1）现场必测指标　采用多参数水质分析测定仪（意大利哈纳HI9829T-04）对pH、水温、DO、Eh和EC 5项指标进行现场检测。

（2）无机指标　TH、TDS、偏硅酸（$H_2SiO_3$）、耗氧量、钾离子（$K^+$）、钠离子（$Na^+$）、钙离子（$Ca^{2+}$）、镁离子（$Mg^{2+}$）、氨氮（$NH_4^+$）、铝离子（$Al^{3+}$）、六价铬（$Cr^{6+}$）、氯离子（$Cl^-$）、硫酸根离子（$SO_4^{2-}$）、碳酸氢根离子（$HCO_3^-$）、碳酸根离子（$CO_3^{2-}$）、硝酸根离子（$NO_3^-$）、亚硝酸根离子（$NO_2^-$）、氟（F）、碘离子（$I^-$）、铁（Fe）、铜（Cu）、锰（Mn）、锌（Zn）、汞（Hg）、砷（As）、铅（Pb）、镉（Cd）和硒（Se）28项无机指标。

（3）有机指标　包括卤代烃、单环芳烃和有机氯农药，其中卤代烃有三氯甲烷、四氯化碳、1,1,1-三氯乙烷、三氯乙烯、四氯乙烯、二氯甲烷、1,2-二氯乙烷、1,1,2-三氯乙烷、1,2-二氯丙烷、溴二氯甲烷、一氯二溴甲烷、溴仿、氯乙烯、1,1-二氯乙烯、1,2-二氯乙烯，氯代苯类有氯苯、邻二氯苯、间二氯苯、对二氯苯、1,2,4-三氯苯，单环芳烃有苯、甲苯、乙苯、间/对二甲苯、苯乙烯，有机氯农药有六氯苯、总六六六、*α*-BHC、*β*-BHC、*γ*-BHC、*δ*-BHC、总滴滴涕、*p,p'*-DDE、*p,p'*-DDD、*o,p'*-DDT、*p,p'*-DDT，多环芳烃有苯并[a]芘，共37项。挥发性和半挥发性有机物检测仪器采用Trace dsp GCMS-QP2010气相色谱-质谱联用仪。样品采集后送至中国地质科学院水文地质环境地质研究所矿泉水检测中心进行检测。

2017年采集的地下水样和地表水样由新疆地矿局第二水文工程地质大队化验室进

行检测，共检测了TH、TDS、偏硅酸、高锰酸盐指数、挥发性酚类（以苯酚计）、$K^+$、$Na^+$、$Ca^{2+}$、$Mg^{2+}$、$NH_4^+$、$Al^{3+}$、$Cr^{6+}$、$Cl^-$、$SO_4^{2-}$、$HCO_3^-$、$CO_3^{2-}$、$PO_4^{3-}$、$NO_3^-$、$NO_2^-$、$F^-$等30项无机指标。检测仪器主要有原子吸收仪（TAS-990）、原子荧光仪（AFS-922）、分光光度计（T6新世纪）、分光光度计（T6新悦）、分光光度计（7230G）等。

2018年补充采集样品由新疆地矿局第二水文地质工程地质大队统一进行水质全分析检测。

根据电荷平衡原理对本次采集与测定的数据进行了准确性检测，所有检测指标参与电中性方程的计算。经过误差分析，所测数据误差值小于5%均在合理范围内，表明水化学分析数据可用于水文地球化学问题的分析。

## 3.2 地下水质量状况及演化

地下水资源是绿洲区重要的饮用水源，水质好坏可直接影响当地居民的身体健康。本节以1980年、2014年和2017年地下水化学检测数据为基础，采用单项指标评价法对绿洲区地下水质量进行评价，以了解地下水质量状况及时空演化特征；并通过“超Ⅲ类水指标贡献率”识别影响地下水质量的关键指标（李玲，2020）。

### 3.2.1 地下水质量评价

#### 3.2.1.1 评价方法的选择

影响地下水质量评价结果客观性与准确性的因素有很多，最为关键的是评价方法的选取。虽然目前水质评价方法众多，但由于地下水质量具有“木桶效应”，即地下水质量的好坏取决于超标最严重的某个或某些成分，因此单项指标评价法在水质评价中最为适用。单项指标评价法是最严格的一种方法，其原理简单、计算方便，可以清晰地判断出关键指标（李玲等，2017）。该方法是《地下水质量标准》（GB/T 14848—2017）中唯一提到的评价方法，也是我国实施多年且普遍获得认可的一种方法。

单项指标评价法是指分别对所选评价指标的实测数据与标准值进行对比分类，若指标限值相同而地下水质量类别不同时，按照从优不从劣的原则进行评定。最终按单个指标评价结果中的最高类别确定为该组地下水质量类别，并将最高类别的指标确定为影响该样品水质的关键指标，而影响整个研究区地下水的关键指标引入“超Ⅲ类水指标贡献率”的概念来定量确定。“超Ⅲ类水指标贡献率（$C_{单}$）”的定义是某指标超过Ⅲ类水标准值的样品数（$N_{单}$）与所有等级为Ⅲ类及以上的样品数（$N_{总}$）之比，可按式（3-1）

（田夏等，2017）计算：

$$C_{单}=\frac{N_{单}}{N_{总}}\times 100\% \qquad (3-1)$$

将超Ⅲ类水指标贡献率大于10%的指标确定为影响绿洲区地下水质量的关键指标。

#### 3.2.1.2 评价结果与分析

（1）1980年地下水质量状况 1980年有28组地下水样采自浅钻，全部为潜水，进行混合取样；27组地下水样采自钻孔，其中有9组水样分上下两层进行取样，因此共有55组浅层潜水样和9组深层潜水样。采用单项指标评价法对1980年和田河流域绿洲区地下水质量进行评价，结果见表3-1。

表3-1 1980年和田河流域绿洲区地下水质量评价结果

| 编号 | 关键指标 | 类别 | 编号 | 关键指标 | 类别 |
|---|---|---|---|---|---|
| QZ1 | TDS/$Na^+$/$Cl^-$ | Ⅳ | QZ23 | TDS/TH/$Na^+$/$Cl^-$/$SO_4^{2-}$ | Ⅳ |
| QZ2 | TDS/$Na^+$/$Cl^-$/$SO_4^{2-}$ | Ⅳ | QZ24 | TDS/TH/$Na^+$/$Cl^-$/$SO_4^{2-}$ | Ⅲ |
| QZ3 | $Cl^-$ | Ⅴ | QZ25 | TDS/$Na^+$/$Cl^-$ | Ⅴ |
| QZ4 | TDS/$Na^+$/$Cl^-$ | Ⅳ | QZ26 | TDS/$Na^+$/$Cl^-$ | Ⅴ |
| QZ5 | TDS/TH/$Cl^-$/$SO_4^{2-}$ | Ⅴ | QZ27 | TDS/TH/$Na^+$ | Ⅲ |
| QZ6 | TDS/$Cl^-$ | Ⅳ | QZ28 | TDS/$Na^+$ | Ⅳ |
| QZ7 | TDS/TH | Ⅳ | QZ29 | TDS/TH/$Na^+$ | Ⅲ |
| QZ9 | TDS/$Na^+$ | Ⅳ | **Z4–1** | **TDS/$Cl^-$** | Ⅲ |
| QZ10 | TDS | Ⅲ | **Z4–2** | **TDS/TH/$Cl^-$/$SO_4^{2-}$** | Ⅱ |
| QZ11 | TDS/$Cl^-$ | Ⅳ | **Z5–1** | **TDS/$NH_4^+$** | Ⅲ |
| QZ12 | TDS | Ⅲ | **Z5–2** | **TDS/TH/$Cl^-$/$SO_4^{2-}$** | Ⅱ |
| QZ13 | TDS/$Cl^-$ | Ⅳ | Z6 | TDS | Ⅳ |
| QZ14 | TDS/TH/$Cl^-$/$SO_4^{2-}$ | Ⅱ | **Z9–1** | **TDS/$Na^+$** | Ⅴ |
| QZ15 | TDS/$Cl^-$/$SO_4^{2-}$ | Ⅲ | **Z9–2** | **$Cl^-$** | Ⅴ |
| QZ16 | TDS/TH/$Cl^-$/$SO_4^{2-}$ | Ⅲ | Z10 | TDS/$Cl^-$/$NO_2^-$ | Ⅲ |
| QZ17 | TDS/$Cl^-$/$SO_4^{2-}$/$NO_2^-$ | Ⅲ | **Z13–1** | **TDS/TH/$Na^+$/$SO_4^{2-}$** | Ⅴ |
| QZ18 | TDS/TH/$Cl^-$ | Ⅲ | **Z13–2** | **TDS/TH/$Na^+$/$Cl^-$/$SO_4^{2-}$** | Ⅴ |
| QZ19 | TDS/TH/$Cl^-$ | Ⅲ | Z14 | $Cl^-$ | Ⅴ |
| QZ20 | TDS/TH/$Cl^-$ | Ⅳ | **Z15–1** | **TDS/$Cl^-$/$NH_4^+$** | Ⅲ |
| QZ21 | TDS/TH/$Na^+$/$Cl^-$/$SO_4^{2-}$ | Ⅳ | **Z15–2** | **$Cl^-$** | Ⅴ |
| QZ22 | TDS/TH/$Na^+$/$Cl^-$/$SO_4^{2-}$ | Ⅳ | Z16 | TDS、$Cl^-$ | Ⅲ |

续表

| 编号 | 关键指标 | 类别 | 编号 | 关键指标 | 类别 |
|---|---|---|---|---|---|
| Z17 | TDS/TH/$SO_4^{2-}$ | Ⅴ | **Z25-2** | **$Cl^-$** | **Ⅴ** |
| **Z18-1** | **TDS/$Na^+$/$Cl^-$/$SO_4^{2-}$** | Ⅴ | Z26 | TDS | Ⅲ |
| **Z18-2** | **$Na^+$/$Cl^-$** | Ⅴ | **Z27-1** | **TDS** | **Ⅲ** |
| Z19 | $Na^+$/$Cl^-$ | Ⅴ | **Z27-2** | **TDS/$Na^+$/$Cl^-$/$SO_4^{2-}$** | **Ⅴ** |
| **Z20-1** | **$Cl^-$** | Ⅴ | Z28 | TDS/TH | Ⅲ |
| **Z20-2** | **$Cl^-$** | Ⅴ | Z29 | TDS/TH | Ⅲ |
| Z21 | $Cl^-$ | Ⅴ | Z30 | TDS/TH/$Na^+$ | Ⅳ |
| Z22 | $Cl^-$ | Ⅴ | Z31 | $Na^+$ | Ⅳ |
| Z23 | TDS | Ⅲ | Z32 | $Na^+$ | Ⅳ |
| Z24 | $Cl^-$ | Ⅴ | Z33 | TDS/$Na^+$/$Cl^-$ | Ⅴ |
| **Z25-1** | **TDS/$Na^+$/$Cl^-$** | **Ⅳ** | Z34 | $Cl^-$ | Ⅴ |

注：字体加粗者为分层取样点。

如表3-1所示，55组浅层潜水样中，无Ⅰ类水，只有1个地下水样的水质类别是Ⅱ类水，其余均为Ⅲ类、Ⅳ类和Ⅴ类水，分别占36.4%、32.7%和29.1%，其中Ⅳ类和Ⅴ类水占61.8%，表明1980年绿洲区浅层地下水质量总体较差。决定地下水质量类别的关键指标极少是单一的，大多数水样的关键指标有多个。通过“超Ⅲ类水指标贡献率”的大小顺序（见图3-2），即TDS（76.6%）>$Cl^-$（68.8%）>$Na^+$（39.1%）>TH（32.8%）>$SO_4^{2-}$（26.6%）>$NH_4^+$（3.1%）=$NO_2^-$（3.1%），可知影响1980年绿洲区地下水质量的关键指标有TDS、$Cl^-$、$Na^+$、TH和$SO_4^{2-}$。

分层地下水水质分布状况有三种情况，一种是上下层水质类别不一致，下层水质优于上层水质类别，如Z4-1和Z5-1的水质类别为Ⅲ类，Z4-2和Z5-2水质类别为Ⅱ类；第二种是上下层水质类别一致，Z9-1、Z9-2、Z13-1、Z13-2和Z18-1、Z18-2都是Ⅴ类水；第三种情况是上下层水质类别不一致，下层水质劣于上层水质类别，Z15-1、Z25-1和Z27-1分别为Ⅲ类水Ⅳ类水和Ⅲ类水，Z15-2、Z25-2和Z27-2均为Ⅴ类水。总体而言，1980年绿洲区深层潜水质量优于浅层潜水，某些钻孔中的地下水出现下咸上淡的现象，可能是下层含水介质颗粒较细，地下水径流速度很慢，化学成分不断累积造成。

（2）2014年地下水质量状况　2014年共采集的45组潜水样，调查井深范围是6～100m，为混合取样。结合当地实际情况，将绿洲区潜水分浅层潜水（井深为6～20m）和中深层潜水（井深为20～100m）两类进行分析。2014年绿洲区地下水质量评价结果见表3-2。

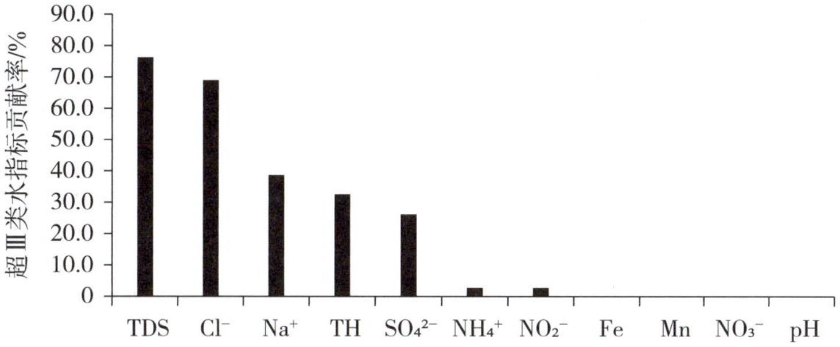


图3-2　和田河流域绿洲区地下水1980年超Ⅲ类水指标贡献率统计图

表3-2　2014年和田河流域绿洲区地下水质量评价结果

| 类型 | 编号 | 关键指标 | 类别 | 编号 | 关键指标 | 类别 |
|---|---|---|---|---|---|---|
| 浅层潜水 | H56 | TH/$Cl^-$/$SO_4^{2-}$/$F^-$/Fe | Ⅴ | H82 | F | Ⅴ |
| | H57 | TDS/TH/$Na^+$/$Cl^-$/Mn/As/B(a)P | Ⅳ | H84 | TDS/TH/$Na^+$/$Cl^-$/$SO_4^{2-}$/Fe | Ⅴ |
| | H58 | $Cl^-$ | Ⅳ | H85 | TDS/TH/$Na^+$/$Cl^-$/$SO_4^{2-}$ | Ⅴ |
| | H59 | TH/$Cl^-$/$SO_4^{2-}$/$F^-$/B(a)P | Ⅴ | H86 | TH/$Na^+$/$Cl^-$/$SO_4^{2-}$/Fe | Ⅴ |
| | H60 | Fe | Ⅴ | H87 | TDS/TH/$Na^+$/$Cl^-$/$SO_4^{2-}$/F | Ⅴ |
| | H61 | TDS/TH/$Na^+$/$Cl^-$/$SO_4^{2-}$/F | Ⅴ | H88 | TH/$Cl^-$/$SO_4^{2-}$/Fe/B(a)P | Ⅴ |
| | H62 | TDS/TH/pH/$Cl^-$/$SO_4^{2-}$/F | Ⅴ | H89 | TH/Fe/Mn/B(a)P | Ⅳ |
| | H67 | $Cl^-$ | Ⅴ | H90 | TDS/TH/$Na^+$/$Cl^-$/$SO_4^{2-}$/F/Fe | Ⅴ |
| | H68 | TH/$Cl^-$ | Ⅴ | H91 | TDS/TH/$Na^+$/$Cl^-$/$SO_4^{2-}$/F/Fe | Ⅴ |
| | H69 | TH/$Cl^-$/Fe | Ⅴ | H95 | F | Ⅴ |
| | H71 | $Cl^-$ | Ⅴ | H96 | Fe | Ⅴ |
| | H72 | TH/Fe/As | Ⅴ | H99 | TDS/TH/$Na^+$/$Cl^-$/$SO_4^{2-}$/F | Ⅴ |
| | H73 | Mn | Ⅴ | H101 | TDS/F | Ⅳ |
| | H74 | $Cl^-$ | Ⅴ | H102 | TH | Ⅴ |
| | H75 | TDS/TH/$SO_4^{2-}$ | Ⅴ | H104 | TDS/TH/$Na^+$/$Cl^-$/$SO_4^{2-}$/F/$NO_3^-$ | Ⅴ |
| | H78 | TDS/TH/$Cl^-$/$SO_4^{2-}$/Fe | Ⅲ | H105 | TH/F/Fe/Mn | Ⅳ |
| | H79 | TDS/TH/$SO_4^{2-}$/Fe | Ⅳ | H106 | pH | Ⅴ |
| 中深层潜水 | H63 | $Cl^-$ | Ⅴ | H77 | TDS/TH/$Cl^-$ | Ⅳ |
| | H64 | TDS/$NO_2^-$ | Ⅲ | H83 | TDS/TH/$Cl^-$/$SO_4^{2-}$/Fe | Ⅳ |
| | H65 | Fe | Ⅳ | H97 | $NH_4^+$ | Ⅳ |
| | H66 | TDS/TH/F | Ⅲ | H98 | F | Ⅲ |
| | H70 | pH/$Cl^-$ | Ⅴ | H103 | F | Ⅴ |
| | H76 | TH/$SO_4^{2-}$ | Ⅴ | | | |

45组潜水样中，无Ⅰ类和Ⅱ类水，Ⅲ类、Ⅳ类和Ⅴ类水分别占8.9%、22.2%和68.9%，其中Ⅳ类和Ⅴ类水共占91.1%，表明2014年绿洲区地下水质量很差。

决定地下水质量类别的关键指标同样也是很少为单一的，绝大多数水样的关键指标有多个。通过"超Ⅲ类水指标贡献率"的大小顺序（图3-3），即TDS（66.7%）>TH（64.4%）>$Cl^-$（60.0%）>Fe（57.8）>$SO_4^{2-}$（55.6%）>$Na^+$（53.3%）>Mn（46.7%）>F（40.0%）>B(a)P（13.3%）>pH（8.9%）=As（8.9%）>$NH_4^+$（6.7%）=$NO_3^-$（6.7%）>$NO_2^-$（4.4%）>Zn（2.2%），可知影响2014年绿洲区地下水质量的关键指标较多，有TDS、TH、$Cl^-$、Fe、$SO_4^{2-}$、$Na^+$、Mn、F、B(a)P。

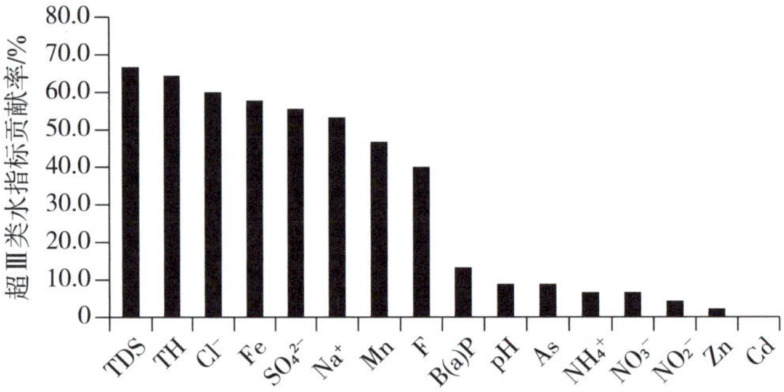


图3-3　和田河流域绿洲区地下水2014年超Ⅲ类水指标贡献率统计图

34组浅层潜水样中，Ⅲ类水1组、Ⅳ类水6组、Ⅴ类水27组，分别占总水样的2.9%、17.6%和79.5%；TDS、TH、$Cl^-$、$Na^+$、$SO_4^{2-}$、F和Fe是影响绿洲区浅层潜水水质的关键指标。11组中深层潜水中，Ⅲ类水有3组、Ⅳ类水有4组、Ⅴ类水有4组，分别占27.2%、36.4%和36.4%；决定中深层潜水水质类别的关键因子主要是TDS、TH、$Cl^-$、F等指标。浅层潜水的水质类别普遍要高于中深层潜水，且只在浅层潜水中出现了B(a)P、Mn、As和pH超Ⅲ类水标准值的情况。总体而言，2014年绿洲区浅层潜水质量劣于中深层潜水质量。

（3）2017年地下水质量状况　2017年在绿洲区共采集并检测了75组潜水样，其中63组主要采自民用井，深度一般小于20m；6组水样采自钻孔，分上下两层进行取样，因此浅层潜水样共有69组，中深层潜水样有6组。2017年绿洲区地下水质量评价结果见表3-3。

绿洲区69组浅层潜水样中，无Ⅰ类和Ⅱ类水，Ⅲ类、Ⅳ类和Ⅴ类水分别占27.5%、34.8%和37.7%，其中Ⅳ类和Ⅴ类水共占72.5%，表明2017年绿洲区潜水质量总体较差。

通过"超Ⅲ类水指标贡献率"的大小顺序（见图3-4），即TDS（44.9%）=$Cl^-$（44.9%）>F（39.1%）>$SO_4^{2-}$（37.7%）>$Na^+$（36.2%）>TH（31.9%）>pH（11.6%）>$NH_4^+$（4.3%）>Mn（1.4%）=Cd（1.4%），可以看出影响2017年绿洲区浅层潜水质量的关键指标是TDS、$Cl^-$、F、$SO_4^{2-}$、$Na^+$、TH和pH。

表3-3　2017年和田河流域绿洲区地下水质量评价结果

| 编号 | 关键指标 | 类别 | 编号 | 关键指标 | 类别 | 编号 | 关键指标 | 类别 |
|---|---|---|---|---|---|---|---|---|
| **HT2** | **F** | **Ⅳ** | L1 | F | Ⅳ | M1 | $SO_4^{2-}$ | Ⅴ |
| **HT3** | **TDS/TH/$Cl^-$/$SO_4^{2-}$/F** | **Ⅲ** | L2 | TDS/$Na^+$/$Cl^-$/F/$SO_4^{2-}$ | Ⅴ | M2 | F | Ⅳ |
| **HT4** | **$Cl^-$** | **Ⅴ** | L3 | TDS/F | Ⅲ | M3 | TDS/TH/$Na^+$/$Cl^-$/$SO_4^{2-}$ | Ⅴ |
| **HT5** | **$Na^+$/$Cl^-$** | **Ⅳ** | L4 | TH/F | Ⅳ | M4 | TDS/$Na^+$/$Cl^-$/$SO_4^{2-}$ | Ⅴ |
| HT6 | TDS/TH/$F^-$/$SO_4^{2-}$ | Ⅲ | L5 | TH/$SO_4^{2-}$/F/$NH_4^+$ | Ⅲ | M5 | TDS/TH/$Cl^-$/F/$SO_4^{2-}$/$NH_4^+$ | Ⅲ |
| HT7 | F | Ⅴ | L6 | $SO_4^{2-}$/F | Ⅳ | M6 | TDS/TH/$Na^+$/$Cl^-$/$SO_4^{2-}$ | Ⅴ |
| HT8 | F | Ⅳ | L8 | TDS/$Cl^-$/$SO_4^{2-}$ | Ⅳ | M7 | TDS/$Cl^-$/$SO_4^{2-}$/F | Ⅲ |
| HT9 | TDS/TH/$Cl^-$/F/$SO_4^{2-}$ | Ⅲ | **L10** | **$Na^+$/$Cl^-$/$SO_4^{2-}$** | **Ⅴ** | M8 | $Cl^-$ | Ⅴ |
| HT10 | $SO_4^{2-}$/F | Ⅴ | **L11** | **$Na^+$/$Cl^-$/$SO_4^{2-}$** | **Ⅴ** | M9 | TDS/$SO_4^{2-}$/F | Ⅲ |
| HT11 | TDS/TH/$Cl^-$/$SO_4^{2-}$ | Ⅳ | L12 | $Na^+$/$Cl^-$/$SO_4^{2-}$ | Ⅴ | M10 | $Na^+$/$Cl^-$/Cd | Ⅴ |
| HT12 | TDS/$Cl^-$/F | Ⅲ | L13 | F | Ⅲ | **M11** | **TDS/$Na^+$/$Cl^-$/$SO_4^{2-}$** | **Ⅴ** |
| HT13 | $Cl^-$ | Ⅴ | L14 | $Cl^-$/$SO_4^{2-}$ | Ⅴ | **M12** | **TDS/$Na^+$/$Cl^-$/$SO_4^{2-}$** | **Ⅴ** |
| HT14 | $Cl^-$ | Ⅴ | L15 | F | Ⅴ | M13 | TH/$SO_4^{2-}$ | Ⅴ |
| HT15 | TDS/$Na^+$/$Cl^-$/$SO_4^{2-}$ | Ⅴ | L17 | F | Ⅳ | M14 | TDS/TH/$Na^+$/$Cl^-$/$SO_4^{2-}$ | Ⅲ |
| **HT16** | **TDS/TH/$Cl^-$/$SO_4^{2-}$** | **Ⅳ** | L18 | $Cl^-$/$SO_4^{2-}$ | Ⅳ | M15 | TDS/TH/$Cl^-$/F/$SO_4^{2-}$ | Ⅲ |
| **HT17** | **TDS/$Cl^-$** | **Ⅳ** | L20 | TH/$F^-$ | Ⅳ | M16 | TDS/$Na^+$/$Cl^-$ | Ⅳ |
| HT18 | TDS、$Cl^-$ | Ⅲ | L21 | F | Ⅴ | M17 | F | Ⅳ |
| HT19 | TDS/TH/$Cl^-$ | Ⅳ | L22 | TDS/TH/$Na^+$/$Cl^-$/$SO_4^{2-}$ | Ⅴ | M18 | $Cl^-$/F | Ⅳ |
| HT20 | $Cl^-$ | Ⅴ | L23 | TDS/TH | Ⅳ | M19 | pH/$Na^+$ | Ⅳ |
| HT21 | $Cl^-$ | Ⅴ | **L24** | **$SO_4^{2-}$** | **Ⅴ** | M20 | TDS/TH/$Cl^-$/F/$SO_4^{2-}$ | Ⅲ |
| HT22 | TDS/$Na^+$/$Cl^-$/$SO_4^{2-}$/F | Ⅲ | **L25** | **$SO_4^{2-}$** | **Ⅴ** | M21 | TDS/TH/$Cl^-$/F | Ⅲ |
| HT23 | $SO_4^{2-}$ | Ⅴ | L26 | TDS/TH/$SO_4^{2-}$ | Ⅲ | M22 | TDS/TH/$Na^+$/$Cl^-$/$SO_4^{2-}$ | Ⅴ |
| HT24 | TDS/TH/$Cl^-$/$SO_4^{2-}$ | Ⅳ | L27 | TDS/TH/$Cl^-$/F/$NH_4^+$ | Ⅳ | M23 | TDS/TH/$Cl^-$ | Ⅳ |
| HT25 | TDS/$Cl^-$ | Ⅲ | L28 | pH | Ⅳ | M24 | TDS/TH/$Cl^-$ | Ⅲ |
| L30 | pH | Ⅳ | L29 | pH | Ⅲ | M25 | F | Ⅳ |

注：字体加粗者为分层取样点。

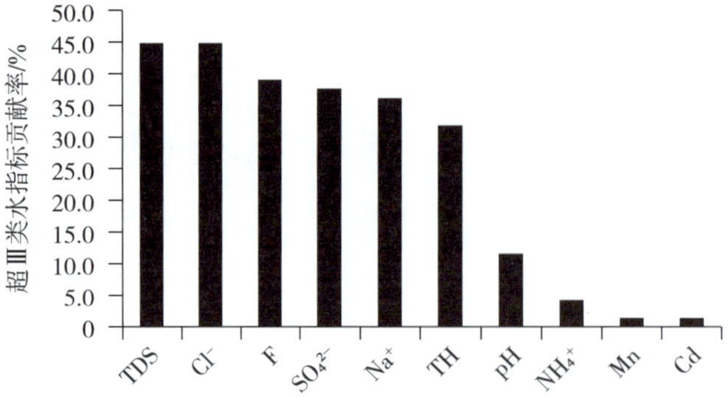


图3-4　和田河流域绿洲区地下水2017年超Ⅲ类水指标贡献率统计图

分层取样的地下水质量存在两种情况（表3-3），一种是上下层水质类别不一致，下层水质优于上层水质，如HT2、HT3的水质类别为Ⅳ类、Ⅲ类，HT4、HT5水质类别为Ⅴ类、Ⅳ类；另一种是上下层水质类别一致，HT16、HT17水质类别为Ⅳ类，L10、L11，L24、L25，M11、M12水质类别为Ⅴ类，可见2017年绿洲区中深层潜水质量普遍优于浅层潜水。

## 3.2.2　地下水质量演化特征

### 3.2.2.1　空间分布特征

如图3-5所示为1980年绿洲区地下水质量分区图，由图可以看出1980年绿洲区在墨玉县萨依巴格乡附近有Ⅱ类地下水出现，Ⅲ类水、Ⅳ类水、Ⅴ类水分布面积差别不大。Ⅲ类水分布在冲洪积细土平原中上部的两河出山口附近，向北延伸至冲洪积细土平原的尾部；Ⅳ类水分布在冲洪积细土平原中上部的两河之间区域和细土平原尾部的部分区域；Ⅴ类水主要分布在冲洪积细土平原的尾部，以及深入沙漠腹地的河谷平原。

如图3-6所示为2014年绿洲区地下水质量分区图，由图可知2014年绿洲区地下水质量在水平方向上分布的最大特征是Ⅴ类水分布面积最广，Ⅲ类水和Ⅳ类水分布面积较小。两河出山口处的和田县拉依喀乡、洛浦县布雅乡以及受河流入渗显著的沿河区域的墨玉县芒来乡、英也尔乡附近地下水为Ⅲ类水。Ⅳ类水主要集中在两河之间的区域，靠近沙漠的河谷平原区墨玉县喀瓦克乡附近也是Ⅳ类水，在此区域的其他水样都是Ⅴ类水。从水文地质条件及气候方面来看，靠近沙漠的河谷平原区地下水的蒸发浓缩作用强烈，化学成分易于累积，水质较差，但墨玉县喀瓦克乡附近采样点距河流较近，接受河水补给显著，因此水质相对于其他采样点要好些。

2017年绿洲区地下水质量（图3-7）在水平方向上的分布规律与1980年相似。2017年从绿洲区南部至北部以及从两河出山口处到冲洪积扇边缘，地下水质量略呈过渡性分布。Ⅲ类水主要分布在两河出山口附近、冲洪积细土平原的中上部，包括墨玉县加汗巴

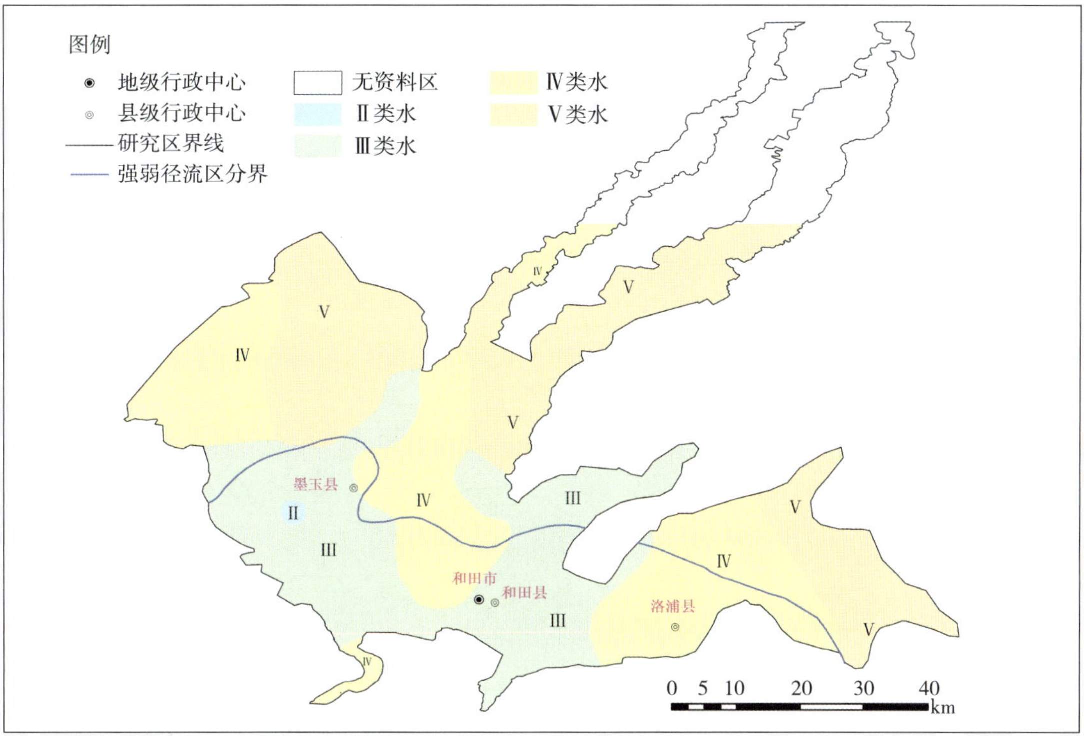


图3-5　1980年和田河流域绿洲区地下水质量分区图

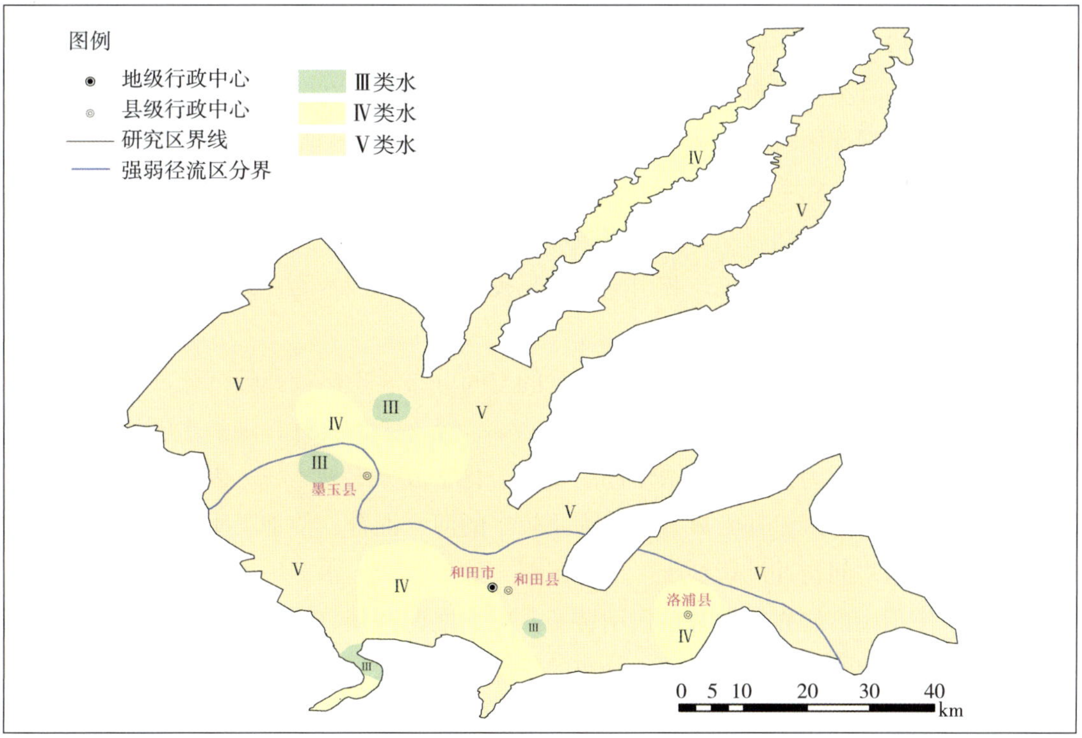


图3-6　2014年和田河流域绿洲区地下水质量分区图

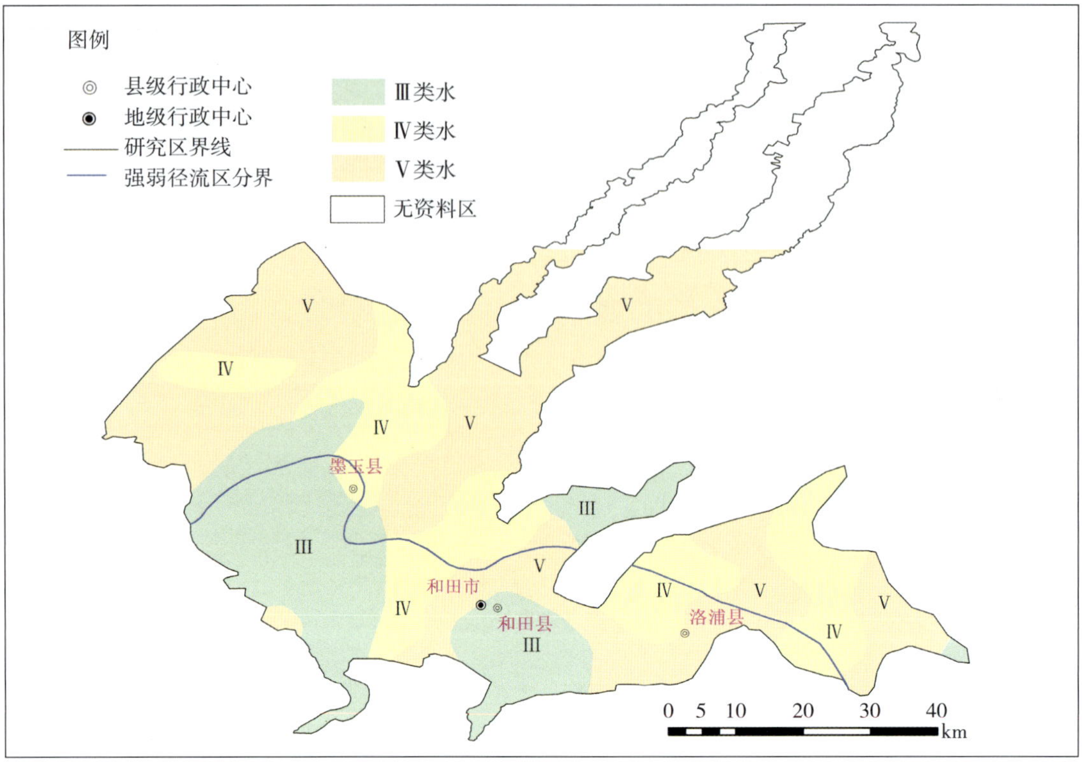


图3-7　2017年和田河流域绿洲区地下水质量分区图

格乡、阿克萨依拉乡、萨依巴格乡和扎瓦镇，和田县吐沙拉乡和吉亚乡，洛浦县布雅乡等，比1980年的Ⅲ类水分布面积小；Ⅳ类水较为分散，分布在两河之间的区域和冲洪积细土平原尾部的局部区域，包括墨玉县英也尔乡、吐外特乡和阔依其乡，和田县巴格其镇、拉斯奎镇和布扎克乡，洛浦县布雅乡和多鲁乡等；Ⅴ类水分布面积最大，主要集中在冲洪积细土平原的尾部以及深入沙漠腹地的河谷平原区，包括墨玉县巴格孜库勒乡、乌尔其乡、雅瓦乡和喀尔赛镇，和田县英阿瓦提乡和伊斯拉木阿瓦提乡，洛浦县拜什托格拉克乡一带。

在水文地质条件的影响下，地下水质量的空间分布表现出规律性变化。Ⅲ类水分布区域，地下水的水力坡度相对较大，为1‰～4‰，径流条件良好，地下水埋深较大，水化学作用以溶滤作用为主，蒸发浓缩作用微弱，化学成分不易累积，因此水质较好；此外该区域接受河流的入渗补给显著，与水质较好的河水混合，使地下水质量变好。Ⅳ类水分布区域两河之间与冲洪积细土平原的尾部，地势较低，水力坡度小，地下水埋深较浅，水化学作用由溶滤作用向浓缩作用转变，又加之此区域离河流较远，得到河流的入渗补给有限，因此水质稍差；Ⅴ类水分布的区域，地势低平，地下水埋深较浅，水力坡度小，地下水流更加缓慢，而相对于冲洪积细土平原的中上部，气候也更加干旱，因此，该处地下水的蒸发浓缩作用最为强烈，化学成分不断累积，致使地下水质量最差。

#### 3.2.2.2 随时间的演化特征

从评价结果来看，2017年无Ⅱ类水，Ⅳ类水和Ⅴ类水占了71.0%，2014年Ⅳ类水和Ⅴ类水占了91.1%，1980年存在Ⅱ类水，Ⅳ类水和Ⅴ类水占了61.8%。从水平分布特征来看，1980年Ⅴ类水的分布范围明显小于2014年和2017年，2014年Ⅴ类水的分布范围最大。从关键指标来看，影响1980年、2014年和2017年地下水质量的关键指标都包括TDS、$Cl^-$、$Na^+$、$SO_4^{2-}$和TH。1980年对地下水中的氟未进行检测，但2014年和2017年的关键指标有F，因此结合以往研究资料可推断影响绿洲区地下水质量的关键指标是TDS、$Cl^-$、$Na^+$、$SO_4^{2-}$、TH和F。此外根据2014年水质结果（2014年检测指标较多），影响绿洲区地下水质量的除以上关键指标外，还有Fe、Mn、B(a)P等微量组分。

从2014年和2018年13个调查井的地下水质量评价结果来看（表3–4），有两个调查井的水质发生了变化，H89的水质由Ⅳ类水变成了Ⅲ类水，H103的水质由Ⅴ类水变成了Ⅳ类水，其他调查井的水质没变，都是Ⅴ类水，关键指标变化也不大。总体而言，1980—2014年绿洲区地下水质量随时间呈不断变差的趋势，2014—2018年质量变化不大，局部有略微变好趋势。地下水质量随时间发生变化，但在空间特征具有相似性，表明绿洲区地下水质量主要受水文地质条件、地形地貌和地层岩性等控制。

表3–4 和田河流域绿洲区2014年和2018年13个调查井的地下水质量评价结果

| 编号 | 2014年地下水质量评价结果 | | 2018年地下水质量评价结果 | | 水质变化趋势 |
|---|---|---|---|---|---|
| | 关键指标 | 类别 | 关键指标 | 类别 | |
| H57 | TDS/TH/$Na^+$/$Cl^-$/Mn/As/B(a)P | Ⅳ | TDS/TH/$Cl^-$ | Ⅳ | – |
| H59 | TH/$Cl^-$/$SO_4^{2-}$/$F^-$/B(a)P | Ⅴ | TDS/TH/$Na^+$/Cl'$SO_4^{2-}$ | Ⅴ | – |
| H61 | TDS/TH/$Na^+$/$Cl^-$/$SO_4^{2-}$/$F^-$ | Ⅴ | TDS/TH/$Na^+$/$Cl^-$/$SO_4^{2-}$ | Ⅴ | – |
| H62 | TDS/TH/pH/$Cl^-$/$SO_4^{2-}$/$F^-$ | Ⅴ | $Na^+$/$Cl^-$ | Ⅴ | – |
| H70 | pH/$Cl^-$ | Ⅴ | $Cl^-$ | Ⅴ | – |
| H72 | TH/Fe/As | Ⅴ | TDS/TH/$Na^+$/$Cl^-$/$SO_4^{2-}$ | Ⅴ | – |
| H75 | TDS/TH/$SO_4^{2-}$ | Ⅴ | TDS/TH/$Cl^-$/$SO_4^{2-}$ | Ⅴ | – |
| H87 | TDS/TH/$Na^+$/$Cl^-$/$SO_4^{2-}$/$F^-$ | Ⅴ | TDS/TH/$Na^+$/$Cl^-$/$SO_4^{2-}$/$F^-$ | Ⅴ | – |
| H88 | TH/$Cl^-$/$SO_4^{2-}$/Fe/B(a)P | Ⅴ | TDS/TH/$Na^+$/$Cl^-$/$SO_4^{2-}$ | Ⅴ | – |
| H89 | TH/Fe/Mn/B(a)P | Ⅳ | TH/$Cl^-$ | Ⅲ | ↓ |
| H96 | Fe | Ⅴ | TDS/TH/$Na^+$/$Cl^-$/$SO_4^{2-}$ | Ⅴ | – |
| H103 | $F^-$ | Ⅴ | $Cl^-$/$F^-$ | Ⅳ | ↓ |
| H104 | TDS/TH/$Na^+$/$Cl^-$/$SO_4^{2-}$/$F^-$/$NO_3^-$ | Ⅴ | TDS/TH/$Cl^-$/$SO_4^{2-}$/$NO_3^-$ | Ⅴ | – |

注：“–”表示地下水质量未发生变化；“↓”表示地下水质量有变好趋势。

# 3.3 地下水化学特征及演化

本节通过系统分析绿洲区地下水化学检测资料，从水化学类型、综合指标、常量组分及微量组分等方面揭示绿洲区地下水化学特征及时空演化规律，并对地下水有机污染物的健康风险进行评价。

## 3.3.1 地下水的水化学类型

水化学类型是地下水化学特征的主要体现，不同类型的水，可能具有不同的成因及水文地球化学过程，因此合理划分水化学类型，有助于地下水化学特征及演化的研究。本节采用舒卡列夫分类法对绿洲区1980年、2014年和2017年地下水的化学类型进行分类。地下水化学类型分区图可以更好地反映地下水化学类型的空间分布特征及变化趋势（马雷等，2012）。在进行水化学类型分类的基础上运用Arcgis软件绘制水化学类型分区图，结合Piper三线图，分析水化学类型的时空演化趋势。

绿洲区地下水化学类型较多，为便于问题研究，将舒卡列夫分类法做一微小调整，将化学类型以表3-5的方式组合成水化学类型组，并根据分类结果绘制水化学类型分区图（董新光等，2005）。

表3-5 地下水化学类型（舒卡列夫分类法）组合方式表

<table>
<tr><th>离子</th><th>$HCO_3^-$</th><th>$HCO_3^-$ $+SO_4^{2-}$</th><th>$HCO_3^-$ $+SO_4^{2-}+Cl^-$</th><th>$HCO_3^-$ $+Cl^-$</th><th>$SO_4^{2-}$</th><th>$SO_4^{2-}+Cl^-$</th><th>$Cl^-$</th></tr>
<tr><td>$Ca^{2+}$</td><td rowspan="2">H-CM</td><td colspan="3" rowspan="2">HSL-CM</td><td colspan="2" rowspan="2">SL-CM</td><td rowspan="2">L-C</td></tr>
<tr><td>$Ca^{2+}+Mg^{2+}$</td></tr>
<tr><td>$Mg^{2+}$</td><td>H-M</td><td colspan="3">HSL-M</td><td colspan="2">SL-M</td><td>L-M</td></tr>
<tr><td>$Na^++Ca^{2+}$</td><td>H-NC</td><td colspan="3" rowspan="3">HSL-NCM</td><td colspan="2">SL-NC</td><td rowspan="2">L-NCM</td></tr>
<tr><td>$Na^++Ca^{2+}+Mg^{2+}$</td><td rowspan="2">H-NCM</td><td colspan="2" rowspan="2">SL-NCM</td></tr>
<tr><td>$Na^++Mg^{2+}$</td><td>L-NM</td></tr>
<tr><td>$Na^+$</td><td>H-N</td><td colspan="3">HSL-N</td><td colspan="2">SL-N</td><td>L-N</td></tr>
</table>

### 3.3.1.1 1980年地下水化学类型

1980年绿洲区地下水化学类型组有HSL-NCM型、HSL-N型、H-NC型、S-NC型、SL-N型、L-NCM型和L-N型七种。

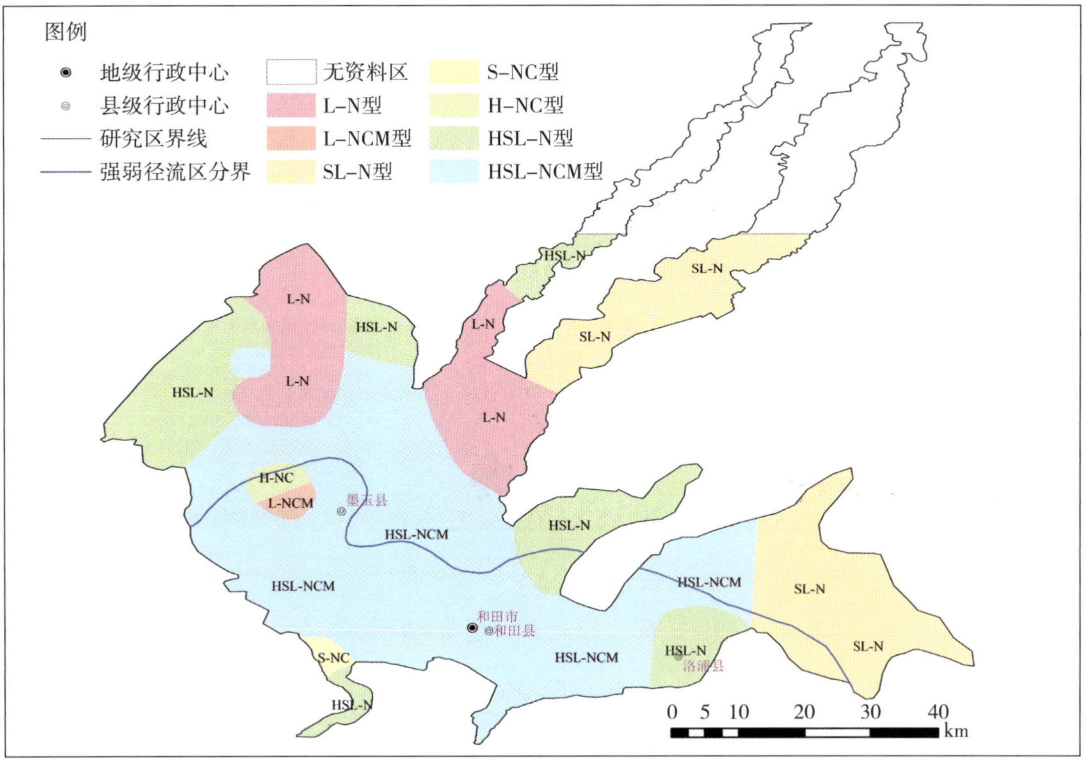


图3-8　和田河流域绿洲区1980年地下水化学类型分区图

水化学类型组为HSL-NCM型的地下水占总水样的60%。由图3-8可以看出，该类型地下水的分布范围最大，主要集中在冲洪积细土平原的中上部，墨玉县、和田县和洛浦县内均有分布。水化学类型组为HSL-N型的地下水占16.4%，该类型地下水出现在冲洪积细土平原的尾部，零星分布在HSL-NCM型地下水周边。水化学类型为L-N型的地下水占12.7%，该类型的地下水分布在墨玉县喀尔赛镇和英阿瓦提乡，和田县英艾日克镇附近，地貌上属于冲洪积细土平原的尾部。水化学类型组为SL-N型的地下水占水样的5.5%，主要分布在洛浦县拜什托格拉克乡和玉龙喀什河河谷平原区和田县伊斯拉木阿瓦提乡。剩余水化学类型组的地下水很少，呈斑点状分布在冲洪积细土平原中上部。

Piper三线图中（图3-9）采样点主要分布在左三角形的右下角，大多数水样的$Na^+$含量都超过了40%，集中在40%～60%。10个采样点的$Na^+$含量超过了60%，其中有3个采样点的$Na^+$含量超过了80%，3个采样点的$Na^+$含量低于40%。大多数水样中$Ca^{2+}$含量低于40%，含量在20%～40%，$Mg^{2+}$含量更低，大多数水样中的$Mg^{2+}$含量在20%左右。可见$Na^+$在地下水阳离子中占绝对优势，其次是$Ca^{2+}$，最后是$Mg^{2+}$。

右三角形中大多数水样落右下角，只有2个采样点出现在三角形的上部。$Cl^-$含量是40%～60%，最高不超过70%，只有3个采样点的$Cl^-$含量在20%～40%。$SO_4^{2-}$含量范围是20%～40%，3个采样点中$SO_4^{2-}$含量超过40%，含量低于20%的采样点也不是很多，绿洲

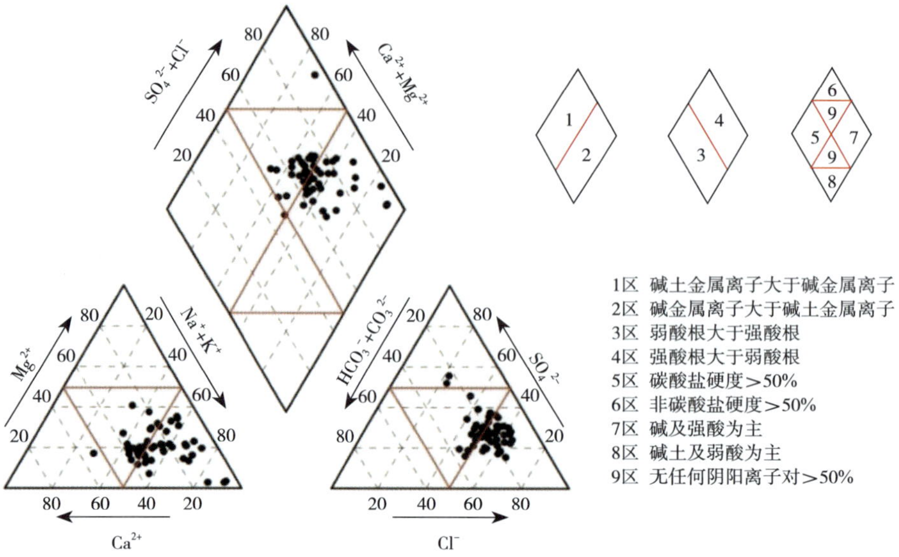


图3-9 和田河流域绿洲区1980年地下水Piper三线图

区地下水中$SO_4^{2-}$含量差异性不是很大。所有采样点的$HCO_3^-$含量低于40%，主要集中在20%左右。1980年绿洲区地下水中阴离子的主次性较为显著，$Cl^-$占有绝对优势，其次是$SO_4^{2-}$，最后是$HCO_3^-$。

菱形中采样点的分布也比较集中，只有1个采样点出现在6区，剩余的采样点都落在9区和7区。表明1980年绿洲区一部分地下水中阴阳离子的优势性不显著，另一部分水中阴阳离子主要以易溶离子（$Na^+$和$Cl^-$）为主。

#### 3.3.1.2 2014年地下水化学类型

图3-10是2014年绿洲区地下水化学类型分区图，由图可以看出2014年绿洲区地下水出现的水化学类型组合有HSL-NCM型、H-NCM型、HSL-N型、SL-NCM型、SL-NC型、L-N型六种。

2014年绿洲区地下水化学类型在水平方向上的分布特征更为显著。分布范围最大的是HSL-NCM型地下水，该类型地下水占总水样的64.4%，主要集中冲洪积细土平原的大部分区域和靠近沙漠的喀拉喀什河河谷平原区。水化学类型组为SL-NC型的地下水占8.8%，主要分布在靠近沙漠的玉龙喀什河河谷平原，包括和田县的伊斯拉木阿瓦提乡和塔瓦库勒乡。剩余四种水化学类型组合H-NCM型、HSL-N型、SL-NCM型、L-N型的地下水占水样比例相等，为6.7%，分布面积差别不大，在绿洲区呈斑点状分布。

Piper三线图中不论是在两个三角形还是菱形中，地下水采样点出现的区域比较多，但主要集中在两个区域（图3-11）。

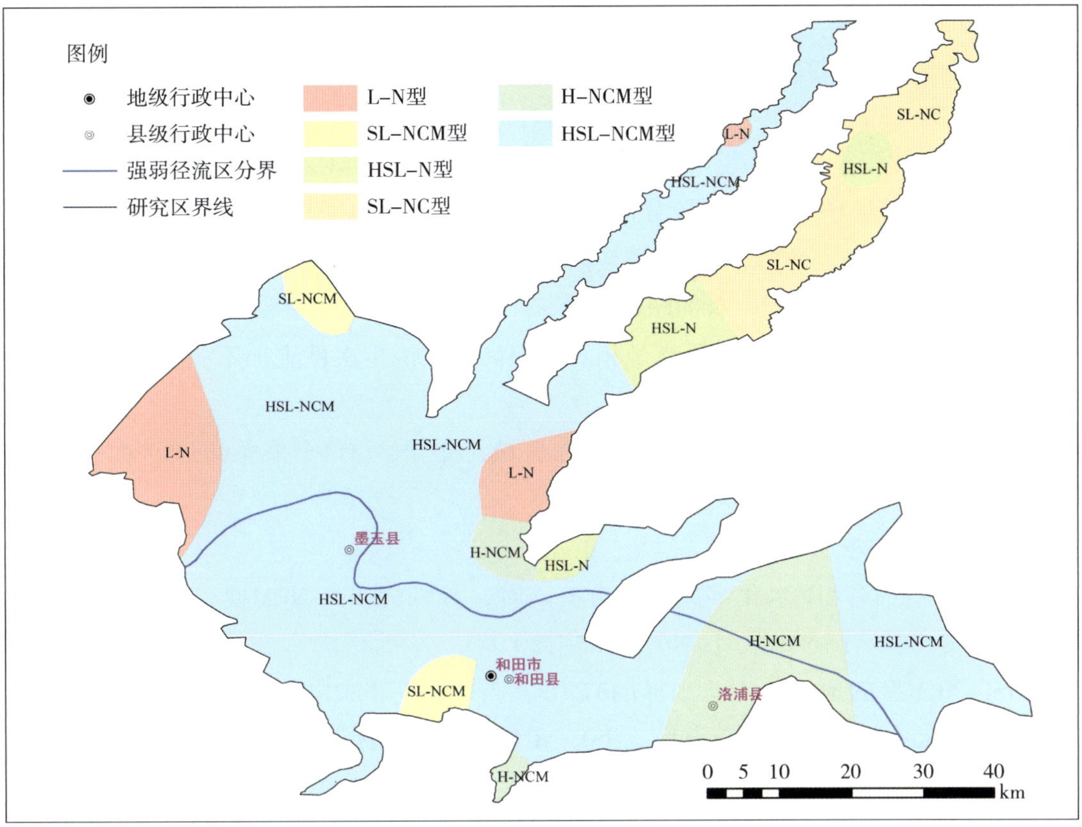


图3-10 和田河流域绿洲区2014年地下水化学类型分区图

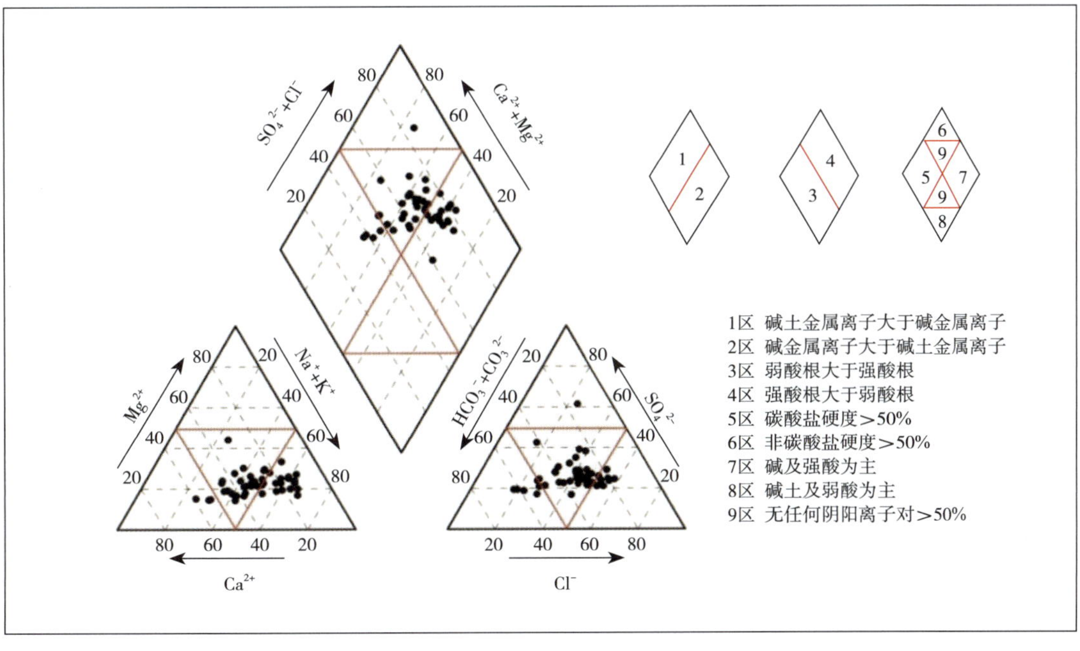


图3-11 和田河流域绿洲区2014年地下水Piper三线图

左三角形中采样点集中在中间和右下角，只有2个采样点落在左下角。$Na^+$+$K^+$含量集中在50%左右，超过50%有18个，$Ca^{2+}$含量在20%～40%的采样点居多，只有3个采样点超过了50%。$Mg^{2+}$含量集中在20%左右，有1个采样点超过40%。2014年绿洲区地下水中阳离子主次性稍差，但$Na^+$还是具有一定的优势性，其次是$Ca^{2+}$和$Mg^{2+}$。

右三角形中采样点分布比较分散。$Cl^-$含量集中在40%～60%，但均未超过60%。$SO_4^{2-}$含量集中在20%～40%，有2个采样点超过40%，其中1个采样点的$SO_4^{2-}$含量超过了60%。$HCO_3^-$含量变化较大，有的超过了60%，有的低于20%，主要集中在20%～40%。总之，2014年绿洲区地下水中阴离子相对于阳离子来说主次性更加不明显，$Cl^-$略显示出一些优势，$SO_4^{2-}$和$HCO_3^-$相差不大。

地下水样出现在菱形的5、6、7和9四个区域，6区内只有1个采样点，5区内有4个采样点，9和7两个区域内的水样较多。

#### 3.3.1.3 2017年地下水化学类型

2017年绿洲区地下水化学类型组合有六种，分别为HSL-NCM型、HSL-N型、SL-NCM型、SL-N型、L-NM型、L-N型（图3-12）。

HSL-NCM型的地下水占总水样的37.7%，与1980年和2014年一样，HSL-NCM型是绿洲区地下水中常见的水化学类型。HSL-NCM型地下水的分布范围最大，主要集中在

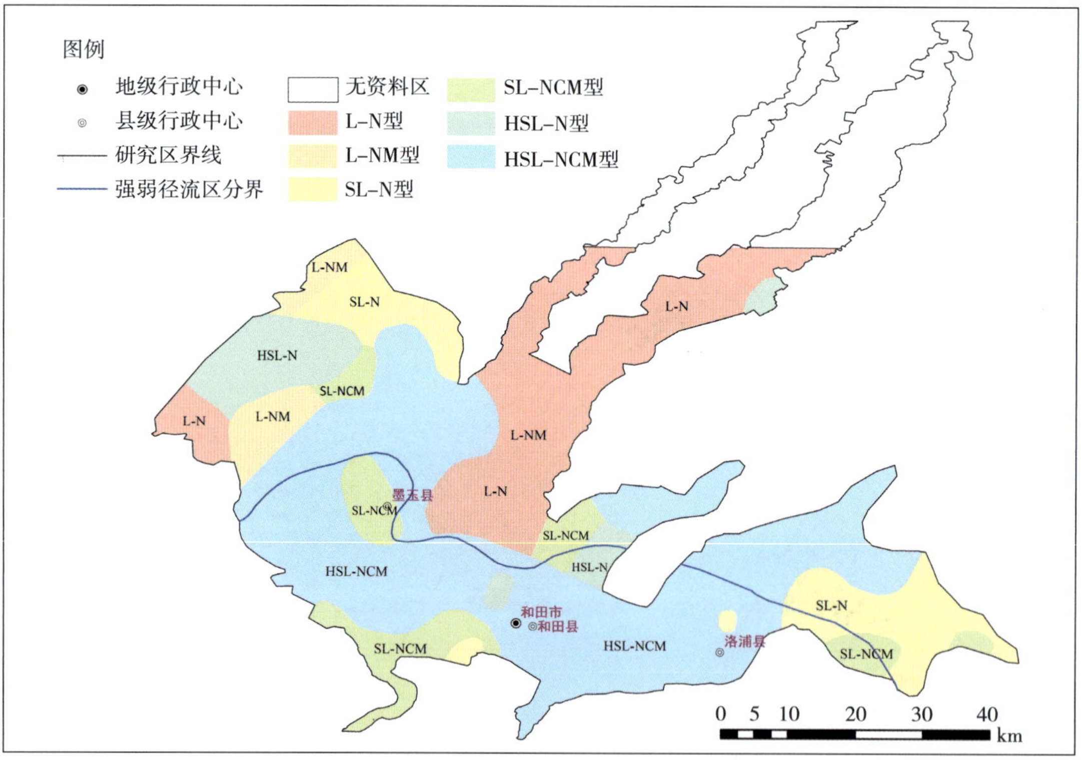


图3-12 和田河流域绿洲区2017年地下水化学类型分区图

冲洪积细土平原的中上部，和田县、墨玉县和洛浦县都有大面积分布。

水化学类型为SL–N型的地下水占14.5%，是绿洲区较为常见的水化学类型。主要分布在墨玉县喀尔赛镇和洛浦县拜什托格拉克乡，地貌属冲洪积细土平原尾部。

水化学类型组为SL–NCM的地下水占14.5%，也是绿洲区较为常见的水化学类型。该类型组的地下水分布比较分散，在喀拉喀什河出山口附近和田县吉亚乡、布扎克乡、拉依克乡和萨依巴格乡，墨玉县托胡拉乡、芒来乡和四十七团，洛浦县多鲁乡和拜什托格拉克乡呈斑点状分布。

水化学类型为L–N的地下水占5.8%，主要分布在靠近沙漠的两河河谷平原区。其余各类型的地下水呈小面积零星分布。

据Piper三线图（图3–13）可知，2017年绿洲区地下水样主要集中在左三角形的右下部及中间靠右的位置，有50.7%水样的$Na^+$+$K^+$占总阳离子比例超过50%，说明地下水中的阳离子主要以$Na^+$+$K^+$为主；有58.0%的$Ca^{2+}$占总阳离子比例在20%～40%，没有水样的$Ca^{2+}$超过60%；$Mg^{2+}$含量大多数集中在20%左右。绿洲区地下水中阳离子的含量相差较大，主次较为分明。2017年绿洲区地下水样集中分布在三角形的中间，$Cl^-$的含量集中在40%～60%，有37个水样的$Cl^-$含量超过40%；大部分水样中$SO_4^{2-}$含量小于40%，集中在20%～40%；地下水中$HCO_3^-$的含量均小于50%，主要集中在20%～50%。以上分析反映出绿洲区地下水中的阴离子主次性不明显，$Cl^-$略显示出一定的优势，其次是$SO_4^{2-}$，最后是$HCO_3^-$。

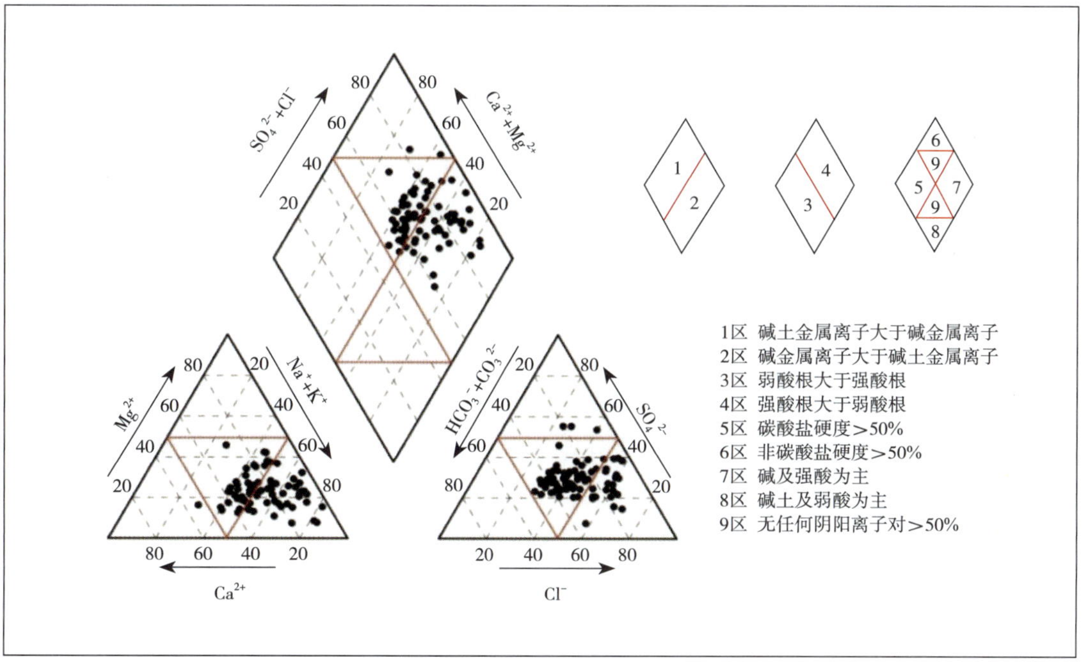


图3–13　和田河流域绿洲区2017年地下水Piper三线图

菱形中地下水样分布较为集中，大部分水样落在9区偏右下角和7区的左上角，只有2个水样落在6区的位置。表明绿洲区一部分地下水的水化学特征是阴阳离子的优势性不是很明显，这与水化学类型分布特征与地下水中最常见的水化学类型组为HSL–NCM型相吻合。另一部分地下水的水化学特征是阴阳离子以易溶离子或是强酸根及碱金属离子为主，具有典型的干旱气候下潜水水化学特征。

#### 3.3.1.4 地下水化学类型的演化特征

从水化学类型的分布特征来看，绿洲区地下水中的$Na^+$始终参与水化学类型的命名，表明$Na^+$分布广泛，且从冲洪积细土平原中上部到尾部，再到靠沙漠的河谷平原，$Na^+$的优势性越来显著；常见阴离子中的$Cl^-$也始终参与到水化学类型的命名，表明冲洪积细土平原中上部及尾部地下水中$Cl^-$大量存在；而$HCO_3^-$主要分布在冲洪积细土平原的中上部。总体而言，绿洲区以HSL–NCM型的地下水为主，集中在冲洪积细土平原的中上部，向北逐渐过渡到L–N、SL–N、SL–NC等类型。

从Piper三线图来看，相对于2014年，1980年的地下水三线图中采样点分布集中；相对于2017年，1980年的地下水采样点集中的区域更加靠近三角形或菱形的右下角。可以反映出1980年在三个时间段内阴、阳离子的主次性最为明显，地下水中$Na^+$+$K^+$、$Cl^-$占绝对优势。2014年绿洲区地下水中阳离子主次性稍差，但最常见的阳离子还是$Na^+$，阴离子相对于阳离子来说主次性加不明显，$Cl^-$略显示出一些优势，$SO_4^{2-}$和$HCO_3^-$相差不大。2017年与1980年相近，只是出现一些水化学特征比较特殊的地下水样。

### 3.3.2 地下水的综合指标

#### 3.3.2.1 水化学指标统计特征

和田河流域绿洲区地下水化学指标统计量见表3–6。1980年绿洲区地下水pH的平均值为7.84，变化范围是6.70 ~ 8.52，只有1个水样的pH大于8.5，为8.52，其余均小于8.5，2个水样的pH小于7。2014年绿洲区大部分地下水样的pH为6.86 ~ 10.50，平均值为7.60，只有1个水样的pH小于7，为6.86，有3个地下水样的pH较高，分别为8.99，9.09和10.50。2017年绿洲区地下水pH的平均值为7.92，变化范围是6.96 ~ 8.86，只有一个水样的pH稍高些，为8.86，也仅有一个水样的pH小于7，为6.96，其余水样的pH小于8.5或在8.5附近。以上数据表明，绿洲区大部分地下水样的pH在7 ~ 8.5，属于中性–偏碱性水，且多年来地下水的pH变化不大。

DO和Eh可以反映出地下水所处的是氧化环境还是还原环境，一般情况下，DO在3.5 ~ 13.5mg/L，Eh超过400mV，就是强氧化环境的特征；没有溶解氧，Eh小于零时，地下水处于还原环境。根据2014年水质检测数据（1980年和2017年缺少此项数据），绿洲区地下水的Eh最小值为7.00mV，均值为194.47mV，DO最大值为7.35mg/L，均值为

2.75mg/L，表明地下水大多处于氧化状态。绿洲区地下水样均为潜水，直接通过包气带与大气相通，且包气带岩性多为砂石，渗透性良好，故地下水与大气中的氧气接触密切，大多具有一定的氧化能力。

1980年TDS的平均值是1241.68mg/L，最大值为3193.10mg/L，最小值为458.60mg/L，2014年TDS的平均值是1451.16mg/L，最大值为3404.00mg/L，最小值为209.40mg/L，2017年TDS的平均值是1223.61mg/L，最大值为4779.80mg/L，最小值为486.75mg/L。绿洲区地下水的TDS平均值均超过Ⅲ类水的标准值。1980年TH的平均值是383.82mg/L，最大值为1120.08mg/L，最小值为85.42mg/L，2014年TH的平均值是613.98mg/L，最大值为1468.00mg/L，最小值为119.60mg/L，2017年TH的平均值是423.12mg/L，最大值为1502.40mg/L，最小值为141.30mg/L。仅在2014年绿洲区地下水的TH平均值超过Ⅲ类水的标准值。以上数据表明绿洲区地下水为微咸中等硬度水。

表3-6　和田河流域绿洲区地下水化学指标统计量表

| 年份 | 项目 | TDS/（mg/L） | TH/（mg/L） | pH | DO/（mg/L） | Eh/mV |
|---|---|---|---|---|---|---|
| 1980年 | 平均值 | 1241.68 | 383.82 | 7.84 | — | — |
| | 最大值 | 3193.10 | 1120.08 | 8.52 | — | — |
| | 最小值 | 458.60 | 85.42 | 6.70 | — | — |
| 2014年 | 平均值 | 1451.16 | 613.98 | 7.60 | 2.75 | 194.47 |
| | 最大值 | 3404.00 | 1468.00 | 10.50 | 7.35 | 263.00 |
| | 最小值 | 209.40 | 119.60 | 6.86 | 0.73 | 7.00 |
| 2017年 | 平均值 | 1223.61 | 423.12 | 7.92 | — | — |
| | 最大值 | 4779.80 | 1502.40 | 8.86 | — | — |
| | 最小值 | 486.75 | 141.30 | 6.96 | — | — |

#### 3.3.2.2　TDS和TH的空间分布特征

（1）水平方向　2014—2017年绿洲区地下水TDS在水平方向上的分布显现出一定的规律性（图3-14）。从两河出山口到冲洪积扇缘以及从绿洲区南部到北部，TDS略呈过渡性分布。TDS小于500mg/L的地下水分布范围较小，仅出现在玉龙喀什河出山口附近；TDS为500～1000mg/L的地下水集中在冲洪积细土平原中上部的沿河区域；TDS在1000～1500mg/L的地下水分布范围最大，包括冲洪积细土平原中上部的大部分区域，表明绿洲区地下水基本为微咸水；TDS在1500～3000mg/L的地下水分布范围不大，主要出现在两河之间、冲洪积扇缘以及深入沙漠腹地的玉龙喀什河河谷平原区。TDS大于

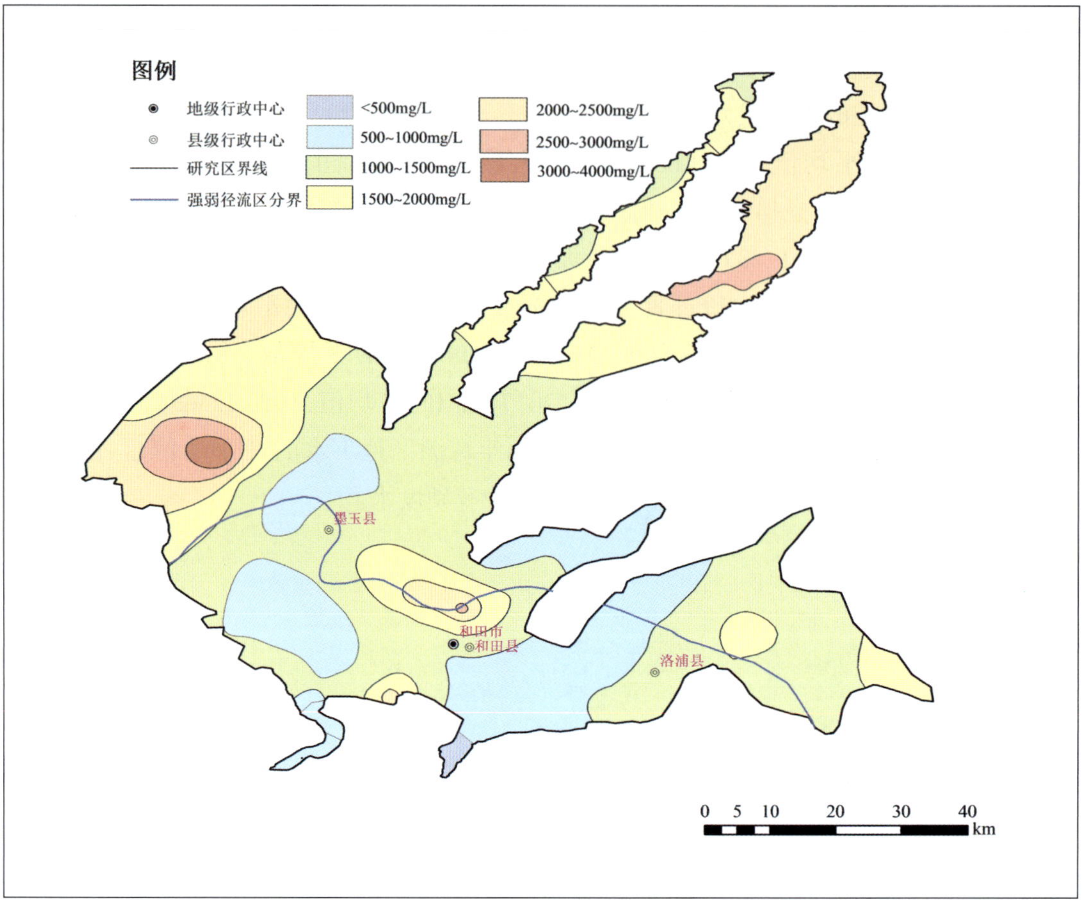


图3-14 和田河流域绿洲区地下水中TDS空间分布图

3000mg/L的地下水出现在和田市伊里其乡、冲洪积扇缘的墨玉县雅瓦乡和乌尔其乡，玉龙喀什河河谷平原区的和田县伊斯拉木阿瓦提乡。绿洲区地下水TDS水平方向上的分布特征与地下水质量的分布相似，这也反映出影响地下水质量最关键的指标为TDS。

绿洲区地下水TH在水平方向上的分布也显现出与TDS相似的分布规律（图3-15）。TH小于300mg/L的地下水分布范围较小，仅出现在玉龙喀什河出山口附近；TH 300～450mg/L的地下水分布范围较大，集中在冲洪积细土平原中上部两河沿岸区域以及洛浦县的大部分区域；TH在450～650mg/L的地下水分布在喀拉喀什河附近的墨玉县的大部分区域；TH 650～750mg/L地下水主要分布在深入沙漠腹地的玉龙喀什河河谷平原区，在冲洪积细土平原中上部只是零星分布；TH大于750mg/L的地下水出现在和田市伊里其乡、墨玉县的雅瓦乡和乌尔其乡、和田县布扎克乡和伊斯拉木阿瓦提乡。以上分析表明绿洲区大部分区域地下水的TH处于中等水平。

绿洲区地下水的TH与$Ca^{2+}$、$Mg^{2+}$具有显著的正相关性（图3-16和图3-17），$Ca^{2+}$、$Mg^{2+}$含量高，TH也就高，但TH与$Mg^{2+}$的相关性比TH与$Ca^{2+}$的相关性要高，说明地下水中的

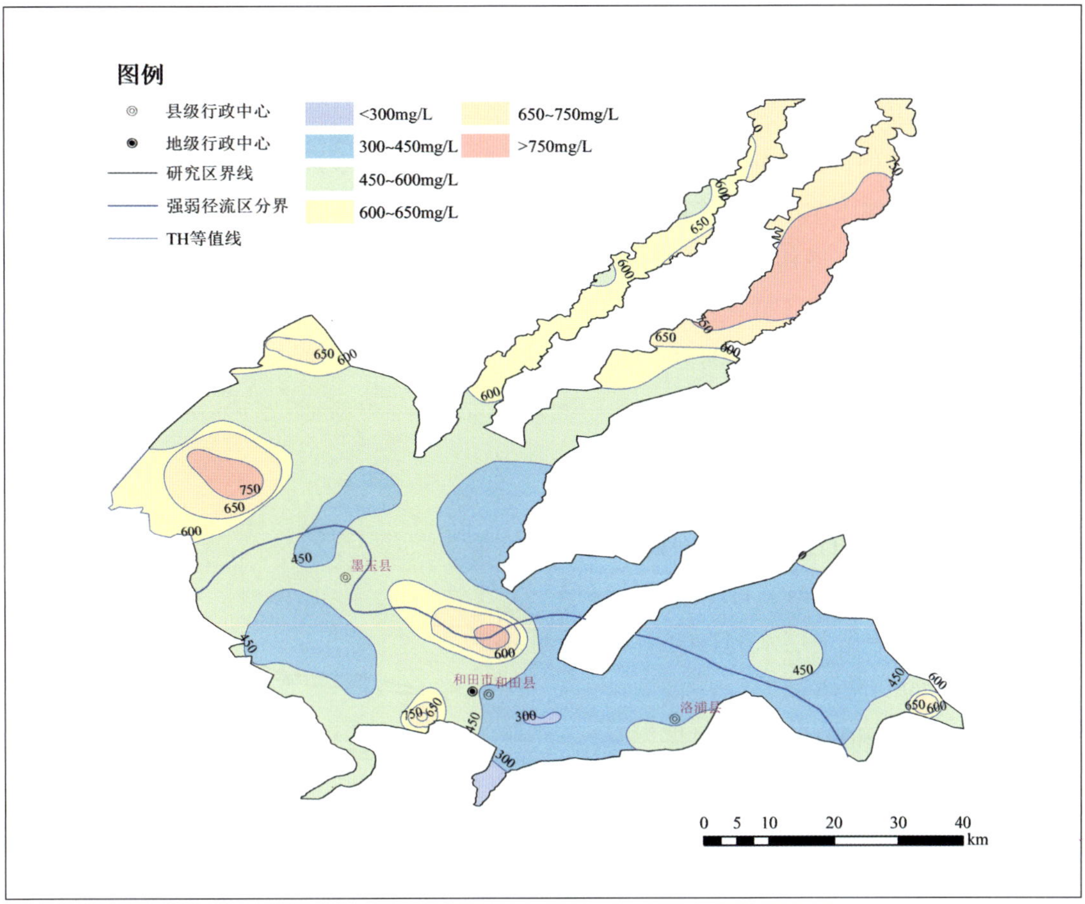


图3-15 和田河流域绿洲区地下水中TH空间分布图

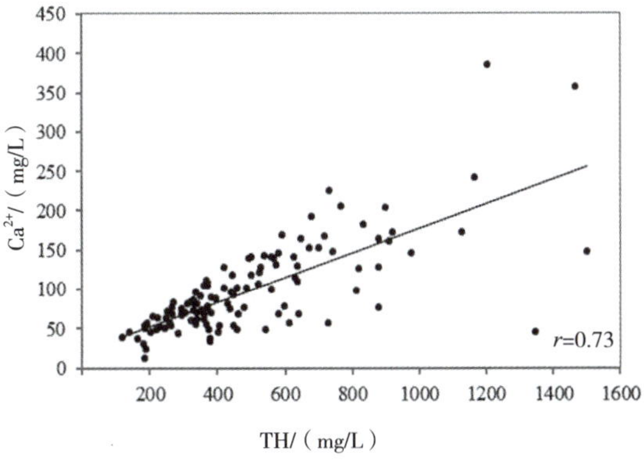


图3-16 和田河流域绿洲区地下水中TH与$Ca^{2+}$关系图

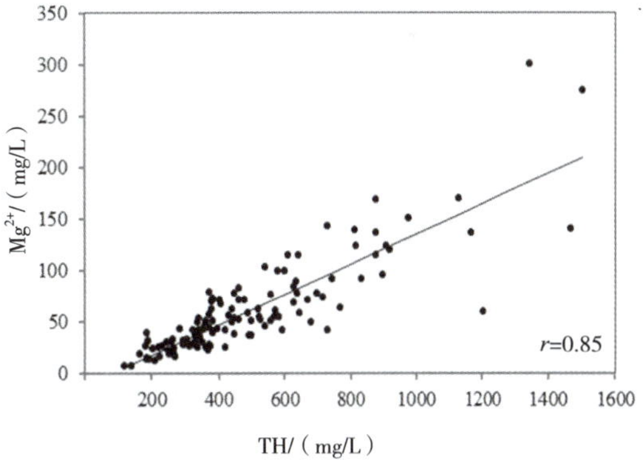


图3-17 和田河流域绿洲区地下水中TH与$Mg^{2+}$关系图

$Mg^{2+}$对TH的贡献更大。由图3-18可知，绿洲区地下水TH与TDS也呈显著正相关（Pearson系数为0.86），说明地下水TH还受到TDS的影响，即随着TDS的升高，TH也不断增加。这是由“盐效应”所致，即水中溶解的离子总量增加，离子强度就显著增强，那么在此情况下含钙、镁碳酸盐的溶解度增大，使更多的$Ca^{2+}$和$Mg^{2+}$进入到地下水中使其硬度升高。

（2）垂直方向　2017年分层取样的6个钻孔中地下水的TDS和TH的变化情况见图3-19和图3-20，6个钻孔的上层水TDS含量均高于下层水，其中HT4/HT5，HT16/HT17，L24/L25的TDS相差较大。6个钻孔的上层水TH含量并不是都高于下层水，其中HT3和L11的TH高于HT2和L10，HT2、HT3的TH相差稍大些，L10、L11的TH相差较小，剩余4个钻孔上层水的TH是高于下层水的。总体而言绿洲区浅层潜水的TDS和TH高于中深层潜水。

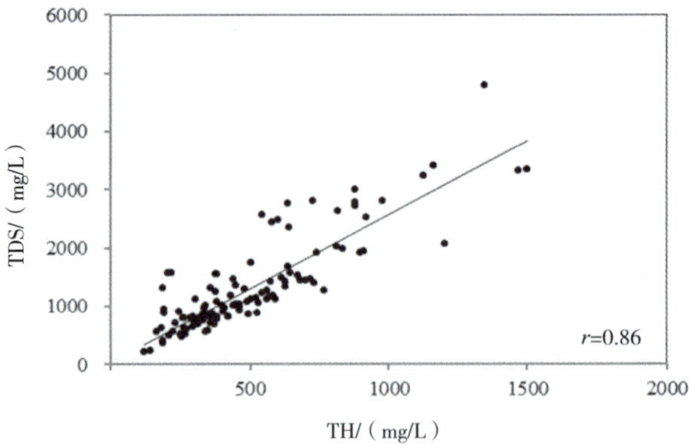

图3-18　和田河流域绿洲区地下水中TH与TDS关系图

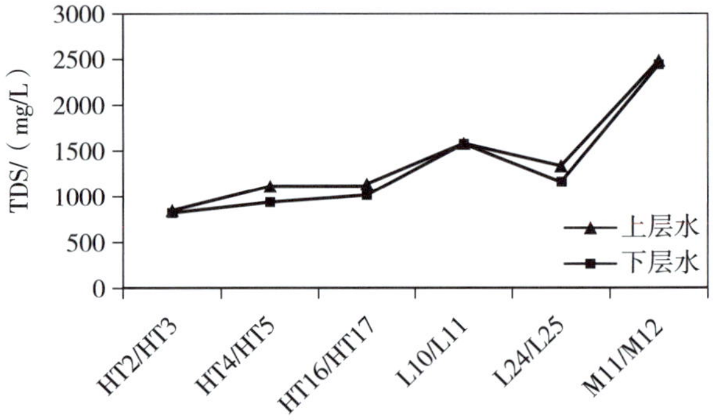

图3-19　和田河流域绿洲区2017年分层取样点地下水中TDS变化图

#### 3.3.2.3　TDS和TH随时间变化情况

以2014年和2018年5个调查井地下水的TDS和TH来看（图3-21和图3-22），2018年4个调查井（H59、H61、H75、H87）中地下水的TDS高于2014年的，其中2个调查井（H59和H75）的TDS相差较大；1个调查井（H70）中地下水的TDS是低于2014年的。2018年3个调查井（H59、H75、H87）中地下水的TH高于2014年的，其中有2个调查井（H59和H75）的TH相差较大；2个调查井（H61、H70）的TH是低于2014年的。总体而言，地下水的TDS和TH随时间呈现出微弱升高的趋势。

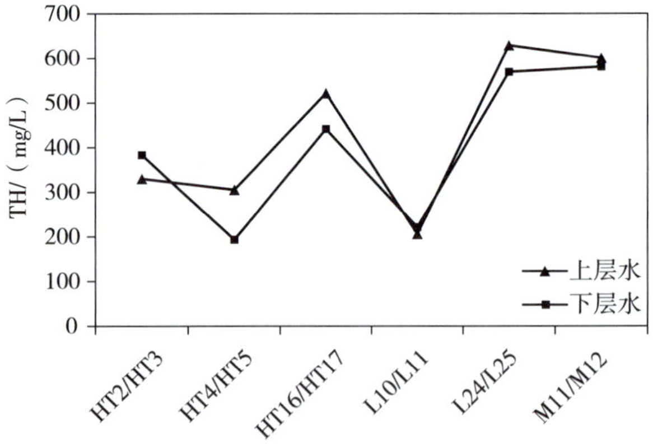

图3-20　和田河流域绿洲区2017年分层取样点地下水中TH变化图

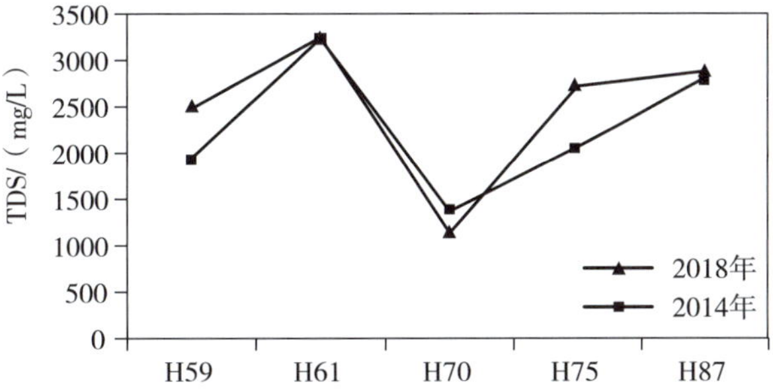


图3-21　和田河流域绿洲区地下水的TDS变化图

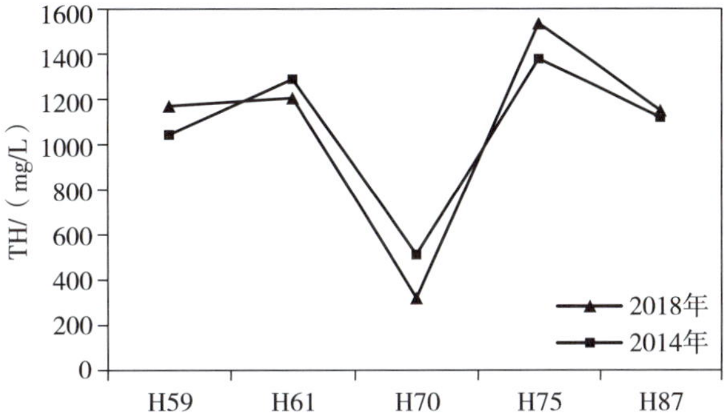


图3-22　和田河流域绿洲区地下水的TH变化图

## 3.3.3　地下水的常量组分

### 3.3.3.1　含量特征

绿洲区地下水中常见离子的含量情况见表3-7，2017年绿洲区地下水中$Na^{+}$+$K^{+}$的平均含量为281.90mg/L，超过了Ⅲ类水的标准值；$Ca^{2+}$的平均含量为79.21mg/L；$Mg^{2+}$的平

表3-7　和田河流域绿洲区地下水中常见离子含量统计表　　单位：mg/L

| 年份 | 项目 | $Na^{+}$+$K^{+}$ | $Ca^{2+}$ | $Mg^{2+}$ | $Cl^{-}$ | $SO_4^{2-}$ | $HCO_3^{-}$ |
|---|---|---|---|---|---|---|---|
| 1980年 | 平均值 | 266.23 | 78.59 | 44.96 | 321.10 | 225.05 | 291.25 |
| | 最大值 | 1034.50 | 339.70 | 144.60 | 1338.40 | 1023.10 | 744.40 |
| | 最小值 | 65.80 | 20.00 | 8.50 | 72.30 | 65.30 | 85.40 |
| 2014年 | 平均值 | 303.27 | 132.20 | 69.08 | 376.45 | 318.51 | 432.88 |
| | 最大值 | 821.22 | 385.20 | 169.10 | 1102.00 | 964.10 | 787.00 |
| | 最小值 | 28.35 | 30.60 | 6.30 | 25.13 | 33.46 | 130.70 |
| 2017年 | 平均值 | 281.90 | 79.21 | 56.09 | 353.12 | 294.03 | 292.14 |
| | 最大值 | 1258.19 | 225.43 | 300.45 | 1742.26 | 1095.96 | 891.78 |
| | 最小值 | 93.49 | 11.63 | 12.41 | 100.70 | 44.00 | 61.08 |

均含量为56.09mg/L，地下水中的阳离子以$Na^{+}$+$K^{+}$为主，其含量远远超过$Ca^{2+}$和$Mg^{2+}$的含量，而$Ca^{2+}$和$Mg^{2+}$的含量相差不大，$Ca^{2+}$比$Mg^{2+}$的含量略高些。2014年和1980年地下水中阳离子含量的大小顺序也是$Na^{+}+K^{+}>Ca^{2+}>Mg^{2+}$。2017年地下水中$Cl^{-}$的平均含量为353.12mg/L，超过了Ⅴ类水的标准值；$SO_4^{2-}$的平均含量为294.03mg/L，超过了Ⅳ类水的标准值；$HCO_3^{-}$的平均含量为292.14mg/L，三种阴离子的平均含量相差不大，$Cl^{-}$的平均含量稍高些略显示出一定的优势。2014年和1980年地下水中阴离子的含量也相差不大，没有占绝对优势的阴离子。总之地下水中阴阳离子含量特征与水化学类型及三线图上的表现相吻合。

#### 3.3.3.2 垂向分布特征

2017年分层取样的6个钻孔中地下水样中常量组分的含量情况见表3-8，在6个钻孔中$Na^{+}$+$K^{+}$和$HCO_3^{-}$含量是上层水比下层水高；有4个钻孔中$Ca^{2+}$的含量是上层水高于下层水，HT2、L10中$Ca^{2+}$的含量分别低于HT3、L11，HT2与HT3相差稍大些，L10与L11相差不大；3个钻孔中$Mg^{2+}$的含量是上层水明显高于下层水，3个钻孔中$Mg^{2+}$的含量是下层水比上层水高，但相差不大；有4个钻孔中$Cl^{-}$的含量是上层水高于下层水的，有2个钻孔中下层水中$Cl^{-}$的含量略高于上层水；2个钻孔的下层水中$SO_4^{2-}$的含量是略高于上层水的，剩余4个钻孔中$SO_4^{2-}$的含量是上层水高于下层水。

表3-8 和田河流域绿洲区2017年分层取样点地下水中常量组分含量 单位：mg/L

| 组分 | | HT2/HT3 | HT4/HT5 | HT16/HT17 | L10/L11 | L24/L25 | M11/M12 |
|---|---|---|---|---|---|---|---|
| $Na^{+}$+$K^{+}$ | 上层 | 177.06 | 280.84 | 216.07 | 512.33 | 221.05 | 692.67 |
| | 下层 | 142.73 | 265.94 | 206.11 | 498.12 | 183.43 | 658.42 |
| $Ca^{2+}$ | 上层 | 72.16 | 68.99 | 106.45 | 44.26 | 140.39 | 78.17 |
| | 下层 | 89.8 | 56.16 | 96.4 | 47.48 | 138.79 | 68.15 |
| $Mg^{2+}$ | 上层 | 36.47 | 32.36 | 62.13 | 23.19 | 67.64 | 98.48 |
| | 下层 | 38.66 | 12.89 | 48.73 | 24.9 | 54.01 | 99.69 |
| $Cl^{-}$ | 上层 | 197.14 | 407.05 | 276.57 | 532.63 | 214.2 | 782.18 |
| | 下层 | 213.45 | 322.66 | 253.87 | 547.57 | 165.3 | 771.55 |
| $SO_4^{2-}$ | 上层 | 219.64 | 245.15 | 250.63 | 364.28 | 478.76 | 649.83 |
| | 下层 | 210.03 | 233.61 | 223.5 | 361.87 | 497.99 | 669.19 |
| $HCO_3^{-}$ | 上层 | 257.92 | 158.81 | 390.92 | 164.92 | 352.04 | 333.7 |
| | 下层 | 222.47 | 91.62 | 327.39 | 146.59 | 229.8 | 311.7 |

大多数情况下，上层水中离子的含量高于下层水，即使是下层水含量高于上层水，含量相差也不大，因此绿洲区地下水中常见离子的含量随深度应该是降低的，这与前面关于地下水质量的分析结果相吻合。

3.3.3.3 随时间的变化情况

如图3-23所示，3个调查井（H59、H75和H87）的地下水中$Na^+$+$K^+$含量在2018年比2014年要高，H61和H70两个调查井中$Na^+$+$K^+$的含量在2018年低于2014年，但相差不大，总体而言$Na^+$+$K^+$的含量随时间有缓慢升高的趋势。

$Ca^{2+}$含量变化情况与$Na^+$+$K^+$一致（图3-24），3个调查井（H59、H75和H87）的地下水中$Ca^{2+}$含量在2018年比2014年要高，H61和H70两个调查井中$Ca^{2+}$的含量在2018年低于2014年，但相差不大，总体而言$Ca^{2+}$的含量随时间也是缓慢升高的。

$Mg^{2+}$含量变化情况与$Na^+$+$K^+$和$Ca^{2+}$的有所不同（图3-25），5个调查井的地下水中$Mg^{2+}$含量在2018年均低于2014年，其中H59和H70两个调查井中含量相差较大，由此来看$Mg^{2+}$的含量随时间是不断降低的。

$Cl^-$含量变化情况与$Na^+$+$K^+$和$Ca^{2+}$一致（图3-26），H59、H75和H87这3个调查井的地下水中$Cl^-$含量在2018年比2014年要高，H61和H70这两个调查井中$Ca^{2+}$的含量在2018年也是略低于2014年，因此总体而言$Cl^-$的含量随时间也是缓慢升高的。

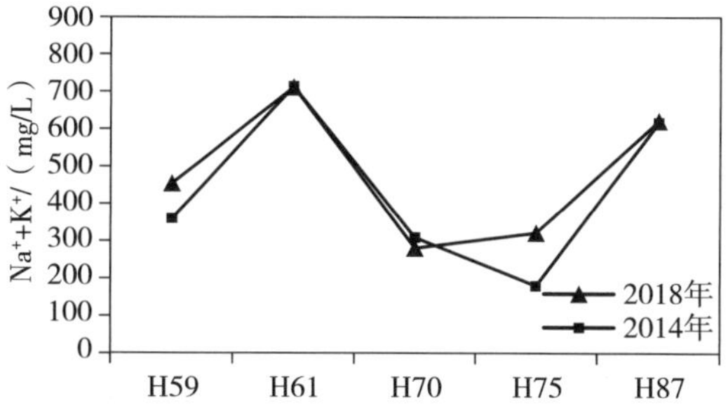


图3-23 和田河流域绿洲区地下水中$Na^+$+$K^+$变化图

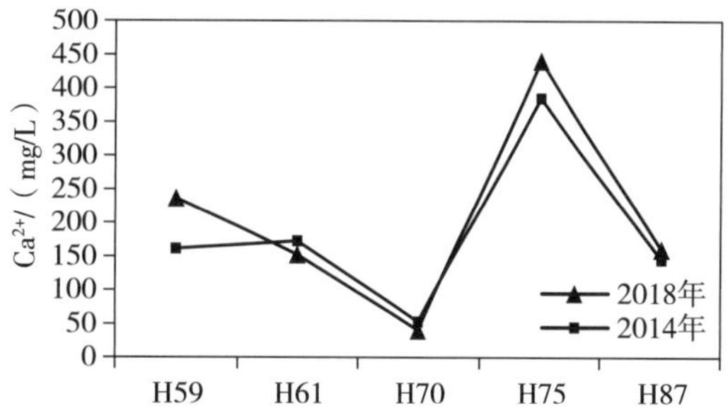


图3-24 和田河流域绿洲区地下水中$Ca^{2+}$变化图

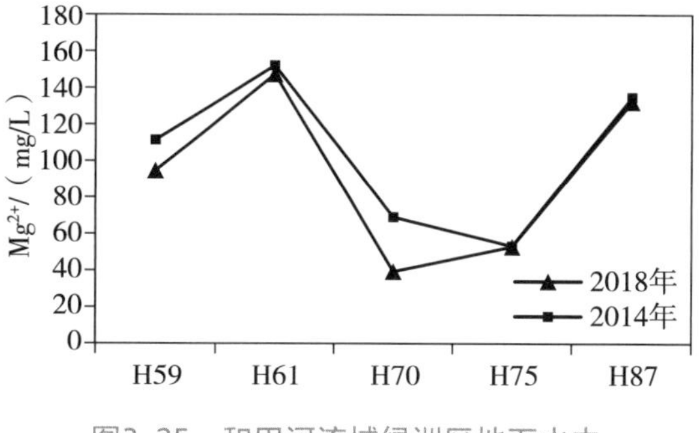


图3-25 和田河流域绿洲区地下水中$Mg^{2+}$变化图

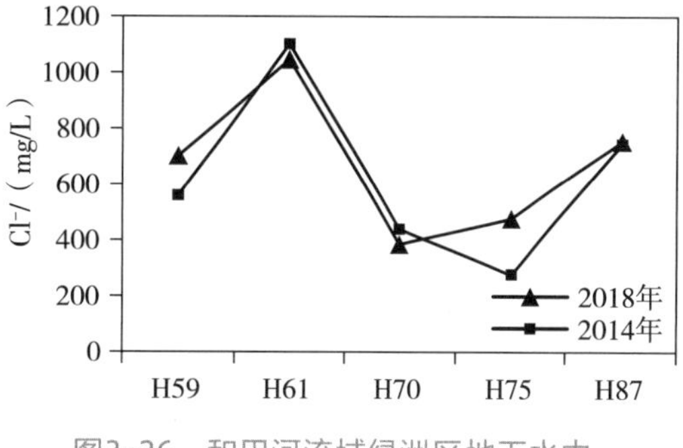


图3-26 和田河流域绿洲区地下水中$Cl^-$变化图

$SO_4^{2-}$含量变化情况如图3-27所示，H59、H61、H75和H87这4个调查井的地下水中$SO_4^{2-}$含量在2018年都比2014年要高，只有1个调查井（H70）中$SO_4^{2-}$的含量在2018年略低于2014年，可见$SO_4^{2-}$的含量随时间不断升高的趋势更为明显。

$HCO_3^-$含量变化情况如图3-28所示，只有H59调查井的地下水中$HCO_3^-$含量在2018年比2014年高，剩余4个调查井（H61、H70、H75和H87）中$HCO_3^-$的含量在2018年都低于2014年，因此$HCO_3^-$的含量随时间表现出逐渐降低的趋势。

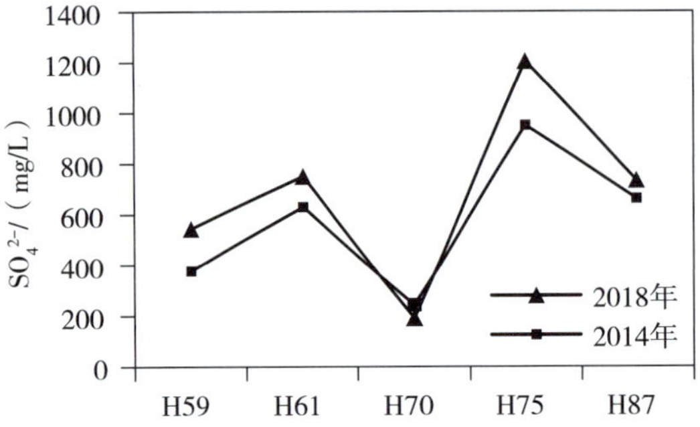


图3-27　和田河流域绿洲区地下水中$SO_4^{2-}$变化图

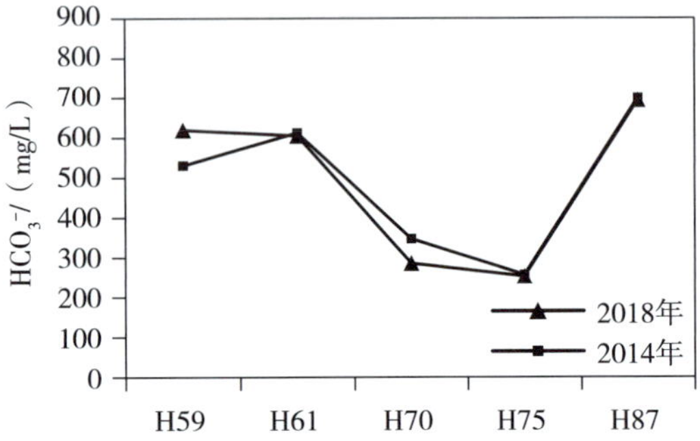


图3-28　和田河流域绿洲区地下水的$HCO_3^-$变化图

有些调查井中各离子的含量变化明显，如H59，只有$Mg^{2+}$的含量是降低的，剩余离子的含量都在升高。调查井H61和H87中各离子的含量变化不是很明显，只有$SO_4^{2-}$含量的变化稍明显。调查井H70中各离子的含量变化也不是很明显，只有$Mg^{2+}$的含量是明显降低的。调查井H75中除$Mg^{2+}$和$HCO_3^-$没有明显的变化，$Na^+$+$K^+$、$Ca^{2+}$、$Cl^-$和$SO_4^{2-}$的含量变化显著。总体而言，绿洲区不同调查井中离子的变化情况不一致，地下水中阳离子$Na^+$+$K^+$和$Ca^{2+}$以及阴离子$Cl^-$和$SO_4^{2-}$的含量随时间推移是不断升高的，而$Mg^{2+}$和$HCO_3^-$的含量随时间表现出逐渐降低的趋势，即易溶离子（强酸根和碱金属）的含量不断升高，难溶离子（弱酸根和碱土金属）的含量不断在降低。

## 3.3.4　地下水的微量组分

### 3.3.4.1　地下水中氟

原生性高氟地下水（氟含量>2.0mg/L）在我国北方干旱半干旱地区分布广泛（王根绪等，2000）。长期饮用含氟量过高的地下水会引起急性或慢性中毒，出现氟斑牙和骨质疏松等症状（Edmunds等，2012）。根据新疆饮用水现状的调查显示，饮用水中氟含量超标的人口数达30万以上，且主要集中在阿克苏地区与和田地区（王金魁等，2016）。

以2014年和2017年对和田河流域绿洲区地下水中氟的检测数据为基础，通过对地下水中氟与化学指标的相关性分析，含氟矿物（萤石）、方解石饱和指数的计算，查明地下水氟的分布特征并探讨影响氟迁移与富集的因素。

（1）含量特征　2014年与2017年绿洲区地下水中氟含量的统计量见表3-9。2017年75组地下水中氟含量为0.03～5.06mg/L，平均值为0.97mg/L；含量大于0.5mg/L的水样有60个，占样品总数的80%；含量大于1mg/L的水样有27个，占样品总数的36.0%；含量大于2mg/L的水样有5个，占样品总数的6.7%。2014年45组地下水中氟含量0.22～5.80mg/L，平均值为1.47mg/L；氟含量大于0.5mg/L的水样有34个，占样品总数的75.6%；含量大于1mg/L的水样有17个，占样品总数的37.8%；含量大于2mg/L的水样有10个，占样品总数的22.2%。2017年地下水中氟的含量比2014年略低。研究表明，绿洲区地下水中氟含量超过0.5mg/L时，氟斑牙检出率已达地方性氟中毒病区标准，由此可推断绿洲区地下水的饮用安全受氟影响较大。

表3-9　和田河流域绿洲区地下水中氟含量统计表

| 年份 | 平均值/（mg/L） | 最大值/（mg/L） | 最小值/（mg/L） | 检出率/% | 超标率/% |
|---|---|---|---|---|---|
| 2014年 | 1.47 | 5.80 | 0.22 | 100 | 37.8 |
| 2017年 | 0.97 | 5.06 | 0.03 | 98.7 | 36.0 |

与周边地区相比，和田河流域绿洲区地下水中氟含量的最高值和平均值均低于克里雅河流域（纳麦提·托合提等，2016），与叶尔羌河流域（张杰等，2020）、阿克苏河（李巧等，2013）和塔里木河干流（张慧等，2000）相差不大，远高于新疆北部的石河子地区（栾风娇，2016）。

（2）空间分布特征　2014年氟含量的在水平方向上的分布表现出一定的规律性，从西南向东北有逐渐增加的趋势。氟含量最低点出现在墨玉县西南；冲洪积细土平原中上部的喀拉喀什河附近氟含量在0.5～1mg/L，分布面积最大。该区域往东西两侧，地下水中氟含量均是增加的，氟含量在1～1.5mg/L的地下水主要分布喀拉喀什河以西墨玉县、和田县城附近及洛浦县内。氟含量1.5～2mg/L的地下水分布在和田市周边及洛浦县内，在河谷平原也有分布。绿洲区高氟地下水呈小范围零星分布，主要集中在喀拉喀什河与玉龙喀什河之间及靠近沙漠的绿洲边缘（图3-29）。墨玉县喀瓦克乡、四十七团六连，洛浦县拜什托格拉克乡，和田县斯马乡阿瓦提乡、阿克卡尔乡，和田市塔瓦库勒乡位于绿洲边缘，地下水中氟含量超过了2mg/L；和田县肖尔巴格乡、拉斯奎镇、和田市塔瓦库勒乡位于两河中间，氟含量也超过了2mg/L。

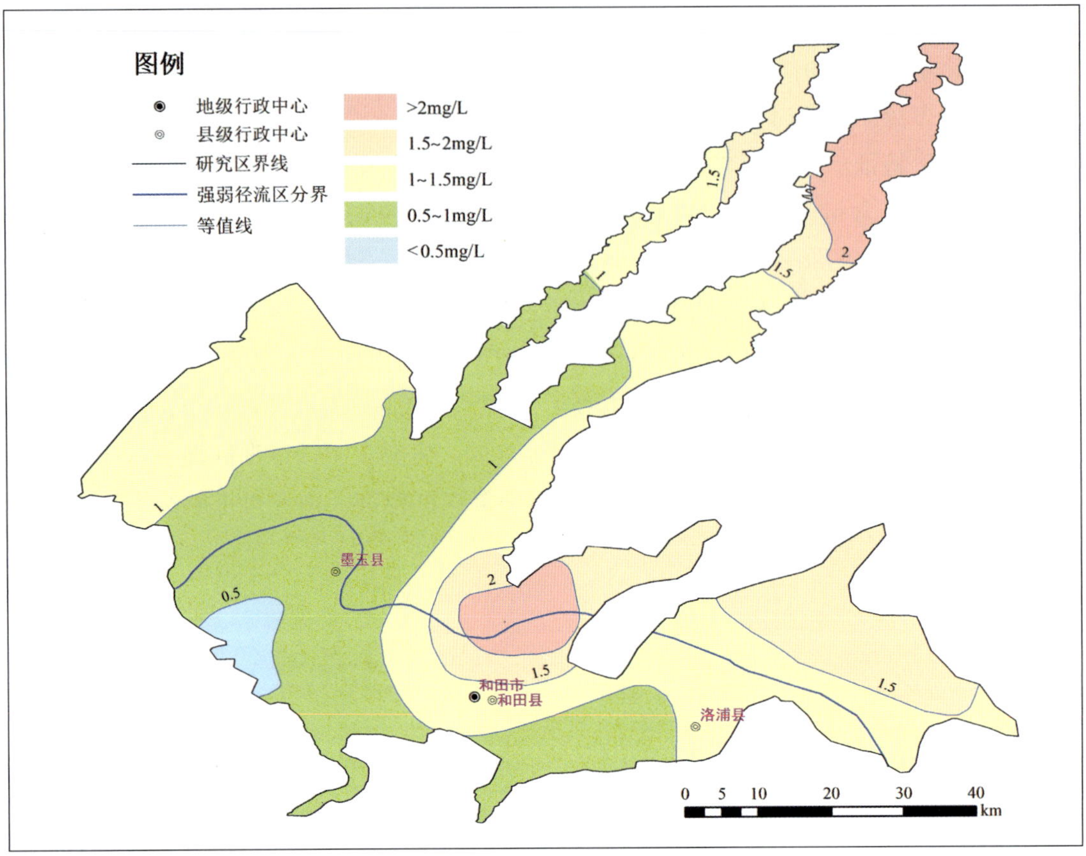


图3-29　和田河流域绿洲区2014年地下水中氟含量等值线图

如图3-30所示，2014年绿洲区浅层潜水中氟含量普遍高于中深层潜水，浅层潜水中氟的平均含量为1.7mg/L，中深层潜水中氟的平均含量为1.1mg/L。浅层潜水中氟含量变化较大，氟含量大于1mg/L的水样超过了总水样的一半。中深层潜水中氟含量一般小于1.0mg/L，但有个别水样中氟含量很高，如水样H103中氟含量达到了5.8mg/L，为本次检测的最大值，这可能与该采样点位于和田市吉亚乡垃圾处理场，附近存在着明显的点源污染有关。

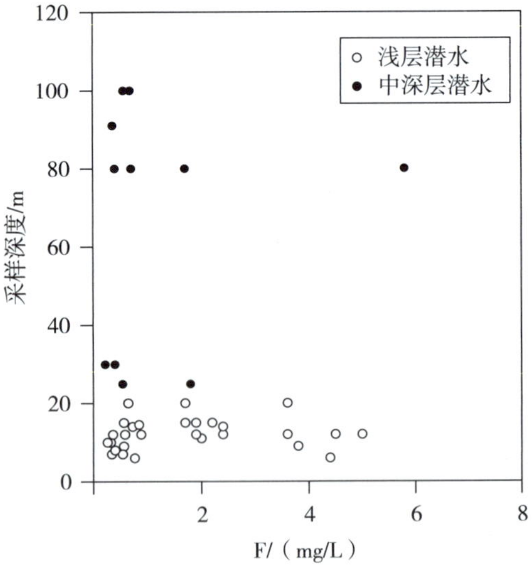


图3-30　和田河流域绿洲区2014年地下水中氟含量与调查井深关系图

（3）氟的赋存形态　地下水中氟的赋存形态极其复杂，具有氟在各种环境介质中出现的形态。氟的赋存形态决定了氟的活性及其特性，从而影响着氟的迁移方式以及氟的生态环境效应，同时还对人体吸收氟以及对地方性氟中毒的发生发展产生不同的影响（Li 等，2015）。地方性氟中毒与水中氟的含量相关性很高，但有些地区地下水中氟含量较高，发病率并不高，而有的地区氟含量并不是很高，发病率却很高，这可能是因为某些赋存形态的氟对人体没有危害，而另一些赋存形态的氟是致病源，因此查明绿洲区地下水中氟的赋存形态是非常有必要的。可通过实验室分析测定和数值模拟计算来确定地下水中氟的赋存形态，但迄今为止，通过实验测定出的赋存形态数量较少，还满足不了评价需求，并且价格昂贵，而基于热力学理论的水文地球化学模拟法可以既科学又经济的解决这个问题。

运用PHREEQC水文地球化学模拟软件模拟计算了2014年绿洲区地下水中氟的赋存形态及含量。绿洲区地下水中的氟主要以$F^-$、$CaF^+$、$MgF^+$、NaF、HF、$HF^{2-}$6种赋存形态存在，浓度依次为$F^-$>$MgF^+$>$CaF^+$>NaF>HF>$HF^{2-}$（表3-10）。$F^-$是绿洲区地下水中氟的主要赋存形态，占总氟含量的86.8%~97.4%，其次为$MgF^+$、$CaF^+$和NaF，分别占总氟含量的1.9%~11.5%、0.3%~2.2%和0.1%~1.1%。根据图3-29和图3-31，可以看出绿洲区地下水中$F^-$含量与氟的空间分布特征是相似的，即氟含量高的地方$F^-$含量同样也较高。

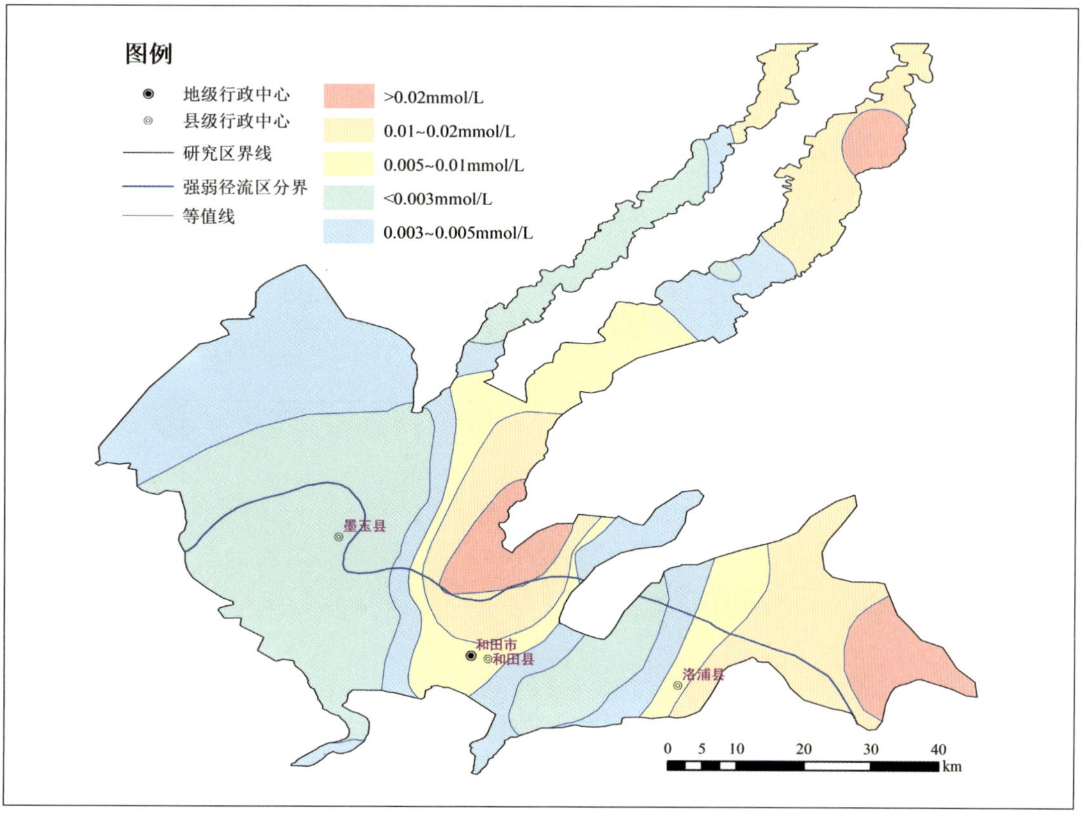


图3-31　和田河流域绿洲区2014年地下水中$F^-$含量等值线图

表3-10　和田河流域绿洲区2014年地下水中不同赋存形态氟含量统计表　　单位：%

| 赋存形态 | 平均值 | 最大值 | 最小值 |
|---|---|---|---|
| $F^-$ | 92.22 | 97.42 | 86.78 |
| $MgF^+$ | 6.30 | 11.49 | 1.90 |
| $CaF^+$ | 1.03 | 2.21 | 0.31 |
| NaF | 0.44 | 1.06 | 0.10 |
| HF | 0.005 | 0.012 | 0.001 |
| $HF^{2-}$ | $1.26\times10^{-6}$ | $6.85\times10^{-6}$ | $1.41\times10^{-6}$ |

如图3-32和图3-33所示，当氟含量小于1.0mg/L时，$F^-$和$MgF^+$含量变化范围较大；氟含量在1.5～2.5mg/L时，$F^-$占的比例随总氟含量增加而逐渐降低，$MgF^+$占的比例逐渐升高，如在墨玉县喀瓦克乡亚勒吾孜托乎热克村附近地下水中氟含量为2.4mg/L，其中

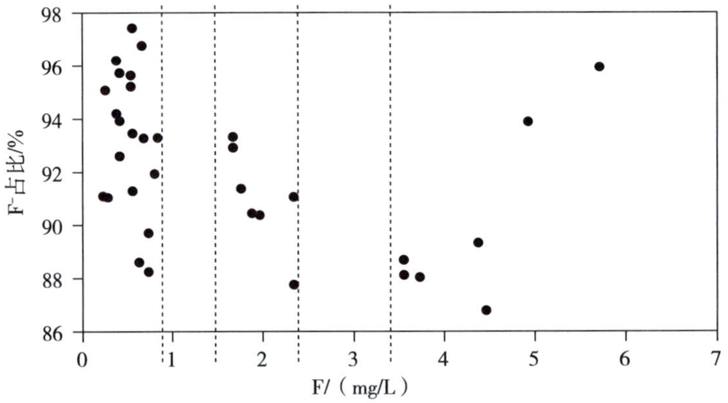


图3-32　和田河流域绿洲区地下水中$F^-$所占比例与氟含量关系图

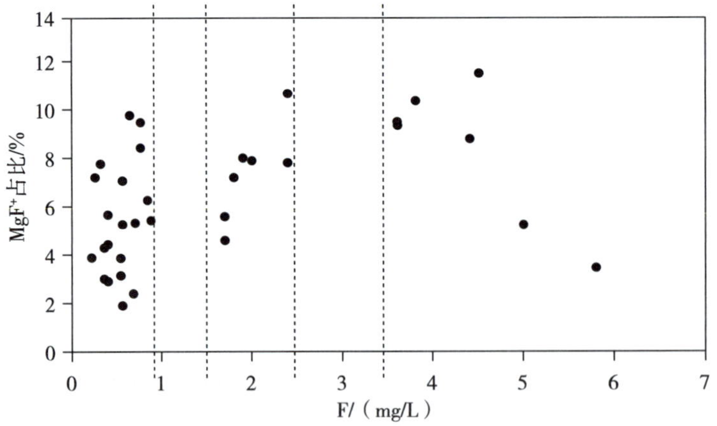


图3-33　和田河流域绿洲区地下水$MgF^+$所占比例与氟含量关系图

$F^-$占总氟含量的87.8%，$MgF^+$占10.7%；当氟含量大于3.5mg/L，$F^-$和$MgF^+$含量发生变化，$F^-$所占的比例随总氟含量增加而逐渐升高，而$MgF^+$所占的比例却逐渐降低，如在和田市吉亚乡附近地下水中氟含量为5.8mg/L，其中$F^-$占总氟含量的95.9%，$MgF^+$仅占总氟含量比例3.5%。可见当氟含量大于1.5mg/L，$F^-$和$MgF^+$含量呈现此消彼长的变化规律。

（4）成因分析

①物质来源。

和田河流域绿洲区地壳中含有黑云母、角闪石、磷灰石等含氟矿物，氟含量达到500～700mg/kg。这些矿物中的氟大多以类质同象杂质的形式存在，碱性环境下，地下水中$OH^-$含量多，与矿物晶格中的$F^-$发生置换，致使$F^-$不断向水中迁移。因此绿洲区地下水中的氟主要来源于云母等含氟硅酸盐矿物的非全等溶解。

②影响因素。

酸碱性：地下水的酸碱性决定了氟的赋存形态，在pH为7.0～8.0的水中氟主要以迁移性好的水溶性氟离子的形态存在；碱性环境中$OH^-$含量多，而$OH^-$与$F^-$都带有一个负电荷且半径相近，$OH^-$容易将$F^-$从矿物晶格中置换出来，因此氟在碱性水中易于溶出、迁移。由图3-34可以看出，绿洲区氟含量超过2.0mg/L的地下水，其pH集中分布在7.0～8.2，表明该区地下水的pH有利于氟迁移与富集。

TDS：一般情况下，TDS较高的地下水中氟含量往往也较高。绿洲区地下水TDS较高，且氟含量与TDS，在0.01水平上呈显著正相关性（Pearson相关系数$r$=0.398）（图3-35）。除洛浦县拜什托格拉克乡（H95）及和田县吉亚乡附近（H103）附近的两处地下水外，凡是氟含量大于1.0mg/L，TDS都高于1000mg/L，说明绿洲区地下水TDS偏高对氟的迁移和富集起促进作用。

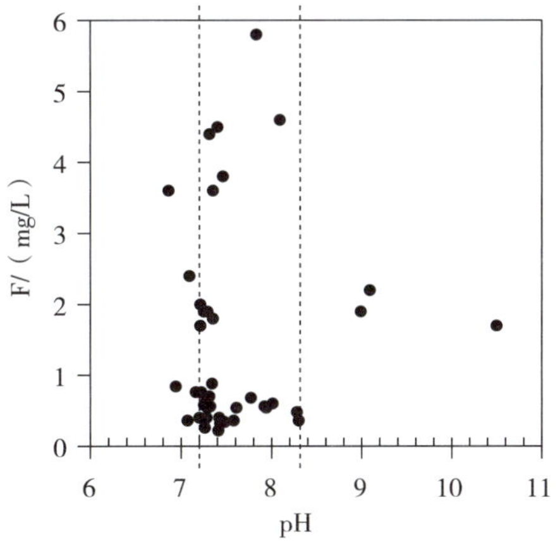


图3-34　和田河流域绿洲区地下水中氟含量与pH的关系图

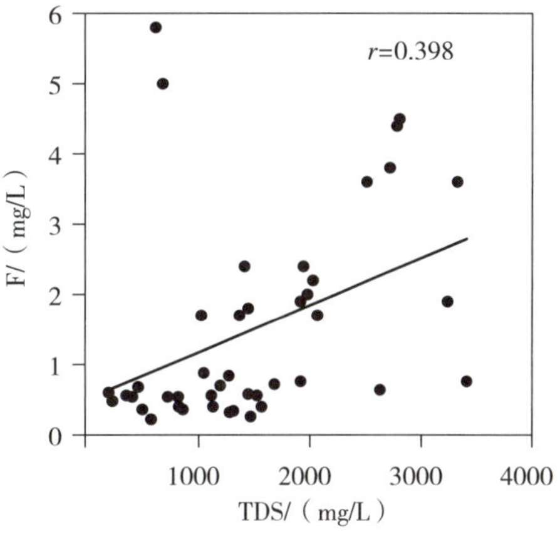


图3-35　和田河流域绿洲区地下水中氟含量与TDS的关系图

饱和指数（SI）：干旱半干旱气候下，由于地下水中缺少铝、硅和磷酸盐等，氟含量受到萤石（$CaF_2$）及方解石（$CaCO_3$）等含钙矿物的溶解平衡控制（乘程哲，2013），二者在水溶液中会发生以下反应：

$$H_2CO_3 \rightleftharpoons H^+ + HCO_3^-$$

$$HCO_3^- \rightleftharpoons H^+ + CO_3^{2-}$$

$$CaCO_3(s) \rightleftharpoons Ca^{2+} + CO_3^{2-}$$

$$CaF_2(s) \rightleftharpoons Ca^{2+} + 2F^-$$

SI可以反映出矿物在水溶液中的存在状态，按式（3–2）计算：

$$SI = \lg\left(IAP/K\right) \qquad (3\text{–}2)$$

式中　IAP——离子活度积；

$K$——特定温度下矿物的溶度积常数。

由图3–36可以看出，82.9%水样中$CaF_2$的SI＜0，表明大部分地下水中$CaF_2$未达到饱和状态，在此情况下，地下水中的$F^-$与$Ca^{2+}$不会形成$CaF_2$沉淀，而是随水迁移，在适宜条件下不断浓缩富集，这跟地下水中氟含量与$Ca^{2+}$未呈现负相关性相吻合（图3–37）；$CaCO_3$的SI全部为正值，平均值为0.49，表明方解石处于过饱和状态，在此情况下，方解石不断沉淀析出，$Ca^{2+}$的活度降低，$CaF_2$趋向溶解，向地下水中不断输送$F^-$。此外，绿洲区$HCO_3^-$含量较高（平均含量为434.5mg/L），反应趋向于$HCO_3^-$的分解从而促进方解石进一步沉淀析出，降低了$Ca^{2+}$的活度，最终导致地下水中氟含量增加，这跟地下水中氟含量与$HCO_3^-$呈正相关性相吻合（图3–38）。因此绿洲区地下水中萤石趋于溶解、方解石的过饱和状态以及$HCO_3^-$含量较高是促进地下水中高氟水形成的重要因素。

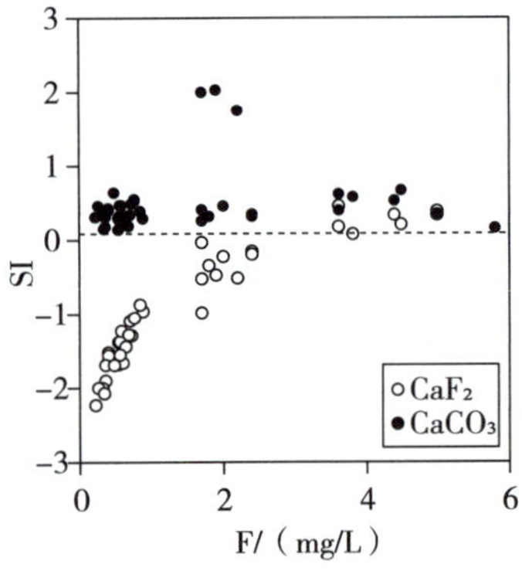

图3–36　和田河流域绿洲区地下水中氟含量与SI的关系图

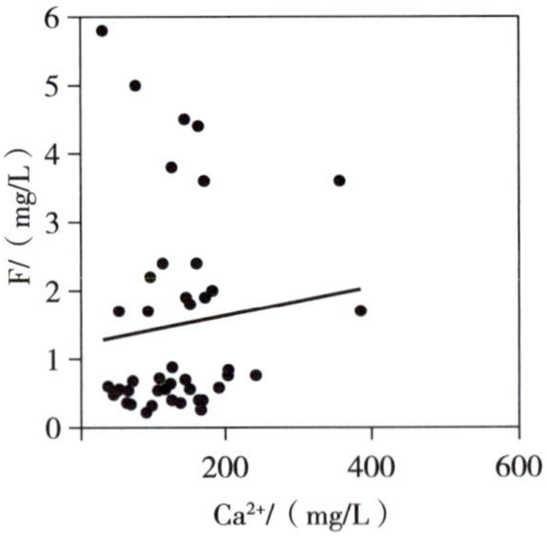

图3–37　和田河流域绿洲区地下水中氟含量与$Ca^{2+}$的关系图

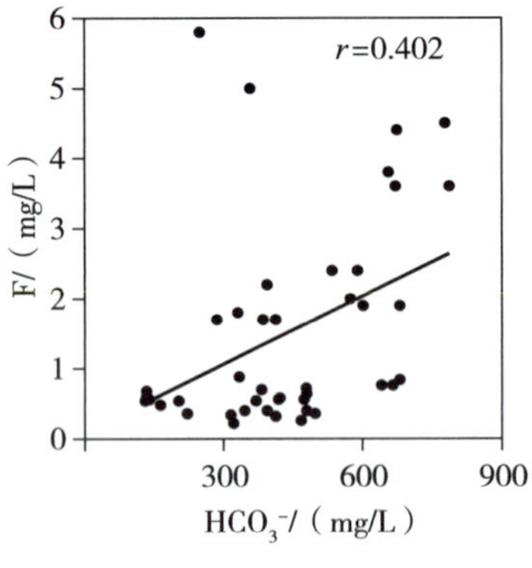

图3–38　和田河流域绿洲区地下水中氟含量与$HCO_3^-$的关系图

#### 3.3.4.2 地下水中碘含量特征

碘在地下水中的含量也很低，一般每升只有几微克至几十微克。地下水碘的来源有限，主要是岩石中呈痕迹分散形式的碘、有机质吸附的碘以及由风的吸扬从海洋方面带到大气中的碘。若地下水中出现高含量的碘，则一般与有机质有关。同时强还原条件也是碘在地下水中富集所必须具备的水化学环境。

绿洲区远离海洋，四周为高山所挡，所以来自海洋的碘几乎为零，碘的唯一来源就是岩石中呈痕迹分散形式的碘和有机质吸附的碘，而这有限的碘在本区强氧化的环境中是难以富集的，因此绿洲区地下水呈现低碘的地下水化学特征。2014年绿洲区地下水中$I^-$的平均含量为0.014mg/L，检出率为17.8%。从图3-39可以看出，绿洲区大部分区域地下水中的$I^-$含量低于检出限，在墨玉县雅瓦乡、喀尔赛镇附近含量较高，向绿洲边缘逐渐升高，洛浦县拜什托格拉克乡、和田县西北部地下水中$I^-$含量约为0.03mg/L。与绿洲区地下水中氟含量的空间分布特征相似，氟含量低的区域地下水中$I^-$含量也低。当地丰富的土盐资源、长期形成的生活习惯使得农牧民仍然以食用土盐为主，成为碘缺乏病患病率高的主要原因，而低碘地下水又加剧了这一影响，使绿洲区成为新疆碘缺乏重病区之一。

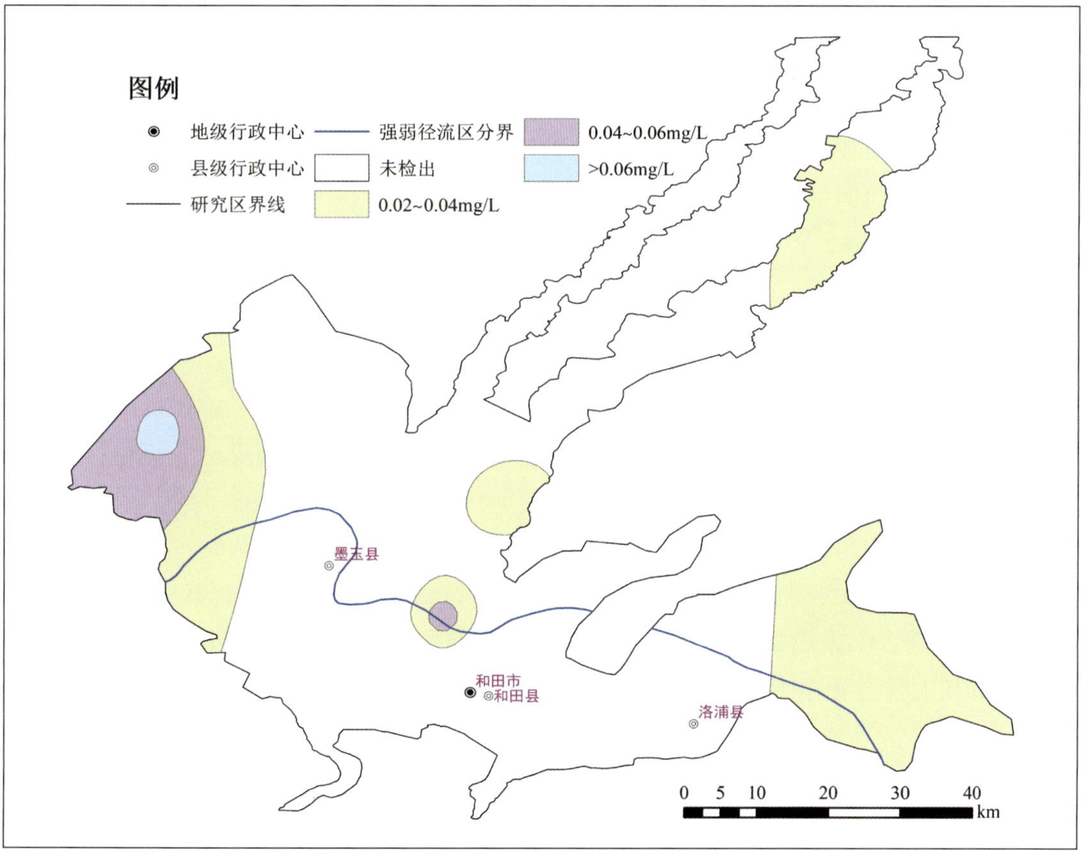


图3-39 和田河流域绿洲区2014年地下水中$I^-$含量等值线图

#### 3.3.4.3 地下水中重金属含量特征

地下水中重金属元素含量超标会严重威胁人体健康。地下水资源是绿洲区重要的饮用水源，查明地下水中重金属元素的分布特征及来源是非常有必要的。

运用SPSS软件，依据《生活饮用水卫生标准》(GB 5749—2006)，对2014年绿洲区45个地下水采样点的9项重金属元素检测数据进行统计分析，各统计量见表3-11。绿洲区地下水中检出的重金属元素有Fe、Mn、Zn、As、Pb和Cu，检出率依次为97.8%、88.9%、62.2%、33.3%、13.3%和6.7%；Hg、$Cr^{6+}$、Cd未检出。Fe、Mn、Zn、As和Pb的超标情况差别很大，其中Fe、Mn超标较为严重，超标率分别为57.8%和46.7%。Fe的平均含量为2.536mg/L，超过了标准值的8倍，最大含量为30.980mg/L，超过了标准值的100倍。Mn含量的变化范围是ND～4.114mg/L，平均值为0.445mg/L，超过标准值的4倍，最大含量超过了标准值的41倍。Zn、As和Pb的超标率较低，超标率分别为2.2%、8.9%、8.9%，它们的平均值均小于标准值。

表3-11 和田河流域绿洲区2014年地下水中重金属元素含量统计表

| 重金属 | 平均值/(mg/L) | 最大值/(mg/L) | 最小值/(mg/L) | 检出率/% | 超标率/% | 标准值/(mg/L) |
|---|---|---|---|---|---|---|
| Fe | 2.536 | 30.980 | ND | 97.8 | 57.8 | 0.3 |
| Mn | 0.445 | 4.114 | ND | 88.9 | 46.7 | 0.1 |
| Zn | 0.105 | 1.560 | ND | 62.2 | 2.2 | 1 |
| As | 0.004 | 0.054 | ND | 33.3 | 8.9 | 0.01 |
| Pb | 0.002 | 0.024 | ND | 13.3 | 8.9 | 0.01 |
| Cu | 0.007 | 0.039 | ND | 6.7 | 0 | 1 |
| Cd | ND | ND | ND | 0 | 0 | 0.005 |
| Hg | ND | ND | ND | 0 | 0 | 0.001 |
| $Cr^{6+}$ | ND | ND | ND | 0 | 0 | 0.05 |

注：ND表示未检出，下同。

绿洲区地下水中重金属元素检出的有Fe、Mn、Zn、As、Pb和Cu，其中Zn、Pb和As的超标率很低，Cu未超标。地下水中Zn含量超标点位于和田县拉斯奎镇；洛浦县山普鲁乡、和田县罕艾日克村、墨玉县萨依巴格乡和墨玉县喀瓦克乡附近地下水中Pb含量超过了Ⅲ类水的标准值；As含量超标点位于墨玉县喀瓦克乡、墨玉县萨依巴格乡、和田县阿克卡尔乡和洛浦县山普鲁乡附近。

#### 3.3.4.4 地下水中“三氮”含量特征

随着我国人口的急剧增长与经济的快速发展，不管是城市还是农村都普遍存在地下水“三氮”污染问题。地下水中的“三氮”即离子态的硝酸盐氮（$NO_3^-$–N）、亚硝酸盐氮（$NO_2^-$–N）和氨氮（$NH_4^+$–N），它们在一定条件下可相互转化。饮用水中$NO_3^-$–N和$NO_2^-$–N含量超标，会诱发高铁血红蛋白症，还会形成致癌和致突变性的亚硝胺；$NH_4^+$–N可经过硝化作用转化成$NO_3^-$–N和$NO_2^-$–N，间接威胁着人体健康（Koheh等，2017）。

绿洲区地下水中$NO_3^-$–N、$NO_2^-$–N和$NH_4^+$–N含量的统计量见表3-12，其中超标率按《地下水质量标准》（GB/T 14848—2017）中的Ⅲ类水标准值进行计算。由表3-12可知，1980年、2014年和2017年绿洲区地下水中$NO_3^-$–N、$NO_2^-$–N和$NH_4^+$–N均有检出。$NO_3^-$–N检出率最高，分别为78.9%、93.3%和93.3%，平均含量大小依次为2014年＞2017年＞1980年；2014年地下水中$NO_3^-$–N的超标率为6.7%，2017年与1980年$NO_3^-$–N均未超标。1980年绿洲区地下水中$NO_2^-$–N的检出率、最大含量和平均含量均高于2014年和2017年，但三个时期地下水中的$NO_2^-$–N均未超标；而$NH_4^+$–N的含量及检出率随时间呈上升趋势，1980年和2017年地下水中$NH_4^+$–N未超标，但2014年$NH_4^+$–N的超标率为4.4%。

表3-12　和田河流域绿洲区地下水“三氮”含量统计表

| 年份 | 指标 | 含量范围/（mg/L） | 平均值/（mg/L） | 检出率/% | Ⅲ类水标准值/（mg/L） | 超标率/% |
|---|---|---|---|---|---|---|
| 1980年 | $NO_3^-$–N | ND～3.86 | 0.39 | 78.9 | 20 | 0 |
| | $NO_2^-$–N | ND～0.73 | 0.06 | 50.0 | 1 | 0 |
| | $NH_4^+$–N | ND～0.40 | 0.04 | 28.9 | 0.5 | 0 |
| 2014年 | $NO_3^-$–N | ND～42.14 | 4.09 | 93.3 | 20 | 6.7 |
| | $NO_2^-$–N | ND～0.12 | 0.004 | 13.3 | 1 | 0 |
| | $NH_4^+$–N | ND～1.12 | 0.07 | 35.6 | 0.5 | 4.4 |
| 2017年 | $NO_3^-$–N | ND～4.97 | 1.30 | 93.3 | 20 | 0 |
| | $NO_2^-$–N | ND～0.52 | 0.01 | 24.0 | 1 | 0 |
| | $NH_4^+$–N | ND～0.33 | 0.07 | 61.3 | 0.5 | 0 |

以上分析可知，①1980年、2014年和2017年三个时期绿洲区地下水“三氮”污染不严重，且从饮用水安全角度来看，地下水目前尚处于安全状态，因为$NO_2^-$–N的毒性最强，但其检出率很低且未出现超标。②$NO_3^-$–N为地下水中“三氮”的主要存在形态，这与绿洲区地下水所处的化学环境有关。$NO_3^-$–N、$NO_2^-$–N和$NH_4^+$–N在包气带与地下水中的迁移转化过程非常复杂，而化学环境（氧化还原条件及酸碱性等）是其重要的控制因素（Chen等，2017）。如前所述，绿洲区地下水属偏碱性水，大多具有一定的氧化能力，在此环境下，$NH_4^+$–N易于转化为$NO_3^-$–N，致使$NO_3^-$–N成为绿洲区地下水中“三氮”的主要存在形态。

（1）水平方向　绿洲区地下水中“三氮”在水平方向上的分布极不均匀。有$NO_3^-$–N检出的采样点大多分布在绿洲南部，其中和田市伊里其乡、和田县肖尔巴格乡和墨玉县四十七团六连附近地下水中$NO_3^-$–N含量较高，分别为42.14mg/L，28.59mg/L，25.15mg/L，均超过了Ⅲ类水标准值；而绿洲北部只有墨玉县喀瓦克乡有$NO_3^-$–N检出，含量为4.09mg/L。$NO_2^-$–N的含量分布也存在着显著的南北差异，绿洲北部的采样点未有$NO_2^-$–N检出，6个检出点位均分布在绿洲南部，其中4个检出点位的$NO_2^-$–N含量小于0.01mg/L，只有和田县拉斯奎镇与和田市伊里其乡的$NO_2^-$–N含量较高，分别为0.12mg/L和0.03mg/L，超过了Ⅲ类水标准值。绿洲北部$NH_4^+$–N检出点位较多，但含量低，均低于Ⅲ类水标准值；南部检出点位相对较少，但个别水样的$NH_4^+$–N含量较高，如和田市伊里其乡与和田县拉斯奎镇的$NH_4^+$–N含量较高，分别为0.54mg/L和1.12mg/L。$NH_4^+$–N在绿洲区北部的分布范围比南部要广，是由于该区地下水埋深比南部浅，尤其是灌溉期，地下水位接近地表，导致包气带处于还原状态下，不利于硝化作用的发生，$NH_4^+$–N可直接随灌溉水入渗进到地下水。

和田市伊里其乡与和田县拉斯奎镇附近地下水中$NO_2^-$–N和$NH_4^+$–N的含量高于其他采样点，是因为周围存在着明显的氮源污染。和田市伊里其乡以南约600m处为和田市生活污水池，污水沿水渠流入村中并用于灌溉，因此生活污水为该处地下水中$NO_2^-$–N和$NH_4^+$–N的主要污染来源；和田县拉斯奎镇调查井位于城镇公路旁的绿化带中，周围有商店、理发店、打馕店等，且在水井旁边发现有炉渣，表明居民日常生活的污水和垃圾是该处地下水中$NO_2^-$–N和$NH_4^+$–N的主要来源。

总体而言，$NO_3^-$–N和$NH_4^+$–N的超标区域呈零星点状分布，未构成大面积污染；绿洲区地下水中$NO_3^-$–N、$NO_2^-$–N和$NH_4^+$–N含量的分布表现出一定的规律性，沿地下水径流方向，$NO_3^-$–N与$NO_2^-$–N的含量南高北低，而$NH_4^+$–N在北部的分布范围比南部要广。

（2）垂直方向　由表3–13可知，32组浅层潜水（井深为＜20m）中$NO_3^-$–N、$NO_2^-$–N和$NH_4^+$–N的最大含量及平均含量均高于11组中深层潜水（井深为≥20m）。$NO_3^-$–N、$NO_2^-$–N和$NH_4^+$–N超标的地下水属于浅层潜水，而中深层潜水中三者均未超标，且没有$NO_2^-$–N检出。由此可见绿洲区浅层潜水“三氮”的污染问题比中深层潜水严重。

包气带对“三氮”具有一定的吸附能力，尤其是对$NH_4^+$–N的吸附尤为显著，并且颗粒越细、厚度越大，吸附能力越强。绿洲区包气带岩性单一，土壤大多数为砂性土，渗透性好，对$NH_4^+$–N、$NO_3^-$–N和$NO_2^-$–N的吸附作用较弱。但对于浅层潜水来说，包气带厚度较小，可接收来自地表的大部分$NH_4^+$–N、$NO_3^-$–N和$NO_2^-$–N；对于中深层潜水来说，包气带厚度较大，对$NH_4^+$–N、$NO_3^-$–N和$NO_2^-$–N能够充分吸附，很难进入到中深层地下水中。这是绿洲区浅层潜水中“三氮”含量高于中深层潜水的重要原因之一。

表3-13　和田河流域绿洲区2014年不同深度地下水“三氮”含量统计表　单位：mg/L

| 类型 | $NO_3^-$-N | | $NO_2^-$-N | | $NH_4^+$-N | |
|---|---|---|---|---|---|---|
| | 含量范围 | 平均值 | 含量范围 | 平均值 | 含量范围 | 平均值 |
| 浅层潜水 | ND ~ 42.14 | 5.44 | ND ~ 0.1205 | 0.0055 | ND ~ 1.12 | 0.10 |
| 中深层潜水 | 0.17 ~ 7.85 | 2.15 | ND ~ 0.0009 | 0.0004 | ND | ND |

（3）污染源　$NO_3^-$-N是造成地下水“三氮”污染的主要指标，但其主要来自于$NH_4^+$-N、有机氮的转化等间接来源。2014年绿洲区$NH_4^+$-N排放总量为904.91t，其中生活$NH_4^+$-N排放量838.65t，占总量的92.7%，农业$NH_4^+$-N排放量63.13t，占总量的7.0%，工业$NH_4^+$-N排放量3.13t，占总量的0.3%。以上数据表明和田河流域绿洲区地下水“三氮”的来源主要与居民生活和农业生产有关。

①生活污染源。

城乡居民日常生活产生的废物中含有大量的$NH_4^+$-N、$NO_3^-$-N和有机氮等，可经过转化或直接进入到地下水中。2014年绿洲区人口数达$145.8 \times 10^4$人，与20世纪80年代相比，增长了近两倍。该区农村人口占的比重较大，约为70%，而农村地区由于欠缺防渗和处理措施，产生的大量生活污水、生活垃圾以及畜禽粪污直接排放到河道、农田或坑塘，成为地下水中“三氮”的重要来源。绿洲区城镇生活污水虽然可以做到集中排放，但基本未得到有效处理。在和田市和墨玉县有两处生活污水入河排污口，2014年排污量为$165.46 \times 10^4 m^3$，其中约含有83.6t的$NH_4^+$-N，可随地表水入渗到地下水体（孟彩侠，2006）。调查中还发现一条沿玉龙喀什河延伸的污水渠，长有20多km，污水从某生活污水处理厂流出，味臭、浑浊，沿途与河水等混合，两侧农田引渠水进行灌溉。渠首附近，污水中$NH_4^+$-N含量为30.37mg/L，$NO_3^-$-N含量为2.68mg/L，$NO_2^-$-N含量0.04mg/L。

②农业污染源。

氮肥中含有大量氮素，进入土壤后主要以$NH_4^+$-N的形式存在，$NH_4^+$-N一部分被吸附滞留在土壤中，适宜条件下经过硝化作用，以$NO_3^-$-N的形式向下迁移；而超过土壤吸附能力的那部分$NH_4^+$-N随灌溉水可直接进入地下含水层。和田河流域绿洲区是和田地区重要的灌溉农业基地，氮肥的大量施用一直是当地农业增产的重要手段。2014年绿洲区氮肥使用量达到了$1.67 \times 10^4$t。随着耕地面积的不断扩大，氮肥使用量也在逐年增加，而氮肥的利用率一般为30% ~ 40%，致使氮素不断向地下水中输送。

不同土地利用类型，输入的污染物不同，其中地下水“三氮”的含量也具有较大差异。将绿洲区土地利用类型分为耕地、城乡居民用地和未利用土地三类，如表3-14所示，地下水中$NO_3^-$-N和$NH_4^+$-N平均含量依次是未利用土地＜城乡居民用地＜耕地，$NH_2^-$-N平均含量依次是未利用土地＜耕地＜城乡居民用地。这进一步印证农业污染源和生活污染源是绿洲区地下水中“三氮”的主要来源，同时解释了人口密集的绿洲区南部地下水中“三氮”含量普遍高于绿洲北部的原因。

表3-14 和田河流域绿洲区2014年不同土地利用类型地下水中“三氮”平均含量统计表

单位：mg/L

| 土地利用类型 | $NO_3^-$-N | $NO_2^-$-N | $NH_4^+$-N |
|---|---|---|---|
| 耕地 | 6.51 | 0.0039 | 0.14 |
| 城乡居民用地 | 3.75 | 0.0043 | 0.06 |
| 未利用土地 | 0.80 | 0.0027 | 0.03 |

#### 3.3.4.5 地下水中有机物

我国地下水污染物来源复杂，有机污染日益凸显。相对其他污染物来说，有机污染物种类繁多，含量甚微，不易被生物降解，毒性大，具有较强的致畸、致突变、致癌作用（邓红梅，2006）。因此地下水的有机污染更为严重、复杂和隐蔽，目前已成为地下水环境保护领域的首要问题。地下水污染调查是了解地下水有机污染最直接的手段之一。20世纪60—70年代美国率先开展了地下水有机污染的调查工作，70年代末到80年代初，北美、欧洲的发达国家地下水污染研究的重点也开始从无机污染物转向有机污染物（刘菲等，2010）。而我国在90年代以前地下水微量有机污染研究仅有零星报道，基本上还处于空白阶段。中国地质调查局于1999年开始，以北京和苏锡常地区为试点进行地下水有机污染调查工作，2005年启动了全国地下水污染调查评价项目，区域性有机污染物调查成为该次地下水污染调查的重点（文冬光等，2008）。而受环境条件和工作基础等方面的制约，新疆地下水有机污染物调查工作一直未开展。直到2014年首次在和田地区开展了地下水有机污染调查工作，对37项有机指标进行了检测。

（1）含量特征 通过对和田河流域绿洲区2014年地下水有机污染物检测数据统计分析可知，37种有机污染检测指标中只检出了一种有机污染物，即苯并[a]芘［B(a)P］（检出限为0.002μg/L）。检出率为13.3%，即45个地下水样中只有6个被检出，分别为采样点H57、H59、H75、H87、H88和H89，这些点大致沿喀拉喀什河呈线状分布。虽然B(a)P的检出率较低，但所有检出点位的检测值都超过了《生活饮用水卫生标准》（GB 5749—2006）（0.01μg/L），采样点H59的地下水中B(a)P含量最高，为0.8691μg/L，超出了标准值的86倍（表3-15）。

表3-15 和田河流域绿洲区2014年地下水中B(a)P的含量 单位：μg/L

| 编号 | H57 | H59 | H75 | H87 | H88 | H89 |
|---|---|---|---|---|---|---|
| 含量 | 0.3796 | 0.8691 | 0.0644 | 0.0378 | 0.5953 | 0.2066 |

（2）与新疆其他地区相比　2014年地下水有机污染调查结果显示，和田地区共有8个地下水样检出了B(a)P，1个在于田县，1个位于和田河流域的山区，剩余6个均位于绿洲区范围内；石河子地区23组地下水样中只有1组有B(a)P的检出，含量为5.46ng/L，远低于《生活饮用水标准检验方法》（GB/T 5750—2006）限值。焉耆盆地平原区42组地下水样中检出的有机污染物共有3种，但未见有B(a)P的检出（赵江涛等，2016）；伊犁河谷地区77组地下水样中B(a)P的检出率为25.9%，未超标（高轮船等，2015）；环博斯腾湖地区82组地下水样中无B(a)P的检出；若羌-且末地区9组潜水水样和9组承压水样只检出了三氯甲烷和1,2-二氯苯，其余微量有机物均未检出（孙英等，2018）。可以看出2014年北疆地区地下水中含有B(a)P的情况较为普遍，但含量很低；而南疆除和田地区地下水中有B(a)P检出之外，其他地区地下水中均未检出B(a)P，且和田河流域绿洲区地下水的检出情况更为特殊。

（3）与国内其他地区相比　与国内工业发达、污染严重的地区相比，和田河流域地下水中B(a)P的含量处于中等水平。如2008—2010年间为初步掌握我国主要城市地下水有机污染状况，在全国69个城市开展有机污染调查，在采集的791组地下水样中有129个水样中检出B(a)P（检出限1.50ng/L），检出率为16.2%，超标率为0.1%（参照世界卫生组织标准）（高存荣等，2011）。2014年在下辽河平原地区共设置220个采样点采集地下水样，并对30项有机指标检测，结果显示下辽河地区地下水中超标的有机污染物有3种，分别是B(a)P、$\gamma$-六六六和1,2-二氯丙烷，其中B(a)P的平均含量18.03μg/L，超标率为26.4%（标准值为0.01μg/L）（于畅等，2018）。滹沱河平原地处华北平原西部，2014年调查结果显示地下水中B(a)P的检出率为19.6%，含量范围ND～19.7ng/L，最高含量低于和田河流域绿洲区地下水中B(a)P的最高含量。淮河流域平原地区在2006—2010年期间绝大多数浅层地下水（埋深小于50m）中B(a)P含量低于0.2μg/L，4168组检测样品中有77组含量超过0.2μg/L；中深层地下水（埋深不小于50m）中只有4个地下水样中B(a)P含量超过0.2μg/L（昌盛等，2016），污染不是很严重。

（4）污染源　B(a)P广泛存在于大气、土壤和水体等各种环境介质中，既有天然来源又有人为来源。生物合成、火山喷发和草木自然产生的B(a)P构成了天然本底值，但人类活动才是造成B(a)P污染的主要原因。煤焦油、煤、石油等矿物燃料燃烧产生的烟气，汽车尾气以及焦化、炼油、沥青、塑料等化学工业污水中都含有大量的B(a)P。土壤是重要的环境介质，既承接着地表及大气的污染物，又是污染物向地下水系统迁移的中转站。由于B(a)P具有低溶解性和较强的憎水性，能强烈地分配到非水相中，并吸附于颗粒物上，因此土壤是B(a)P的主要环境归宿，承担了90%以上B(a)P的环境负荷。当进入到土壤中的B(a)P超过它们的降解能力时，B(a)P产生显著的积累，还可能不断向下迁移，造成下层土壤和地下水污染。

绿洲区检出点位均为农村分散供水井，位于乡镇居民聚居区内，周边无明显直接工业污染源，只有零星分布的生活污染源。可推断绿洲区地下水中的B(a)P主要来自生活污染源，与大气及土壤中的B(a)P污染有密切联系。

H57和H87井边的煤渣是两处地下水B(a)P的重要来源之一。H57、H59、H87、H88和H89附近有许多小店铺等，店里的污水如理发店洗涤污水、餐饮业污水、修车店洗车店污水以及日常生活污水等，未经处理直接排往地表小沟，它们通过下渗作用进入地下水含水层是造成绿洲区地下水B(a)P超标的一个重要原因。

汽车排放的尾气会造成公路附近土壤中B(a)P的增加，许多国家都进行过土壤中B(a)P含量调查，在繁忙的公路两旁的土壤中B(a)P含量为2.0mg/kg（Swapnil等，2016）。绿洲区所有检出点位都位于道路旁边，由于汽车尾气排放导致附近土壤中B(a)P的累积，它们可直接进入植物体或通过下渗作用进入到地下水含水层，由此可推断绿洲区汽车尾气是地下水B(a)P污染的一个原因。

绿洲区居民生产生活的燃料以煤和木材为主，燃烧产生的B(a)P通常以气体与颗粒物形态进入到大气中，然后随干湿沉降等落入水体与土壤等介质，部分B(a)P在地表水的冲刷下入渗到地下含水系统。有学者对和田市城区PM2.5化学组成特征及来源分析，得出由于冬季采暖使燃煤量增加，同时冬季低温少雨，光照降低，不利于B(a)P的降解，导致和田市城区PM2.5中B(a)P的含量范围是0～31.68ng/$m^3$，平均值为6.69ng/$m^3$，远超过世界卫生组织（WHO）建议的最低值（1ng/$m^3$）（苏吾比努尔·热克甫等，2018）。可见绿洲区燃煤产生的B(a)P是地下水中B(a)P的重要来源。

（5）健康风险评价　地下水中的B(a)P可通过呼吸摄入、皮肤接触以及食物链传递等很多方式进入人体，从而威胁居民身体健康，因此对绿洲区地下水中B(a)P进行健康风险评估是十分必要的。现采用美国国家环境保护局（U.S.EPA）推荐的评价模型，参照《中国人群暴露参数手册》中的数据，对绿洲区地下水中的B(a)P对人体健康风险进行评估。

①危害识别。

危害识别是健康风险评估的第一步，主要任务是识别关注污染物的危害效应。苯并[a]芘为研究多环芳烃的代表，分布广泛、性质稳定、致癌性最强。绿洲区地下水中仅检测出苯并[a]芘，且含量较高，因此把苯并[a]芘确定为健康风险评价的关注污染物。

②暴露评估。

暴露评估主要任务是确定关注污染物的暴露情景、暴露途径和受体类型等，计算各种暴露途径下的暴露量，是进行风险评价的定量依据。

B(a)P主要通过食物或饮用水进入人体胃肠，在胃和肠道中消化，分解为可被人体吸收的小分子物质，经过血液循环很快遍布于身体各个部位。考虑到当地居民的生活习惯，只对饮用地下水暴露途径进行健康风险评估。

绿洲区检出井周围的土地利用类型以住宅用地为主，属敏感用地。在此情况下，成人和儿童均可长时间暴露于地下水污染而造成健康危害。对于致癌效应，考虑人群的终生暴露危害，一般根据儿童期和成人期的暴露来评估污染物的终生致癌风险。基于以上条件，采用敏感用地暴露评估模型对绿洲区暴露人群通过饮用地下水暴露途径的暴露量进行计算。可按式（3-3）计算：

$$CGWER_{ca}=\frac{GWCR_c\times EF_c\times ED_c}{BW_c\times AT_{ca}}+\frac{GWCR_a\times EF_a\times ED_a}{BW_a\times AT_{ca}} \tag{3-3}$$

式中　$CGWER_{ca}$——饮用受影响地下水对应的地下水暴露量（致癌效应）；

$GWCR_c$、$GWCR_a$——分别为儿童每日饮水量、成人每日饮水量，L/d；

$EF_c$、$EF_a$——分别为儿童暴露频率、成人暴露频率，d/a；

$ED_c$、$ED_a$——分别为儿童暴露期、成人暴露期，a；

$BW_c$、$BW_a$——分别为儿童体重、成人体重，kg；

$AT_{ca}$——致癌效应平均时间，d。

参考《中国人群暴露参数手册》确定各暴露参数值，取值如表3-16所示。$CGWER_{ca}$计算结果为0.014L/（kg·d）。

表3-16　暴露参数

| 类别 | GWCR/（L/d） | EF/（d/a） | ED/a | BW/kg | $AT_{ca}$/d |
|---|---|---|---|---|---|
| 成人 | 1.8 | 350 | 24 | 56.8 | 26280 |
| 儿童 | 0.7 | 350 | 6 | 15.9 | 26280 |

③毒性评估。

《地下水污染健康风险评估工作指南（试行）》中指出：毒性评估是指确定与关注污染物相关的毒性参数，如非致癌参考剂量（RfD）、致癌斜率因子（SF）、参考浓度等。

B(a)P是致癌物质，只考虑它在饮用地下水暴露途径下的致癌效应，故需确定其致癌斜率因子（$SF_o$）。参考U.S.EPA集成风险信息系统（IRIS）和《地下水污染健康风险评估工作指南（试行）》中列出的特征污染物致癌斜率因子，确定B(a)P的经口摄入致癌斜率因子（$SF_o$）为7.30kg·d/mg。

④风险表征。

风险表征是计算关注污染物在不同暴露途径下的风险值，并对评估结果进行不确定性分析，是风险量化与综合评估的过程。根据式（3-4）计算绿洲区内地下水B(a)P的致癌风险值，结果见表3-16。

$$CR_{cgw}=CGWER_{ca}\times C_{gw}\times SF_o \tag{3-4}$$

式中　$CR_{cgw}$——饮用地下水途径的致癌风险值；

$C_{gw}$——关注污染物浓度，mg/L。

根据U.S.EPA集成风险信息系统和《地下水污染健康风险评估工作指南（试行）》中的规定，若地下水中单个污染物的致癌风险值超过了$10^{-6}$，就存在致癌风险。由表3–17可知，所有检出井地下水中B(a)P的致癌风险值均超过了风险可接受水平，可见绿洲区内使用地下水对人体带来的致癌风险比较严重，应该引起足够的重视。

表3–17　和田河流域绿洲区苯并[a]芘在饮用地下水暴露途径下的致癌风险值

| 编号 | H57 | H59 | H75 | H87 | H88 | H89 |
|---|---|---|---|---|---|---|
| 致癌风险值 | $3.78\times10^{-5}$ | $8.66\times10^{-5}$ | $6.42\times10^{-6}$ | $3.77\times10^{-6}$ | $5.93\times10^{-5}$ | $2.06\times10^{-5}$ |

⑤不确定性分析。

不确定性分析是风险评估的重要组成部分，是由于对所研究系统目前和将来的状态认识不完全、对危害的程度或表征方式认识不充分而产生。

评估的不确定性主要有两个方面，一是暴露评估中未考虑皮肤接触、吸入气态污染物等暴露途径，则可能低估了健康风险；二是由于缺乏相关统计数据，暴露评估和风险评估中采用的暴露参数基本为《中国人群暴露参数手册》中整个西北地区人群暴露参数，未根据当地居民实际情况进行修正，则可能造成健康风险过高或过低。

⑥计算风险控制值。

依据地下水环境调查评价资料，采用风险评估方法计算出关注污染物的风险控制值：

$$RCVG_{cgw}=\frac{ACR}{CGWER_{ca}\times SF_o} \quad (3\text{–}5)$$

式中　$RCVG_{cgw}$——基于饮用地下水途径致癌效应的地下水风险控制值，mg/L；

　　ACR——可接受致癌风险，取值为$10^{-6}$，无量纲。

根据式（3–5）的计算结果为$3.76\times10^{-5}$mg/L，与生活饮用水卫生标准值（0.01μg/L）相当。

## 3.4　地下水化学成分形成机制

控制地下水中的化学成分形成与变化的因素很多，一是物质来源，二是在水化学环境及水动力条件影响下发生的各种化学反应。物质来源归纳起来主要有三个，含水介质中的可溶性组分，补给来源进入含水层前自身所含有的物质以及侧向补给携带来的化学成分。这些可溶性物质进入含水层后会发生各种复杂的物理化学作用，从而不断发生变化。本节从化学成分的物质来源出发，综合运用水文地球化学图解法、多元统计分析法、水文地球化学模拟法来探讨绿洲区地下水化学成分的形成机制。

## 3.4.1 物质来源

### 3.4.1.1 含水介质

绿洲区地下水主要赋存在第四纪松散沉积物中，含水介质以冲积洪积卵砾石、砂砾石、砂、亚砂土和风积沙为主，属以铝硅酸盐为主的地层。其物质来源于南部山区和低山丘陵带的风化产物。南部高中山区主要岩性为黑云母片麻岩、黑云母角闪斜长片麻岩、黑云母石英片岩、绢云母石英片岩、绿泥石绢云母石英片岩及绿泥石片岩、千枚岩、角闪片岩、石英岩、大理岩、变质砂岩等，属中深度区域变质的灰绿色变质岩。低山丘陵带覆盖的主要岩性为白色、棕黄色、砖红色和杂色的砾岩、砂岩、石膏岩层及石膏夹层或透镜体、粉砂岩、泥岩，胶结物多以钙质、泥质为主，含有较高的盐分。因此，含水介质是含有大量的硫酸盐、碳酸盐、岩盐等可溶性矿物以及黑云母、角闪石、磁铁矿、绿帘石和绿泥石等含铁锰及含氟矿物的铝硅酸盐地层，为地下水中的化学成分提供了物质基础。

阴阳离子三角图（图3-40）可以定性判定水中离子的主要来源。在$Ca^{2+}$-$Mg^{2+}$-（$Na^{+}$+$K^{+}$）图中，若水中的化学成分受蒸发岩溶解控制，则阳离子主要集中在$Na^{+}$+$K^{+}$的一端；若碳酸盐岩溶解为主控因素，则阳离子主要集中在$Ca^{2+}$端或$Ca^{2+}$-$Mg^{2+}$连线；若主要受硅酸盐岩风化溶解的影响，则阳离子主要落在$Ca^{2+}$-$Mg^{2+}$连线偏向$Na^{+}$+$K^{+}$端。在$SiO_2$-$HCO_3^-$-（$Cl^-$+$SO_4^{2-}$）三角图中，若以蒸发岩为主控因素时，则阴离子落在（$Cl^-$+$SO_4^{2-}$）端附近；若受碳酸盐岩控制为主，则阴离子主要位于$HCO_3^-$端；若其受到硅酸盐风化控制，则阴离子靠近$SiO_2$端（刘永林，2013）。

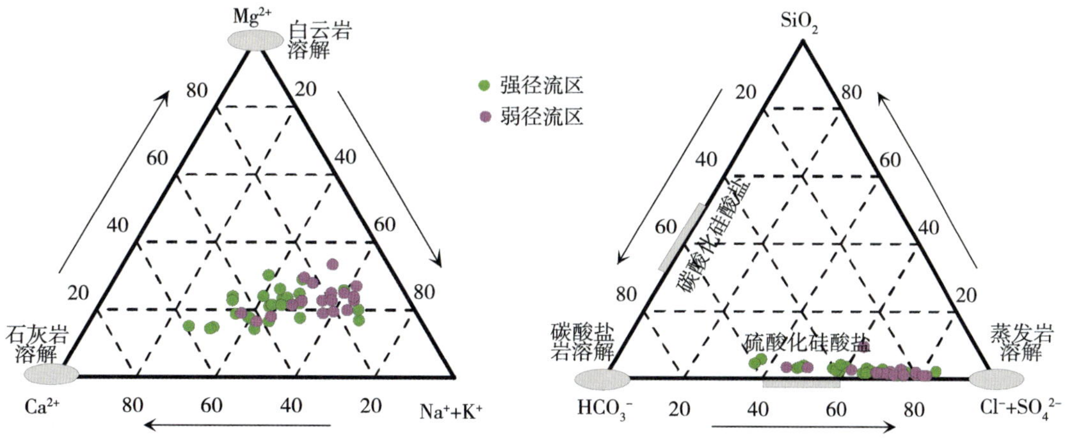


图3-40 和田河流域绿洲区地下水阴阳离子三角图

如图3-40所示，绿洲区绝大多数地下水样靠近$Na^+$+$K^+$的一端，少数水样靠近$Ca^{2+}$一端，弱径流区内地下水样离$Na^+$+$K^+$的一端更近些；大部分地下水样的阴离子靠近$Cl^-$+$SO_4^{2-}$一端，少部分靠近$HCO_3^-$一端，离$SiO_2$端都较远，同样弱径流区内地下水样更加靠近$Cl^-$+$SO_4^{2-}$一端。绿洲区地下水样在三角图中的分布情况反映出地下水中化学成分主要来源于蒸发岩，其次是碳酸盐岩，然后是硅酸盐岩。

#### 3.4.1.2 补给来源

2014年绿洲区地下水补给量与排泄量情况见表3-18。地下水的侧向流入补给占26.8%，河道渗漏补给占20.7%，渠系渗漏补给占24.9%，田间渗漏补给占19.6%。从补给来看，绿洲区地下水中化学成分很大程度继承了上游地下水的化学成分，沿途在溶滤含水介质中可溶性物质的同时，不断接受着地表水、灌溉水中化学物质的补给。

（1）地表水　地表河流是绿洲区地下水重要的补给来源，在河水与地下水相互转化的过程中，水量交换的同时也进行着化学物质的循环。河水自身包含的水化学成分，以及入渗过程中不断淋滤岩土中的可溶性组分，都会进入地下水中，因此河水对地下水中的化学成分影响深刻。

表3-18　和田河流域绿洲区2014年地下水补给量与排泄量统计表　　单位：$10^8m^3/a$

| 补给项 | | | | | | | |
|---|---|---|---|---|---|---|---|
| 地点 | 侧向流入 | 河道渗漏 | 渠系渗漏 | 田间渗漏 | 水库渗漏 | 井泉回归 | 合计 |
| 墨玉县 | 2.35 | 1.25 | 1.51 | 1.13 | 0.16 | 0.37 | 6.77 |
| 和田市 | 0.42 | 0.17 | 0.30 | 0.39 | 0.01 | 0.07 | 1.36 |
| 和田县 | 0.98 | 1.68 | 0.89 | 1.01 | 0.19 | 0.21 | 4.96 |
| 洛浦县 | 0.55 | 0.23 | 1.28 | 0.61 | 0.08 | 0.18 | 2.92 |
| 合计 | 4.29 | 3.32 | 3.98 | 3.14 | 0.44 | 0.83 | 16.00 |
| 比例/% | 26.8 | 20.7 | 24.9 | 19.6 | 2.8 | 5.2 | 100 |
| 排泄项 | | | | | | | |
| 地点 | 侧向流出 | 潜水蒸发排泄 | 泉水排泄 | 人工开采 | 沟渠排泄 | 河道排泄 | 合计 |
| 墨玉县 | 0.32 | 4.53 | 0.76 | 0.73 | 0.35 | 0.02 | 6.71 |
| 和田市 | 0.11 | 0.61 | 0.22 | 0.38 | 0.003 | 0.0007 | 1.32 |
| 和田县 | 0.18 | 3.22 | 0.63 | 0.50 | 0.37 | 0.03 | 4.94 |
| 洛浦县 | 0.19 | 1.21 | 0.65 | 0.59 | 0.26 | — | 2.90 |
| 合计 | 0.80 | 9.58 | 2.26 | 2.21 | 0.98 | 0.05 | 15.87 |
| 比例/% | 5.0 | 60.4 | 14.2 | 13.9 | 6.2 | 0.3 | 100 |

将2017年采集的地表水样中常量组分含量与相近的两个地下水样进行对比分析，如图3-41和图3-42所示，一方面绿洲区河水与地下水中常见离子的含量曲线一致，表明绿洲区河水对地下水中的化学成分具有一定的影响；另一方面地下水TDS、TH及常见离子的含量普遍高于河水，是因为地下水流动缓慢，与岩土接触时间长，化学成分可得到一定的累积，而河流迅速，溶解在水中的化学成分随水迅速流走，不易累积（Pazand等，2018）。由此绿洲区接受河水入渗补给显著的地下水，其中TDS、TH及常见离子等含量较低。

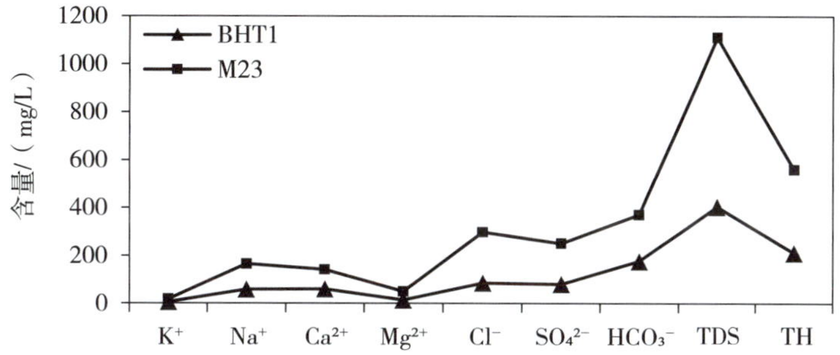


图3-41　和田河流域绿洲区喀拉喀什河河水（BHT1）与地下水（M23）化学成分含量对比

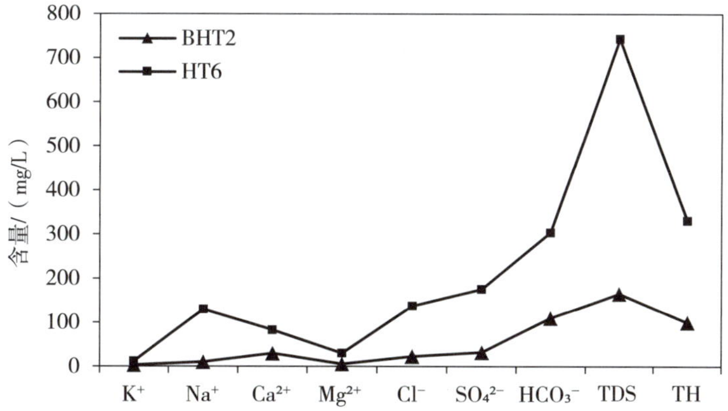


图3-42　和田河流域绿洲区玉龙喀什河河水（BHT2）与地下水（HT6）化学成分含量对比

沿程地表水与地下水TDS与TH演化特征同样能够反映流域内地表水与地下水的相互关系（图3-43和图3-44）。2014年玉龙喀什河渠首以上河段年TDS平均值为550mg/L，TH为215mg/L，属于较高TDS适度硬水。但随着流程增加，水体中各种水化学成分逐渐增加，到了春花农场段，年平均TDS达到1330mg/L以上，TH达到350mg/L，水质已变为高TDS硬水（李建成等，2014）。

喀拉喀什河径流主要由融雪和降水补给，天然水质良好。在乌鲁瓦提水库以上河段年平均TDS为394mg/L，TH为159mg/L，属于中等TDS适度硬水；墨玉大桥处，年平均

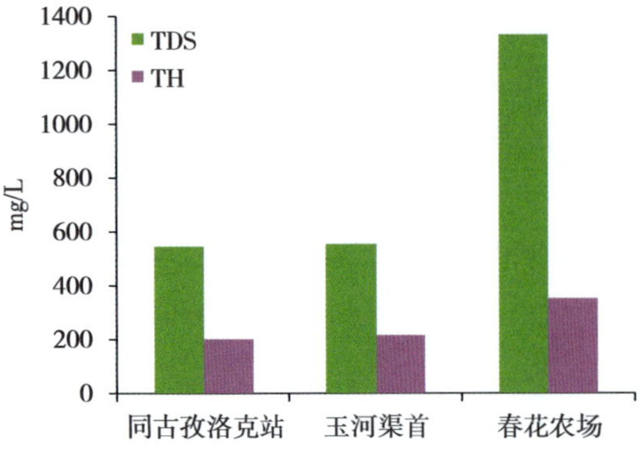


图3-43 和田河流域绿洲区玉龙喀什河TDS和TH沿程变化

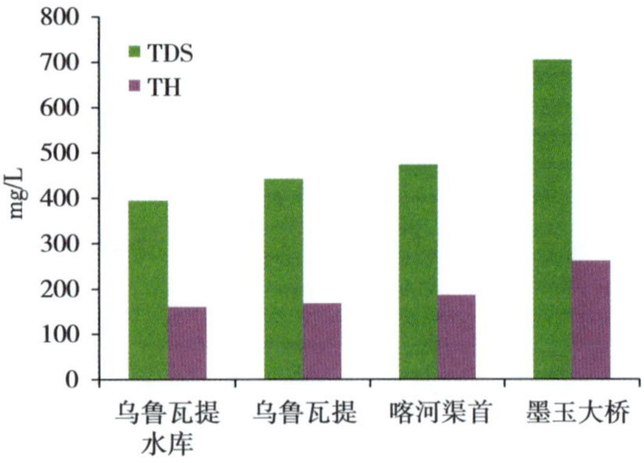


图3-44 和田河流域绿洲区喀拉喀什河TDS和TH沿程变化

TDS上升为704mg/L以上，TH上升为261mg/L，水质变为较高TDS适度硬水。沿程地表水的TDS和TH的变化规律与地下水的TDS和TH的演化规律一致，表明绿洲区地下水中化学成分与地表水密切相关。

（2）渠系及灌溉回归水 在我国西北干旱和半干旱地区基本上是无灌溉无农业，农业灌溉是农作物生长水分的重要来源，且用水量巨大，因此对地下水的水量、化学成分的循环过程会产生较大影响。表3-18显示农业灌溉补给地下水的份额占49.7%（包括渠系渗漏、田间渗漏、井泵回归三项），为地下水的主要补给来源。因此绿洲区地下水中化学成分的形成与变化必然受到灌溉水的影响。

该区农业灌溉主要是引地表水灌溉（周晓曦，2017），不同灌区、不同水平年引水强度变化见表3-19。引地表水灌溉改变了地表水补给地下水的过程，将河流的线状补给变成了网状或是面状补给，增大了补给面积，从而增加了沿途溶滤盐分的可能性，这也是绿洲区地下水TDS较高的原因之一。

表3-19 和田河流域绿洲区不同灌区、不同水平年引水强度变化 单位：$m^3/hm^2$

| 灌区 | 1990—2000年 | | | | 2001—2014年 | | | |
|---|---|---|---|---|---|---|---|---|
| | 河水 | 库水 | 泉水 | 井水 | 河水 | 库水 | 泉水 | 井水 |
| 墨玉县 | 12393.75 | 1467 | 0 | 575.7 | 15138 | 943.35 | 777.3 | 638.55 |
| 和田县 | 10209.9 | 1201.2 | 733.65 | 95.7 | 12540.6 | 587.1 | 711.9 | 428.25 |
| 和田市 | 9346.95 | 637.65 | 1581.15 | 117.6 | 11789.4 | 261.705 | 771.3 | 259.2 |
| 洛浦县 | 12855.15 | 528.9 | 585 | 517.2 | 13048.65 | 824.7 | 552.15 | 588.9 |

耕地面积和灌溉面积从另一个角度能够反映出农业灌溉对地下水的影响程度。有学者研究表明，和田河流域耕地面积和灌溉面积总体上均呈较快速增长趋势（周晓曦，

2017）。随着耕地面积及灌溉面积的增加必然改变着地表及土壤的状态，原有地表的粗糙度增高，土壤渗透性增强，形成了有利于灌溉水入渗的条件，增加携带沿途可溶性物质的可能性，最终导致地下水水量与化学成分的补给量增加。

土壤是连接地表水与地下水的中间介质，其性质影响着化学物质的迁移。据土壤普查资料，绿洲区土壤因人类垦殖活动而形成，其分布主要受人类活动所支配，上部通常分布着灌淤土、薄层戈壁土，下部多为水稻土、潮土和盐化灌淤土。其共同特征是：质地轻、结构差、耕性好，有机质含量低，缺磷少氮、养分贫乏（孟彩侠，2006）。大部分区域都是灌淤土，分布的地区水位相对较高，物理风化强烈，化学淋滤作用弱，土壤盐量饱和度较高，土壤中的易溶盐在灌溉水（本区降水量稀少不做考虑）中溶解携带着向下迁移，成为地下水中化学成分的主要来源。

## 3.4.2 水文地球化学过程

### 3.4.2.1 蒸发浓缩作用

Gibbs图即TDS与$Na^+$/（$Na^+$+$Ca^{2+}$）和$Cl^-$/（$Cl^-$+$HCO_3^-$）的半对数坐标图，是判定天然水体中化学成分形成机制的一种重要方法。从图中能直接反映出水化学成分的形成过程是属于大气降水型（APD）、岩土溶滤作用型（RWD）还是蒸发浓缩型（ECD）。图3-45展示了和田河流域绿洲强径流区和弱径流区内地下水样在Gibbs图上的分布情况。从图中可以看出，绿洲区所有地下水样均落在ECD和RWD范围内，没有水样落在APD的范围，表明影响绿洲区地下水化学成分形成与变化作用过程最重要的是蒸发浓缩

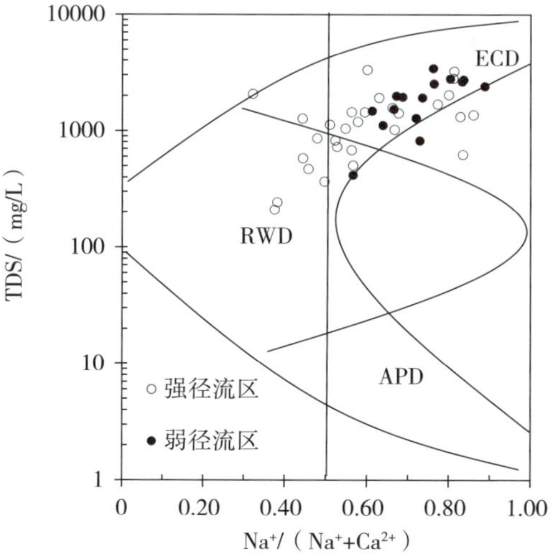

（a）TDS与$Na^+$/（$Na^+$+$Ca^{2+}$）

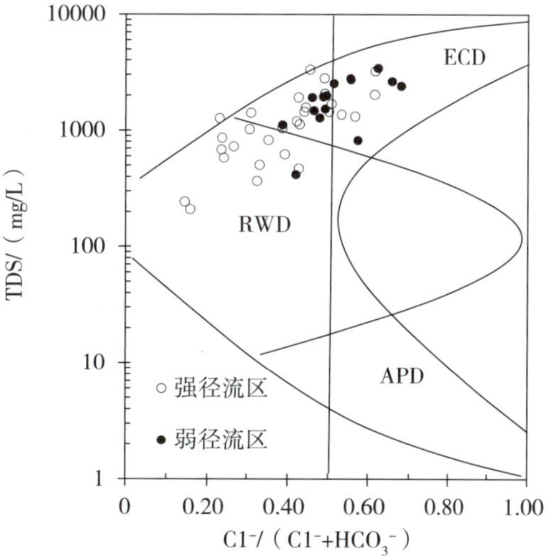

（b）TDS与$Cl^-$/（$Cl^-$+$HCO_3^-$）

图3-45　和田河流域绿洲区地下水Gibbs图

作用，其次是岩土溶滤作用，基本不受大气降水的影响；弱径流区的只有1个地下水样落在RWD区域，其余均落在ECD区域，表明绿洲区弱径流区内地下水中的化学成分受蒸发浓缩作用的控制更为显著。这一结果与表3–18显示的潜水蒸发排泄为绿洲区地下水的主要排泄方式相一致，这也很好地解释了地下水中TDS、TH以及常见离子普遍较高，且沿地下水流程不断浓缩升高的现象。

以地下水中的氟为例做进一步说明，根据地下水中氟的赋存形态的模拟计算可知绿洲区地下水中的氟以水溶性氟离子为主。离子态的氟迁移性良好，随地下水溶液浓缩而不断累积；TDS不断升高，水中离子的总量增加，离子强度就显著增强，在强电解质作用下会促进$F^-$从矿物转移到地下水中；方解石等含钙的碳酸盐矿物沉淀析出，将导致地下水中$F^-$含量增加。由图3–46还可以看出氟含量小于1.0mg/L的采样点较为分散，氟含量大于1.0mg/L的采样点主要集中在ECD范围内，表明受蒸发浓缩作用影响越大，地下水中氟含量也就越高。绿洲区中深层潜水，埋深大，蒸发浓缩作用微弱，氟含量偏低，一般小于1.0mg/L；浅层潜水，尤其位于绿洲边缘和两河之间的地下水，埋深浅、水流滞缓，蒸发浓缩作用强烈，氟含量超过2mg/L，因此强烈的蒸发浓缩作用是该区高氟水形成的重要过程。

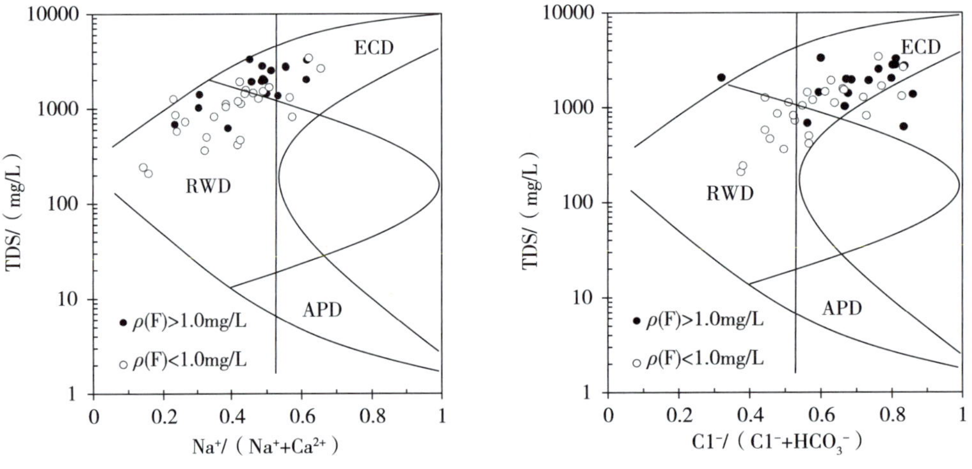


（a）TDS与$Na^+$/（$Na^+$+$Ca^{2+}$）　　（b）TDS与$Cl^-$/（$Cl^-$+$HCO_3^-$）

图3–46　和田河流域绿洲区地下水中氟的Gibbs图

#### 3.4.2.2　岩土溶滤作用

据Gibbs图的分析可知，控制地下水化学成分形成的过程还有一个重要的作用是岩土溶滤作用，即水与岩土接触后，岩土中一部分物质转入地下水中或水中的物质沉淀析出。赋存于不同物质组成的岩土使得地下水化学成分之间的相互关系是不同的，因此可通过分析不同离子之间的比值和各种化学作用过程来探讨控制水化学成分的各种因素和形成机制。

（1）$Na^+$、$K^+$、$Cl^-$的形成过程　氯盐溶解度大，不易沉淀析出，氯离子不被植物及细菌所摄取，也不易被岩土颗粒表面吸附，因此氯离子具有极高的迁移性，不会在含水介质中停留，其含量变化仅与来源有关，成为地下水中最稳定的离子。一般情况下，氯离子的含量随地下水的流程增加及TDS的增大而不断增加。氯离子含量常可用来表征地下水化学演化历程，在水文地球化学分析中常作为参照因子。还需注意的一点是$Cl^-$作为参照因子时，必须排除人为因素的影响。因为生活污水及粪便中含有大量$Cl^-$，居民点附近的地下水有可能TDS不高，但$Cl^-$含量相对较高。

如TDS与$Cl^-$关系图（图3–47）所示，两者的正相关性非常显著，随着TDS的增加$Cl^-$含量也是增加的，未出现TDS低而$Cl^-$含量相对较高的情况，表明绿洲区地下水中$Cl^-$主要来源于氯化物的溶解，含量随地下水流程不断增加，受人为影响较小，可作为水文地球化学分析的参照因子。

结合$Na^+$+$K^+$与$Cl^-$关系图［3–48（a）］，可以看出当$Cl^-$含量小于10meq/L时，地下水中$Cl^-$含量相对稳定，$Na^+$+$K^+$/$Cl^-$变化较大，且落在该区域大部分都是强径流区的地下水采样点，说明在强径流区地下水中$Na^+$+$K^+$，除了来自氯化物的溶解，还有部分来自硅酸盐矿物的风化溶解。强径流区地下水动力条件较好，溶滤作用强烈，地下水对硅酸盐矿物具有一定的溶解能力。当$Cl^-$含量大于10meq/L时，随着$Cl^-$含量的增大，$Na^+$+$K^+$/$Cl^-$逐渐变小并趋向于1，且落在该区域大部分都是弱径流区的地下水采样点，这表明绿洲区地下水的演化过程中，随着$Cl^-$含量升高，逐渐过渡到以溶解岩盐为主。

与$Cl^-$和$H_2SiO_3$关系图［图3–48（b）］反映的结果相吻合，$H_2SiO_3$来自硅铝酸盐的风化溶解，强径流区大部分地下水采样点落在$Cl^-$含量小于10meq/L区域，在此区域随$Cl^-$含量增加$H_2SiO_3$含量增长较快，当$Cl^-$含量大于10meq/L，随着$Cl^-$含量增加，$H_2SiO_3$含量趋于稳定，表明地下水化学演化过程中，强径流区铝硅酸盐的风化溶解对地下水化学成分的影响能显现出来；随着TDS的增大，硅铝酸盐的溶解趋向稳定。

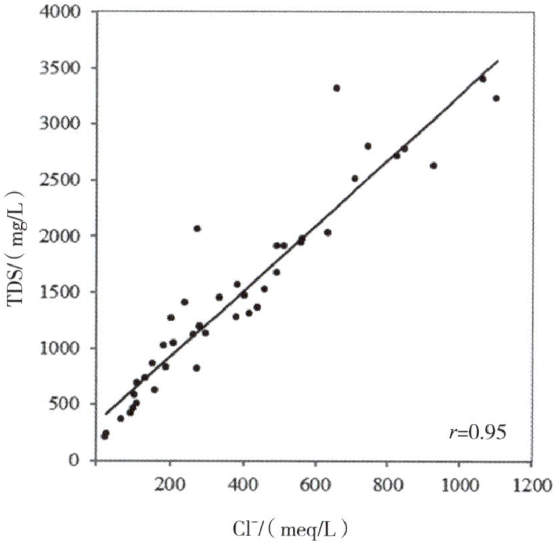

图3–47　和田河流域绿洲区地下水中TDS与$Cl^-$关系图

铝硅酸盐矿物是含水介质的主要组成矿物，因此其溶解–沉淀作用是控制地下水中化学成分的重要水文地球化学过程（李常锁等，2018）。图3–49所示，在$Na^+$–$H^+$–$SiO_2$矿物平衡体系图上绝大部分地下水采样点位于高岭石稳定区；在$K^+$–$H^+$–$SiO_2$矿物平衡体系图上大部分样品落在高岭石稳定区，

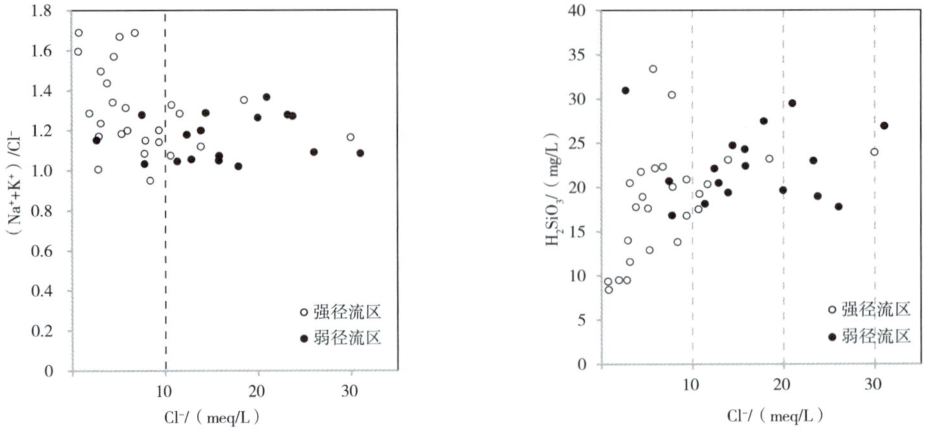


（a）　　（b）

图3-48　和田河流域绿洲区地下水（$Na^{+}+K^{+}$）/$Cl^{-}$与$Cl^{-}$关系图（a）和$H_2SiO_3$与$Cl^{-}$关系图（b）

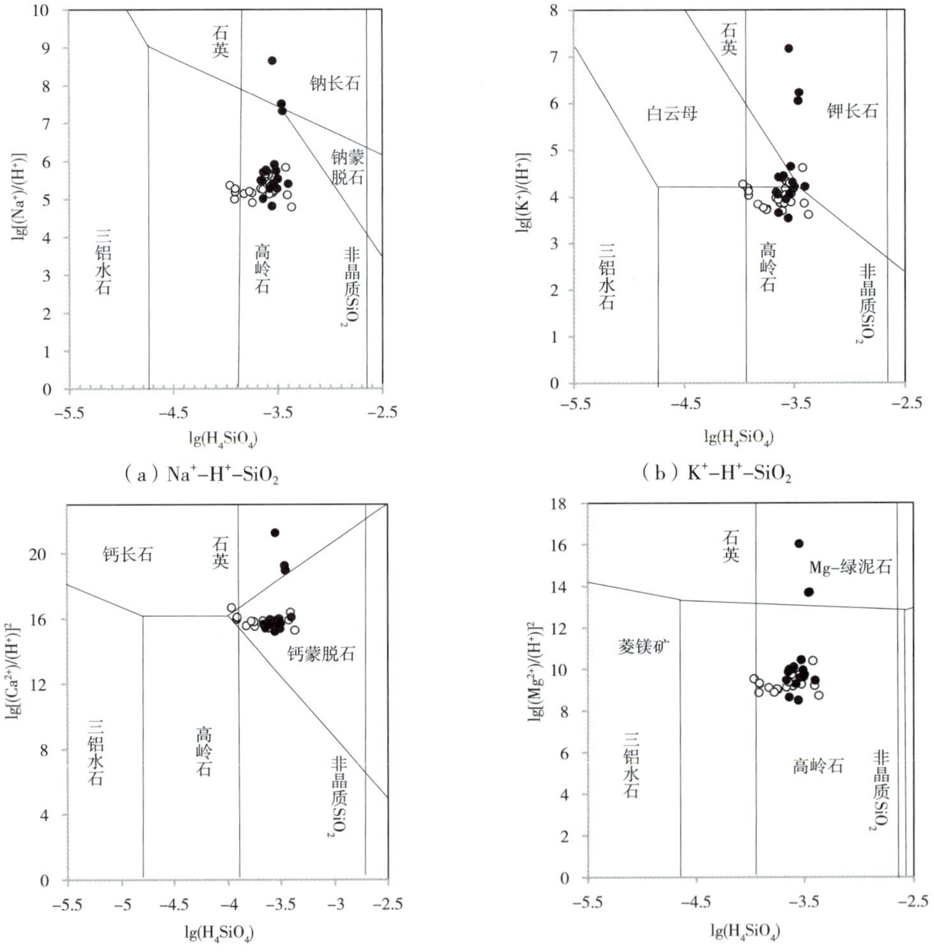


（a）$Na^{+}-H^{+}-SiO_2$　　（b）$K^{+}-H^{+}-SiO_2$

（c）$Ca^{2+}-H^{+}-SiO_2$　　（d）$Mg^{2+}-H^{+}-SiO_2$

图3-49　和田河流域绿洲区硅酸盐矿物风化系统稳定场图

少量分布于白云母稳定区；在$Mg^{2+}$–$H^+$–$SiO_2$矿物平衡体系图上地下水采样点的位置反映了绝大多数样品处于高岭石稳定区。

上述发现表明绿洲区含水介质中的黑云母、斜长石等地下高温成因的矿物发生着不全等溶解作用，向地下水中不断输送$Na^+$、$K^+$、$Ca^{2+}$、$Mg^{2+}$以及$HCO_3^-$，同时还产生了高岭石、白云母、蒙脱石等黏土矿物（Wang 等，2009），反应方程如下：

$$2NaAlSi_3O_8+2CO_2+11H_2O=\!=\!=Al_2Si_2O_5(OH)_4+2Na^++4H_4SiO_4+2HCO_3^-$$

$$CaAl_2Si_2O_8+2CO_2+3H_2O=\!=\!=Al_2Si_2O_5(OH)_4+Ca^{2+}+2HCO_3^-$$

$$KMg_3AlSiO_{10}(OH)_2+7CO_2+7.5H_2O=\!=\!=0.5Al_2SiO_5(OH)_4+K^++3Mg^{2+}+2H_4SiO_4+7HCO_3^-$$

（2）$Ca^{2+}$、$Mg^{2+}$、$SO_4^{2-}$、$HCO_3^-$的形成过程　地下水中的$Ca^{2+}$主要来自石膏、含钙碳酸盐的溶解以及含钙硅酸盐的风化溶解；$HCO_3^-$来源于碳酸盐的溶解和铝硅酸盐的风化溶解；$SO_4^{2-}$主要来自石膏或是其他硫酸盐的溶解。方解石和白云石是难溶于水的，只有当水中有$CO_2$存在时，才有一定数量的溶解。具体化学反应式如下：

$$CaCO_3+H_2O+CO_2 \rightleftharpoons 2HCO_3^-+Ca^{2+}$$

$$CaMg(CO_3)_2+2H_2O+2CO_2 \rightleftharpoons 4HCO_3^-+Ca^{2+}+Mg^{2+}$$

$$CaSO_4 \rightleftharpoons Ca^{2+}+SO_4^{2-}$$

$$CaCO_3+CaMg(CO_3)_2+3H_2O+3CO_2 \rightleftharpoons 2Ca^{2+}+Mg^{2+}+6HCO_3^-$$

绿洲区大多数地下水样沿1∶1线（石膏溶解线）分布［图3–50（a）］，表明石膏的溶解是影响地下水中$Ca^{2+}$和$SO_4^{2-}$的重要因素。强径流区大部分水样落在线的下方，有5个水样位于线的上方；弱径流区大部分水样落在线的上方，有5个水样位于线的下方，由强径流区到弱径流区，$Ca^{2+}$和$SO_4^{2-}$的比例关系发生了变化，可推断出$Ca^{2+}$的形成与变化还受其他化学作用影响，除来自石膏的溶解外，可能还有其他来源，如碳酸盐的溶解。

若假定绿洲区地下水中所有的$SO_4^{2-}$来自石膏的溶解，则非石膏溶解的$Ca^{2+}$即为$SO_4^{2-}-Ca^{2+}$，$HCO_3^-$/（$SO_4^{2-}-Ca^{2+}+Mg^{2+}$）的比值可反映出地下水中化学成分的来源。绿洲区地下水分布在$HCO_3^-$–（$SO_4^{2-}-Ca^{2+}+Mg^{2+}$）线两侧，绝大多数水样分布在线的上方，表明$Ca^{2+}$、$Mg^{2+}$、$HCO_3^-$主要来自碳酸盐岩的溶解，还有少部分是来自硅铝酸盐的风化溶解［图3–50（b）］。

$HCO_3^-$/（$SO_4^{2-}+Cl^-$）的比值可反映出地下水中$Ca^{2+}$、$Mg^{2+}$、$SO_4^{2-}$、$HCO_3^-$主要来源于碳酸盐岩还是蒸发岩的溶解。绿洲区绝大多数水样分布在$HCO_3^-$/（$SO_4^{2-}+Cl^-$）=1线的下方，强径流区有5个水样落在线的上方，弱径流区只有1个水样落在线的上方，并且弱径流区的水样比强径流区的水样偏离线更远一些。表明绿洲区地下水中的化学成分主要受蒸发岩溶解的控制［图3–51（a）］。而（$Ca^{2+}+Mg^{2+}$）/（$SO_4^{2-}+HCO_3^-$）的比值可反映出地下水中受碳酸盐岩还是硅酸盐岩控制的情况。绿洲区水样沿（$Ca^{2+}$+$Mg^{2+}$）/（$SO_4^{2-}$+$HCO_3^-$）=1线分布，绝大部分位于线的上方，强径流区有3个水样落在下方，弱径流区有2个水样落在下方，表明绿洲区地下水中$Ca^{2+}$、$Mg^{2+}$受碳酸盐岩的溶解影响超过了受硅酸盐岩风化溶解的影响［图3-51（b）］。

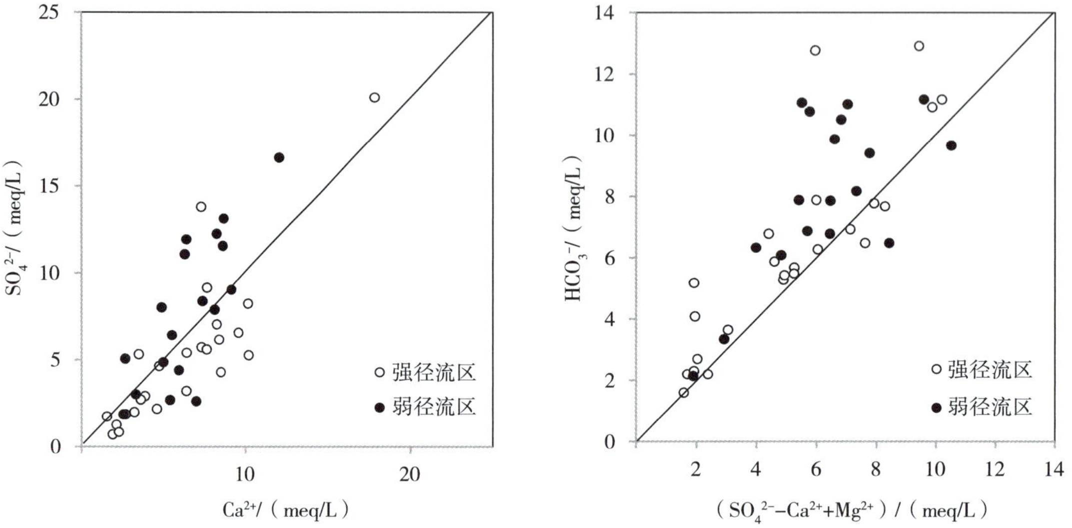


（a）　（b）

图3-50　和田河流域绿洲区地下水中$SO_4^{2-}$与$Ca^{2+}$关系图（a）和$HCO_3^-$与$SO_4^{2-}$–$Ca^{2+}$+$Mg^{2+}$关系图（b）

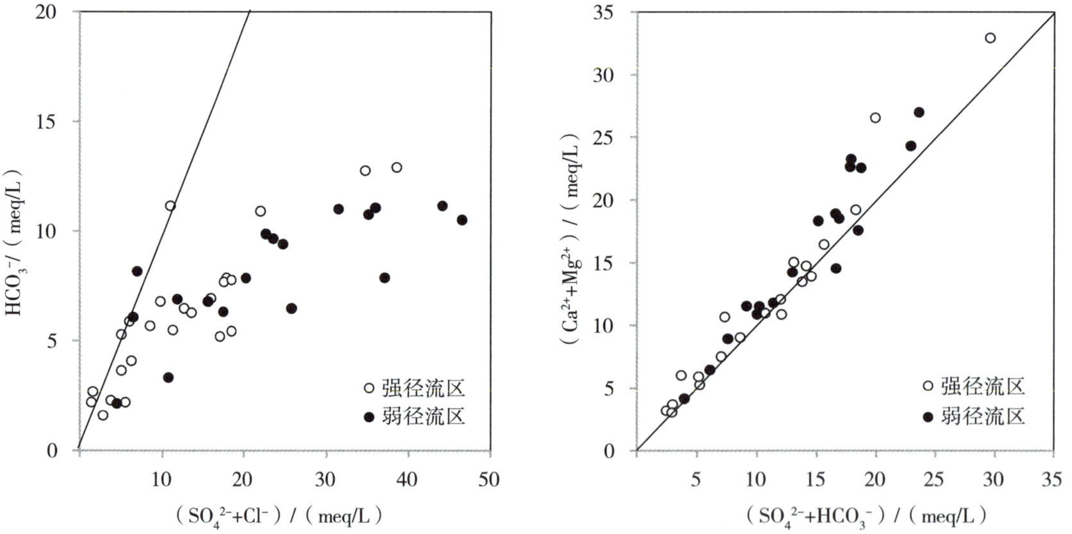


（a）　（b）

图3-51　和田河流域绿洲区地下水中$HCO_3^-$与$SO_4^{2-}$+$Cl^-$关系图（a）和$Ca^{2+}$+$Mg^{2+}$与$SO_4^{2-}$+$HCO_3^-$关系图（b）

通常情况下，利用$Mg^{2+}/Ca^{2+}$摩尔比能够进一步识别地下水中$Ca^{2+}$和$Mg^{2+}$主要来自白云岩还是石灰岩，当$Mg^{2+}/Ca^{2+}$摩尔比介于0.01～0.26，表明地下水中$Ca^{2+}$和$Mg^{2+}$主要来自方解石的溶解；而当地下水中$Mg^{2+}/Ca^{2+}$摩尔比大于0.85，表明地下水中$Ca^{2+}$和$Mg^{2+}$主要来自白云石的溶解；当$Mg^{2+}/Ca^{2+}$摩尔比介于0.26～0.85，表明地下水中$Ca^{2+}$和$Mg^{2+}/Ca^{2+}$来自方解石和白云石的共同溶解。计算绿洲区不同区域地下水的$Mg^{2+}/Ca^{2+}$摩尔比，并绘制$HCO_3^-$与$Mg^{2+}/Ca^{2+}$的相关关系图（图3-52）。

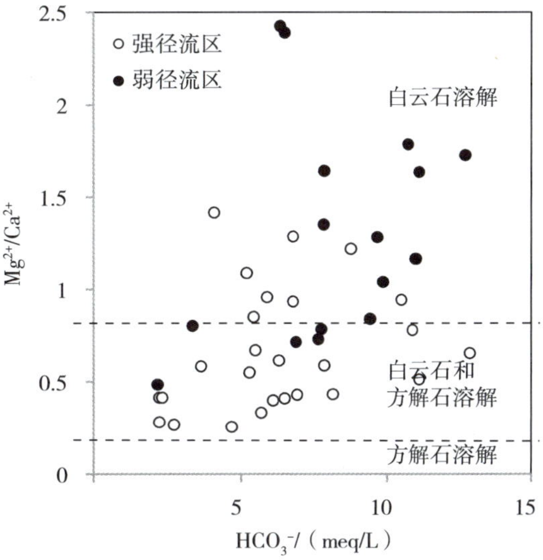


图3-52　和田河流域绿洲区地下水中$Mg^{2+}/Ca^{2+}$与$HCO_3^-$关系图

由图可知，强径流区地下水采样点主要落在了0.26～0.85的位置，表明地下水中的$Ca^{2+}$和$Mg^{2+}$来自方解石和白云石的共同溶解，到弱径流区的地下水样主要落在了大于0.85的位置，主要来自白云石的溶解，仅方解石的溶解对地下水中$Ca^{2+}$和$Mg^{2+}$的贡献较小。地下水中$Mg^{2+}/Ca^{2+}$摩尔比与$HCO_3^-$含量具有正相关性，随着$HCO_3^-$质量浓度增加，$Mg^{2+}/Ca^{2+}$摩尔比相应的增大，且矿物溶解由方解石溶解→方解石和白云石共同溶解→白云石溶解。

综上所述，绿洲区地下水中常见的离子主要来源于含岩盐、钾盐、石膏等蒸发岩的溶解，其次是来源于含方解石、白云石等碳酸盐岩的溶解，然后是硅铝酸盐的风化溶解。

#### 3.4.2.3　阳离子交换作用

根据绿洲区实际情况，沿两河共选取了18个地下水样，绘制常见离子的含量变化曲线图（图3-53）。如图所示，沿地下水流程各常见离子的含量均不断增加，越靠近沙漠区含量越高，其中$Na^++K^+$、$SO_4^{2-}$、$Cl^-$的含量较高且变化波动状况类似，$Ca^{2+}$和$Mg^{2+}$的含量较低，增幅也小。$Ca^{2+}$与$Na^+$的含量沿地下水流程的变化规律正好相反，$Na^+$增多时$Ca^{2+}$在减少，$Na^+$减少时$Ca^{2+}$在增加，可能与地下水发生了$Na^+$和$Ca^{2+}$之间的交替吸附作用有关。

$[(Ca^{2+}+Mg^{2+})-(SO_4^{2-}+HCO_3^-)]/[(Na^++K^+)-Cl^-]$比值可用来判定是否发生了阳离子交换作用。若二者是线性关系，且斜率接近-1则说明存在着阳离子交换作用。水样位于原点（0，0）的左上方时，表明发生正向阳离子交换作用，即水中$Ca^{2+}/Mg^{2+}$置换出了含水介质中$Na^+$，使地下水中$Na^+$的含量升高而$Ca^{2+}/Mg^{2+}$含量降低；当水样位于原点的右下方时，即发生反向阳离子交换作用，即表明水中的$Na^+$置换出了含水介质中的$Ca^{2+}/$

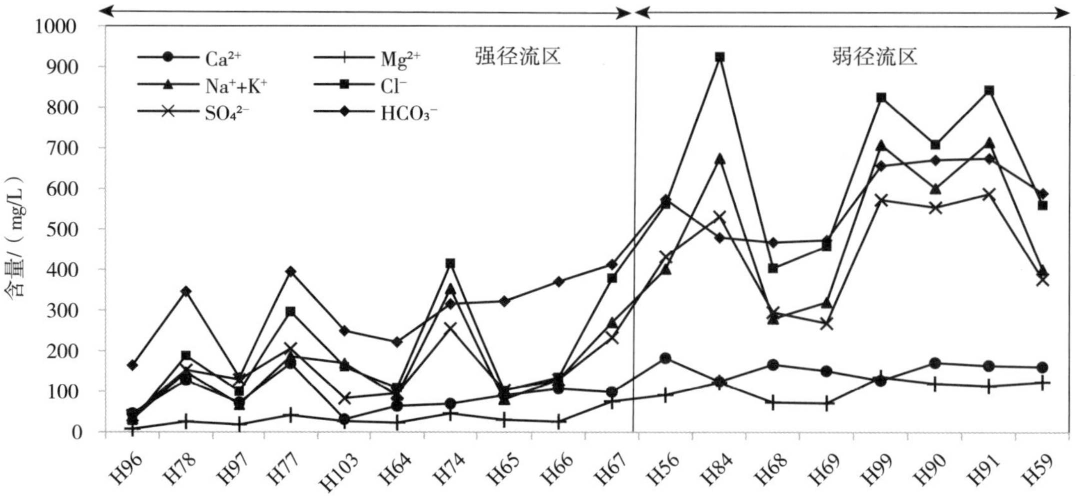


图3-53　和田河流域绿洲区地下水中常见离子含量及TDS变化曲线图

$Mg^{2+}$，使得地下水中$Ca^{2+}$/$Mg^{2+}$含量升高而$Na^+$的含量降低。如图3-54所示，绿洲区地下水采样点落在[（$Ca^{2+}$+$Mg^{2+}$）-（$SO_4^{2-}$+$HCO_3^-$）]/[（$Na^+$+$K^+$）-$Cl^-$]=-1的线附近，表明绿洲区地下水的阳离子之间发生着交替吸附作用，而大多数点落在图的右下方，这是当地下水中$Na^+$含量较高时，$Na^+$与$Ca^{2+}$/$Mg^{2+}$的反向交替吸附作用会发生，这一作用过程在弱径流区尤为显著。

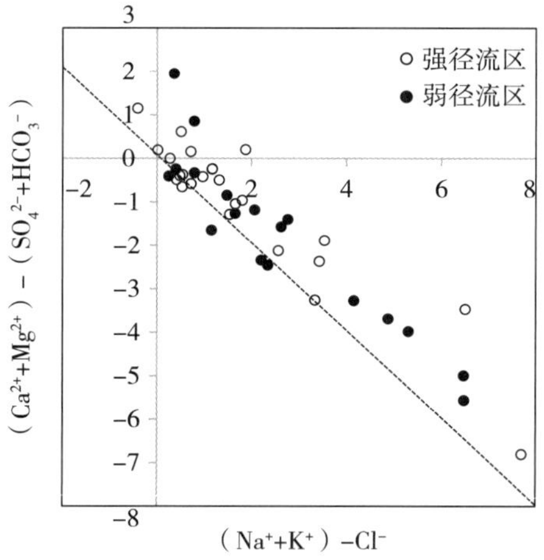


图3-54　和田河流域绿洲区地下水（$Ca^{2+}$+$Mg^{2+}$）-（$SO_4^{2-}$+$HCO_3^-$）与（$Na^+$+$K^+$）-$Cl^-$关系图

## 3.4.3　因子分析

因子分析法是用少数几个因子去描述许多指标或因素之间的联系一种多元统计分析法，即通过变量间的相关性把原始变量进行分组，将相关性较高变量归为同一组，而不同组的变量间的相关性则较低，每一组变量就成为一个因子，即公共因子。较少的几个公共因子可以反映出原资料大部分信息（何晓群，2019）。假设有$n$个样品，每个样品的观测指标有$p$个，指标之间的相关性较高。为了研究方便将数据进行标准化处理。$X$用来表示原来的变量及标准化处理后的变量向量，$F_1$，…，$F_m$（$m<p$）用来表示标准化后的公共因子。则因子模型的数学描述见式（3-6）：

$$
\begin{cases}
X_1 = a_{11}F_1 + a_{12}F_2 + \cdots + a_{1m}F_m + \varepsilon_1 \\
X_2 = a_{21}F_1 + a_{22}F_2 + \cdots + a_{2m}F_m + \varepsilon_2 \\
\cdots \\
X_p = a_{p1}F_1 + a_{p2}F_2 + \cdots + a_{pm}F_m + \varepsilon_p
\end{cases}
\tag{3-6}
$$

式中　$\varepsilon_p$——特殊因子，是向量$X_p$所特有的因子；

$a_{pm}$——因子荷载；

$p$——变量个数。

因子分析可以分为确定因子荷载、因子旋转及计算因子得分三个步骤。初始因子荷载确定，模型即确定，但不是唯一的。确定因子荷载的方法有很多，常见的有主成分法、主轴因子法、极大似然法等。因子旋转有正交旋转法和斜交旋转法，本研究采用斜交旋转法。斜交旋转因其能够放弃因子间的独立性限制，则可得到较为简洁的形式，实际意义也易于解释。当因子模型建立之后，若需要反过来考察每一个样品的性质及样品之间的相互关系，就需要计算因子得分。

和田河流域绿洲区地下水的10个指标间的相关系数矩阵见表3-20。从表的上半部可

表3-20　和田河流域绿洲区地下水各指标间的相关系数及显著性检验

| 指标 | | $Na^++K^+$ | $Mg^{2+}$ | $Ca^{2+}$ | $SO_4^{2-}$ | $HCO_3^-$ | TDS | TH | $Cl^-$ | pH | F |
|---|---|---|---|---|---|---|---|---|---|---|---|
| 相关系数 | $Na^++K^+$ | 1.000 | 0.819 | 0.192 | 0.814 | 0.574 | 0.957 | 0.686 | 0.967 | −0.132 | 0.355 |
| | $Mg^{2+}$ | 0.819 | 1.000 | 0.284 | 0.795 | 0.669 | 0.895 | 0.857 | 0.855 | −0.075 | 0.386 |
| | $Ca^{2+}$ | 0.192 | 0.284 | 1.000 | 0.545 | 0.455 | 0.422 | 0.736 | 0.205 | −0.452 | 0.095 |
| | $SO_4^{2-}$ | 0.814 | 0.795 | 0.545 | 1.000 | 0.461 | 0.914 | 0.856 | 0.802 | −0.200 | 0.302 |
| | $HCO_3^-$ | 0.574 | 0.669 | 0.455 | 0.461 | 1.000 | 0.645 | 0.719 | 0.500 | −0.275 | 0.476 |
| | TDS | 0.957 | 0.895 | 0.422 | 0.914 | 0.645 | 1.000 | 0.860 | 0.951 | −0.210 | 0.361 |
| | TH | 0.686 | 0.857 | 0.736 | 0.856 | 0.719 | 0.860 | 1.000 | 0.717 | −0.301 | 0.324 |
| | $Cl^-$ | 0.967 | 0.855 | 0.205 | 0.802 | 0.500 | 0.951 | 0.717 | 1.000 | −0.122 | 0.262 |
| | pH | −0.132 | −0.075 | −0.452 | −0.200 | −0.275 | −0.210 | −0.301 | −0.122 | 1.000 | −0.044 |
| | F | 0.355 | 0.386 | 0.095 | 0.302 | 0.476 | 0.361 | 0.324 | 0.262 | −0.044 | 1.000 |
| 显著性检验 | $Na^++K^+$ | | 0.000 | 0.016 | 0.000 | 0.000 | 0.000 | 0.000 | 0.000 | 0.073 | 0.000 |
| | $Mg^{2+}$ | 0.000 | | 0.001 | 0.000 | 0.000 | 0.000 | 0.000 | 0.000 | 0.204 | 0.000 |
| | $Ca^{2+}$ | 0.016 | 0.001 | | 0.000 | 0.000 | 0.000 | 0.000 | 0.011 | 0.000 | 0.148 |
| | $SO_4^{2-}$ | 0.000 | 0.000 | 0.000 | | 0.000 | 0.000 | 0.000 | 0.000 | 0.013 | 0.000 |
| | $HCO_3^-$ | 0.000 | 0.000 | 0.000 | 0.000 | | 0.000 | 0.000 | 0.000 | 0.001 | 0.000 |
| | TDS | 0.000 | 0.000 | 0.000 | 0.000 | 0.000 | | 0.000 | 0.000 | 0.010 | 0.000 |
| | TH | 0.000 | 0.000 | 0.000 | 0.000 | 0.000 | 0.000 | | 0.000 | 0.000 | 0.000 |
| | $Cl^-$ | 0.000 | 0.000 | 0.011 | 0.000 | 0.000 | 0.000 | 0.000 | | 0.088 | 0.002 |
| | pH | 0.073 | 0.204 | 0.000 | 0.013 | 0.001 | 0.010 | 0.000 | 0.088 | | 0.313 |
| | F | 0.000 | 0.000 | 0.148 | 0.000 | 0.000 | 0.000 | 0.000 | 0.002 | 0.313 | |

以看到，某些检测指标间的相关系数较高；从表的下半部分可以看出，大量的相关系数显著性检验的$p$值小于0.05，这些都说明地下水的10个指标之间存在着较强的相关性，具有进行因子分析的必要性。同时还进行了Bartlett球形检验和KMO检验，Bartlett球形检验的$p$值为0.000，KMO统计量等于0.673，表明绿洲区地下水比较适合进行因子分析。

采用主成分法来确定因子荷载，并将特征值>0.6、累积贡献率>85%的公共因子确定为主因子；并采用斜交旋转法对因子荷载进行旋转，以明确因子代表的实际含义，具体结果见表3-21。

表3-21　和田河流域绿洲区地下水各指标的旋转因子荷载

| 指标 | F1 | F2 | F3 | F4 |
|---|---|---|---|---|
| $Na^++K^+$ | 0.959 | 0.373 | 0.481 | −0.105 |
| $Mg^{2+}$ | 0.927 | 0.539 | 0.571 | 0.003 |
| $Ca^{2+}$ | 0.351 | 0.953 | 0.232 | −0.398 |
| $SO_4^{2-}$ | 0.899 | 0.688 | 0.386 | −0.121 |
| $HCO_3^-$ | 0.628 | 0.636 | 0.772 | −0.257 |
| TDS | 0.994 | 0.603 | 0.515 | −0.157 |
| TH | 0.845 | 0.891 | 0.529 | −0.218 |
| $Cl^-$ | 0.964 | 0.383 | 0.387 | −0.085 |
| pH | −0.162 | −0.41 | −0.129 | 0.992 |
| F | 0.35 | 0.196 | 0.923 | −0.015 |
| 特征值 | 6.164 | 1.453 | 0.977 | 0.667 |
| 方差贡献率/% | 61.6 | 14.5 | 9.8 | 6.7 |
| 累积贡献率/% | 61.6 | 76.2 | 85.9 | 92.6 |

根据特征值及累积方差的贡献率选取了4个主因子，累积贡献率达92.6%，可反映出原始数据的大部分水化学信息。

第一个主因子F1的方差贡献率为61.6%，其中TDS、$Cl^-$、$Na^++K^+$、$Mg^{2+}$、$SO_4^{2-}$的因子荷载超过或接近0.9，与F1呈显著正相关性。绿洲区垂向蒸发为地下水主要的排泄方式，而TDS不断升高、逐渐以易溶离子$Cl^-$、$Na^++K^+$等为主正是地下水经过长期蒸发浓缩作用所导致的水化学结果，因此F1可以反映出影响地下水化学特征的主要因素是蒸发浓缩作用；另一方面地下水中的$Cl^-$、$Na^++K^+$主要来自岩盐的溶解。因此蒸发浓缩作用和岩盐的溶解为控制绿洲区地下水中化学成分形成与演变的重要因素。

第二个主因子F1的方差贡献率为14.5%，其中$Ca^{2+}$、TH、$SO_4^{2-}$、$HCO_3^-$的因子荷载较高，与F2呈显著正相关。$Ca^{2+}$与$SO_4^{2-}$、$HCO_3^-$主要来自硫酸盐和碳酸盐的溶解。因此硫酸盐和碳酸盐的溶解是影响绿洲区地下水化学特征的另一个重要因素。

第三个主因子F3的方差贡献率为9.8%，其中F、$HCO_3^-$和$Mg^{2+}$的因子荷载较高，分别为0.923、0.772和0.571，与F3呈正相关。$HCO_3^-$和$Mg^{2+}$的相关系数也很高，表明地下水中的$Mg^{2+}$主要来自含镁碳酸盐的溶解，同时地下水中氟含量受$HCO_3^-$的影响很大，与前面的分析相吻合。

第四个主因子F4的方差贡献率为6.7%，只有pH的因子荷载较高，为0.992，与F4呈正相关，说明酸碱环境是影响地下水中化学成分形成的重要因素。

F2、F3和F4的方差贡献率之和低于F1的方差贡献率，与F1相比它们是次要因素，因此影响绿洲区地下水化学成分形成作用最主要的因素是岩盐的溶解和蒸发浓缩作用，其次是硫酸盐、碳酸盐的溶解以及酸碱性。

# 4 焉耆盆地平原区地下水化学特征及演化

# 4.1 地下水样采集

## 4.1.1 采样点布设

在系统收集和整理研究区内地质、水文地质和污染源状况资料的基础上，按照《区域地下水污染调查评价规范》（DZ/T 0288—2015）（水样采集和分析测试依据该规范的2013年报批稿）的要求，布设焉耆盆地平原区地下水采样点。

2014年焉耆盆地平原区地下水采样点控制面积为6072.4km$^2$，地下水样品采集点依据《区域地下水污染调查评价规范》（DZ/T 0288—2015）且遵循区域控制的原则，重点控制绿洲区并结合污染源的分布特点进行布设，且2014年采样点尽量与2003年及2011年这两期采样点一致，结合2003年、2011年及2014年三期地下水水质检测数据以便更好地分析研究焉耆盆地平原区地下水水质的年际变化。2014年6—7月采集焉耆盆地地下水样品42组，其中潜水4组、承压水38组（浅层承压水11组、深层承压水27组），地表水样品8组，采样点分布图见图4-1。2011年10—11月采集焉耆盆地地下水样品14组，其中潜水5组、承压水9组（浅层承压水3组、深层承压水6组）；2003年8—9月采集焉耆盆地地下水样品4组，其中潜水1组、承压水3组（均为浅层承压水）。

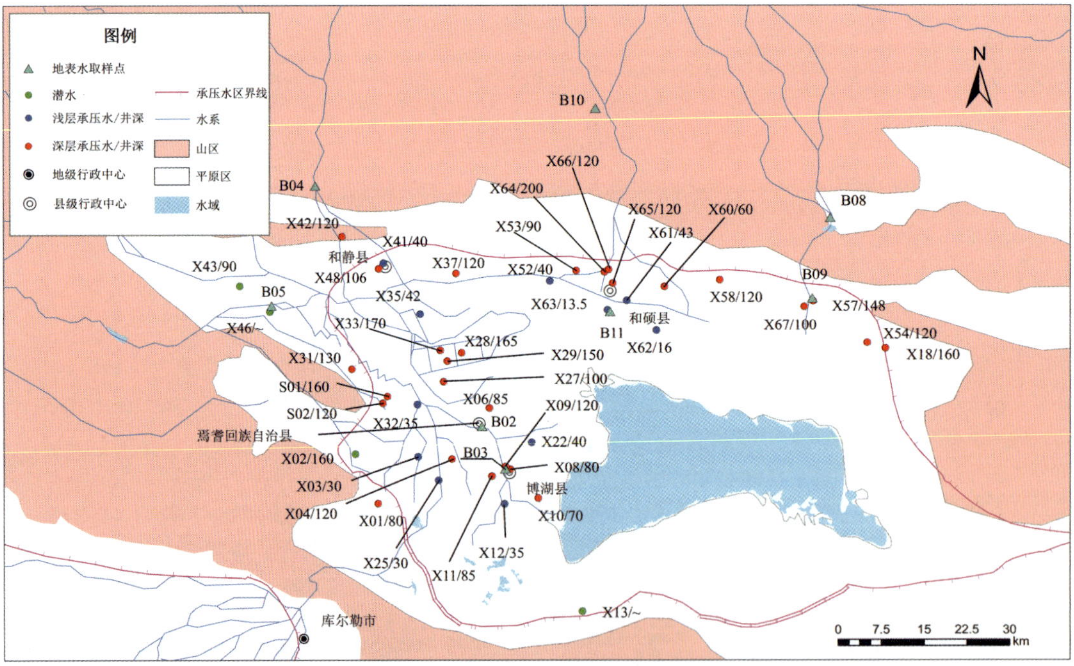


图4-1　2014年焉耆盆地平原区采样点类型及分布图

1983—1996年巴州环境监测站对焉耆县、博湖县、和静县及和硕县地下水进行监测，以当地生活饮用水机井作为监测井，水样为混合水，布点尽量以平均分布为原则。2011年10—11月采集焉耆盆地地下水样品14组，其中潜水5组、承压水9组（深层承压水6组、浅层承压水3组），采样点采用以环境单元（流域）法为主、网格法为辅的方法进行布设。

### 4.1.2 样品采集和保存方法

焉耆盆地平原区地下水样品采集方法及样品保存方法均严格按照《区域地下水污染调查评价规范》（DZ/T 0288—2015）。地下水采自生活及农用机井，为获取新鲜的地下水，在开泵10min后再进行样品采集，采集样品时用采集的井水对取样瓶润洗3～5次。地表水样品在河流稳定、水流平稳、水面开阔的顺直河段采取，样品采集一般在水面0.5m以下，水底0.5m以上，当河流水深不足1.0m时，在1/2水深处取样。

在采集无机物检测指标的地下水水样时，采用1500mL聚乙烯瓶取样并原样保存；在采集有机物检测指标的地下水水样时，分别采用500mL（1个）和30mL（2个）专用茶色玻璃取样瓶，取样时在500mL取样瓶中滴加2mL浓硝酸为保存剂，30mL取样瓶中预加0.5mL浓硝酸为保存剂，取样时将水样盛满取样瓶在瓶口自然形成凸液面，小心旋紧瓶盖后将取样瓶倒立没有气泡则取样合格。有机检测样品需在4℃保温箱内保存，并在7日内送至实验室。

### 4.1.3 检测指标、方法及质量控制

1986—1996年和2011年所采集的样品分别由巴州环境监测站和新疆地矿局第二水文地质工程地质大队统一进行检测。

2014年42组地下水样品和8组地表水样品检测均严格依据《生活饮用水标准检验方法》（GB/T 5750—2006）所规定的方法操作，采集的无机样品及有机样品均由中国地质科学院水文地质环境地质研究所矿泉水检测中心检测，主要检测仪器为iCAP6300等离子体发射光谱仪、Trace dsq GCMS-QP2010气相色谱-质谱联用仪，共有50组水样进行现场检测，现场必测指标包括水温、pH、电导率、溶解氧、氧化还原电位5项；50组水样进行了无机组分与有机污染物检测，无机必测指标包括$Na^+$、$Mg^{2+}$等28项；有机必测指标包括三氯甲烷等挥发性有机物27项，六氯苯等半挥发性有机物12项（见表4-1），各指标检出限见表4-2。

对所有水样检测结果进行可靠性检验，均满足相对误差限值。

表4-1 焉耆盆地平原区地下水检测指标

| 指标类型 | | 指标名称 | 指标数 |
|---|---|---|---|
| 现场指标 | | 水温、pH、电导率、溶解氧、氧化还原电位 | 5 |
| 无机物指标 | | 总溶解性固体、总硬度、耗氧量、$H_2SiO_3$、$K^+$、$Na^+$、$Ca^{2+}$、$Mg^{2+}$、$NH_4^+$、$Al^{3+}$、$Cr^{6+}$、$Cl^-$、$SO_4^{2-}$、$HCO_3^-$、$CO_3^{2-}$、$NO_3^-$、$NO_2^-$、$F^-$、$I^-$、Fe、Cu、Mn、Zn、Hg、As、Pb、Cd、Se | 28 |
| 有机物指标 | 卤代烃 | 三氯甲烷、四氯化碳、1,1,1–三氯乙烷、三氯乙烯、四氯乙烯、二氯甲烷、1,2–二氯乙烷、1,1,2–三氯乙烷、1,2–二氯丙烷、溴二氯甲烷、一氯二溴甲烷、溴仿、氯乙烯、1,1–二氯乙烯、反1,2–二氯乙烯、顺1,2–二氯乙烯 | 39 |
| | 氯代苯类 | 氯苯、邻二氯苯、间二氯苯、对二氯苯、1,2,4–三氯苯 | |
| | 单环芳烃 | 苯、甲苯、乙苯、间/对二甲苯、邻二甲苯、苯乙烯 | |
| | 有机氯农药 | 总六六六、*α*–BHC、*β*–BHC、*γ*–BHC、*δ*–BHC、总滴滴涕、*p,p'*–DDE、*p,p'*–DDD、*o,p'*–DDT、*p,p'*–DDT、六氯苯 | |
| | 多环芳烃 | 苯并[a]芘 | |

表4-2 焉耆盆地平原区地下水检测指标检出限

| 指标类型 | 检测项目 | 检出限 | 检测项目 | 检出限 |
|---|---|---|---|---|
| 无机物/（mg/L） | pH | 0.01 | Fe | 0.01 |
| | TDS | 0.05 | $NH_4^+$（以N计） | 0.04 |
| | TH | 0.05 | $NO_3^-$（以N计） | 0.2 |
| | $Cl^-$ | 0.05 | $NO_2^-$（以N计） | 0.002 |
| | $SO_4^{2-}$ | 0.05 | $F^-$ | 0.1 |
| 挥发性有机物/（μg/L） | 氯乙烯 | 0.5 | 1,1,2–三氯乙烷 | 0.15 |
| | 1,1–二氯乙烯 | 0.2 | 四氯乙烯 | 0.2 |
| | 二氯甲烷 | 0.5 | 一氯二溴甲烷 | 0.15 |
| | 反1,2–二氯乙烯 | 0.15 | 氯苯 | 0.05 |
| | 顺1,2–二氯乙烯 | 0.15 | 乙苯 | 0.3 |
| | 三氯甲烷 | 0.2 | 间/对二甲苯 | 0.5 |
| | 1,1,1–三氯乙烷 | 0.15 | 邻二甲苯 | 0.2 |
| | 四氯化碳 | 0.2 | 苯乙烯 | 0.25 |
| | 苯 | 0.3 | 溴仿 | 0.5 |
| | 1,2–二氯乙烷 | 0.25 | 邻二氯苯 | 0.1 |
| | 三氯乙烯 | 0.2 | 间二氯苯 | 0.1 |
| | 1,2–二氯丙烷 | 0.15 | 对二氯苯 | 0.1 |
| | 溴二氯甲烷 | 0.15 | 1,2,4–三氯苯 | 0.2 |
| | 甲苯 | 0.3 | | |

续表

| 指标类型 | 检测项目 | 检出限 | 检测项目 | 检出限 |
| --- | --- | --- | --- | --- |
| 半挥发性有机物/（μg/L） | 六氯苯 | 0.005 | 总滴滴涕 | 0.01 |
| | 总六六六 | 0.01 | $p,p'$-DDE | 0.002 |
| | $\alpha$-BHC | 0.01 | $p,p'$-DDD | 0.002 |
| | $\beta$-BHC | 0.01 | $o,p'$-DDT | 0.01 |
| | $\gamma$-BHC | 0.01 | $p,p'$-DDT | 0.01 |
| | $\delta$-BHC | 0.01 | 苯并[a]芘 | 0.002 |

## 4.2 地下水化学类型及 TDS 演化

溶解性总固体（Total dissolved solids，TDS）指地下水中所溶解物质的总量，主要包括宏量阴离子和宏量阳离子，是表征地下水无机污染物的一个重要指标。焉耆盆地是新疆重要的绿洲农业区，但是生态环境较脆弱，对地下水资源十分依赖，对TDS的研究主要体现在水盐运移及作为水质评价指标方面，对其本身研究相对较少，研究平原区地下水TDS时空演化对受人类干扰严重、生态系统脆弱的干旱地区地下水资源开发具有重要意义。

本节分析焉耆盆地平原区地下水TDS在时间及空间上的变化规律以及与地下水宏量阴离子、阳离子的关系，并对其影响因素进行分析探讨（赵江涛，2016）。

### 4.2.1 地下水化学类型演化

#### 4.2.1.1 地下水化学类型年际变化

地下水化学类型分析对于揭示水文地球化学成分和规律起着重要的作用。用AquaChem软件分别绘制2011年和2014年地下水Piper三线图（图4–2），直观地反映焉耆盆地平原区地下水化学特征。2011年平原区地下水阴离子$HCO_3^-$、$SO_4^{2-}$、$Cl^-$含量分别为62.26～234.71mg/L、38.60～974.97mg/L和15.05～1035.06mg/L；阳离子$K^+$+$Na^+$、$Ca^{2+}$、$Mg^{2+}$含量分别为15.29～853.35mg/L、19.65～278.79mg/L、10.43～32.01mg/L。2014年平原区地下水阴离子$HCO_3^-$、$SO_4^{2-}$、$Cl^-$含量分别为88.03～643.60mg/L、31.53～901.70mg/L、10.50～884.10mg/L；阳离子$K^+$+$Na^+$、$Ca^{2+}$、$Mg^{2+}$含量分别为10.44～408.31mg/L、15.24～439.80mg/L、4.16～114.90mg/L。由图4–2可知，2011—2014年焉耆盆地平原区地下水主要的化学类型由$HCO_3$–Ca型过渡到$SO_4 \cdot Cl$–Na型。

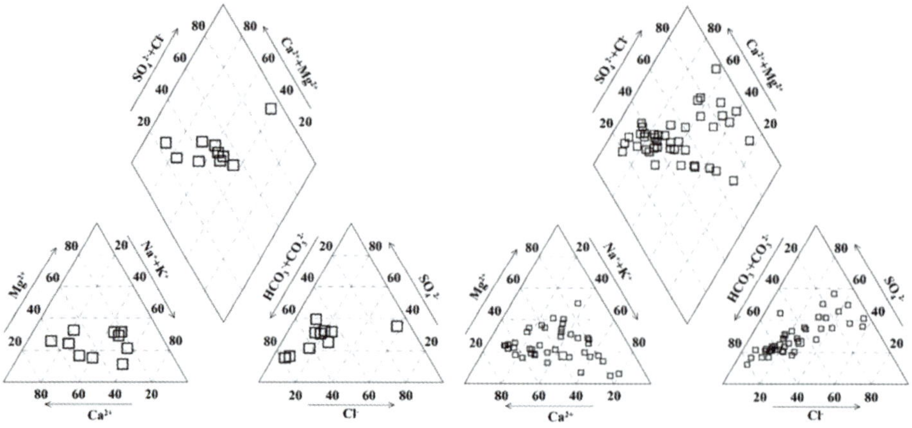


（a）2011年　　　　（b）2014年

图4-2　焉耆盆地平原区2011年与2014年地下水化学Piper三线图

#### 4.2.1.2　地下水化学类型空间变化

由图4-3可知，2014年平原区浅层地下水（单一结构的潜水和承压水区的浅层承压水）化学类型主要为$HCO_3$–Ca型水、Cl·$SO_4$–Na·Ca型水、$HCO_3$–Ca·Na型水和$HCO_3$·$SO_4$–Na·Ca型水。平原区浅层地下水化学类型呈现为山前冲洪积扇向博斯腾湖$HCO_3$→$SO_4$→Cl顺序变化；由山前倾斜平原的$HCO_3$–Ca型水过渡到细土平原$HCO_3$·$SO_4$–Na·Ca型水，最终在末端变为Cl·$SO_4$–Na·Ca型水。

焉耆盆地平原区1999年、2003年和2014年浅层地下水化学类型主要有三大类：$HCO_3$–Ca型水、$HCO_3$·$SO_4$–Na·Ca型水及Cl·$SO_4$–Na·Ca型水。1999年、2003年和2014年浅层地下水化学类型分区面积统计结果见表4-3。从表4-3中可以看出，焉耆盆地平原区浅层地下水$HCO_3$–Ca型水及$HCO_3$·$SO_4$–Na·Ca型水的面积在增大，分别从1999年的6.7%和34.7%增加到2014年的8.9%和42.9%，增幅分别为133.5$km^2$和501.5$km^2$；Cl·$SO_4$–Na·Ca型水的分区面积减小，从1999年的58.6%减小到2014的33.3%，降幅1537.6$km^2$；新增

表4-3　焉耆盆地平原区浅层地下水化学类型分区面积统计表

| 地下水化学类型 | 1999年 | | 2003年 | | 2014年 | | 变幅/$km^2$ |
|---|---|---|---|---|---|---|---|
| | 面积/$km^2$ | 比例/% | 面积/$km^2$ | 比例/% | 面积/$km^2$ | 比例/% | |
| $HCO_3$–Ca | 406.9 | 6.7 | 564.9 | 9.3 | 540.4 | 8.9 | 133.5 |
| $HCO_3$·$SO_4$–Na·Ca | 2107.1 | 34.7 | 2549.1 | 42.0 | 2608.6 | 42.9 | 501.5 |
| Cl·$SO_4$–Na·Ca | 3558.4 | 58.6 | 2958.4 | 48.7 | 2020.8 | 33.3 | −1537.6 |
| $HCO_3$·$SO_4$–Ca·Na | 0 | 0 | 0 | 0 | 902.6 | 14.9 | 902.6 |
| 合计 | 6072.4 | 100.0 | 6072.4 | 100.0 | 6072.4 | 100.0 | 0 |

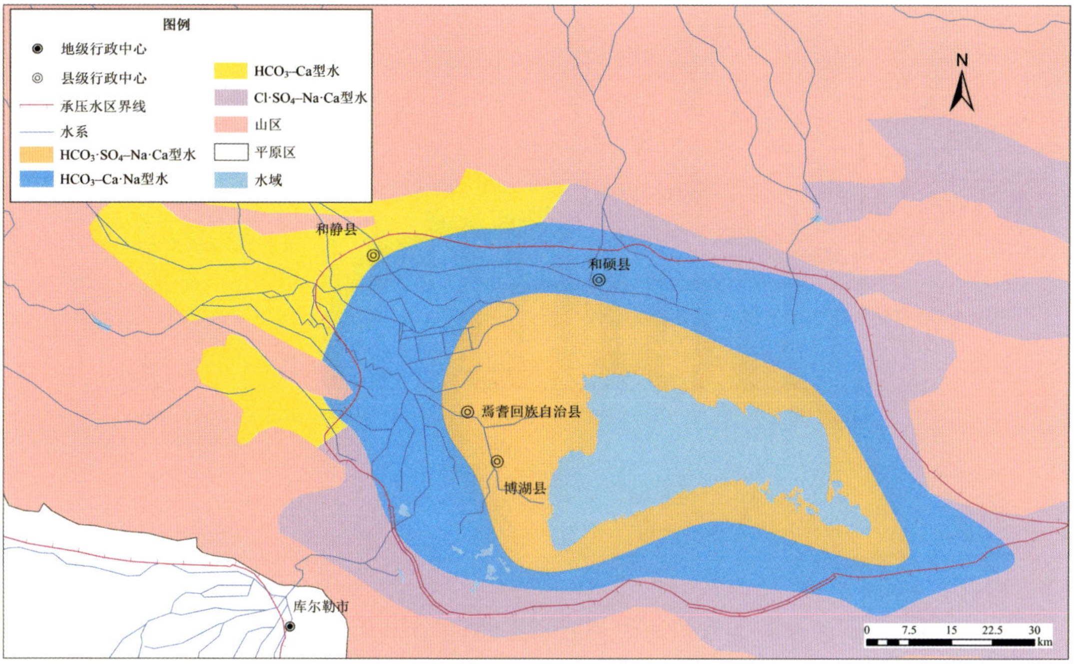


图4-3　2014年焉耆盆地平原区地下水化学类型分区图

$HCO_3 \cdot SO_4$– Ca·Na型水，面积为902.6km$^2$，占总面积的14.9%。因此，焉耆盆地平原区2011—2014年浅层地下水化学类型演化规律符合1999—2014年地下水TDS整体变化的趋势。

## 4.2.2　地下水TDS变化趋势

### 4.2.2.1　地下水TDS年际变化

随着城市的发展，地下水资源大规模开采和废物大量排放，焉耆盆地平原区地下水TDS、TH、$Cl^-$等常规无机指标均呈逐年递增的趋势，地下水水质逐年恶化，尤其TDS是研究区主要的超标指标之一。

根据1983—2014年地下水水质监测资料，从TDS面积加权平均值（以下简称均值）变化趋势可以看出（图4-4），1983—1988年间TDS年均值变化不明显；1989—1991年开始有小幅度增长，涨幅变化不大，1992—1994年间略有下降，一直持续到1995年；1995—1999年出现大幅度的升高，涨幅高达2.6倍，随后1999—2014年间开始缓慢下降。焉耆盆地平原区30年间地下水TDS年均值变化整体呈现先升高再有所降低而后又升高再降低的趋势，且在1999年以前所布设监测井检测TDS均未达到地下水Ⅲ类水质标准（1000mg/L），但在1999—2014年布设监测井检测的TDS部分已超过地下水Ⅲ类水质标准，甚至达到Ⅴ类水质标准。

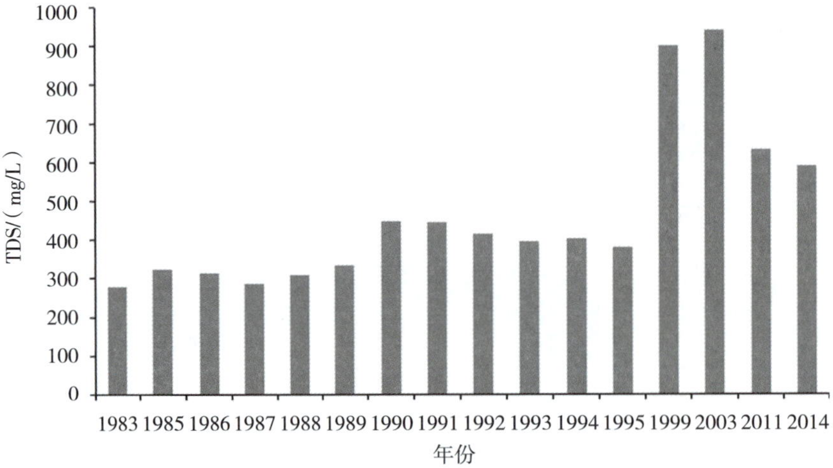


图4-4　焉耆盆地平原区地下水TDS变化趋势图

#### 4.2.2.2　地下水TDS差异性分析

根据《地下水质量标准》（GB/T 14848—1993）中TDS指标的水质标准分级，1999年平原区共采集检测地下水水样178个，其中处于Ⅰ类水平（TDS≤300mg/L）有7个，处于Ⅱ类水平（300mg/L<TDS≤500mg/L）的有28个，处于Ⅲ类水平（500mg/L<TDS≤1000mg/L）的有41个，处于Ⅳ类水平（1000mg/L<TDS≤2000mg/L）的有32个，处于Ⅴ类水平（TDS>2000mg/L）的有70个，TDS处于Ⅳ类、Ⅴ类标准水平达到57.3%；2014年平原区共采集检测地下水水样42个，其中TDS处于I类水平有10个，处于Ⅱ类水平的有16个，处于Ⅲ类水平的有8个，处于Ⅳ类水平的有7个，处于Ⅴ类水平的有1个，TDS处于Ⅳ类、Ⅴ类标准水平为19.0%。

应用SPSS软件进行描述性统计分析1999年及2014年平原区地下水TDS（表4-4），并对1999年和2014年地下水TDS进行差异性*t*检验（表4-5）。

表4-4　焉耆盆地平原区地下水TDS统计特征值

| 年份 | 样本数 | 极小值/（g/L） | 极大值/（g/L） | 均值/（g/L） | 标准差 | 方差 |
|---|---|---|---|---|---|---|
| 1999 | 178 | 0.20 | 21.32 | 1.77 | 19.94 | 397.59 |
| 2014 | 42 | 0.21 | 3.83 | 0.60 | 0.50 | 0.25 |

由表4-5可知，方差方程的Levene检验中Sig值为0.0014，小于0.05，说明1999年和2014年TDS方差不齐，假设条件“假设方差不相等”成立，与表4-4中二者方差值相吻合，因此，检验概率值*P*=0.00002远小于0.01，说明平均值在小于5%的概率上是相等的，而在大于95%的概率上不相等，即1999年和2014年地下水TDS总体平均值存在着显著差异性。

表4-5 焉耆盆地平原区1999年和2014年地下水TDS的*t*检验结果统计表

| 假设条件 | 方差方程的Levene检验 | | 均值方程的*t*检验 | | | | | | |
|---|---|---|---|---|---|---|---|---|---|
| | *F* | Sig | *t* | d*f* | Sig（双侧） | 均值差值 | 标准误差值 | 差分的95%置信区间 | |
| | | | | | | | | 下限 | 上限 |
| 假设方差相等 | 10.46 | 0.0014 | 2.13 | 218 | 0.03 | 6.57 | 3.08 | 0.49 | 12.64 |
| 假设方差不相等 | — | — | 4.39 | 177.96 | 0.00002 | 6.57 | 1.5 | 3.62 | 9.52 |

#### 4.2.2.3 地下水TDS空间变化特征

焉耆盆地平原区地下水与地表水流向大致相同，均流向平原区地势最低点博斯腾湖，由图4-5可以看出，地下水TDS呈现出山前到平原区地下水水平演变的规律，地下水TDS由上游向下游不断升高，受地形及水文地质条件的影响，由强径流溶滤作用逐渐过渡为弱径流蒸发浓缩作用。

依据1999年、2003年和2014年的地下水水质调查结果，确定地下水TDS分区面积，结果见表4-6，从表中可以看出，焉耆盆地平原区TDS＜1g/L的面积在逐渐增大，从1999年的33.1%增加到2014年的36.7%；1～3g/L的分区面积从1999年的26.3%减小到2014的

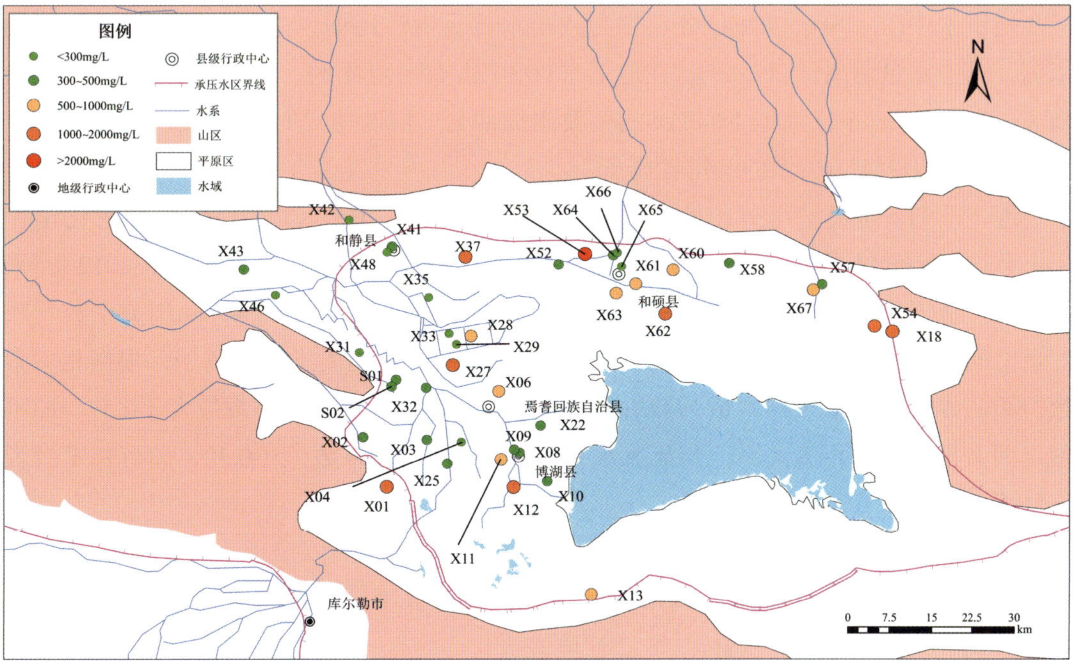


图4-5 2014年焉耆盆地平原区地下水TDS分布图

26.0%；3 ~ 10g/L的分区面积从1999年的23.0%增加到2014年的37.3%；>10g/L的分区面积逐渐减小。整体上看，1999—2014年焉耆盆地平原区地下水高TDS区域面积呈现明显下降的趋势，与1999—2014年地下水TDS均值下降趋势相对应，平原区地下水TDS是以博斯腾湖及局部沼泽区为中心，由四周向其呈逐渐升高的趋势，TDS由<1g/L的淡水过渡到1 ~ 3g/L的微咸水，最终变为>3g/L的咸水。

表4-6　焉耆盆地平原区不同地下水TDS分区面积统计表

| TDS/（g/L） | 1999年 | | 2003年 | | 2014年 | | 变幅/km² |
|---|---|---|---|---|---|---|---|
| | 面积/km² | 比例/% | 面积/km² | 比例/% | 面积/km² | 比例/% | |
| <1 | 2011.7 | 33.1 | 2534.2 | 41.7 | 2229.3 | 36.7 | 217.6 |
| 1 ~ 3 | 1596.3 | 26.3 | 1944.6 | 32.1 | 1580.9 | 26.0 | -15.4 |
| 3 ~ 10 | 1395.3 | 23.0 | 1569.5 | 25.8 | 2262.2 | 37.3 | 866.9 |
| >10 | 1069.1 | 17.6 | 24.1 | 0.4 | 0 | 0 | -1069.1 |
| 均值 | 900.2 | | 940.3 | | 589.4 | | — |
| 合计 | 6072.4 | 100.0 | 6072.4 | 100.0 | 6072.4 | 100.0 | 0 |

### 4.2.3　地下水 TDS 变化机制分析

地下水中$Cl^-$、$SO_4^{2-}$及$NO_3^-$分别作为判断水质受生活污染、工业污染和农业污染的依据，其中宏量阴离子$Cl^-$、$SO_4^{2-}$在地下水TDS中占有一定比例，与TDS关系密切；宏量阳离子$Mg^{2+}$和$Ca^{2+}$不仅是地下水TDS的主要组成部分，同时也是TH最主要的组成部分，二者是衡量TDS与TH关系的关键性离子。

地下水TDS与宏量组分$HCO_3^-$、$SO_4^{2-}$、$Cl^-$、$K^++Na^+$、$Mg^{2+}$及$Ca^{2+}$等是各种水化学作用下共同影响的结果，通常会形成差异性较大的水化学成分特征（陈倩等，2012）。采用2014年地下水水质监测资料及SPSS软件研究变量之间的关系，Pearson相关系数反映变量之间的相关程度，判断影响地下水TDS最显著的宏量阴离子、阳离子。根据相关系数检验临界值表，本次样本数为42组，当显著水平为0.01时，相关系数大于0.39，即可判定两者呈极显著相关关系；当显著水平为0.05时，相关系数大于0.30，即可判定两者呈显著相关关系（管宇，2011）。

由表4-7可知，地下水TDS与$HCO_3^-$无相关性、与pH呈负相关关系；$SO_4^{2-}$-$Cl^-$、$SO_4^{2-}$-$K^++Na^+$、$SO_4^{2-}$-$Ca^{2+}$、$Cl^-$-$K^++Na^+$和$Cl^-$-$Ca^{2+}$显著相关水平为0.01且相关系数大于0.70；TDS受$SO_4^{2-}$、$Cl^-$、$K^++Na^+$、$Mg^{2+}$、$Ca^{2+}$影响较大。

表4-7 焉耆盆地平原区地下水各指标Pearson相关系数统计表（$n$=42）

| 指标 | TDS | $HCO_3^-$ | $SO_4^{2-}$ | $Cl^-$ | $K^++Na^+$ | $Mg^{2+}$ | $Ca^{2+}$ | pH |
|---|---|---|---|---|---|---|---|---|
| TDS | 1.000 | | | | | | | |
| $HCO_3^-$ | 0.004 | 1.000 | | | | | | |
| $SO_4^{2-}$ | 0.963** | –0.161 | 1.000 | | | | | |
| $Cl^-$ | 0.964** | –0.166 | 0.919** | 1.000 | | | | |
| $K^++Na^+$ | 0.919** | –0.158 | 0.912** | 0.913** | 1.000 | | | |
| $Mg^{2+}$ | 0.717** | 0.499** | 0.644** | 0.607** | 0.527** | 1.000 | | |
| $Ca^{2+}$ | 0.871** | 0.015 | 0.801** | 0.855** | 0.653** | 0.564** | 1.000 | |
| pH | –0.186 | –0.707** | –0.039 | –0.057 | –0.016 | –0.316* | –0.317* | 1.000 |

注：* 代表在0.05水平上显著相关，** 表示在0.01水平（双侧）上显著相关。

地下水中TDS与宏量阴离子$SO_4^{2-}$、$Cl^-$相关性明显大于阳离子，这是由于土体中主要成分是由$SiO_2$、$Al_2O_3$和部分带负电荷的胶粒组成，比较容易吸附地下水中带正电荷的阳离子，发生离子交换。

（1）与宏量阴离子相关性分析　通过控制产生影响的相关变量，分析地下水TDS与任一阴离子间的相关性，可真实反映地下水TDS和阴离子间的相关关系，运用SPSS软件对2014年地下水水质数据进行线性相关性分析，分析结果见图4–6。由图4–6可以看出，TDS与$SO_4^{2-}$、$Cl^-$存在着显著的线性相关关系，相关系数分别为0.963和0.964；与$HCO_3^-$线性不相关，但是$HCO_3^-$在阴离子组分中含量相对较大，对TDS存在一定影响。在控制变量分别为$SO_4^{2-}$和$Cl^-$下，TDS与$HCO_3^-$存在着显著偏相关关系，偏相关系数较能反映事物间的本质联系，地下水TDS与$SO_4^{2-}$和$Cl^-$的相关系数分别为0.628和0.599，说明阴离子与地下水TDS关系密切，密切程度依次为$Cl^- > SO_4^{2-} > HCO_3^-$。

地下水TDS与$HCO_3^-$的相关关系不显著（$r$=0.004），是由于焉耆盆地平原区地下水的pH大部分处于中性和弱碱性范围（pH=7.0～8.5），由图4–7可以看出，$HCO_3^-$的含量会随着pH的升高而降低。根据O·A·阿列金的碳酸衍生物各种存在形式间的比例与水中pH的关系以及水体碳酸形态分布图（董德明等，2010），在这一pH范围内的碳酸衍生物主要是以$HCO_3^-$离子形式存在。但是随着pH的升高，碳酸衍生物会由$HCO_3^-$会逐渐转变成为$CO_3^{2-}$，因此，$HCO_3^-$的含量会随着pH的升高而降低，两者存在极显著的负相关关系（$r$=–0.707），最终影响水体中$HCO_3^-$含量，导致TDS与$HCO_3^-$不相关；$HCO_3^-$–$Mg^{2+}$、$SO_4^{2-}$–$Cl^-$、$SO_4^{2-}$–$K^++Na^+$、$SO_4^{2-}$–$Mg^{2+}$、$SO_4^{2-}$–$Ca^{2+}$和$Cl^-$–$K^++Na^+$、$Cl^-$–$Mg^{2+}$、$Cl^-$–$Ca^{2+}$呈极显著相关。

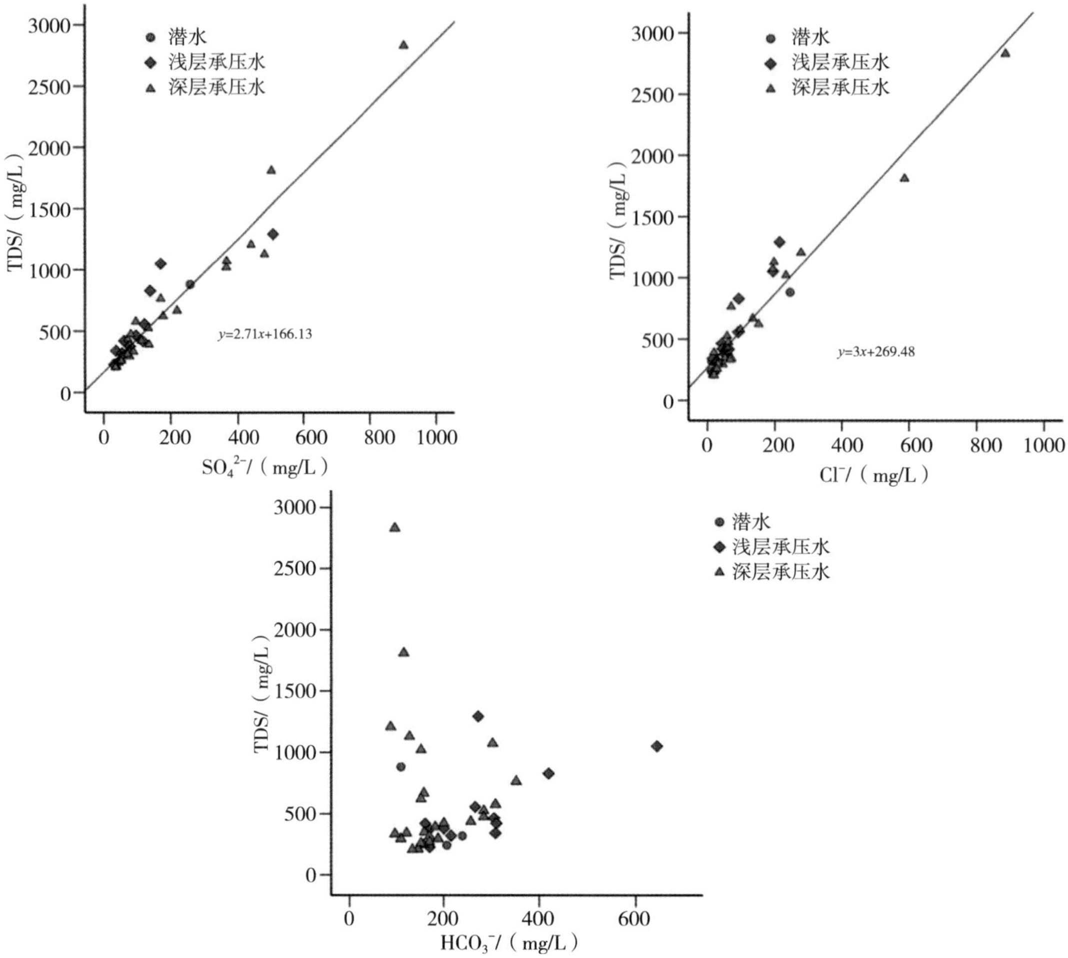


图4-6　焉耆盆地平原区地下水TDS与各阴离子线性关系分析图

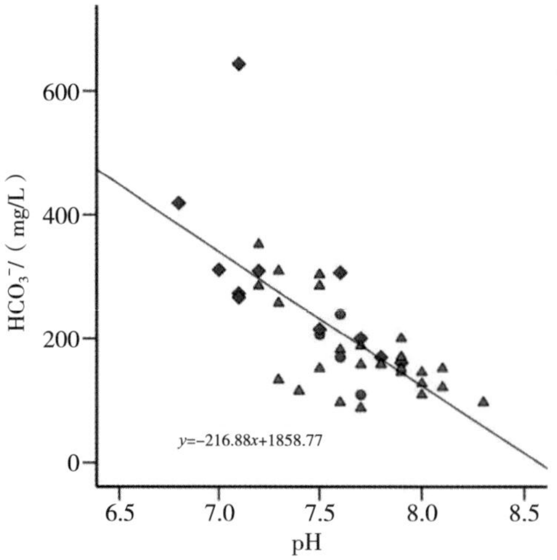


图4-7　焉耆盆地平原区地下水$HCO_3^-$与pH关系图

（2）与宏量阳离子相关性分析　通过控制和固定引起影响的变量，分析TDS与任一阳离子间的相关性，可真实反映TDS和阳离子间的相关关系，运用SPSS软件对2014年地下水水质数据进行线性相关性分析，分析结果见图4-8。由图4-8可以看出，TDS与$K^{+}+Na^{+}$、$Mg^{2+}$及$Ca^{2+}$存在着极显著的线性相关关系，相关系数分别为0.919、0.717和0.871，说明阳离子与地下水TDS关系密切，密切程度依次为（$K^{+}+Na^{+}$）＞$Ca^{2+}$＞$Mg^{2+}$。

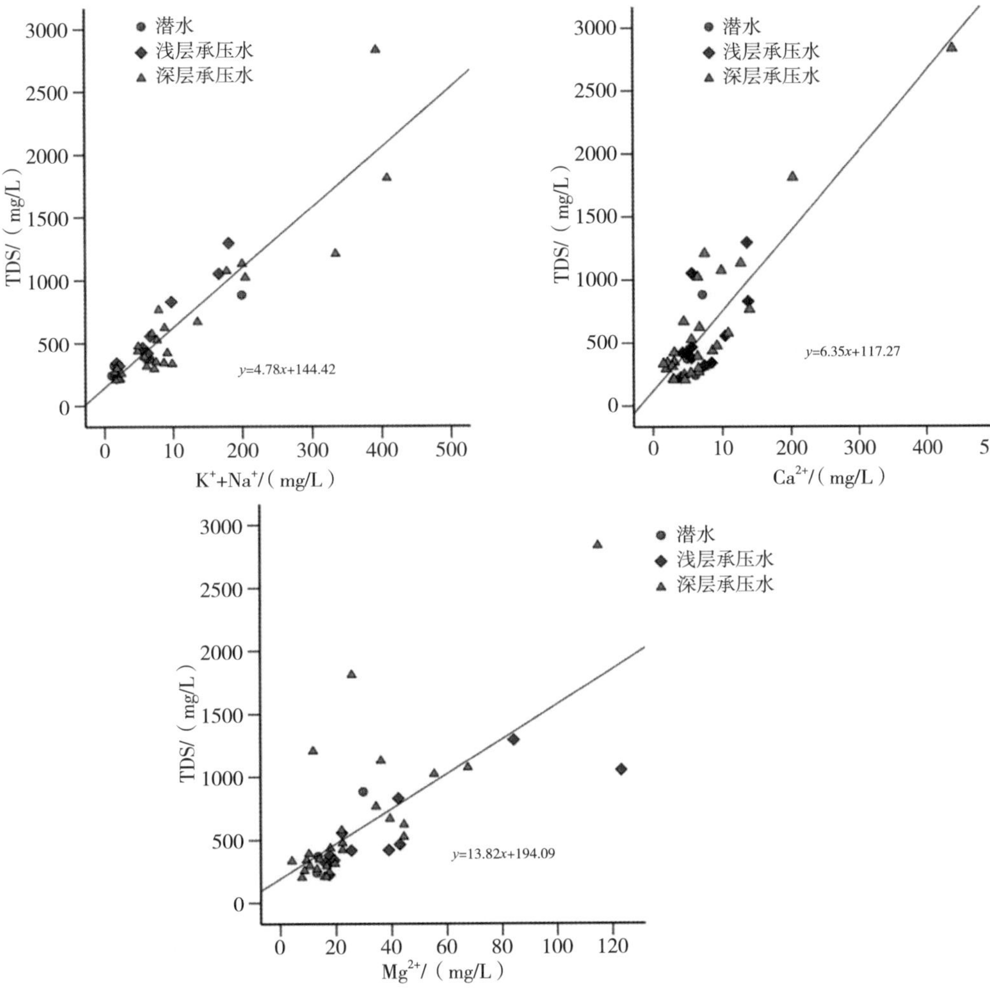


图4-8　焉耆盆地平原区地下水TDS与各阳离子线性关系分析图

综上所述，宏量阴离子$Cl^{-}$和宏量阳离子$K^{+}+Na^{+}$与TDS相关系数分别0.964和0.919，相对较高，说明$Cl^{-}$和$K^{+}+Na^{+}$含量的大小与空间分布对TDS有着较重要的作用。另外，$Cl^{-}$与$K^{+}+Na^{+}$、$Ca^{2+}$、$Mg^{2+}$和$SO_4^{2-}$之间，$SO_4^{2-}$与$K^{+}+Na^{+}$、$Mg^{2+}$和$Ca^{2+}$之间，$Ca^{2+}$与$Mg^{2+}$之间也存在较高的相关性。焉耆盆地平原区地层中常见的矿物为方解石和白云石等碳酸盐矿物，同时岩盐和石膏等蒸发岩矿物对地下水化学组分也具有重要的影响。由此初步判断，方解石、白云石等碳酸盐矿物，以及岩盐和石膏等蒸发岩矿物的风化溶解是平原区地下水主要离子来源。

## 4.2.4 地下水TDS与TH关系

地下水TDS年平均值从1983年277.25mg/L逐渐上升到2014年589.44mg/L；TH年平均值也从1983年210.94mg/L逐渐上升到2014年的300.10mg/L。利用SPSS软件对2014年焉耆盆地平原区地下水监测井TDS、TH检测值进行数学统计（图4-9），发现地下水TDS与TH具有显著的线性相关关系，相关系数为0.912。地下水TDS的升高是盐效应作用的结果，由于TH增加，水中离子总量增加，离子强度显著增强，在强电介质作用下含水介质中$CaCO_3$、$MgCO_3$的溶解度增加，使更多的$Ca^{2+}$、$Mg^{2+}$进入地下水中引起TDS升高（姜体胜等，2010）。

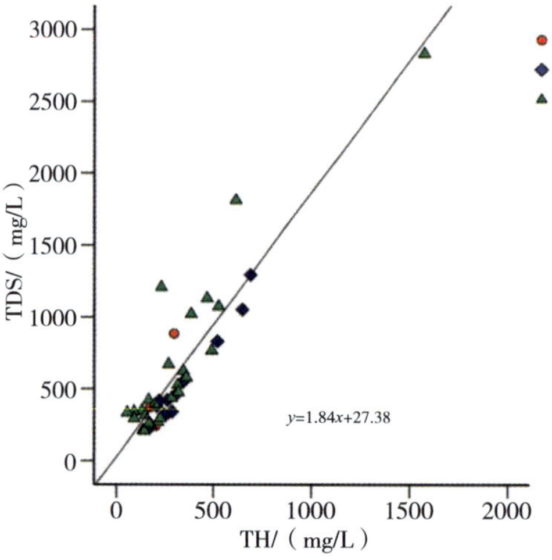


图4-9 焉耆盆地平原区地下水TDS与TH线性相关分析图

## 4.2.5 地下水TDS影响因素分析

焉耆盆地平原区地下水已显现污染的趋势，TDS已成为地下水水质的主要影响因子。影响地下水TDS变化的因素主要包括自然因素和人为因素两大类，其中自然因素包括地表水水质、包气带岩性、含水层特性、地下水位埋深等，人为因素主要为土地利用方式及工业与生活污染源。

#### 4.2.5.1 地表水水质

焉耆盆地平原区地表水主要发源于山区，向盆地最低处博斯腾湖汇集，且平原区地下水位埋深大部分在5m以内，主要依靠地表水的补给，根据2014年焉耆盆地平原区地表水检测结果显示（表4-8），采集8组地表水样，TDS在175.40 ~ 294.90mg/L，平均值为214.13mg/L，地表水由山区进入平原区以后由于降水减少、蒸发量增大、沿程损失大等，同时河水与灌区地下水、农田排水相混合，TDS沿程不断升高（上游TDS小于下游TDS）；地下水TDS在209.10 ~ 3830.00mg/L，平均值为598.44mg/L，地下水TDS平均值远大于地表水，说明焉耆盆地平原区部分地下水中TDS偏高并不是由于地表水的补给所致。

表4-8 焉耆盆地平原区2014年主要地表水体TDS统计表

| 编号 | 在焉耆盆地位置 | 河名 | TDS/（mg/L） |
|---|---|---|---|
| B05 | 西部 | 开都河（上游段） | 195.5 |
| B02 | 西部 | 开都河（中游段） | 202.8 |
| B03 | 西部 | 开都河（下游段） | 206.2 |
| B04 | 西部 | 黄水沟 | 175.7 |
| B08 | 北部 | 敦达西哈河（八一水库上游） | 255.5 |
| B09 | 北部 | 敦达西哈河（乌什塔拉干渠） | 294.9 |
| B10 | 北部 | 清水河（上游段） | 207.1 |
| B11 | 北部 | 清水河（下游段） | 175.4 |

#### 4.2.5.2 包气带岩性

焉耆盆地包气带岩性主要划分为四类：砂砾石、亚黏土、亚砂土及粉细砂。砂砾石主要分布在和静县以西、和硕县以北的山前平原地带；亚黏土主要分布在盆地中部平原区的焉耆县和博湖县；亚砂土主要分布在和静县及和硕县；粉细砂分布在博斯腾湖以东山前平原区（无地下水水质资料区）。

焉耆盆地平原区2014年地下水TDS超标点共计8个且大多分布在包气带岩性为砂砾石（采样点15个，超标点4个，检出率26.7%）的区域，其余分布在包气带岩性为亚黏土（采样点17个，超标点2个，超标率11.8%）与亚砂土（采样点10个，超标点2个，超标率20.0%）的区域。焉耆盆地平原区地下水TDS超标点分布在包气带岩性为砂砾石的区域，主要是由于砂砾石颗粒间的孔隙较大，易于盐分垂向渗透和迁移。

#### 4.2.5.3 含水层特性

焉耆盆地平原区地下水含水系统可划分为山前冲积扇单一潜水子含水层系统和细土平原多层潜水-承压水子含水层系统（承压水区）。平原区深层承压水水质劣于潜水水质的原因是：焉耆盆地平原区地下水开采一般为混合开采，即使是分层开采，止水效果一般也不佳，因此会导致不同含水层间相互干扰，由于原生地层结构遭到破坏，沟通了水质不同的含水层，对上部易受污染的潜水或浅层承压含水层机井未进行止水或不完全止水，造成多层混合取水，水质较差的潜水或浅层承压水不断向深层承压含水层流动，使得地下水污染向更深层发展。

#### 4.2.5.4 地下水位埋深

焉耆盆地多年平均降水量62.6～75.0mm，多年平均蒸发量为1887.1～2302.0mm。2000年地下水开采量$1.25\times10^8m^3$，2013年地下水开采量$3.93\times10^8m^3$，由于开采量的逐年增加，导致地下水水位由2000年4.98m下降至2014年7.34m，地下水降幅达到2.36m（秦国强，2015）。2003—2014年焉耆盆地平原区各县地下水开采量见表4-9。

表4-9 2003—2014年焉耆盆地平原区各县地下水开采量统计 单位：$\times10^8m^3$

| 县名 | 2003 | 2004 | 2005 | 2006 | 2007 | 2008 | 2009 | 2010 | 2011 | 2012 | 2013 | 2014 |
|---|---|---|---|---|---|---|---|---|---|---|---|---|
| 和静县 | 0.123 | 0.164 | 0.187 | 0.208 | 0.231 | 0.265 | 0.283 | 0.339 | 0.518 | 0.670 | 0.780 | — |
| 焉耆县 | 0.432 | 0.539 | 0.614 | 0.647 | 0.717 | 0.760 | 0.790 | 0.922 | 1.001 | 1.270 | 1.479 | — |
| 博湖县 | 0.021 | 0.028 | 0.032 | 0.036 | 0.040 | 0.046 | 0.049 | 0.059 | 0.205 | 0.280 | 0.326 | — |
| 和硕县 | — | — | — | — | — | — | 0.621 | 0.836 | 0.981 | 1.164 | 1.346 | 1.498 |

注：“—”表示资料缺失。

地下水过量开采及地下水位埋深下降不仅引起水动力场和水文地球化学环境的改变，也使地下水承载能力与环境均衡系统发生改变，污染载体与包气带和含水围岩之间发生一系列的水文地球化学作用。地下水水位下降使潜水含水层变薄，使其对盐分的稀释能力逐渐减弱，从而水中离子总量增加，离子强度显著增强，造成使地下水中TDS增高，在强电解质作用下含水介质中碳酸钙、碳酸镁的溶解度增加，使更多的$Ca^{2+}$、$Mg^{2+}$进入地下水中，致使地下水TDS增高，这些作用主要有碳酸溶滤作用、盐效应及盐污染；同时地下水埋深下降意味着地下水呈负均衡状态，导致水中溶质浓缩造成TDS增高。

#### 4.2.5.5 土地利用方式（面源污染）及工业与生活污染源

焉耆盆地平原区土地利用类型主要分为耕地、牧草地及建设用地三类。研究区地下水TDS超标点主要分布在焉耆盆地平原区中部及北部山前平原地带的耕地与牧草地。2014年在焉耆盆地平原区采集的42组地下水水样中，有8组水样TDS超标，超标率19.0%。不同的土地利用类型地下水TDS超标率不同，其中耕地采样点29个，超标点4个，超标率为13.8%；牧草地采样点7个，超标点4个，超标率57.1%。焉耆盆地平原区不同土地利用类型地下水TDS超标率为牧草地＞耕地；建设用地采样点6个，主要为生活用水井，周围环境良好且远离污染源，因此，无超标点。

城市化对地下水系统有着重要的影响，它改变了原有下垫面条件，进而改变地下水循环系统，并且随着城镇化的发展，工业废水及居民生活污水排放量逐年增加有可能渗入含水层污染地下水。根据《新疆巴音郭楞蒙古自治州环境质量报告书（2006—2010）》，在2010年焉耆盆地平原区废污水排放总量达到$1251.0\times10^4m^3$，其中工业废水排放总量为$751.0\times10^4m^3$，主要靠企业自带污水处理设施处理；生活污水排放总量为$500.0\times10^4m^3$，主要依靠各县污水处理厂进行处理，但是由于处理设施的不完善，导致部分污水通过排水沟就近排出或者就地入渗；产生生活垃圾$9.345\times10^4t$，主要处理措施以卫生填埋为主，垃圾填埋场多是在废弃的沙石坑基础上形成，底部为渗透性能较好的砂石层或砂层，由于垃圾渗滤液向地下入渗很容易污染地下水，并带入大量的$Cl^-$和部分$Ca^{2+}$、$Mg^{2+}$造成TDS升高。因此，焉耆盆地平原区地下水TDS升高的主要原因之一是来自生活及工业污染，这与TDS中$Cl^-$和$SO_4^{2-}$（相关系数分别为0.964和0.963）占主导地位相吻合。

## 4.3 地下水演化的主要水文地球化学过程

地下水中化学组分的形成受长时间的地质历史和渗流迁移过程影响，不仅会受到沿程岩石种类及性质的影响，同时也会受到地下水系统中存在的一些物理与化学作用的影响（钱会等，2000）。本节主要分析了焉耆盆地平原区地下水水质在空间分布上的水文地球化学过程。

岩石和土壤的风化、分解以及部分大气降水输入是天然水体中可溶性组分的主要来源（Lasaga 等，1994）。吉布斯设计了一种半对数坐标图——Gibbs图（Gibbs 等，1970），可清楚比较地表水中化学成分及形成的原因，可用于直观判断区域地表水的主要成分受岩石和土壤风化、大气降水、蒸发浓缩作用等的影响。运用Gibbs图解方法不仅可以分析地表水的离子起源问题，也可以分析地下水的离子起源问题。在Gibbs图中，具有较高的$\gamma Na^+/\gamma(Na^++Ca^{2+})$比值（接近1.0）且TDS低的地下水主要分布在图中右下角，表明此类地下水主要是受大气降水补给；具有较低的$\gamma Na^+/\gamma(Na^++Ca^{2+})$比值（一般在0.5左右或者$<0.5$）且TDS中等的地下水主要分布在图中中部左侧，表明此类地下水成分主要来源于岩石和土壤的风化；具有较高的$\gamma Na^+/\gamma(Na^++Ca^{2+})$比值（接近1.0）且TDS高的地下水主要分布在图中的右上角，表明此类地下水分布在蒸发较强的干旱区。

将焉耆盆地平原区潜水、浅层承压水和深层承压水化学数据投到Gibbs图上（图4-10），可以看出，平原区潜水、浅层承压水和深层承压水都分布在Gibbs图的中上部，说明平

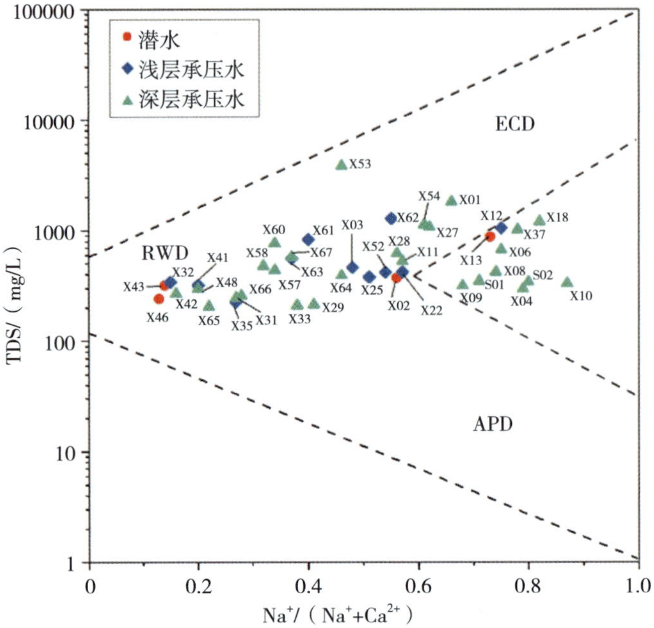


图4-10　焉耆盆地平原区地下水Gibbs图

［RWD（位于中部左侧）表示岩石和土壤风化作用；APD（位于右下角）表示大气降水作用；ECD（位于右上角）表示蒸发浓缩作用］

原区地下水受岩石和土壤风化、蒸发浓缩和大气降水多重作用的影响；部分潜水和浅层承压水TDS高于深层承压水，说明蒸发浓缩占主导作用。

## 4.3.1　水解过程

地表的岩石在大气、水、太阳能及生物作用和影响下发生破坏，通过降水或者地表水将岩石和土壤中的矿物成分溶解并带入地下水，形成新的物质。由Gibbs图（图4-10）可以看出，焉耆盆地平原区2个潜水水样，5个浅层承压水和12个深层承压$\gamma Na^+/\gamma(Na^++Ca^{2+})$比值小于0.5且分布在图中部左侧，说明上述地下水采样点受岩石和土壤的风化水解作用。

## 4.3.2　蒸发浓缩过程

焉耆盆地平原区属于干旱半干旱气候区，蒸发浓缩作用在平原区地下水水质形成中十分重要。随着水分的蒸发，地下水溶液不断浓缩，导致TDS不断升高。

由图4-10可以看出，部分点如潜水X02，TDS为371.3mg/L；浅层承压水X25、X22、X52和X62，TDS在377.9～1294.0mg/L和深层承压水X01、X11、X09、X27、X28、X54

和X64，TDS在390.9～1811.0mg/L，$\gamma Na^+/\gamma (Na^++Ca^{2+})$比值大于0.5且分布在图中部右上侧，说明上述地下水采样点受蒸发浓缩和大气降水的双重作用；个别点如潜水X13，TDS为882.5mg/L和浅层承压水X12，TDS为1052.0mg/L，$\gamma Na^+/\gamma (Na^++Ca^{2+})$比值接近于1.0，TDS在说明受蒸发浓缩作用强烈。

利用PHREEQC水文地球化学模拟软件计算焉耆盆地平原区地下水中各矿物相的饱和指数（SI），其中岩盐（NaCl）的饱和指数在–8.40～–0.79（均小于0），由此可以说明，焉耆盆地平原区地下水中岩盐未达到饱和状态。

## 4.3.3 阳离子交换过程

$Ca^{2+}$、$Mg^{2+}$、$Na^+$交换是地下水化学演化过程中重要的阳离子交换过程，可用离子比值法判断是否发生离子交换（钱会等，2000）。根据$\gamma Na^+/\gamma Cl^-$比值可反映阳离子交换程度，当比值大于1时，表明已发生阳离子交换。由图4–11可以看出，平原区地下水潜水、浅层承压水及深层承压水绝大部分$\gamma Na^+/\gamma Cl^-$比值大于1，说明发生了阳离子交换；随着$\gamma Cl^-$含量的增加，$\gamma Na^+/\gamma Cl^-$比值整体呈现下降趋势，这是由于地下水中$Na^+$含量较高并超过黏土表面可交换阳离子的平衡浓度时，$Ca^{2+}$与$Na^+$（黏土矿物所吸附）的交换会受到抑制，甚至会出现由于浓度差引起的反向阳离子交换，即地下水中$Na^+$与$Ca^{2+}$（黏土矿物所吸附）发生交换；有时地下水中的$Mg^{2+}$也会参与阳离子交换作用。

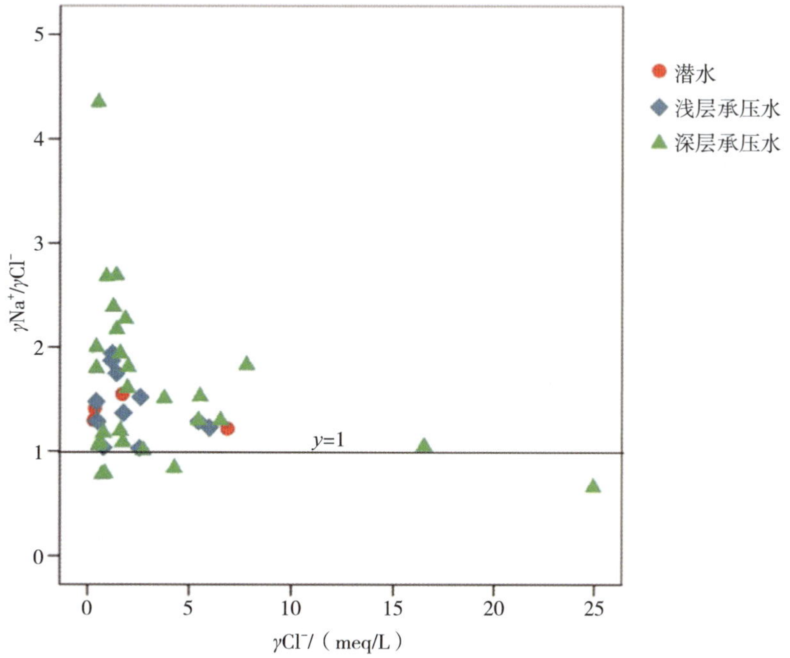


图4–11　焉耆盆地平原区地下水中$\gamma Na^+/\gamma Cl^-$与$\gamma Cl^-$关系图

$\gamma Na^+/\gamma(Na^++Ca^{2+}+Mg^{2+})$与$\gamma Cl^-$比值关系图可反映$Na^+/Ca^{2+}$及$Na^+/Mg^{2+}$之间的交换作用，由图4-12可知，平原区地下水从潜水至深层承压水，随着深度的逐渐增加，$\gamma Na^+/\gamma(Na^++Ca^{2+}+Mg^{2+})$比值逐渐升高，且呈现深层承压水高于浅层承压水，浅层承压水高于潜水的规律，表明平原区地下水由浅至深阳离子交换作用越来越强烈。

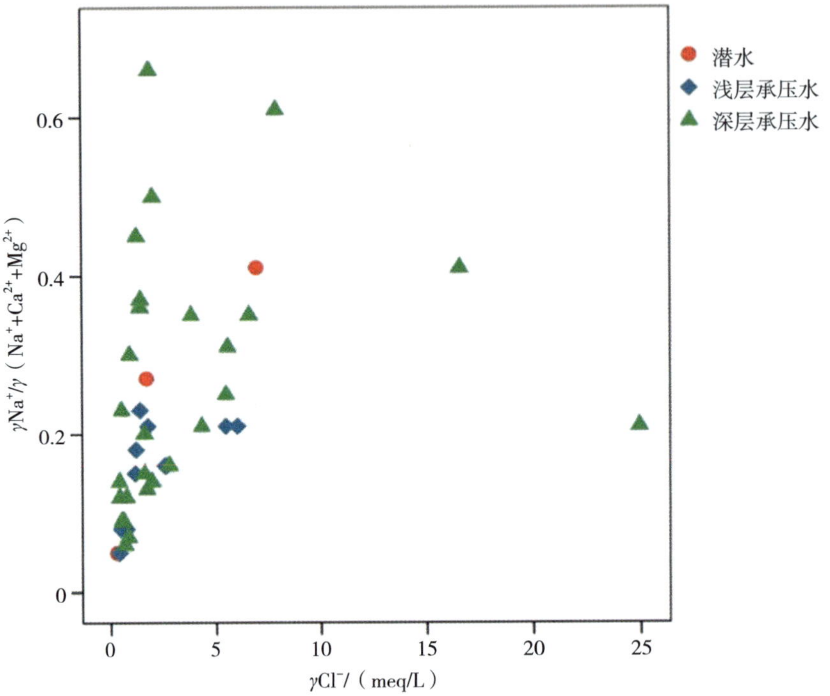


图4-12　焉耆盆地平原区地下水$\gamma Na^+/\gamma(Na^++Ca^{2+}+Mg^{2+})$与$\gamma Cl^-$关系图

## 4.3.4　溶解沉淀过程

由表4-10可以看出，平原区地下水中的$Ca^{2+}$、$Na^+$、$Mg^{2+}$等主要阳离子的含量从潜水至深层承压水整体呈现增长的趋势；潜水、浅层承压水和深层承压水中的$\gamma Na^+/\gamma Mg^{2+}$均大于$\gamma Na^+/\gamma Ca^{2+}$且浅层承压水二者比值均为最小。

表4-10　焉耆盆地平原区地下水TDS及主要阳离子含量变化趋势

| 地下水类型 | 样本数 | TDS | $Ca^{2+}$ | $Na^+$ | $Mg^{2+}$ | $\gamma Na^+/\gamma Ca^{2+}$ | $\gamma Na^+/\gamma Mg^{2+}$ |
|---|---|---|---|---|---|---|---|
| 潜水 | 4 | 453.3 | 64.0 | 69.0 | 18.3 | 0.94 | 1.99 |
| 浅层承压水 | 11 | 356.9 | 75.4 | 68.4 | 40.9 | 0.79 | 0.88 |
| 深层承压水 | 27 | 639.8 | 83.2 | 101.7 | 26.8 | 1.15 | 2.05 |

运用PHREEQC水文地球化学模拟软件计算焉耆盆地平原区地下水中各矿物的饱和指数，由图4-13可知，平原区地下水绝大多数采样点相对于方解石和白云石未饱和（饱和指数小于0），只有少部分采样点达到饱和状态（饱和指数大于或者接近0），其中潜水方解石与白云石均未饱和；浅层承压水X12、X61和X62方解石与白云石达到饱和、X63方解石达到饱和、白云石未饱和；深层承压水X27方解石未饱和、白云石达到饱和，X57、X58、X60和X67方解石达到饱和、白云石未饱和。平原区方解石与白云石的饱和指数范围分别为-1.13 ~ 0.33和-2.48 ~ 0.86；地下水除X53采样点相对于石膏达到饱和状态（饱和指数为0.01）外，其余均未饱和，饱和指数范围在-1.83 ~ 0.01。

从图4-14和图4-15可以看出，随着平原区地下水中的TDS和$Cl^-$含量的逐渐升高，$Mg^{2+}$在地下水中的富集受到了方解石及白云石沉淀过程的限制，而$Ca^{2+}$的含量随TDS的增大而持续增加。这就是平原区地下水大部分呈 Ca·Na 型或者Ca·Mg型的主要原因。

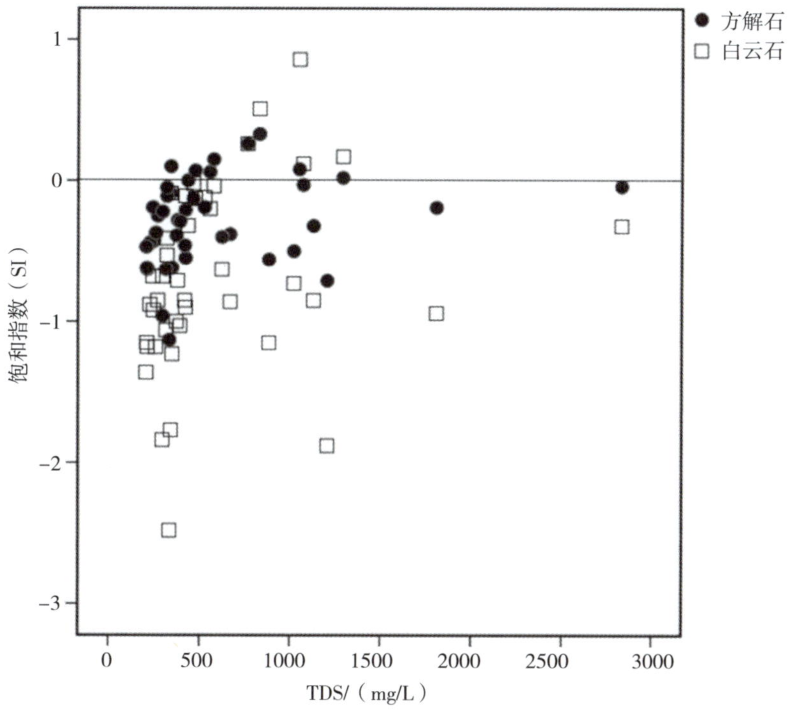


图4-13　焉耆盆地平原区地下水中方解石和白云石饱和指数与TDS关系图

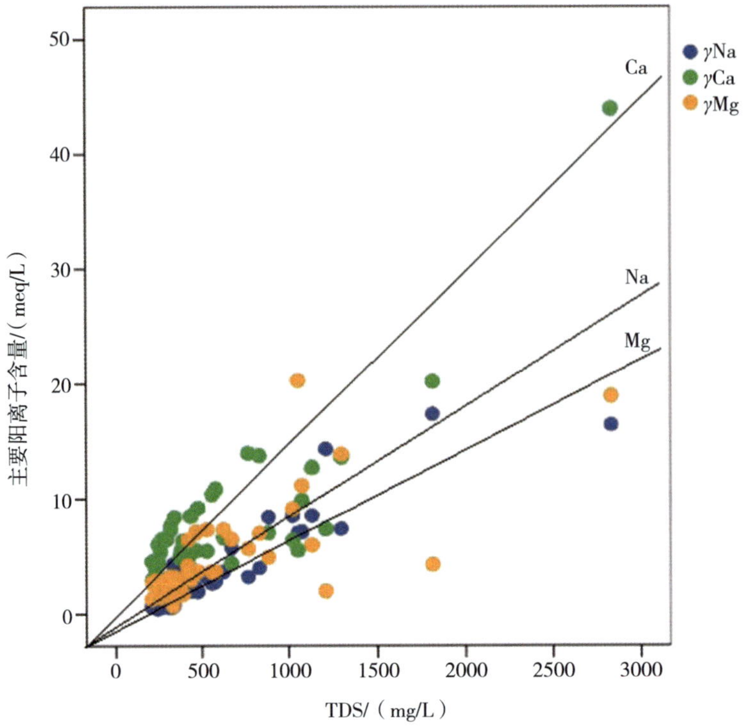


图4-14　焉耆盆地平原区地下水中主要阳离子含量与TDS关系图

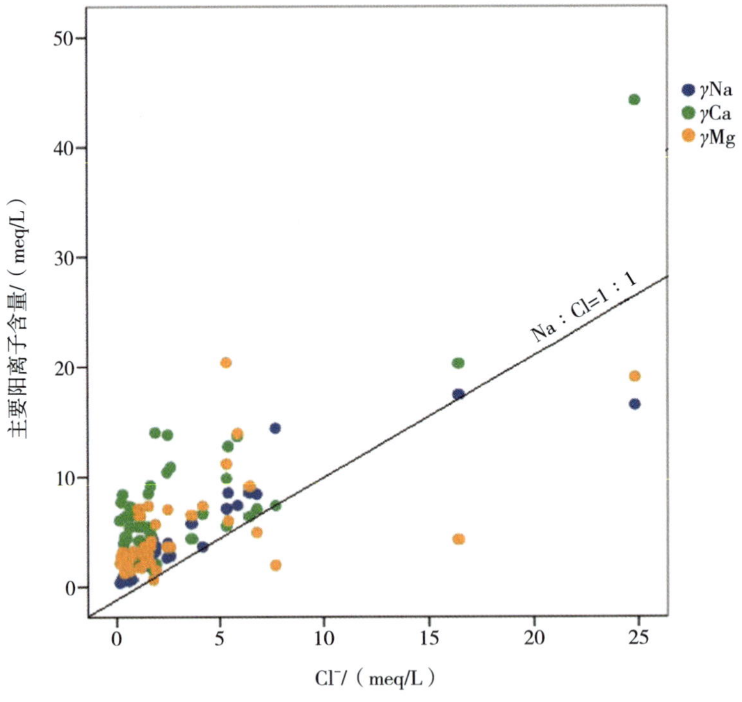


图4-15　焉耆盆地平原区地下水中主要阳离子含量与$Cl^-$含量关系图

## 4.3.5 氧化还原过程

氧化还原过程是控制地下水中许多常量和微量元素地球化学行为的重要过程。氧化还原状态主要取决于通过循环进入地下水系统中的氧量，以及由于细菌分解有机物所消耗的氧量，或者是氧化低价金属硫化物、含铁的硅酸盐和碳酸盐所消耗的氧量。若进入地下水系统中的氧量大于或者等于消耗的氧量，则系统内部处于氧化状态；若进入地下水系统中的氧量小于消耗的氧量，则系统内部处于还原状态。事实上，地下水系统若达到氧化还原平衡状态的过程是十分缓慢的。

氧化还原电位（Eh）是定量判断地下水氧化还原状态的指标。当pH=7.0的天然水与大气接触时，测得的Eh在350～500mV，则表明这种水处于强氧化状态；当测得Eh为负值时，这种水处于还原状态，且负值越大还原性越强。本节选取焉耆盆地平原区42组地下水Eh测定值来分析平原区地下水的氧化还原过程。

由图4-16可以看出，平原区地下水潜水pH在7.5～7.7，Eh在113～160mV；浅层承压水pH在6.8～7.9，Eh在83～178mV；深层承压水pH在7.2～8.3，Eh在81～178mV，Eh均为正值，表明平原区地下水处于氧化状态。

从图4-17可以看出，平原区浅层承压水随着$HCO_3^-$含量的升高，$SO_4^{2-}$含量有升高的

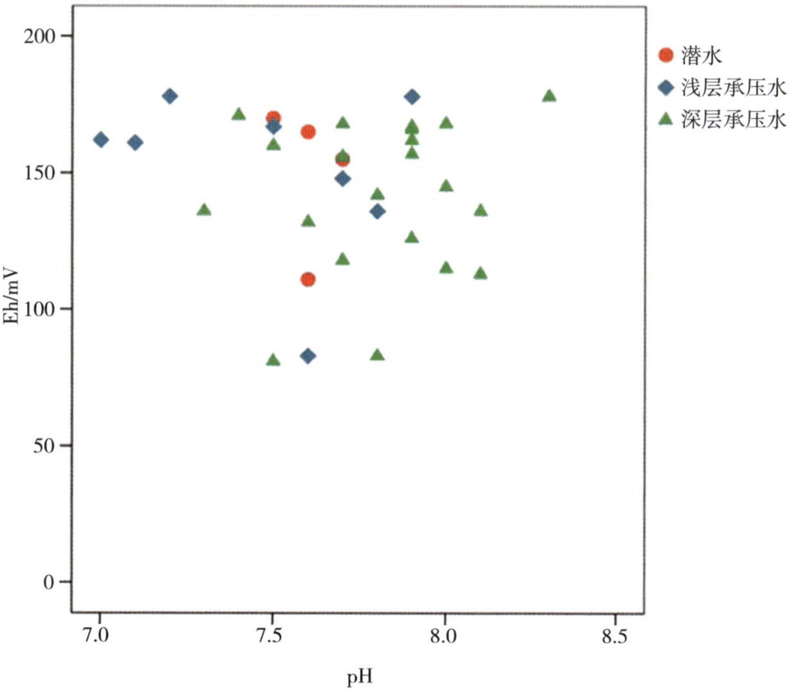


图4-16　焉耆盆地平原区地下水中Eh与pH关系图

趋势，说明平原区处于氧化状态的浅层承压水不会发生脱硫酸作用；潜水及深层承压水随着$HCO_3^-$含量的升高，$SO_4^{2-}$含量并没有明显升高的趋势，这是由于潜水及深层承压水环境更偏向于碱性环境。

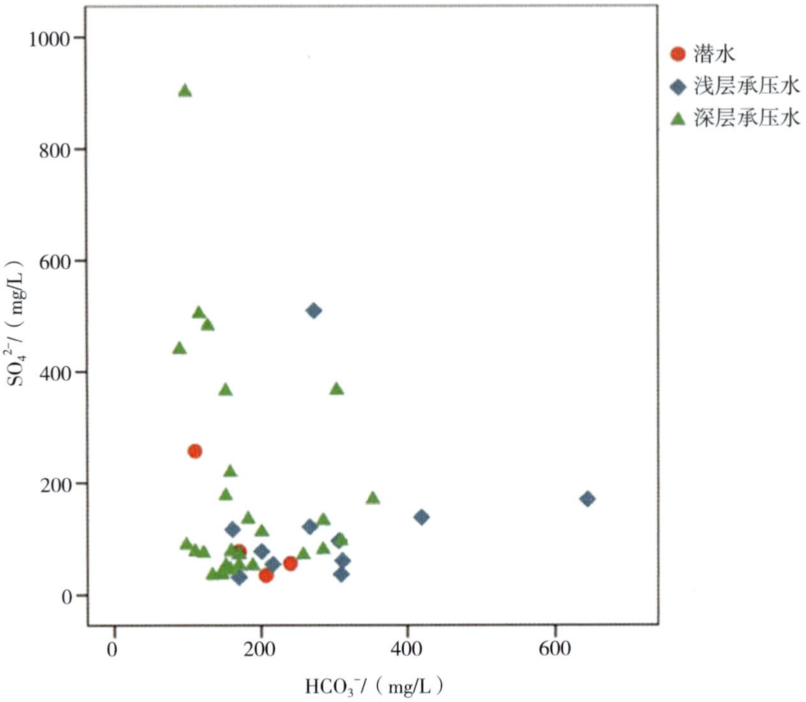


图4-17　焉耆盆地平原区地下水中$SO_4^{2-}$与$HCO_3^-$关系图

# 5 塔里木盆地绿洲带地下水碘的来源与富集机制

依据本书作者团队2014—2018年实测资料（共717个取样点），塔里木盆地绿洲带地下水碘含量变化范围为ND～4000.0μg/L，均值为53.7μg/L。参照《地下水质量标准》（GB/T 14848—2017），将地下水按碘含量分为五类（Ⅰ类和Ⅱ类地下水限值均为≤40.0μg/L、Ⅲ类地下水限值为≤80.0μg/L、Ⅳ类地下水限值为≤500.0μg/L、Ⅴ类地下水限值为＞500.0μg/L），Ⅰ类、Ⅲ类、Ⅳ类和Ⅴ类地下水水样分别有627组、31组、51组和8组，占地下水水样的87.5%、4.3%、7.1%和1.1%（孙英，2022）。

绿洲带地表水化学类型主要为$HCO_3 \cdot SO_4$–$Ca \cdot Mg$型和$SO_4$–$Ca \cdot Mg$型，除塔里木河中游一组水样碘含量为30.0μg/L外，其余水样碘均未检出。因此后文只讨论地下水中碘的分布及富集成成因。

# 5.1 地下水碘的来源

## 5.1.1 地下水碘的水平分布特征

（1）不同碘含量类型地下水分布　依据《碘缺乏病病区划分》（GB 16005—2009）和《水源性高碘地区和高碘病区的划定》（GB/T 19380—2016），按碘含量将绿洲带地下水分为缺碘水（碘含量＜20.0μg/L）、适碘水（碘含量为20.0～100.0μg/L）、高碘水（碘含量为100.0～300.0μg/L）和超高碘水（碘含量＞300.0μg/L）。

绿洲带主要分布缺碘地下水和适碘地下水，少部分区域分布高碘地下水和超高碘地下水，水样占比分别为54.2%、38.5%、5.3%和2.0%。

绿洲带地下水不同类型碘的主要化学类型图（图5–1）、单一结构潜水和浅层承压水碘含量分区图（图5–2）显示，缺碘地下水（碘含量均未检出）水化学类型主要为$HCO_3 \cdot SO_4 \cdot Cl$型、$SO_4 \cdot Cl$型和$HCO_3 \cdot SO_4$型，广泛分布于山前洪积扇上部的倾斜平原补给区，面积为$17.73 \times 10^4 km^2$，占总面积的58.8%。TDS整体较低（范围为198.50～13837.00mg/L，均值为1450.88mg/L），主要为淡水和微咸水，少量为咸水和盐水。

适碘地下水（碘含量为30.0～100.0μg/L，均值为42.90μg/L）水化学类型主要为$SO_4 \cdot Cl$型，其次为$HCO_3 \cdot SO_4 \cdot Cl$型和$SO_4$型，主要分布于洪积扇前缘及以下，面积为$11.98 \times 10^4 km^2$，占总面积的39.8%。TDS相对较高（285.89～213129.15mg/L，均值为4016.69mg/L），主要为微咸水、咸水和淡水，少量为盐水和卤水。

高碘地下水（碘含量为104～260μg/L，均值为164.68μg/L）水化学类型主要为$SO_4 \cdot Cl$型和Cl型，呈岛状分布于洪积扇前缘以下南部的克里雅河流域、东南部车尔臣

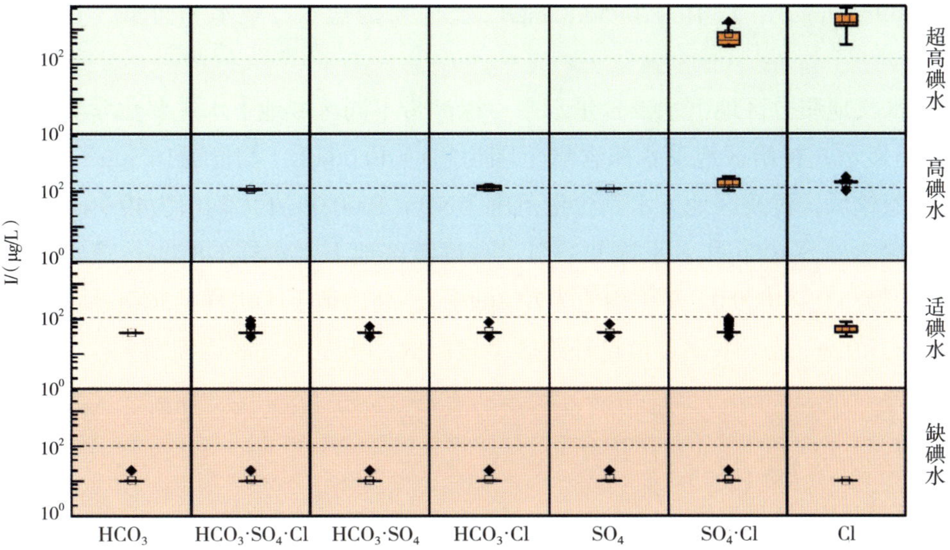


图5-1　塔里木盆地绿洲带地下水不同类型碘的主要化学类型图

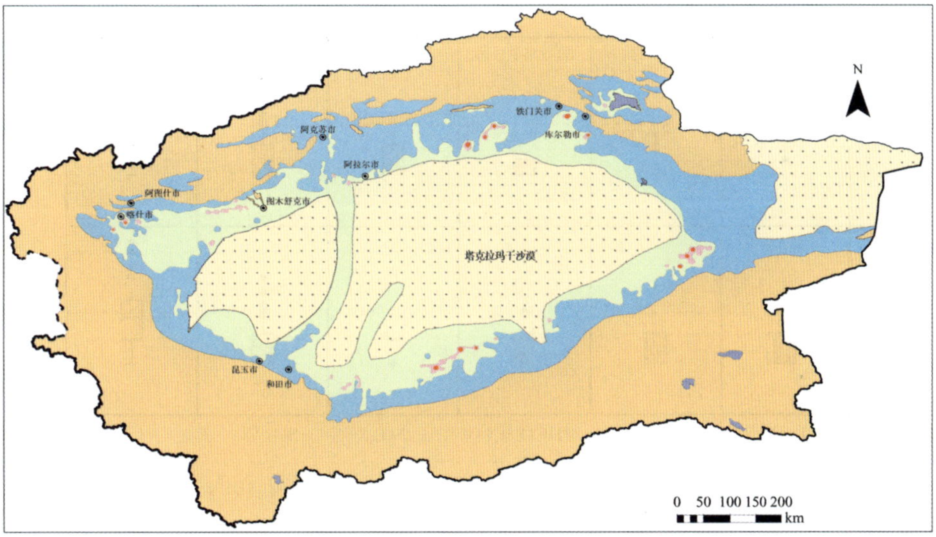


图5-2　塔里木盆地绿洲带单一结构潜水和浅层承压水碘含量分区图

河流域和西部喀什噶尔河流域，零星分布于东北部开孔河流域和塔里木河流域，面积为$0.37\times10^4km^2$，占总面积的1.2%。TDS整体高（414.91～221574.89mg/L，均值为42666.93mg/L），主要为咸水，其次为微咸水、盐水和卤水，少量为淡水。

超高碘地下水（碘含量为317.0～4000.0μg/L，均值为1158.6μg/L）水化学类型主要为$SO_4\cdot Cl$型和Cl型，零星分布于洪积扇前缘以下南部的克里雅河流域、东南部车尔臣河流域和东北部开孔河流域，面积为$0.06\times10^4km^2$，占总面积的0.2%。TDS整体极高

（1500.00～358693.99mg/L，均值为70952.82mg/L），主要为盐水、咸水和卤水，其次为微咸水。

（2）不同水文地质分区地下水碘含量水平　绿洲带不同区域地下水主要化学类型对比图（图5-3）显示，补给区地下水碘含量范围为ND～40.0μg/L（均值为16.3μg/L），地下水碘含量普遍较低；过渡区地下水碘含量范围为ND～1600.0μg/L（均值为49.9μg/L），高碘地下水（碘含量＞100μg/L）水样共32组，占过渡区地下水水样的8.2%；蒸发区地下水碘含量范围为ND～4000.0μg/L（均值为70.8μg/L），高碘地下水水样共20组，占蒸发区地下水水样的7.9%。地下水碘含量自补给区至过渡区，再至蒸发区逐渐增大。

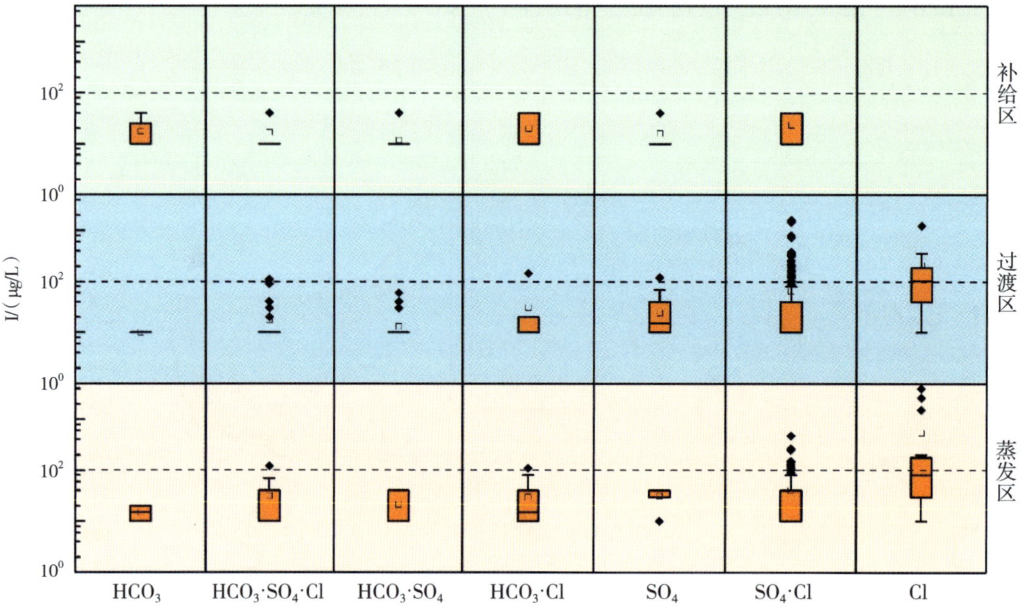


图5-3　塔里木盆地绿洲带不同区域地下水主要化学类型对比图

（3）不同流域地下水碘含量水平　绿洲带不同流域地下水碘含量统计（表5-1）显示，地下水碘含量在车尔臣河流域和塔里木河流域相对较高［碘含量范围分别为ND～2637.0μg/L（均值为110.8μg/L）、ND～4000.0μg/L（均值为135.4μg/L）］，高碘地下水（高碘水和超高碘水总占比）占对应流域的17.8%和6.0%；其次为喀什噶尔河流域、克里雅河流域、开孔河流域和叶尔羌河流域［碘含量范围分别为ND～1460.0μg/L（均值为62.5μg/L）、ND～734.0μg/L（均值为61.7μg/L）、ND～1600.0μg/L（均值为52.2μg/L）、ND～190.0μg/L（均值为35.3μg/L）］，高碘地下水占对应流域的8.7%、11.9%、6.4%

和7.5%；阿克苏河流域、和田河流域和渭干河流域地下水碘含量普遍较低［碘含量范围分别为ND～120.0μg/L（均值为16.6μg/L）、ND～108.0μg/L（均值为18.9μg/L）、ND～80.0μg/L（均值为15.8μg/L）］，高碘地下水占对应流域的1.0%、1.9%和0。

表5-1　塔里木盆地绿洲带不同流域地下水碘含量统计　单位：μg/L

| 流域 | 个数 | 最小值/（μg/L） | 最大值/（μg/L） | 均值/（μg/L） | 中位数/（μg/L） | 标准差/（μg/L） | 缺碘水占比/% | 适碘水占比/% | 高碘水占比/% | 超高碘水占比/% |
|---|---|---|---|---|---|---|---|---|---|---|
| 阿克苏河流域 | 102 | ND | 120.0 | 16.6 | ND | 17.21 | 82.3 | 16.7 | 1.0 | 0 |
| **车尔臣河流域** | 73 | ND | 2637.0 | 110.8 | 40 | 351.76 | 26.0 | 56.2 | 13.7 | 4.1 |
| 和田河流域 | 54 | ND | 108.0 | 18.9 | ND | 17.47 | 75.9 | 22.2 | 1.9 | 0 |
| **喀什噶尔河流域** | 69 | ND | 1460.0 | 62.5 | ND | 184.51 | 56.5 | 34.8 | 4.4 | 4.3 |
| **开孔河流域** | 95 | ND | 1600.0 | 52.2 | ND | 185.45 | 74.7 | 18.9 | 3.2 | 3.2 |
| **克里雅河流域** | 109 | ND | 734.0 | 61.7 | 40 | 93.94 | 20.2 | 67.9 | 9.2 | 2.7 |
| **塔里木河流域** | 50 | ND | 4000.0 | 135.4 | 25 | 583.58 | 50.0 | 44.0 | 2.0 | 4.0 |
| 渭干河流域 | 45 | ND | 80.0 | 15.8 | ND | 13.4 | 82.2 | 17.8 | 0 | 0 |
| **叶尔羌河流域** | 120 | ND | 190.0 | 35.3 | 40 | 34.14 | 42.5 | 50 | 7.5 | 0 |

注：流域名称加粗的表示该流域高碘水和超高碘水点位占比>5%。

（4）不同地州地下水碘含量水平　绿洲带不同地区地下水碘含量统计（表5-2）显示，地下水碘含量在巴州相对较高（碘含量范围为ND～2637.0μg/L，均值为72.2μg/L），高碘地下水占比为10.5%。在阿克苏地区、和田地区和喀什地区相对较低［碘含量分别为ND～4000.0μg/L（均值为47.3μg/L）、ND～734.0μg/L（均值为47.6μg/L）、ND～1460.0μg/L（均值为46.1μg/L）］，克州无地下水取样点，高碘地下水在阿克苏地区、和田地区和喀什地区分别占2.1%、8.2%和8.4%。

表5-2 塔里木盆地绿洲带不同地区地下水碘含量统计 单位：μg/L

| 地区 | 个数 | 最小值 | 最大值 | 均值 | 中位数 | 标准差 |
| --- | --- | --- | --- | --- | --- | --- |
| 阿克苏地区 | 188 | ND | 4000.0 | 47.3 | ND | 303.60 |
| 巴州 | 191 | ND | 2637.0 | 72.2 | ND | 254.94 |
| 和田地区 | 159 | ND | 734.0 | 47.6 | 40.0 | 80.73 |
| 喀什地区 | 179 | ND | 1460.0 | 46.1 | 30.0 | 118.08 |
| 克州 | 0 | — | — | — | — | — |

（5）不同县市地下水碘含量水平 绿洲带不同县市地下水碘含量统计（表5-3）显示，在地下水碘含量相对较高的巴州，若羌县和尉犁县地下水碘含量较高［碘含量分别为ND～2637.0μg/L（均值为148.4μg/L）、ND～1600.0μg/L（均值为102.6μg/L）］，高碘地下水占比分别为22.9%和13.0%；轮台县、博湖县、库尔勒市和且末县均有高碘地下水分布［碘含量分别为ND～800.0μg/L（均值为58.8μg/L）、ND～110.0μg/L（均值为50.0μg/L）、ND～360.0μg/L（均值为40.4μg/L）、ND～151.0μg/L（均值为35.6μg/L）］，高碘地下水在各县中分别占比8.3%、16.7%、4.0%和6.9%；和静县、和硕县、焉耆县和铁门关市地下水碘含量普遍较低。

表5-3 塔里木盆地绿洲带不同县市地下水碘含量统计 单位：μg/L

| 地区 | 县市 | 个数 | 最小值 | 最大值 | 均值 | 中位数 | 标准差 |
| --- | --- | --- | --- | --- | --- | --- | --- |
| 阿克苏地区 | 阿克苏市 | 20 | ND | 40.0 | 14.0 | ND | 8.83 |
| | 阿拉尔市 | 18 | ND | 80.0 | 28.3 | 25.0 | 20.65 |
| | 阿瓦提县 | 42 | ND | 120.0 | 23.1 | ND | 24.87 |
| | 柯坪县 | 7 | ND | 50.0 | 20.0 | ND | 17.32 |
| | 库车县 | 20 | ND | 4000.0 | 276.1 | ND | 917.61 |
| | 沙雅县 | 21 | ND | 80.0 | 27.1 | ND | 26.86 |
| | 温宿县 | 26 | ND | 100.0 | 17.7 | ND | 19.25 |
| | 乌什县 | 15 | ND | 40.0 | 12.0 | ND | 7.75 |
| | 新和县 | 8 | ND | 40.0 | 20.0 | ND | 14.14 |
| | 拜城县 | 11 | ND | ND | ND | ND | 0 |
| 巴州 | 博湖县 | 6 | ND | 110.0 | 50.0 | 45.0 | 37.42 |
| | 和静县 | 11 | ND | 30.0 | 11.8 | ND | 6.03 |
| | 和硕县 | 12 | ND | 30.0 | 12.5 | ND | 6.22 |

续表

| 地区 | 县市 | 个数 | 最小值 | 最大值 | 均值 | 中位数 | 标准差 |
|---|---|---|---|---|---|---|---|
| 巴州 | 库尔勒市 | 25 | ND | 360.0 | 40.4 | ND | 73.34 |
| | 轮台县 | 24 | ND | 800.0 | 58.8 | ND | 160.23 |
| | 且末县 | 29 | ND | 151.0 | 35.6 | 40.0 | 30.32 |
| | 若羌县 | 48 | ND | 2637.0 | 148.4 | 40.0 | 429.91 |
| | 尉犁县 | 23 | ND | 1600.0 | 102.6 | ND | 331.50 |
| | 焉耆县 | 10 | ND | 40.0 | 15.0 | ND | 10.80 |
| | 铁门关市 | 3 | 40.0 | 40.0 | 40.0 | 40.0 | 0 |
| 和田地区 | 策勒县 | 30 | ND | 145.0 | 45.2 | 40.0 | 27.12 |
| | 和田市 | 4 | ND | ND | ND | ND | 0 |
| | 和田县 | 17 | ND | 40.0 | 15.9 | ND | 10.04 |
| | 洛浦县 | 9 | ND | 40.0 | 25.6 | 30.0 | 15.09 |
| | 民丰县 | 45 | ND | 734.0 | 83.1 | 40.0 | 136.13 |
| | 墨玉县 | 11 | ND | 60.0 | 15.5 | ND | 15.08 |
| | 皮山县 | 8 | ND | 20.0 | 11.3 | ND | 3.54 |
| | 于田县 | 33 | ND | 264.0 | 48.3 | 40.0 | 50.36 |
| | 昆玉市 | 2 | 40.0 | 40.0 | 40.0 | 40.0 | 0 |
| 喀什地区 | 巴楚县 | 56 | ND | 190.0 | 54.4 | 40.0 | 39.79 |
| | 伽师县 | 15 | ND | 220.0 | 31.3 | ND | 53.43 |
| | 喀什市 | 7 | ND | 70.0 | 34.3 | 40.0 | 20.70 |
| | 麦盖提县 | 10 | ND | 40.0 | 22.0 | ND | 13.98 |
| | 莎车县 | 24 | ND | 40.0 | 12.9 | ND | 8.59 |
| | 疏附县 | 18 | ND | 350.0 | 38.3 | ND | 79.13 |
| | 疏勒县 | 20 | ND | 1460.0 | 117.0 | ND | 323.32 |
| | 图木舒克市 | 3 | ND | 70.0 | 46.7 | 60.0 | 32.15 |
| | 叶城县 | 12 | ND | 40.0 | 15.0 | ND | 11.68 |
| | 英吉沙县 | 6 | ND | 340.0 | 80.0 | 25.0 | 129.62 |
| | 岳普湖县 | 2 | ND | 40.0 | 25.0 | 25.0 | 21.21 |
| | 泽普县 | 6 | ND | 40.0 | 15.0 | ND | 12.25 |

阿克苏地区的库车县地下水碘含量较高［碘含量为ND～4000.0μg/L（均值为276.1μg/L）］，高碘地下水占比为10.0%；其次为阿瓦提县［碘含量为ND～120.0μg/L（均值为23.1μg/L）］，高碘地下水占比为4.8%；阿克苏市、阿拉尔市、柯坪县、沙雅县、温宿县、乌什县、新和县和拜城县地下水碘含量普遍较低。

和田地区的民丰县地下水碘含量较高［碘含量为ND～734.0μg/L（均值为83.1μg/L）］，高碘地下水占比为17.8%；其次为策勒县和于田县［碘含量分别为ND～145.0μg/L（均值为45.2μg/L）、ND～264.0μg/L（均值为48.3μg/L）］，高碘地下水占比分别为6.7%和9.1%；和田市、和田县、洛浦县、墨玉县、皮山县和昆玉市地下水碘含量普遍较低。

喀什地区的疏勒县地下水碘含量较高［碘含量为ND～1460.0μg/L（均值为117.0μg/L）］，高碘地下水占比为15.0%；其次为英吉沙县、巴楚县、疏附县和伽师县［碘含量分别为ND～340.0μg/L（均值为80.0μg/L）、ND～190.0μg/L（均值为54.4μg/L）、ND～350.0μg/L（均值为38.3μg/L）、ND～220.0μg/L（均值为31.3μg/L）］，高碘地下水在各县中分别占比16.7%、16.1%、5.6%和6.7%；喀什市、麦盖提县、莎车县、图木舒克市、叶城县、岳普湖县和泽普县地下水碘含量普遍较低。

### 5.1.2 地下水碘的垂向分布特征

地下水碘含量在单一结构潜水、承压水区潜水、浅层承压水和深层承压水中范围分别为ND～734.0μg/L（均值为33.8μg/L）、ND～340.0μg/L（均值为38.7μg/L）、ND～4000.0μg/L（均值为96.0μg/L）和ND～90.0μg/L（19.8μg/L）。高碘地下水在各含水层水样中占比分别为4.7%、2.8%、14.4%和0，因此，地下水碘含量在浅层承压水中最高，其次为单一结构潜水和承压水区潜水，深层承压水中碘含量普遍较低。

不同含水层化学类型碘含量对比图（图5-4）显示，单一结构潜水高碘地下水化学类型主要为$SO_4$·Cl型，其次为Cl型，个别取样点为$HCO_3$·$SO_4$·Cl型和$HCO_3$·Cl型；低碘地下水化学类型主要为$HCO_3$型、$HCO_3$·$SO_4$型、$HCO_3$·$SO_4$·Cl型、$HCO_3$·Cl型和$SO_4$型。承压水区高碘潜水水化学类型为$SO_4$·Cl型，其余水化学类型中碘含量均较低。高碘浅层承压水化学类型主要为Cl型和$SO_4$·Cl型，极个别取样点为$HCO_3$·$SO_4$·Cl型和$SO_4$型；低碘水主要位于$HCO_3$·$SO_4$·Cl型和$SO_4$型水中。深层承压水中无高碘水分布。

不同含水层碘含量、主要化学指标与井深的关系（图5-5）显示，单一结构潜水高碘水井深范围为10.0～37.0m，仅一组高碘水样位于井深115.0m，承压水区潜水高碘水主要位于井深范围为10.0～26.0m，浅层承压高碘水主要位于井深范围为35.0～80.0m，表明绿洲带碘在浅层地下水中更易富集。

地下水TDS、$Cl^-$、$SO_4^{2-}$、$Na^+$、$Mg^{2+}$和$HCO_3^-$含量随井深增加整体呈先增大后减小的

趋势，$Ca^{2+}$随井深增加整体变化不显著。TDS、$Cl^-$、$SO_4^{2-}$、$Na^+$、$Mg^{2+}$和$Ca^{2+}$最大值均在井深40m的承压水中，$HCO_3^-$最大值在井深25m的单一结构潜水中，各指标含量与碘含量在垂向上表现出一致性。

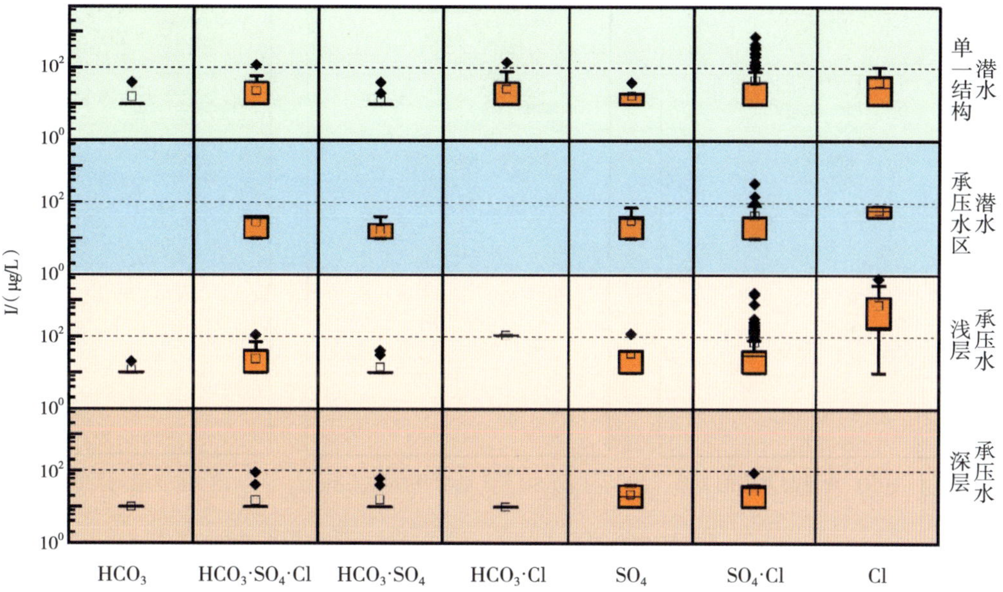


图5-4　塔里木盆地绿洲带不同含水层化学类型的碘含量对比图

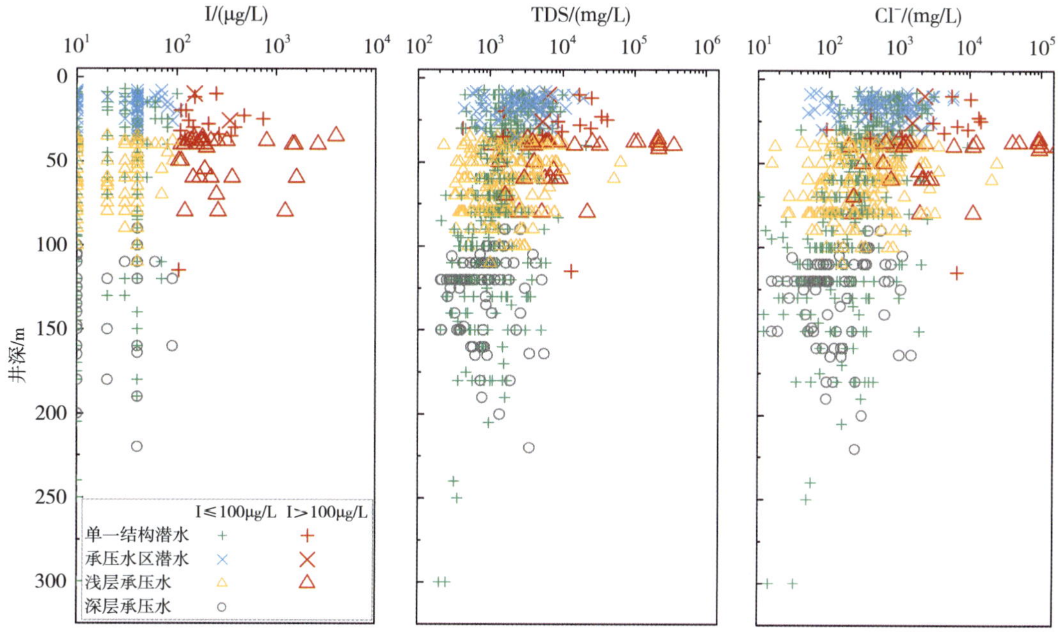


（a）碘含量与井深的关系　　（b）TDS与井深的关系　　（c）$Cl^-$含量与井深的关系

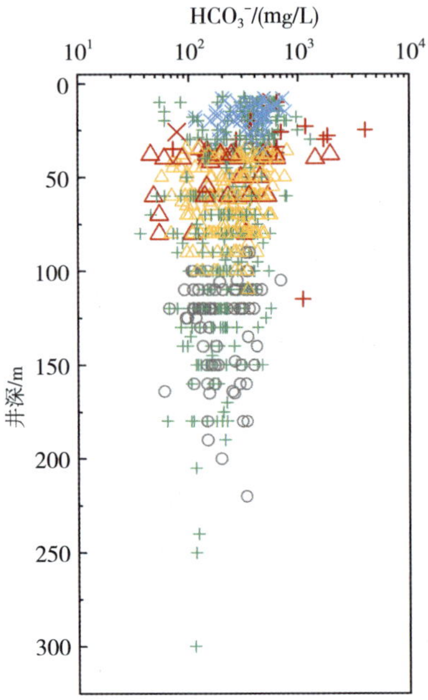


（d）$HCO_3^-$含量与井深的关系

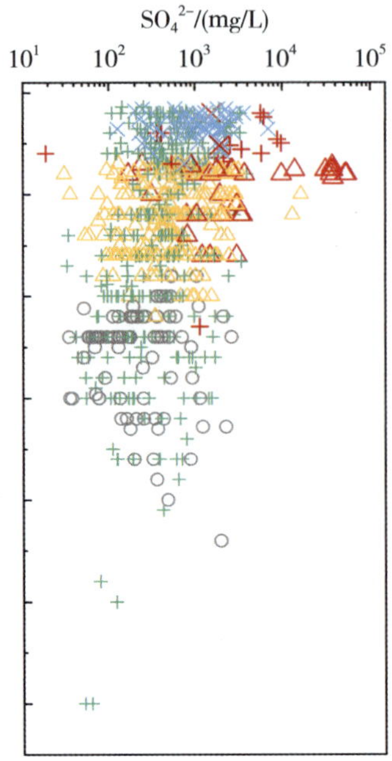


（e）$SO_4^{2-}$含量与井深的关系

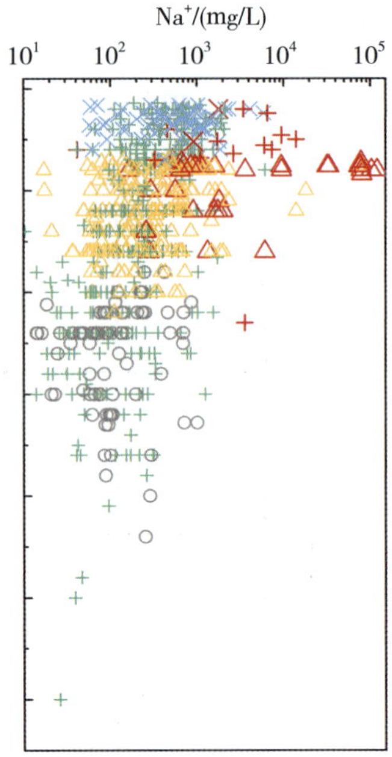


（f）$Na^+$含量与井深的关系

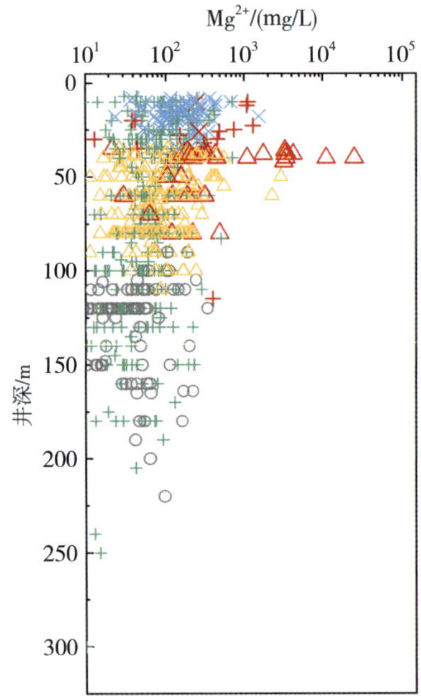


（g）$Mg^{2+}$含量与井深的关系

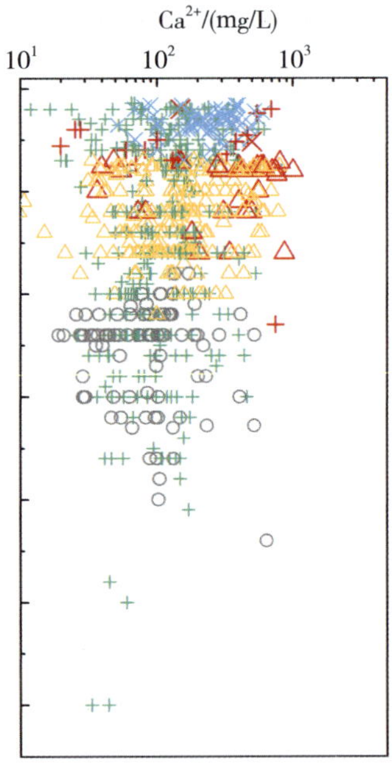


（h）$Ca^{2+}$含量与井深的关系

图5-5 塔里木盆地绿洲带不同含水层碘含量、主要化学指标与井深的关系图

# 5.2 地下水碘的富集机制

以塔里木盆地绿洲带地下水为研究对象，通过分析研究区第四纪成因类型、地下水赋存环境、水文地质条件、水文地球化学过程和水化学形成机制对地下水碘的影响，揭示地下水碘的来源。结合离子来源的相关性分析、因子分析和聚类分析，进一步确定地下水碘富集的主要成因。

## 5.2.1 地下水碘的来源

### 5.2.1.1 土壤中碘含量分布

地下水取样点控制范围内主要的第四纪成因类型为洪积物、冲积物和风积物。据课题组2016—2019年完成的“基于生态农业地质环境的种植适宜性区划研究（‘新疆和田–若羌绿洲带1：25万土地质量地球化学调查’专题）”成果，塔里木盆地南缘于田–若羌绿洲带表层土壤（0～20cm）和深层土壤（180～200cm）碘含量特征值见表5–4。

表5–4　塔里木盆地南缘于田–若羌绿洲带土壤碘含量特征值　　单位：mg/kg

| 取样深度 | 成因类型 | 样本数 | 最小值 | 最大值 | 均值 | 中位数 | 标准差 |
|---|---|---|---|---|---|---|---|
| 表层土壤（$n$=3460） | 洪积物 | 477 | 0.28 | 1.40 | 0.61 | 0.59 | 0.15 |
| | 冲积物 | 2862 | 0.24 | 4.80 | 0.72 | 0.66 | 0.30 |
| | 风积物 | 121 | 0.22 | 1.40 | 0.54 | 0.48 | 0.19 |
| 深层土壤（$n$=506） | 洪积物 | 12 | 0.44 | 1.90 | 0.72 | 0.57 | 0.40 |
| | 冲积物 | 473 | 0.29 | 3.50 | 0.78 | 0.70 | 0.41 |
| | 风积物 | 21 | 0.41 | 1.10 | 0.58 | 0.52 | 0.18 |

于田–若羌绿洲带表层土壤碘含量整体较低，其范围为0.22～4.80mg/kg，均值为0.70mg/kg，低于全国表层土壤碘含量均值（2.40mg/kg）和新疆表层土壤碘含量均值1.80mg/kg）（侯青叶等，2020）。洪积物、冲积物和风积物表层土壤碘含量范围分别为0.28～1.40mg/kg（均值为0.61mg/kg）、0.24～4.80mg/kg（均值为0.72mg/kg）、0.22～1.40mg/kg（均值为0.54mg/kg）。于田–若羌绿洲带表层土壤碘含量高于全国和新疆表层土壤碘含量均值的土壤样品分别为6组和18组，均为位于冲积细土平原的冲积物。

深层土壤碘含量范围为0.29～3.50mg/kg，均值为0.77mg/kg，深层土壤碘含量较表层土壤碘含量高。深层土壤碘含量低于全国深层土壤碘含量均值（2.5mg/kg）和新疆深层土壤碘含量均值2.0mg/kg）（侯青叶等，2020）。洪积物、冲积物和风积物深层土壤碘含量范围分别为0.44～1.90mg/kg（均值为0.72mg/kg）、0.29～3.50mg/kg（均值为0.78mg/kg）、0.41～1.10mg/kg（均值为0.58mg/kg）。于田–若羌绿洲带深层土壤碘含量高于全国和新疆深层土壤碘含量均值的土壤样品分别为6组和17组，主要为位于冲积细土平原的冲积物，仅1组土壤样品为位于冲洪积砾质平原的洪积物。

因此，于田–若羌绿洲带深层土壤碘含量较表层土壤碘含量高，表层土壤和深层土壤碘含量分布情况均为：冲积物＞洪积物＞风积物，碘含量较高的土壤样品主要为位于冲积细土平原的冲积物。

#### 5.2.1.2 不同沉积物中地下水碘含量分布

第四系广泛分布于绿洲带内，自盆地边缘向盆地内部，沉积物由颗粒粗大的洪积相逐渐变化为粒度较细的河湖相。从绿洲带不同沉积物地下水碘含量变化（图5–6）与第四纪地质图（图5–7）可以看出，绿洲带地下水取样点主要位于冲积物（占比24.1%，碘含量范围为ND～1600.0μg/L，均值47.2μg/L）、洪积物（占比22.3%，碘含量范围为ND～350.0μg/L，均值为27.3μg/L）、风积物（占比17.9%，碘含量范围为ND～734.0μg/L，均值为53.0μg/L）、冲积–湖积物（占比16.3%，碘含量范围为ND～1460.0μg/L，均值为52.1μg/L）、冲洪积物（占比12.1%，碘含量范围为ND～145.0μg/L，均值为25.0μg/L），少部分位于冰水洪积物（占比3.2%，碘含量范围为ND～70.0μg/L，均值为23.5μg/L）、洪积–湖积物（占比2.2%，碘含量范围为ND～4000.0μg/L，均值为600.3μg/L）、湖积物（占比1.3%，碘含量范围为ND～246.0μg/L，均值为76.0μg/L）和坡积–洪积物中（占比0.6%，碘含量范围为ND～40.0μg/L，均值为22.5μg/L）。

高碘地下水主要分布于冲积–湖积物（占比25.0%，碘含量范围为104.0～1460.0μg/L，均值为279.9μg/L）、风积物（占比23.1%，碘含量范围为110.0～734.0μg/L，均值为252.8μg/L）、洪积–湖积物（占比17.3%，碘含量范围为172.0～4000.0μg/L，均值为1046.0μg/L）、冲积物（占比15.4%，碘含量范围为108.0～1600.0μg/L，均值为526.4μg/L）、洪积物（占比11.5%，碘含量范围为104.0～350.0μg/L，均值为229.0μg/L），少部分分布于湖积物（占比3.8%，碘含量范围为260.0～264.0μg/L，均值为262.0μg/L）、冲洪积物（占比3.8%，碘含量为范围139.0～145.0μg/L，均值为142.0μg/L）。碘含量均值显示出洪积–湖积物中碘含量均值整体较高。

在构造运动的影响下，湖相沉积中残留大量有机质和碘化物，是影响地下水中碘富集的重要因素（Li等，2016；Xue等，2019）。绿洲带洪积–湖积物和冲积–湖积物主要分布于河流附近及河流改道处，岩性以淤泥、亚砂土为主。河流生物残体沉积形成了富含有机质的黏土层，有机质、铁氧化物和黏土矿物具有较强的固碘能力（Li等，2013；Zhang等，2021）。天然有机质降解促进铁氧化物矿物的还原性溶解，使碘从固相沉积物释放进入地下水中，导致地下水碘含量相对较高。

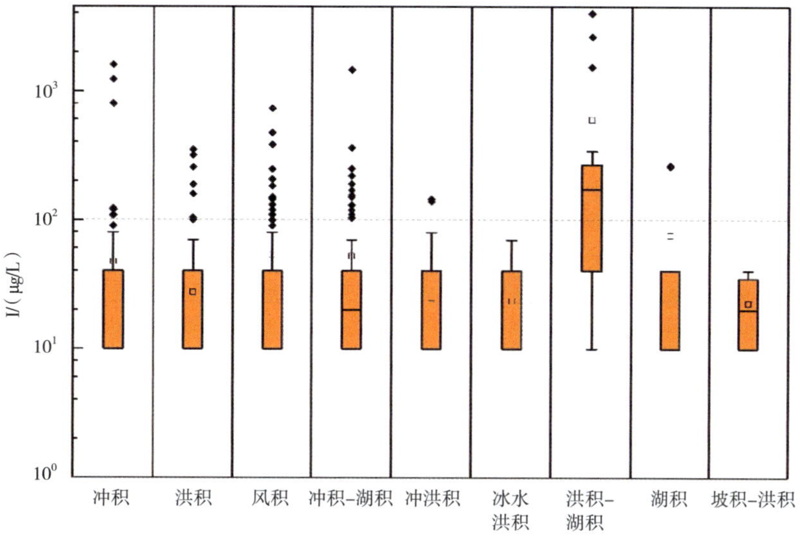


图5-6 塔里木盆地绿洲带不同沉积物地下水碘含量变化

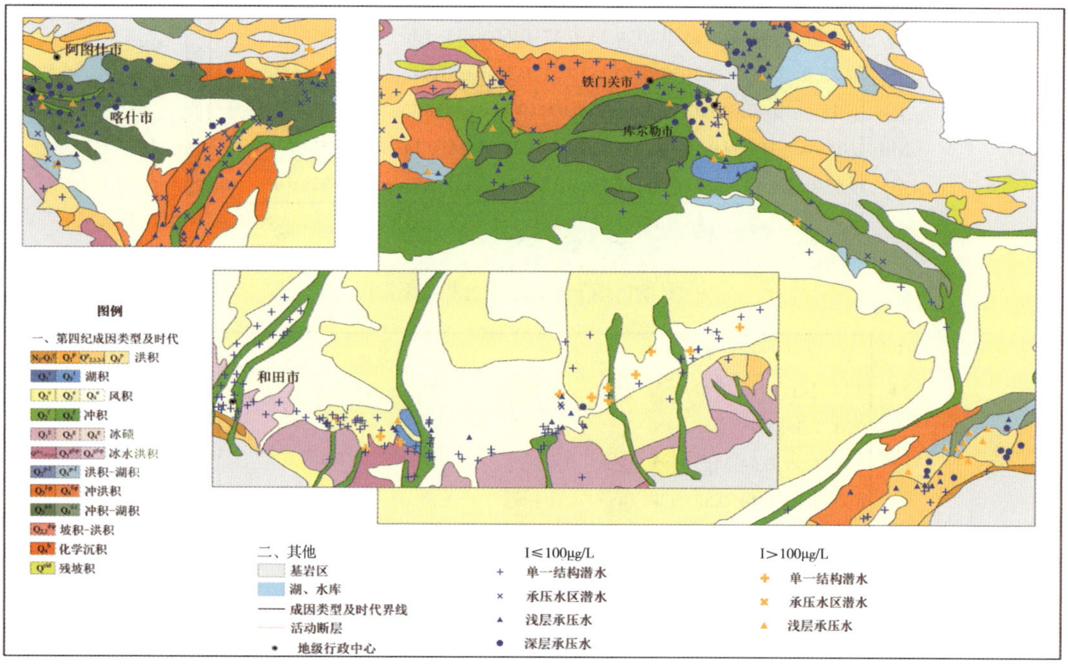


图5-7 塔里木盆地绿洲带典型区第四纪地质图（王彩华，2005）

## 5.2.2 离子来源的相关性分析

Pearson相关系数矩阵可以识别各指标之间的相关关系，表征整个数据集的共存性或单个指标之间的联系。相关系数>0.75、0.50～0.75和0.30～0.50分别表示指标间具有强、中等和较弱的相关性，显著正相关则表明是同一来源。

利用SPSS软件计算地下水指标的Pearson相关系数，分析不同区域地下水和不同含水层中碘含量与其他指标间（$Na^+$、$Ca^{2+}$、$Mg^{2+}$、$Cl^-$、$SO_4^{2-}$、$HCO_3^-$、TDS、pH、Eh、$F^-$、Fe、Mn、As）的相关性。

不同区域地下水化学指标相关系数图（图5-8）显示，补给区地下水碘含量变化范围较小，碘含量与各指标间基本没有相关性（相关系数均<0.30）；过渡区地下水碘含

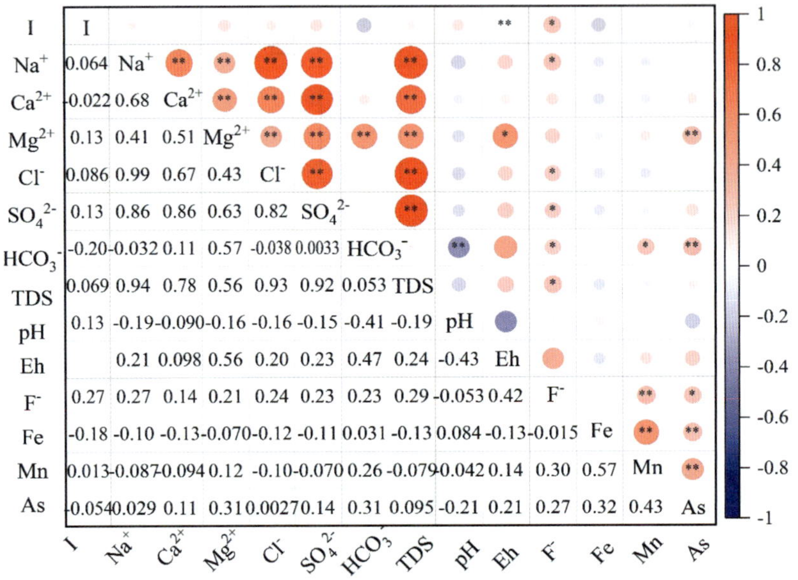


（a）补给区地下水化学指标相关系数图

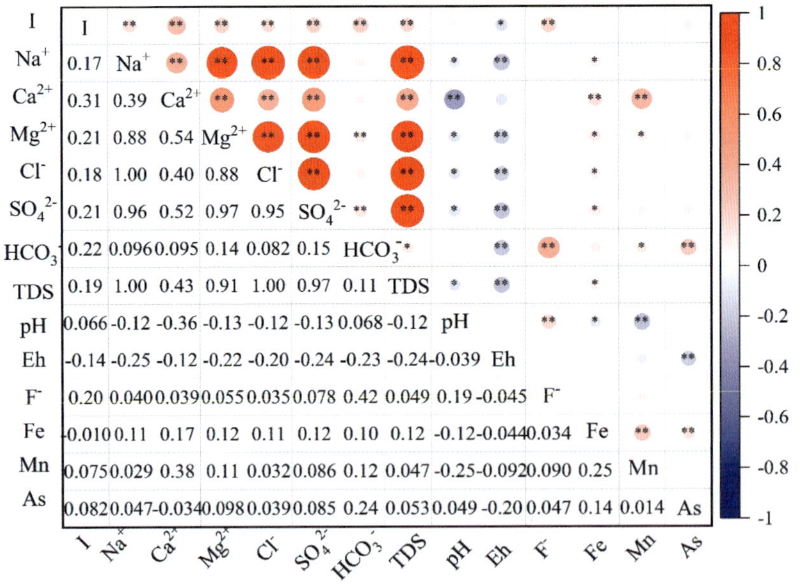


（b）过渡区地下水化学指标相关系数图

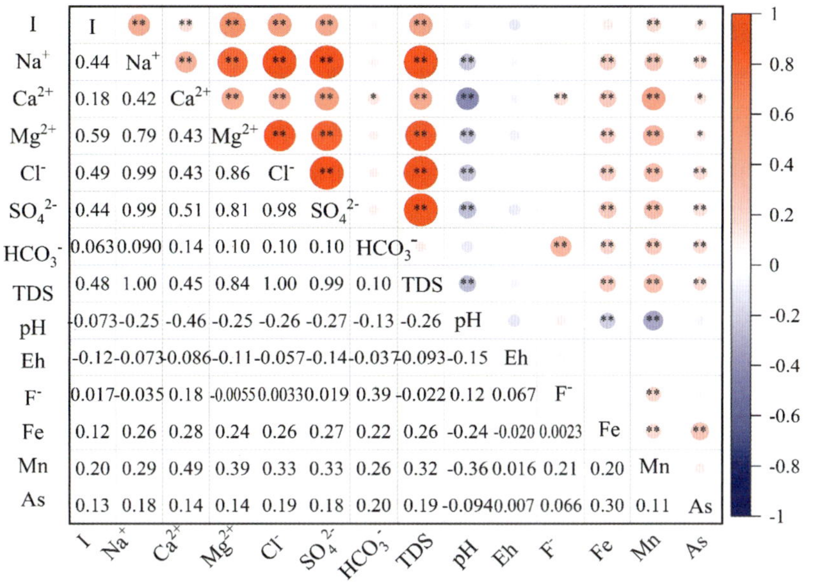

（c）蒸发区地下水化学指标相关系数图

图5-8 塔里木盆地绿洲带不同区域地下水化学指标相关系数图

［**表示在0.01水平（双侧）上显著相关，*表示在0.05水平上显著相关］

量仅与$Ca^{2+}$的相关性一般（相关系数为0.31），与其他离子的相关性不显著；蒸发区地下水碘含量与$Mg^{2+}$相关性中等（相关系数为0.59），其次为$Cl^-$、TDS、$Na^+$和$SO_4^{2-}$（相关系数分别为0.49、0.48、0.44和0.44）。

地下水中的$Ca^{2+}$主要来源于碳酸盐类沉积物或含石膏沉积物的溶解，表明过渡区地下水碘含量主要受矿物溶解作用的影响。地下水中$Mg^{2+}$主要来源于含镁的碳酸盐类沉积岩或含镁矿物的风化溶解；$Cl^-$主要来源于沉积岩中岩盐或其他氯化物的溶解；$SO_4^{2-}$主要来自含石膏或其他硫酸盐的沉积岩的溶解；$Na^+$来自沉积岩中岩盐及其他钠盐的溶解（张人权等，2018）；蒸发区地下水埋深均<5m，垂向蒸发成为地下水的主要排泄途径，蒸发作用只排走水分，盐分仍保留在地下水中，TDS表明蒸发作用控制的盐分，综上表明蒸发区地下水碘含量主要受矿物溶解作用和蒸发作用共同影响。

不同含水层化学指标相关系数图（图5-9）显示，单一结构潜水碘含量与$Na^+$、TDS、$Cl^-$和$SO_4^{2-}$的相关性较强（相关系数分别为0.83、0.80、0.78和0.76），与$HCO_3^-$、$Mg^{2+}$和$F^-$相关性中等（相关系数分别为0.70、0.61和0.56），与As相关性一般（相关系数为0.43）；承压水区潜水碘含量仅与$Ca^{2+}$的相关性一般（相关系数为0.36）；浅层承压水碘含量与$Mg^{2+}$相关性中等（相关系数为0.51），与$Cl^-$、TDS、$Na^+$和$SO_4^{2-}$相关性一般（相关系数分别为0.40、0.38、0.35和0.35）。深层承压水碘含量与$Na^+$、TDS、$SO_4^{2-}$、$Cl^-$和$Mg^{2+}$相关性一般（相关系数分别为0.36、0.36、0.35、0.34和0.31）。

除上述指标外，$HCO_3^-$主要来自含碳酸盐的沉积岩和变质岩或岩浆岩与变质岩中含铝硅酸盐矿物的风化溶解。地下水中的$F^-$主要源于原生沉积矿物中含氟矿物的风化溶解，且受地形地貌、地下水埋深、碱性环境等多种因素的影响，溶滤作用、解吸/吸附作用和蒸发作用是控制地下水中氟迁移富集的主要因素（Su等，2021；More等，2021）。自然界中，砷主要富集在硫化物矿物和氧化物矿物中，吸附/解吸、溶解/沉淀、氧化还原等水文地球化学过程和生物地球化学过程等均是影响地下水中砷富集的因

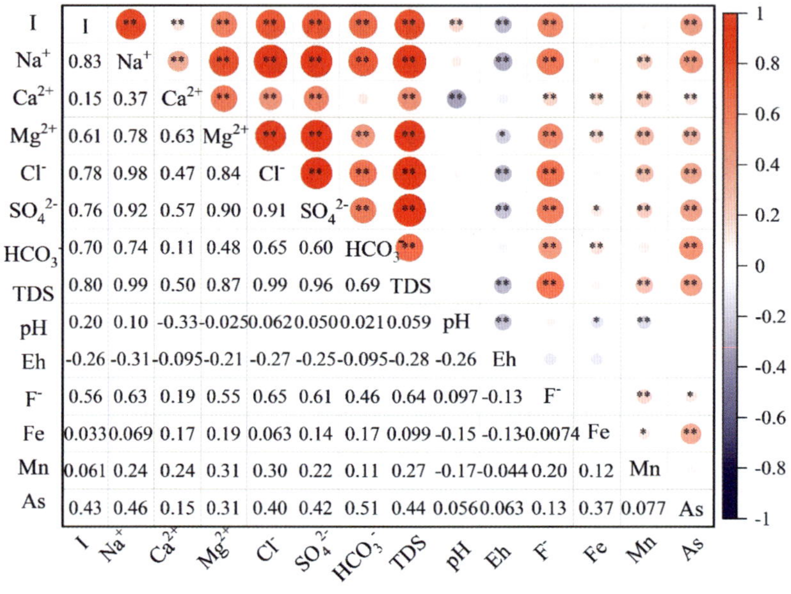


（a）单一结构潜水化学指标相关系数图

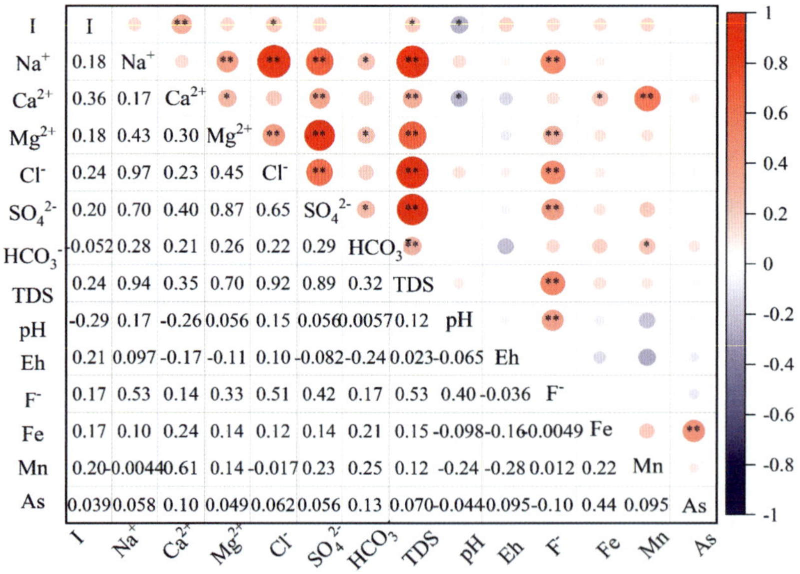


（b）承压水区潜水化学指标相关系数图

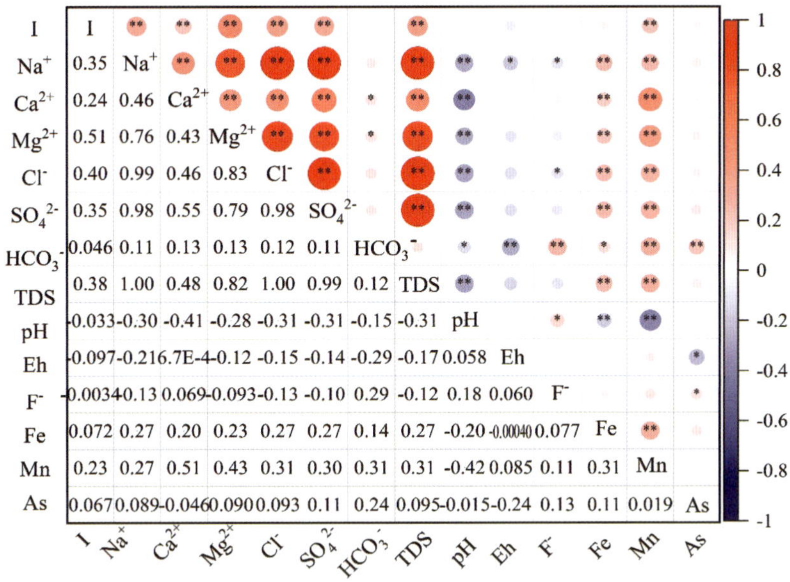


（c）浅层承压水化学指标相关系数图

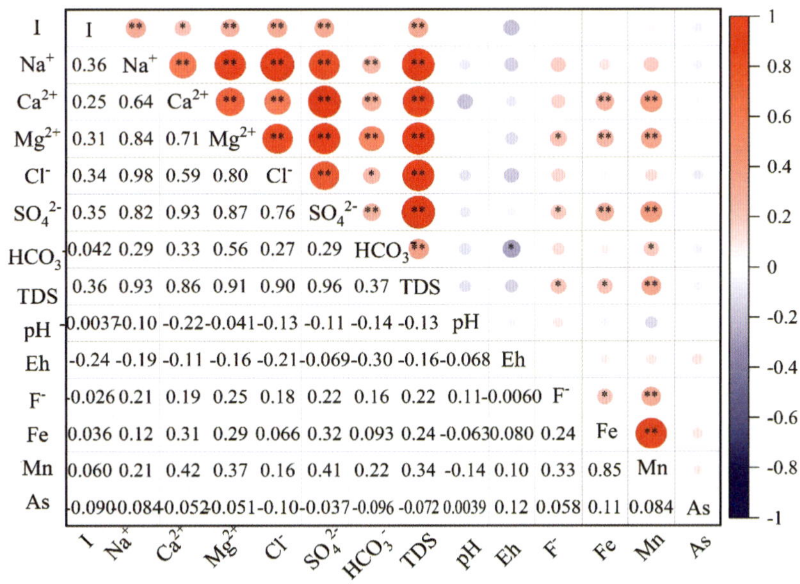


（d）深层承压水化学指标相关系数

图5-9 塔里木盆地绿洲带不同含水层化学指标相关系数图

［**表示在0.01水平（双侧）上显著相关，*表示在0.05水平上显著相关］

素（Podgorski等，2020；Zhou等，2018）。

综上表明单一结构潜水碘含量变化主要受矿物溶解作用和蒸发作用共同影响，还可能受到水文地质条件、地下水环境的影响，承压水区潜水碘含量变化主要受矿物溶解作用影响，浅层承压水碘含量主要受矿物溶解作用的影响。

## 5.2.3 因子分析和聚类分析

### 5.2.3.1 因子分析

因子分析是寻找对结果起决定作用的潜在因子的统计分析方法，其基本思想是根据相关性大小把原始变量分组，使得同组内的变量之间相关性较高，而不同组的变量间的相关性则较低。利用主要因子描述数据集内部结构，实际对数据进行降维，是基于主成分为初始因子，通过对载荷阵做方差最大旋转实现的（Podgorsk，2020；何晓群，2019）。

基于离子来源相关性分析结果，对不同含水层地下水的主要指标（$Na^+$、$Ca^{2+}$、$Mg^{2+}$、$Cl^-$、$SO_4^{2-}$、$HCO_3^-$、TDS、I、pH和Eh）进行因子分析，提取出反映绿洲带水文地球化学过程的主要指标。单一结构潜水、承压水区潜水、浅层承压水和深层承压水主要指标的KMO分别为0.502、0.384、0.625和0.440，$P$均为0.00，承压水区潜水和深层承压水变量不适合做因子分析（KMO<0.5），因此仅对单一结构潜水和浅层承压水做因子分析。

单一结构潜水和浅层承压水化学指标的成分荷载结果（表5-5）显示，影响单一结构潜水水化学成分的主成分有3个：$PC1_{SS}$、$PC2_{SS}$、$PC3_{SS}$，贡献率分别为48.39%、

表5-5 塔里木盆地绿洲带地下水化学指标的成分荷载

| 指标 | 单一结构潜水 | | | 浅层承压水 | | |
|---|---|---|---|---|---|---|
| | $PC1_{SS}$ | $PC2_{SS}$ | $PC3_{SS}$ | $PC1_{SC}$ | $PC2_{SC}$ | $PC3_{SC}$ |
| TDS | **0.949** | 0.286 | 0.072 | **0.982** | 0.095 | 0.120 |
| $SO_4^{2-}$ | **0.960** | 0.063 | 0.086 | **0.933** | 0.134 | 0.067 |
| $Na^+$ | **0.826** | 0.423 | 0.157 | **0.932** | 0.026 | 0.165 |
| $Cl^-$ | **0.874** | 0.279 | 0.118 | **0.927** | −0.018 | 0.107 |
| $Mg^{2+}$ | **0.845** | 0.344 | 0.003 | **0.886** | 0.254 | 0.136 |
| $Ca^{2+}$ | **0.837** | −0.230 | −0.206 | **0.829** | 0.187 | −0.085 |
| I | 0.287 | **0.715** | 0.284 | **0.546** | 0.403 | 0.076 |
| $HCO_3^-$ | 0.091 | **0.861** | −0.263 | 0.215 | **0.703** | 0.400 |
| pH | −0.160 | −0.340 | **0.815** | −0.304 | **0.606** | 0.182 |
| Eh | −0.199 | −0.238 | **−0.713** | −0.104 | 0.026 | **−0.927** |
| 特征值 | 5.429 | 1.450 | 1.314 | 5.606 | 1.340 | 1.032 |
| 贡献率% | 48.39 | 19.38 | 14.15 | 54.03 | 14.34 | 11.42 |
| 累积贡献率% | 48.39 | 67.77 | 81.92 | 54.03 | 68.37 | 79.79 |

注：加粗代表成分荷载的最大值，表示已确定的主成分关键指标。

19.38%和14.15%，$PC1_{SS}$中$SO_4^{2-}$、TDS、$Mg^{2+}$、$Cl^-$、$Ca^{2+}$和$Na^+$有较高正荷载。单一结构潜水中$SO_4^{2-}$、$Mg^{2+}$和$Ca^{2+}$主要源于蒸发盐矿物和碳酸盐类沉积物的风化溶解，TDS表明蒸发作用控制单一结构潜水的盐分，$Cl^-$和$Na^+$主要来源于蒸发盐和硅酸盐矿物的溶解和强烈的蒸发作用，因此$PC1_{SS}$可表示为蒸发盐和硅酸盐矿物风化溶解及蒸发作用。$PC2_{SS}$中碘和$HCO_3^-$有较高的正荷载，地下水中$HCO_3^-$含量可反映水-岩相互作用程度和有机质的生物降解作用（邓娅敏，2008），有机质介导的矿物在微生物代谢分解作用下溶解产生$CO_2$，导致含水层中$HCO_3^-$含量增加，同时吸附在矿物表面的碘被释放到水中（Amachi，2008）。且$HCO_3^-$和$I^-$在沉积物中有竞争吸附作用，间接地促进碘的富集，$PC2_{SS}$可表示为微生物活动下有机质分解的影响。$PC3_{SS}$中pH为正荷载，Eh为负荷载，表明单一结构潜水的碱性环境和还原条件也影响了碘含量。

浅层承压水化学成分的主成分有3个：$PC1_{SC}$、$PC2_{SC}$、$PC3_{SC}$，贡献率分别为54.03%、14.34%和11.42%，$PC1_{SS}$中TDS、$SO_4^{2-}$、$Na^+$、$Cl^-$、$Mg^{2+}$、$Ca^{2+}$和I为正荷载，$PC1_{SC}$可表示为蒸发盐和硅酸盐矿物溶解影响了碘含量。$PC2_{SC}$中pH和$HCO_3^-$均为正荷载，I的荷载值为0.403，$PC2_{SC}$可表示为微生物活动下的有机质分解作用和碱性条件。$PC3_{SC}$中Eh为负荷载，表明还原环境对碘富集有促进作用。

#### 5.2.3.2 聚类分析

聚类分析是根据研究对象的特征，按照一定标准对研究对象进行分类的分析方法，它使组内的数据对象具有最高的相似度，而组间具有较大差异。其目的在于使类内对象的同质性最大化和类与类间对象的异质性最大化（何晓群，2019）。

系统聚类是在样品距离的基础上定义类与类之间的距离，首先将$n$个样品或变量自成一类，然后每次将具有最小距离的两类合并，合并后重新计算类与类之间的距离，将此过程一直继续到所有样品归为一类为止（何晓群，2019），最后把这个过程做成一张聚类谱系图，对变量进行系统聚类。

聚类分析树状图（图5-10）显示，当类间距离为10时，单一结构潜水和浅层承压水聚类结果均为五类，聚类指标一致，第一类包括：$Na^+$、$Cl^-$、TDS、$Mg^{2+}$、$SO_4^{2-}$、$Ca^{2+}$，其余类别依次为I、$HCO_3^-$、pH和Eh。当类间距离为15时，单一结构潜水和浅层承压水聚类结果分别为四类和五类，单一结构潜水第一类包括：$Na^+$、$Cl^-$、TDS、$Mg^{2+}$、$SO_4^{2-}$、$Ca^{2+}$、I和$HCO_3^-$，其余类别依次为pH和Eh，浅层承压水第一类不包含$HCO_3^-$，其余类别依次为pH和Eh。因此，单一结构潜水碘含量与$Na^+$、$Cl^-$、TDS、$Mg^{2+}$、$SO_4^{2-}$、和$Ca^{2+}$联系较为紧密，其余指标$HCO_3^-$、pH和Eh依次与碘含量的联系逐渐减弱；浅层承压水与单一结构潜水分类结果基本一致，仅$HCO_3^-$与碘含量的联系相对较弱。该结果与因子分析中公共因子$PC1_{SS}$和$PC1_{SC}$结果基本一致。

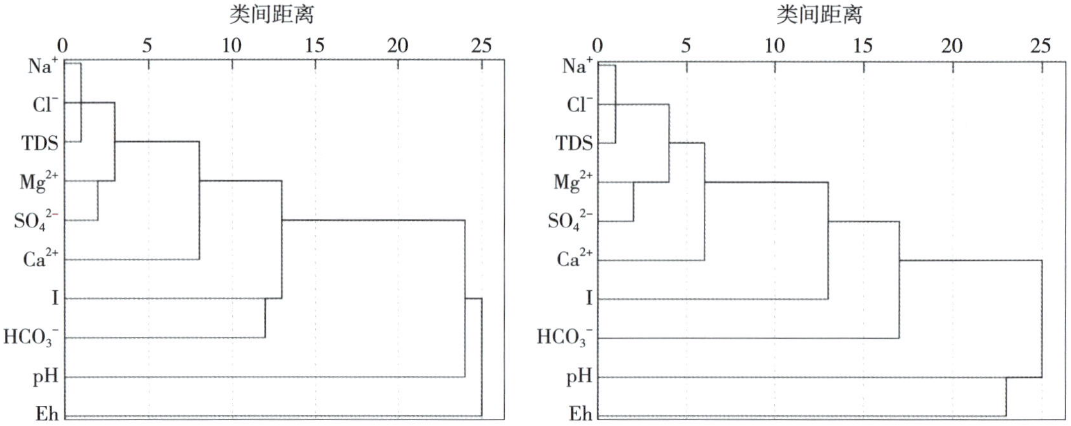


（a）单一结构潜水　　（b）浅层承压水

图5-10　塔里木盆地绿洲带地下水化学指标聚类分析树状图

## 5.2.4　地下水环境对碘富集的影响

### 5.2.4.1　地下水pH和氧化还原环境

绿洲带地下水碘含量与pH、Eh的关系（图5-11）显示，高碘地下水取样点主要分布在弱碱性区域［图5-11（a）］，碱性条件下，含水介质中铁氧化物等矿物表面带更多的负电荷，导致其对碘离子吸附性能降低，增强了碘的解吸作用，促使碘向地下水中迁移富集（Li等，2014）。过渡区单一结构潜水和浅层承压高碘水均呈弱碱性（pH均值分别为8.13和7.60）；蒸发区单一结构潜水和浅层承压高碘水均呈中性至弱碱性（pH均值分别为8.05和7.20），表明偏碱性的地下水环境利于碘的富集。

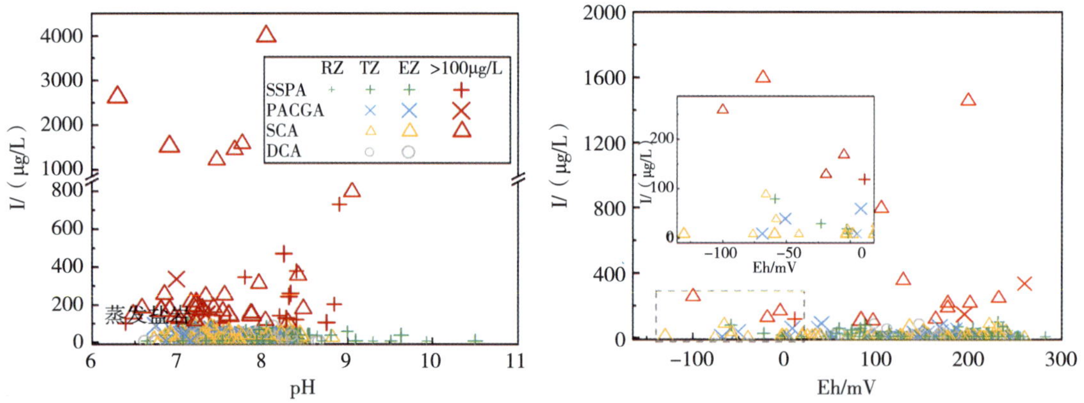


（a）碘含量与pH的关系　　（b）碘含量与Eh的关系

图5-11　塔里木盆地绿洲带地下水碘含量与pH、Eh的关系

（RZ、TZ、EZ分别表示补给区、过渡区和蒸发区；SSPA、PACGA、SCA和DCA分别表示单一结构潜水、承压水区潜水、浅层承压水和深层承压水。下同）

高碘地下水中碘含量随Eh值减小而逐渐增大，单一结构潜水高碘水主要处于还原-亚氧化环境，浅层承压水主要为亚还原环境［图5-11（b）］，Eh值反映了环境中电子的丰度，大量可利用的电子将赋予一个还原环境（沈照理，1986）。自补给区至过渡区再至蒸发区，Eh呈降低趋势（均值分别为172.38mV、156.69mV和125.45mV），表明沿地下水流动路径还原性增强。还原条件下，碘酸根和有机碘被还原为碘离子，由于碘离子与金属氧化物和有机质的结合能力较弱，利于碘在地下水中富集（Hu等，2005）。

#### 5.2.4.2 地下水TDS对碘富集的影响

绿洲带地下水碘含量与TDS的关系（图5-12）显示，高碘水的TDS明显高于低碘水（低碘水TDS均值为2515.79mg/L，高碘水TDS均值为50282.36mg/L），且单一结构潜水在一定范围内（TDS大于1000mg/L）碘含量随TDS增大而明显增大。

TDS自补给区（均值为904.90mg/L）至过渡区（均值为4729.19mg/L），再至蒸发区（均值为9422.86mg/L）逐渐增大，指示了沿地下水流动路径蒸发作用增强。

低碘水TDS在单一结构潜水（198.50～21059.00mg/L，均值为1758.16mg/L）、承压水区潜水（431.80～19120.29mg/L，均值为3914.82mg/L）、浅层承压水（225.50～213129.15mg/L，均值为3746.40mg/L）和深层承压水（431.80～19120.29mg/L，均值为3914.82mg/L）整体较低；高碘水TDS在单一结构潜水（414.91～41282.73mg/L，均值为13534.84mg/L）、承压水区潜水（5203.00～6353.00mg/L，均值为5778.00mg/L）和浅层承压水（1052.00～358693.99mg/L，均值为68574.41mg/L）整体较高。TDS表明蒸发作用控制的盐分，因此蒸发浓缩作用会导致碘在含盐的浅层地下水中富集。

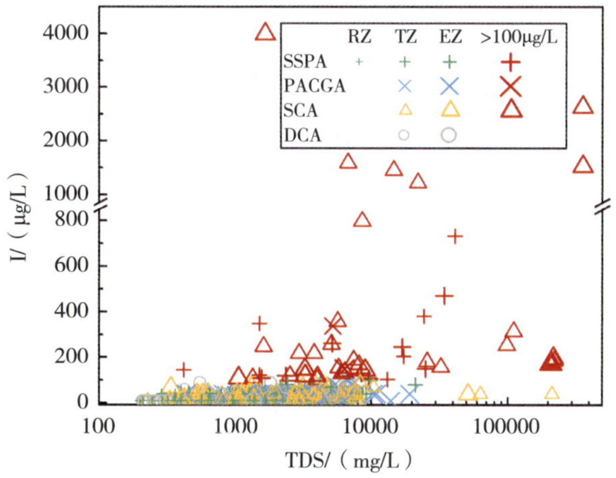


图5-12　塔里木盆地绿洲带地下水碘含量与TDS的关系

## 5.2.5 水文地质条件对碘富集的影响

不同区域和不同类型含水层水文地质条件存在明显差异，对地下水碘富集的影响不同。绿洲带不同区域地下水碘含量与$\gamma Ca^{2+}/\gamma Cl^{-}$变化图（图5-13）显示，地下水碘含量从补给区（碘含量均值为16.3μg/L）到过渡区（碘含量均值为49.9μg/L）再到蒸发区（碘含量均值为70.8μg/L）逐渐升高，呈现较强的分带性。绿洲带地下水$\gamma Ca^{2+}/\gamma Cl^{-}$范围为0.01～10.51（均值为1.17），$\gamma Ca^{2+}/\gamma Cl^{-}$自补给区（0.25～10.51，均值2.40）至过渡区（0.01～9.47，均值1.20），再至蒸发区（0.01～5.33，均值0.77）减小。$\gamma Ca^{2+}/\gamma Cl^{-}$可反映地下水动力条件，$\gamma Ca^{2+}/\gamma Cl^{-}$值越小则地下水流动条件越差（周殷竹等，2021），因此$\gamma Ca^{2+}/\gamma Cl^{-}$变化图表明沿地下水流动路径地下水流动条件越差。

低碘水$\gamma Ca^{2+}/\gamma Cl^{-}$比值在单一结构潜水（0.02～10.51，均值为1.25）、承压水区潜水（0.03～3.49，均值为0.93）、浅层承压水（0.02～9.47，均值为1.12）和深层承压水（0.13～5.84，均值为1.72）整体较高；高碘水$\gamma Ca^{2+}/\gamma Cl^{-}$比值在单一结构潜水（0.01～1.59，均值为0.26）、承压水区潜水（0.12～0.60，均值为0.36）和浅层承压水（0.01～2.75，均值为0.41）整体较低，表明地下水流动条件越差越利于地下水碘富集。

水文地质条件是影响地下水碘迁移富集的重要因素之一。由补给区至过渡区，再至蒸发区，潜水含水层岩性由砂砾石过渡到砂砾与亚砂土互层，再到粉细砂；承压含水层以粉细砂夹亚砂土、亚黏土层为主。地形坡度变缓，地下水水力梯度减小，地下水径流逐渐迟缓，滞留时间长造成水岩作用程度深，且水位埋深较浅（蒸发区地下水埋深<5m），使蒸发成为地下水的主要排泄方式，矿物溶解、蒸发作用成为地下水中盐分增加的主要来源。因此，缓慢的地下水流动速度、细粒岩土、平缓的地势、地下水浅埋条件均有利于地下水碘的富集。

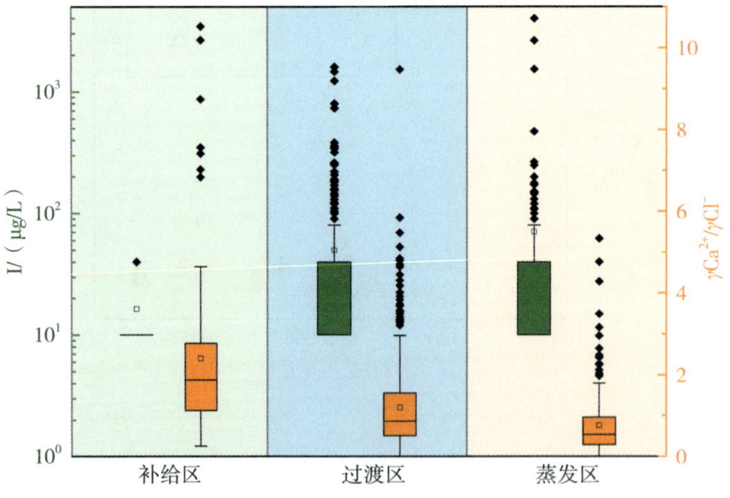


图5-13　塔里木盆地绿洲带不同区域地下水碘含量与$\gamma Ca^{2+}/\gamma Cl^{-}$变化图

## 5.2.6 水文地球化学过程对碘富集的影响

由于碘在铁（氧）氢氧化物和天然有机质上具有较高的吸附能力，因此沉积物中铁（氧）氢氧化物和有机质是碘的主要载体（Li等，2020）。塔里木盆地南部绿洲区和西部绿洲区的岩芯矿物成分分析结果显示，沉积物中含有磁铁矿、褐铁矿、菱铁矿和赤铁矿等矿物；《新疆维吾尔自治区矿产开发简明图集》显示研究区5个地（州）内均存在大量铁矿；相关研究表明盆地西南部存在丰富的层状铁矿床（Ding等，2021），西北缘岩石的主要磁性矿物为磁铁矿及少量针铁矿、赤铁矿、磁赤铁矿（张志高等，2012），研究区广泛分布的含铁矿物为铁（Ⅲ）矿物的溶解提供了充足的来源。

研究区地下水Fe含量与碘含量的关系图［图5-14（a）］显示，单一结构潜水和承压水区潜水碘含量随Fe含量增大而增大，浅层承压水碘含量在一定范围内（碘含量>800.0μg/L时），碘含量随Fe含量增大而增大，表明偏还原条件下，含碘的铁（氧）氢

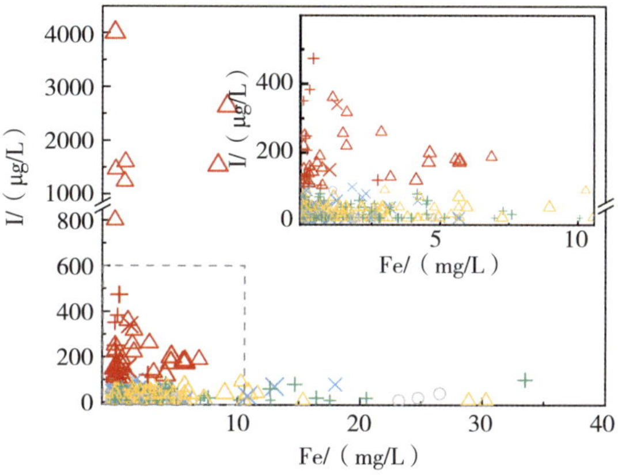

（a）碘含量与Fe含量的关系

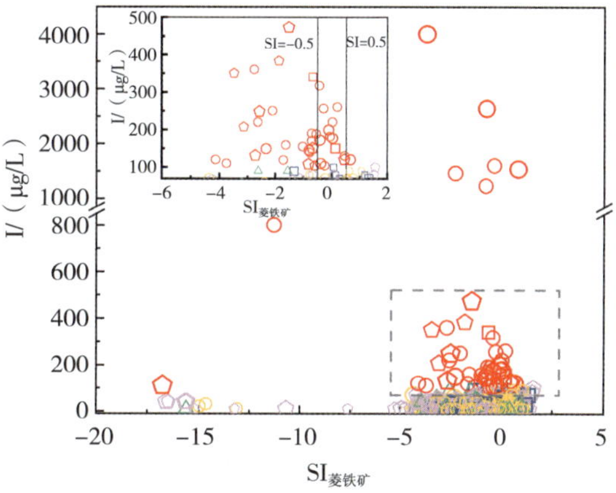

（b）碘含量与$SI_{菱铁矿}$的关系

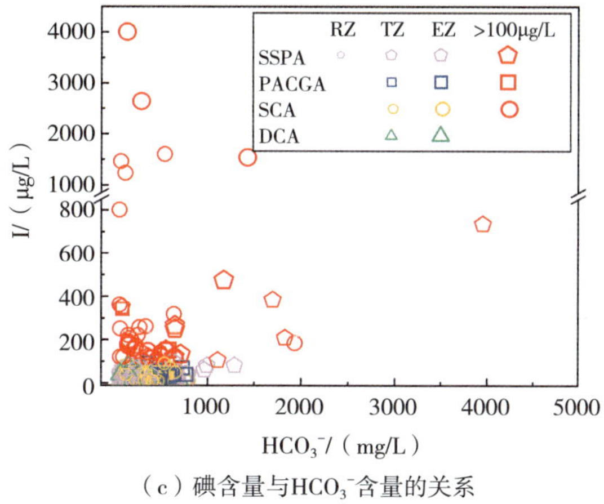

（c）碘含量与$HCO_3^-$含量的关系

图5-14　塔里木盆地绿洲带地下水碘含量与Fe含量、$SI_{菱铁矿}$、$HCO_3^-$含量的关系图

氧化物矿物还原性溶解，导致吸附在矿物表面的碘释放到地下水中。在还原条件下，铁（Ⅲ）矿物还原性溶解会形成一些铁（II）相（如菱铁矿），研究区地下水菱铁矿的饱和指数（$SI_{菱铁矿}$）与碘含量关系图［图5–14（b）］显示，菱铁矿相对于水溶液处于溶解状态时（饱和指数＜-0.5），地下水碘含量随着菱铁矿饱和指数SI的增大而增大，表明地下水中的碘和铁（II）主要受铁（氧）氢氧化物矿物的还原性溶解作用。有机质介导的矿物在微生物分解作用下形成$HCO_3^-$，吸附在有机质表面的碘也随之被释放到地下水中，地下水$HCO_3^-$含量反映了微生物对有机质的降解作用（邓娅敏，2008）。研究区地下水$HCO_3^-$含量与碘含量的关系图［图5–14（c）］显示，浅层承压水和单一结构潜水碘含量均随$HCO_3^-$含量的增大而增大，表明地下水碘含量与有机质的微生物降解作用有关。

## 5.2.7 水化学形成机制对碘富集的影响

### 5.2.7.1 蒸发作用

Gibbs把控制自然水体主要化学组分的形成机制分为：蒸发主导型、大气降水主导型和岩石风化主导型（Gibbs，1970）。绿洲带浅层地下水Gibbs图（图5–15）显示，大多数水样落在了蒸发主导型区域（右上部），深层承压水和部分浅层地下水分布于岩石溶滤主导型区域（左部），表明绿洲带浅层地下水化学形成主要受蒸发作用控制，承压水区潜水和部分区域单一结构潜水、浅层承压水化学还受到岩石风化作用的影响。

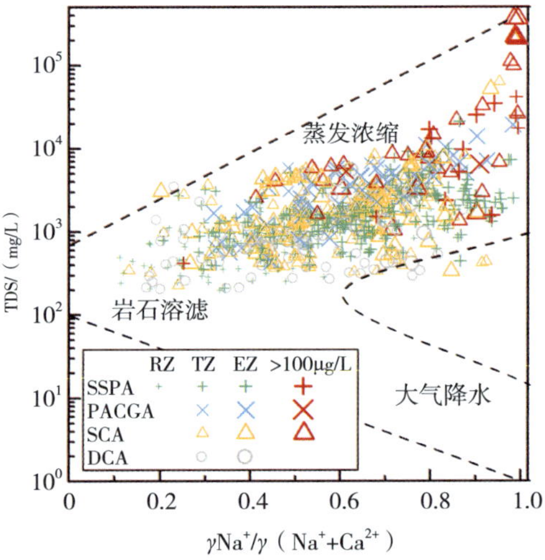

图5–15　塔里木盆地绿洲带地下水Gibbs图

地下水的$\gamma Na^+/\gamma(Na^++Ca^{2+})$值范围为0.131～0.996（均值为0.610）。低碘地下水$\gamma Na^+/\gamma(Na^++Ca^{2+})$值在单一结构潜水（0.131～0.986，均值为0.596）、承压水区潜水（0.330～0.985，均值为0.645）、浅层承压水（0.155～0.988，均值为0.603）和深层承压水（0.200～ 0.874，均值为0.520）中整体较低，高碘地下水$\gamma Na^+/\gamma(Na^++Ca^{2+})$值在单一结构潜水（0.307～0.996，均值为0.849）、承压水区潜水（0.617～912，均值为0.765）、浅层承压水（0.419～0.996，均值为0.813）中整体较高，表明浅层地下水中高碘水化学形成受蒸发控制作用程度高于低碘水。

#### 5.2.7.2 岩石风化源判别

采用$\gamma Ca^{2+}/\gamma Na^{+}$与$\gamma HCO_3^-/\gamma Na^{+}$比值端元图解法进一步确定地下水化学特征的岩石风化源类型（Gaillarde等，1999）。地下水主要分布在硅酸盐岩区域附近，部分单一结构潜水分布在碳酸盐岩和硅酸盐岩区域。高碘地下水主要分布于硅酸盐岩和蒸发盐岩之间，且蒸发区高碘地下水更倾向于蒸发盐岩（图5-16）。因此，高碘地下水的形成受到蒸发盐岩风化溶解的影响。这与主成分分析中地下水碘离子富集受到蒸发盐和硅酸盐矿物风化溶解作用影响的结果一致。

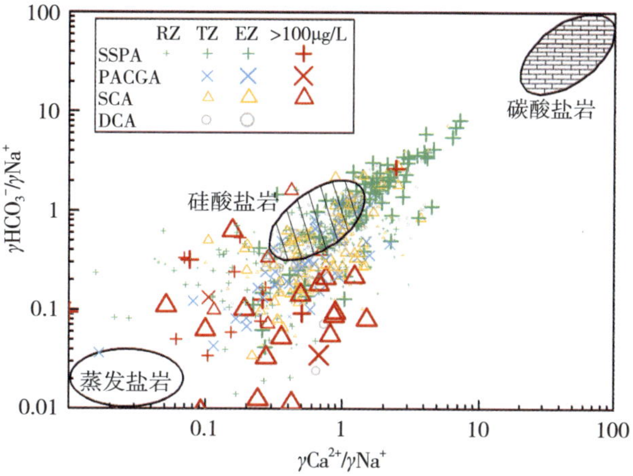

图5-16 塔里木盆地绿洲带地下水离子比值端元图

#### 5.2.7.3 溶滤作用

矿物在地下水中的溶解、沉淀状态主要由其相对水溶液的饱和程度来决定（Amiri等，2015）。在对水溶组分平衡分布计算的基础上，计算地下水相对方解石、白云石、石膏和岩盐的饱和指数（SI）。

当SI>0.5时，表明该矿物趋于沉淀状态；SI<-0.5时，表明该矿物处于溶解状态；当SI绝对值小于0.5时，表明该矿物处于平衡状态。

地下水相对方解石、白云石、石膏和岩盐的SI随TDS变化关系（图5-17）显示，地下水中石膏和岩盐的SI随TDS增大而逐渐增大。地下水相对于方解石整体处于相对饱和状态（$SI_{方解石}>0.5$）与平衡状态（$-0.5<SI_{方解石}<0.5$）（占比分别为45.3%和50.8%），个别处于溶解状态（$SI_{方解石}<-0.5$）（占3.9%）；地下水相对于白云石大部分处于相对饱和状态（占71.5%），其次为平衡状态（占20.8%），个别处于溶解状态（占7.7%）；地下水相对于石膏大部分处于相对溶解状态（占80.9%），其次为平衡状态（占18.4%），个别处于溶解状态（占0.7%）；地下水相对于岩盐整体处于相对溶解状态（占99.7%），极个别处于平衡状态（占0.3%）。

单一结构潜水、承压水区潜水和深层承压水中岩盐溶解状态变化不大，整体处于溶解状态。浅层承压水中，岩盐溶解状态主要表现为：过渡区低碘水中$SI_{岩盐}$（-8.21～-0.64，均值-5.77）小于高碘水（-5.89～-0.57，均值-3.88），蒸发区低碘水$SI_{岩盐}$（-7.66～-2.40，均值-5.68）小于高碘水（-6.13～0.33，均值-2.48），表明高碘水中岩盐的溶解状态更趋于平衡。方解石、白云石类碳酸盐为浅层地下水中$HCO_3^-$、$Ca^{2+}$、$Mg^{2+}$提供来源，石膏沉积物和岩盐溶解分别为浅层地下水中$SO_4^{2-}$、$Ca^{2+}$和$Cl^-$、$Na^+$提供来源。这与高碘地下水化学类型主要为$SO_4\cdot Cl$型和Cl型水一致。

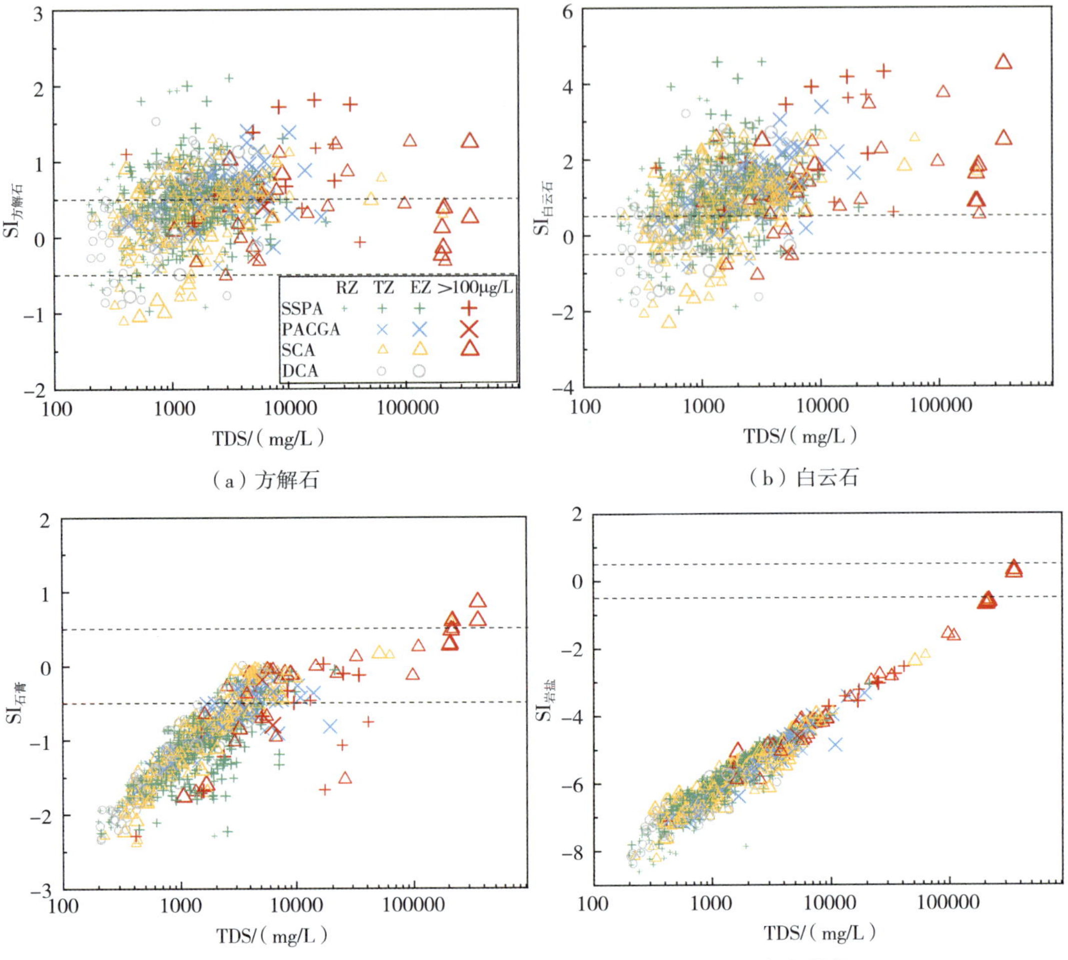


（a）方解石 （b）白云石 （c）石膏 （d）岩盐

图5-17 塔里木盆地绿洲带地下水矿物相的SI随TDS的变化关系

### 5.2.7.4 阳离子交换作用

阳离子交换作用是岩土颗粒表面吸附的阳离子被水中阳离子置换的现象，利用氯碱指数（Chloro-alkaline indices，CAI）评价地下水中阳离子交换能力（Wang，2015）[式（5-1）和式（5-2）]，CAI-I和CAI-II为负值，表示地下水中$Ca^{2+}$或$Mg^{2+}$与含水层中含钠矿物发生逆向交换，反之则地下水中$Na^+$与含水层中含钙镁矿物发生正向交换，且CAI绝对值越大，离子交换能力越强。

$$\mathrm{CAI-I}=\frac{\mathrm{Cl^-}-(\mathrm{Na^+}+\mathrm{K^+})}{\mathrm{Cl^-}} \tag{5-1}$$

$$\mathrm{CAI-II}=\frac{\mathrm{Cl^-}-(\mathrm{Na^+}+\mathrm{K^+})}{\mathrm{HCO_3^-}+\mathrm{SO_4^{2-}}+\mathrm{CO_3^{2-}}+\mathrm{NO_3^-}} \tag{5-2}$$

由地下水氯碱指数关系图（图5-18）可以看出，绿洲带大部分水样点落在图左下角区域，表明地下水中大部分区域$Ca^{2+}$或$Mg^{2+}$交换含水介质中的$Na^+$。过渡区高碘地下水在单一结构潜水和浅层承压含水层中CAI为负值的占比分别为71.4%和79.2%，表明含水层沉积矿物中的$Na^+$与地下水$Ca^{2+}$、$Mg^{2+}$之间的交替吸附作用强烈，水中$Na^+$含量升高。蒸发区高碘地下水在各含水层中CAI为负值的占比与低碘水相差不大。由此推断，绿洲带过渡区浅层地下水中$Na^+$不仅仅来源于蒸发岩溶解，还存在强烈的阳离子交换作用，且高碘地下水的离子交换作用较为显著。

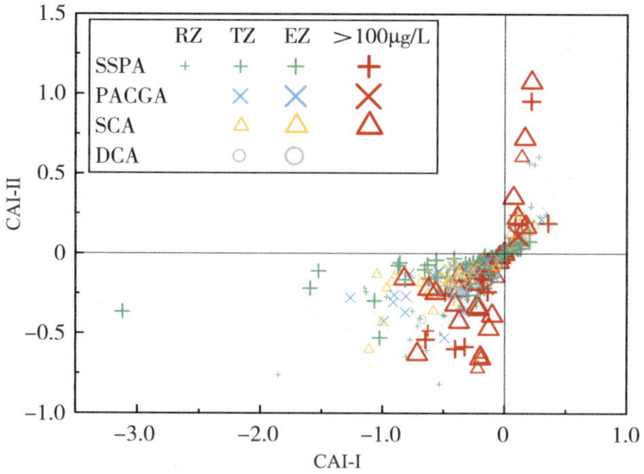


图5-18　塔里木盆地绿洲带地下水氯碱指数关系图

## 5.3　典型区高碘地下水中碘的存在形态及富集机制

在采集的典型高碘地下水区域（喀什噶尔河流域地下水系统、克里雅河流域地下水系统和车尔臣河流域地下水系统）原位地下水水样中，仅喀什噶尔河流域地下水系统出现碘富集。克里雅河流域地下水系统和车尔臣河流域地下水系统采集水样的原位井均已损坏或填埋（在原位井附近也无法取到井深接近的水样），所取水样的碘含量均低于检出限。因此，本节以喀什噶尔河流域地下水系统下游为典型区，仅讨论在该典型区所取的地下水水样，为进一步分析地下水碘富集机制，将地下水取样点控制范围内的地下水类型划分为潜水和承压水。

### 5.3.1　典型区概况

喀什噶尔河是新疆塔里木盆地西部的一条内流河，发源于帕米尔与天山南脉阿里山，该河流流经乌恰、疏勒、伽师、巴楚和阿瓦提等县，全长1200km，曾最终向东汇入塔里木河，现已断流。典型区位于喀什噶尔河下游绿洲区的巴楚县境内（图5-19），地处天山南麓、塔里木盆地西北边缘。年平均气温11.8℃，年均无霜期213d，年平均降水量50mm左右，年平均蒸发量2201.2mm。典型区内主要河流为喀什噶尔河，南部为叶尔羌河。

地貌类型主要为喀什噶尔河冲积平原，北部为山前洪积平原，南部为叶尔羌河冲积平原。典型区主要集中在喀什噶尔河沿岸的冲积平原，由西南到东北呈狭长地形。

典型区所处构造单元属塔里木地台次级构造单元巴楚隆起，出露地层主要为第四纪松散堆积物，包括冲积物、洪积物和风积物等；北部山前基岩区多为含石膏和大量岩盐的第三纪岩层。

喀什噶尔河冲积平原地势平缓，坡降为0.3‰～0.5‰，水量中等，浅层地下水也受南部叶尔羌河的影响；山前洪积平原戈壁砾石带坡降为3‰～5‰，地下水位埋深＞50.0m，水量分布不均匀（图5-20）。

典型区地下水主要接受叶尔羌河河道水渗漏、灌区渠系水渗漏、田间水入渗和水库

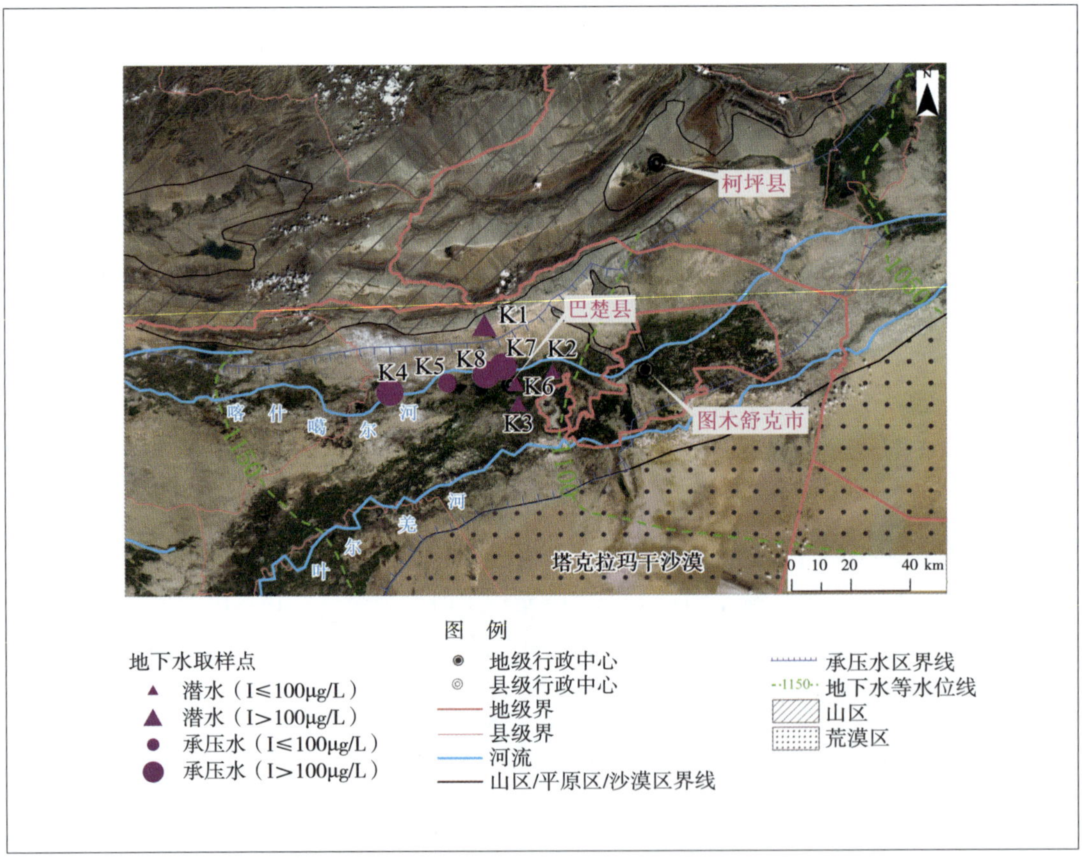


图5-19 喀什噶尔河下游典型区地下水取样点分布

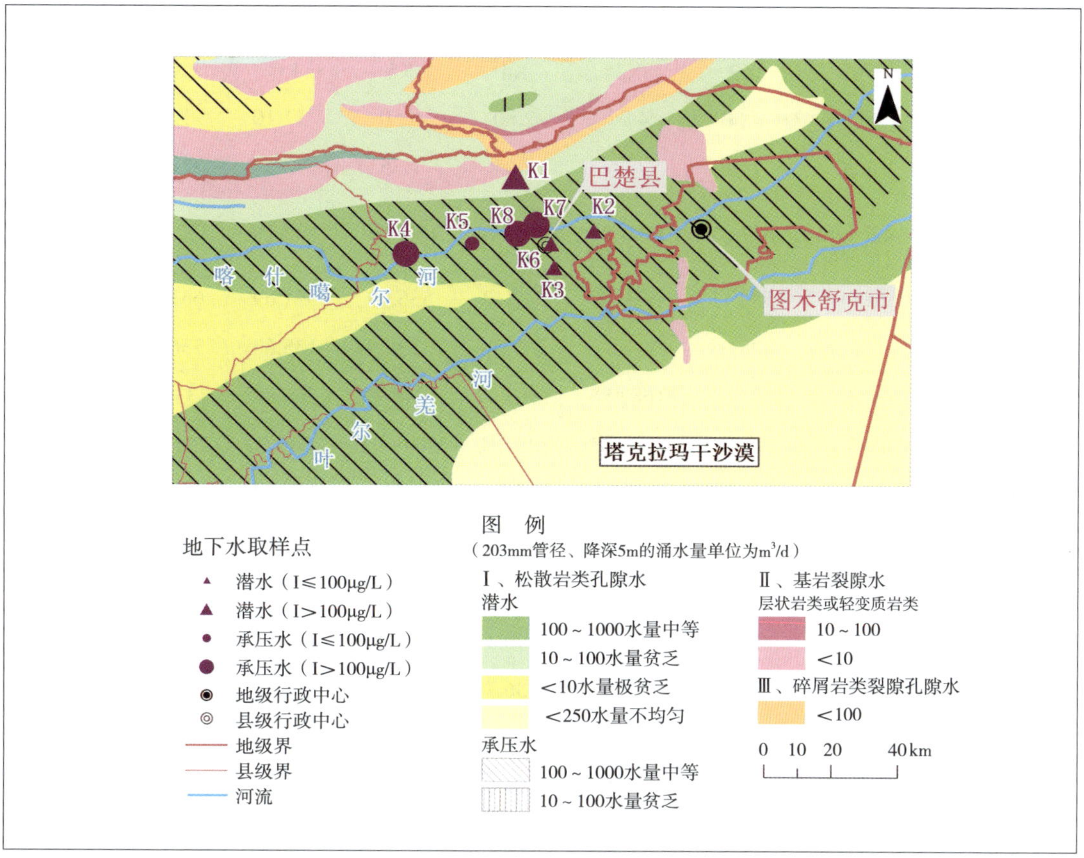


图5-20　喀什噶尔河下游典型区水文地质图（王彩华，2005）

水渗漏等补给。地下水径流方向与河流走向基本一致（由西南至东北）。地下水的蒸发排泄方式主要有潜水蒸发、渠沟排泄和人工开采等。

## 5.3.2　地下水主要水化学指标及碘含量分布特征

### 5.3.2.1　地下水主要水化学指标分布特征

典型区地下水化学指标含量统计结果（表5-6）显示，地下水pH范围为7.20～7.65，均值为7.41，整体呈中性至弱碱性；TDS范围为3079.13～15249.50mg/L，均值为7051.35mg/L，主要为咸水；TH范围为1461.70～3837.58mg/L，均值为2666.59mg/L，主要为极硬水。

表5-6　典型区地下水化学指标含量统计表

| 样品编号 | K1 | K2 | K3 | K4 | K5 | K6 | K7 | K8 |
|---|---|---|---|---|---|---|---|---|
| 地下水类型 | 潜水 | 潜水 | 潜水 | 承压水 | 承压水 | 潜水 | 承压水 | 承压水 |
| 井深/m | 123 | 35 | 18 | 70 | 52 | 45 | 40 | 40 |

续表

| 样品编号 | K1 | K2 | K3 | K4 | K5 | K6 | K7 | K8 |
|---|---|---|---|---|---|---|---|---|
| Eh/mV | 24.90 | 1.50 | 4.90 | 2.80 | 8.50 | -11.10 | 1.50 | -0.30 |
| pH | 7.20 | 7.36 | 7.36 | 7.65 | 7.35 | 7.51 | 7.49 | 7.38 |
| $K^++Na^+$/（mg/L） | 4254.02 | 877.27 | 1191.38 | 1087.74 | 1609.80 | 502.79 | 1624.04 | 1017.36 |
| $Ca^{2+}$/（mg/L） | 858.96 | 538.11 | 603.48 | 542.13 | 535.09 | 361.69 | 663.83 | 372.15 |
| $Mg^{2+}$/（mg/L） | 411.18 | 308.08 | 331.87 | 277.58 | 333.09 | 135.68 | 336.75 | 333.09 |
| $Cl^-$/（mg/L） | 5574.51 | 985.51 | 1683.88 | 1581.07 | 1648.43 | 566.49 | 2339.70 | 1403.82 |
| $SO_4^{2-}$/（mg/L） | 3887.76 | 2489.01 | 2359.42 | 2084.10 | 3098.04 | 1340.00 | 2651.30 | 1934.57 |
| $HCO_3^-$/（mg/L） | 521.32 | 463.94 | 512.77 | 324.76 | 452.95 | 329.64 | 277.14 | 411.44 |
| I/（μg/L） | 144.0 | 51.0 | ND | 435.0 | 96.0 | ND | 101.0 | 121.0 |
| Fe/（mg/L） | 0.25 | 8.25 | 0.89 | 0.19 | 0.32 | 6.82 | 0.32 | 2.11 |
| TH/（mg/L） | 3837.58 | 2611.97 | 2873.16 | 2496.44 | 2707.41 | 1461.70 | 3043.95 | 2300.54 |
| TDS/（mg/L） | 15249.50 | 5439.40 | 6428.22 | 5736.79 | 7452.60 | 3079.13 | 7755.45 | 5269.71 |
| $Br^-$/（mg/L） | 1.76 | 0.20 | 0.23 | 0.46 | 0.37 | 0.14 | 1.16 | 0.35 |
| DOC/（mg/L） | 0.81 | 2.74 | 2.14 | 0.92 | 1.40 | 1.53 | 1.14 | 1.26 |
| $\delta D$/‰ | -47.40 | -72.08 | -73.30 | -65.86 | -74.71 | -72.73 | -68.94 | -70.07 |
| $\delta^{18}O$/‰ | -6.19 | -9.50 | -9.76 | -8.12 | -10.16 | -9.59 | -8.70 | -8.51 |

潜水主要为中性至弱碱性（pH范围为7.20～7.51，均值为7.36）咸水和盐水（TDS范围为3079.13～15249.50mg/L，均值为7549.16mg/L）；承压水为中性至弱碱性（pH范围为7.35～7.65，均值为7.47）咸水（TDS范围为5269.71～7755.45mg/L，均值为6553.64mg/L）。

潜水和承压水主要化学指标含量特征基本一致：阳离子主要以$Na^+$+$K^+$为主（$Na^+$+$K^+$含量为502.79～4254.02mg/L，均值为1520.55mg/L），其次为$Ca^{2+}$和$Mg^{2+}$（$Ca^{2+}$含量为361.69～858.96mg/L，均值为559.43mg/L；$Mg^{2+}$含量范围为135.68～411.18mg/L，均值为308.42mg/L）；阴离子以$Cl^-$和$SO_4^{2-}$为主（$Cl^-$含量范围为566.49～5574.51mg/L，均值为1972.93mg/L；$SO_4^{2-}$含量范围为1340.00～3887.76mg/L，均值为2480.52mg/L），$HCO_3^-$不占优势（$HCO_3^-$含量范围为277.14～521.32mg/L，均值为411.74mg/L）。

典型区地下水Piper三线图（图5-21）显示，潜水中盐水水样（K1）水化学类型为Cl·$SO_4$-Na型（占25.0%），其余水样为$SO_4$·Cl-Na·Ca·Mg（占50.0%）和$SO_4$·Cl-Na·Ca型（占25.0%）。承压水水化学类型为Cl·$SO_4$-Na·Ca（占50.0%）、$SO_4$·Cl-Na·Mg（占25.0%）和$SO_4$·Cl-Na（占25.0%）型。

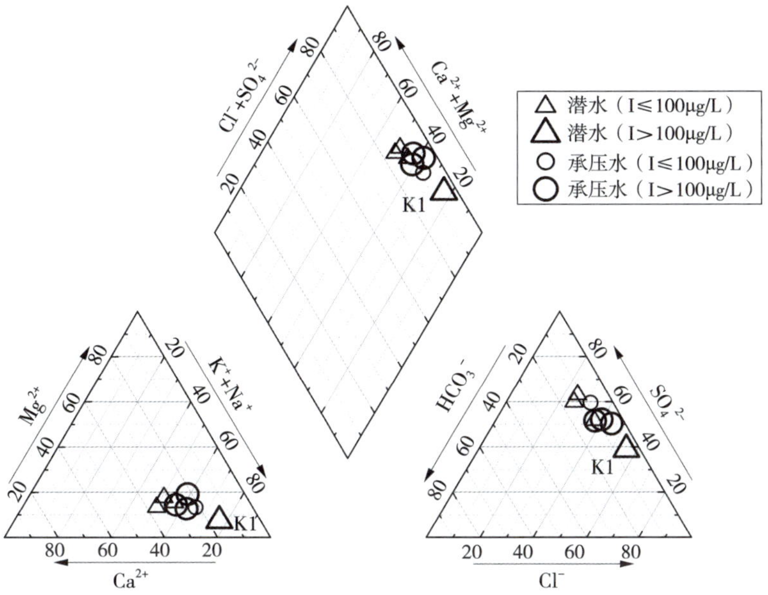


图5-21　典型区地下水Piper三线图

#### 5.3.2.2　地下水碘含量及TDS分布特征

地下水碘含量变化范围为ND～435.0μg/L（均值为123.5μg/L），其中潜水和承压水碘含量变化范围分别为ND～144.0μg/L（均值为58.8μg/L）和96.0～435.0μg/L（均值为188.3μg/L）。高碘水在潜水和承压水占比分别为25.0%和75.0%，水化学类型分别为$Cl·SO_4$–Na型、$Cl·SO_4$–Na·Ca和$SO_4·Cl$–Na·Mg型。

典型区仅K1为盐水水样（TDS为15249.50mg/L），其余水样均为咸水。由典型区地下水碘含量与TDS的关系（图5-22）可以看出，潜水碘含量随TDS增大而增大（高碘水

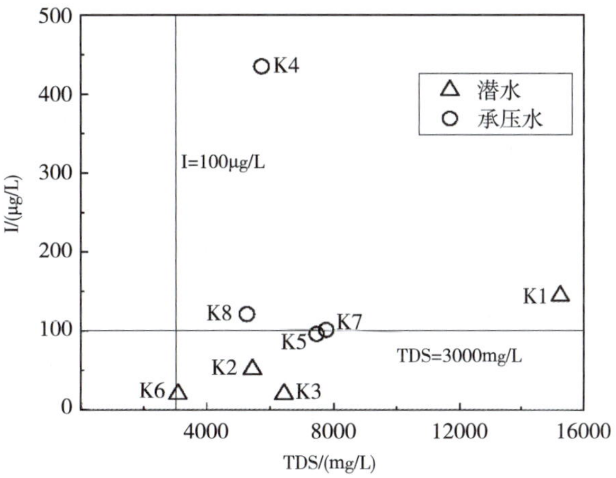


图5-22　典型区地下水碘含量与TDS的关系

TDS为15249.50mg/L，低碘水TDS均值为4982.25mg/L），承压水碘含量和TDS均较高（高碘水TDS均值为6253.99mg/L，低碘水TDS为7452.60mg/L），表明TDS是影响地下水碘含量的重要因素。

由地下水碘含量与井深的关系（图5-23）可以看出，高碘水水样分布于井深123.0m的潜水和40.0～70.0m的承压水中；咸水水样分布于井深相对较浅（18.0～70.0m）的含水层中，盐水水样分布于井深123.0m的潜水中。TDS的垂向分布与碘含量的垂向分布表现出一致性。

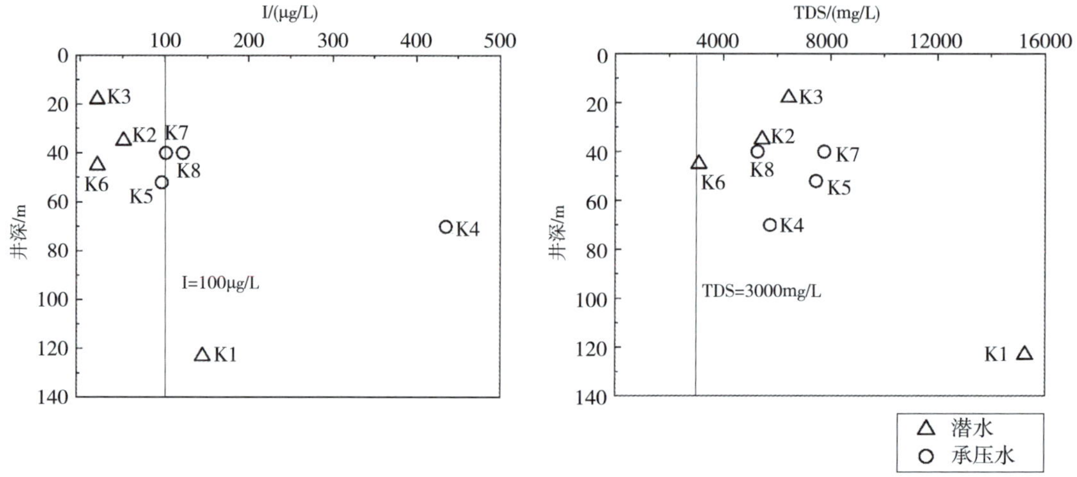


（a）地下水碘含量与井深的关系　　（b）地下水TDS与井深的关系

图5-23　典型区地下水碘含量、TDS与井深的关系

## 5.3.3　地下水碘的存在形态

地下水中碘主要以$IO_3^-$和$I^-$的形态存在，有机碘（OI）含量较低。其形态受氧化还原条件和溶解有机质等水化学因素控制（张伟娜，2012；Li等，2014）。典型区仅1组潜水K1取样点分布于山前洪积平原潜水含水层中，井深为123.0m，潜水埋深为70.0m，Eh值为24.9mV，为亚氧化环境，且该点TDS最大（为15249.50mg/L），其余潜水水样Eh均值为-1.6mV，较该点的还原性强，表明亚氧化环境利于碘元素以$IO_3^-$形态存在。承压水水样为亚还原环境。含水层沉积物中铁矿物的还原转化促使沉积物中碘释放到地下水中，在释放过程中，碘从碘酸盐或有机碘转变为碘化物的过程进一步促进了沉积物中碘的释放（Li等，2020），因此处于亚还原环境的承压水中$I^-$含量普遍较高（表5-7）。

表5-7　典型区地下水碘的存在形态　　单位：μg/L

| 样品编号 | K1 | K2 | K3 | K4 | K5 | K6 | K7 | K8 |
|---|---|---|---|---|---|---|---|---|
| 地下水类型 | 潜水 | 潜水 | 潜水 | 承压水 | 承压水 | 潜水 | 承压水 | 承压水 |
| $I^-$ | 0 | 46.29 | 20.12 | 260.41 | 46.62 | 32.35 | 44.93 | 59.67 |
| $IO_3^-$ | 198.47 | 0 | 0 | 0 | 0 | 0 | 0 | 0 |

## 5.3.4　地下水氢氧稳定同位素特征及其指示意义

自然界中，水在蒸发和凝结的过程中构成水分子的氢氧同位素由于物理化学性质不同，引起不同水体中的同位素组成的变化（张应华等，2006）。水汽来源差异、同位素分馏以及水体来源不同都会对水体同位素产生一定的影响，不同的水体都会有各自的同位素特点（Hao等，2019；Pang等，2017）。

氢氧同位素常被用来研究地下水补给来源、地下水演化规律及地下水与地表水之间的相互作用等（Pang等，2017；Craig，1961）。典型区潜水$\delta$D范围为−73.30‰～−47.40‰，均值为−66.38‰，承压水$\delta$D范围为−74.71‰～−65.86‰，均值为−69.90‰；潜水$\delta^{18}$O范围为−9.76‰～−6.19‰，均值为−8.76‰，承压水$\delta^{18}$O范围为−10.16‰～−8.12‰，均值为−8.87‰。$\delta$D均值在潜水中略大于承压水，$\delta^{18}$O均值在潜水和承压水中接近，表明潜水受蒸发作用大于承压水。

典型区地下水碘含量和$\delta$D与$\delta^{18}$O值统计结果（表5-8）显示，高碘潜水$\delta$D值为−47.40‰、$\delta^{18}$O值为−6.19‰，低碘潜水$\delta$D均值为−72.7‰、$\delta^{18}$O均值为−9.62‰；高碘承压水$\delta$D均值为−68.29‰、$\delta^{18}$O均值为−8.45‰，低碘承压水$\delta$D均值为−74.71‰、$\delta^{18}$O值为−10.16‰。典型区高碘潜水和承压水$\delta$D与$\delta^{18}$O值均明显大于低碘水，且高碘潜水$\delta$D与$\delta^{18}$O值明显高于高碘承压水，表明高碘地下水受蒸发作用明显大于低碘水，且潜水受蒸发作用影响更大。

表5-8　典型区地下水碘含量和$\delta$D与$\delta^{18}$O值

| 编号 | K1 | K2 | K3 | K4 | K5 | K6 | K7 | K8 |
|---|---|---|---|---|---|---|---|---|
| 地下水类型 | 潜水 | 潜水 | 潜水 | 承压水 | 承压水 | 潜水 | 承压水 | 承压水 |
| 碘含量/（μg/L） | 144.0 | 51.0 | 20.0 | 435.0 | 96.0 | 20.0 | 101.0 | 121.0 |
| $\delta$D/‰ | −47.40 | −72.08 | −73.30 | −65.86 | −74.71 | −72.73 | −68.94 | −70.07 |
| $\delta^{18}$O/‰ | −6.19 | −9.50 | −9.76 | −8.12 | −10.16 | −9.59 | −8.70 | −8.51 |

将典型区潜水和承压水的$\delta D$、$\delta^{18}O$与全球大气降水线（Global Meteoric Water Line，GMWL）（Craig，1961）和塔里木盆地大气降水线（Local Meteoric Water Line，LMWL）（李文鹏等，2006）进行对比（图5-24），可以看出不同水体中大部分氢氧稳定同位素含量接近，表明潜水和承压水具有相似的来源或相似的演化过程，其中高碘潜水水样K1与其他水样偏离较远，表明K1与其他水样的来源或经历的水文地球化学作用可能不同。潜水和承压水水样均偏离全球大气降水线，且分布在当地大气降水线的下方，表明典型区内降水补给过程中受到较强的蒸发作用。

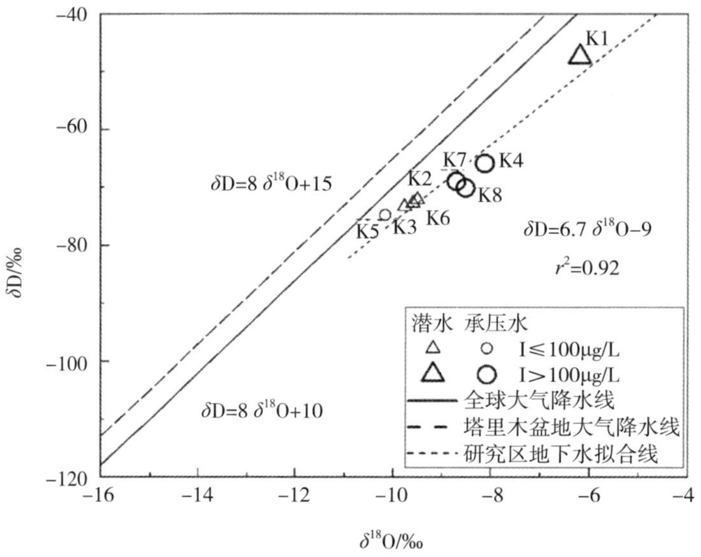


图5-24 典型区地下水$\delta D$和$\delta^{18}O$的关系

## 5.3.5 地下水环境和地下水流动条件对碘富集的影响

### 5.3.5.1 地下水环境对碘富集的影响

典型区地下水碘含量与Eh、pH和Fe之间关系如图5-25所示。高碘潜水Eh值处于亚氧化环境，承压水为亚还原环境［图5-25（a）］，还原条件下，碘酸根和有机碘被还原为碘离子（Hu等，2005），由于碘离子与金属氧化物、有机质的结合能力较弱，利于碘在地下水中富集。

高碘潜水呈中性（pH为7.20），高碘承压水呈中性至弱碱性（pH均值为7.51），承压水碘含量随pH的增大而明显增大［图5-25（b）］。表明含水介质在碱性条件下对碘离子的解吸作用促进了承压水中碘的富集，地下水中性环境对潜水碘富集的影响较小。

潜水中碘含量随Fe含量增大而减小［图5-25（c）］，由于碘在铁氧化物（氢氧化物）矿物表面具有高吸附能力，当氧化还原条件偏氧化时，Fe（Ⅱ）氧化物被氧化形成Fe

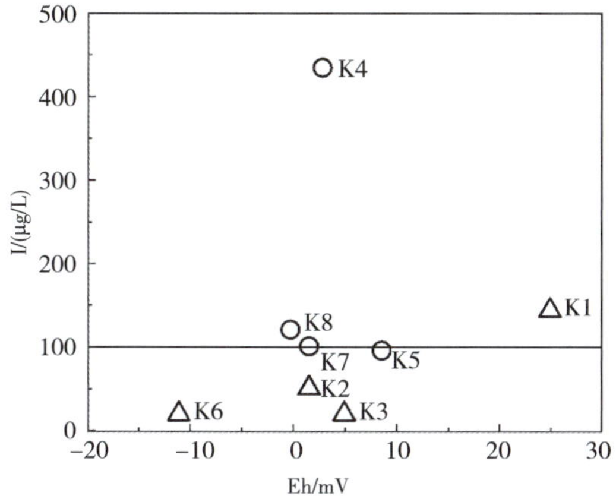


（a）地下水碘含量与Eh的关系

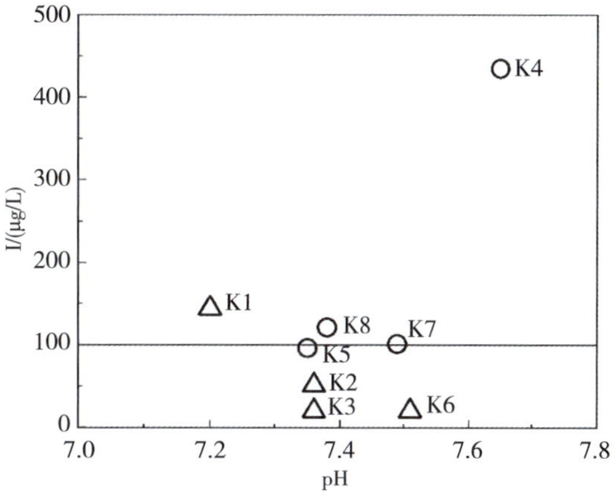


（b）地下水碘含量与pH的关系

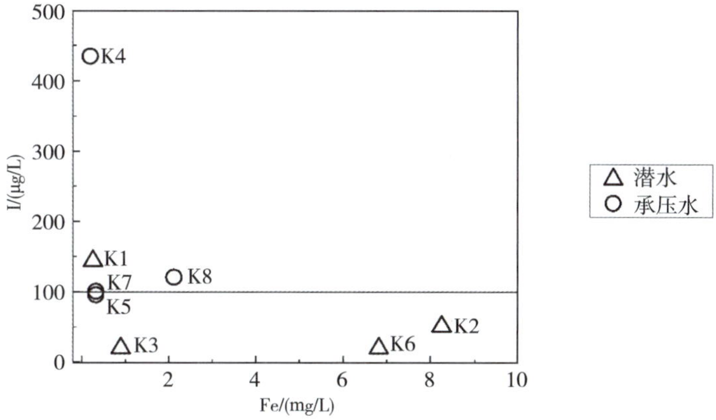


（c）地下水碘含量与Fe的关系

图5-25　典型区地下水碘含量与Eh、pH、Fe的关系

（Ⅲ）氧化物（氢氧化物）矿物沉淀，碘可被吸附在Fe（Ⅲ）氧化物（氢氧化物）表面从液相进入固相，地下水中的碘含量减少；偏还原环境下，Fe（氧化物）氢氧化物矿物发生还原性溶解，吸附在矿物表面的碘从固相迁移至液相（Li等，2020），导致地下水中碘含量增加。典型区承压水为亚还原环境，且Fe含量均较低（均值为0.73mg/L），碘含量与Fe含量关系不显著。

因此，典型区中性至弱碱性的亚还原地下水环境促进了碘的富集。

#### 5.3.5.2　地下水流动条件对碘富集的影响

典型区地下水取样点主要位于喀什噶尔河流域下游冲积平原，K1取样点位于山前洪积平原。冲积平原潜水含水层岩性以粉细砂夹亚砂土为主，承压含水层以粉细砂夹亚砂土、亚黏土层为主，且地形坡度平缓，地下水流动条件差，地下水位埋深较浅（为4～12m），山前洪积平原潜水含水层以砾石为主。

典型区$\gamma Ca^{2+}/\gamma Cl^-$值范围为0.47～1.13（均值为0.65），对比塔里木盆地绿洲带$\gamma Ca^{2+}/\gamma Cl^-$值（范围为0.01～10.51，均值为1.17），典型区地下水流动条件整体较差。潜水中碘含量随$\gamma Ca^{2+}/\gamma Cl^-$比值减小而增大，承压水中$\gamma Ca^{2+}/\gamma Cl^-$比值均较小（范围为0.47～0.61，均值为0.54）（图5-26），表明地下水流动条件越差越利于碘富集。

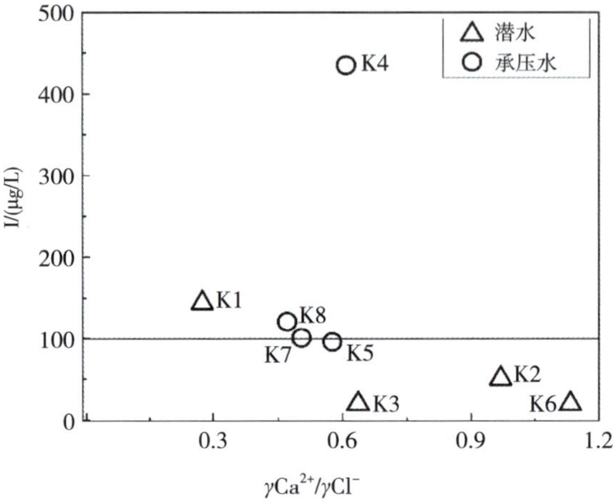


图5-26 典型区地下水碘含量与$\gamma Ca^{2+}/\gamma Cl^-$的关系

## 5.3.6 典型区地下水碘富集成因

### 5.3.6.1 地下水$Cl^-$与Cl/Br摩尔比的关系

由于$Cl^-$和$Br^-$的强溶解性和自然条件下的保守性，水和沉积物相互作用可以改变$Cl^-$和$Br^-$的绝对含量，但不能改变Cl/Br的质量比，因此常被用于指示地下水溶质的起源和化学演化（Cartwright等，2004）。不同范围的Cl/Br摩尔比也可以解释不同水中TDS的来源（Li等，2016）。例如，海水的$\gamma Cl^-/\gamma Br^-$约为600，而岩盐等蒸发矿物的$\gamma Cl^-/\gamma Br^-$可高达10000（Richard等，2011；周殷竹等，2015）。典型区$\gamma Cl^-/\gamma Br^-$范围为4546.22～16501.76（均值为9405.43），由典型区$Cl^-$和Cl/Br摩尔比（图5-27）可以看出，地下水主要受岩盐溶解作用的影响。

### 5.3.6.2 地下水碘含量与溶解性有机碳的关系

地下水溶解性有机碳（DOC）含量和组成主要受所处含水层环境影响，是地下水中微生物代谢活动的主要能量来源和碳源（周殷竹等，2015）。由碘含量与DOC含量的关系（图5-28）可以看出，地下水DOC含量（范围为0.81～2.74）整体较低，碘含量与DOC间的关系不显著，且高碘潜水的DOC含量（K1的DOC含量为0.81mg/L）较低碘水（DOC含量范围为1.53～2.74，均值为2.14mg/L）低，较高盐分会降低微生物活性及对外源碳的利用率（周殷竹等，2015），致使部分取样点DOC含量较高。

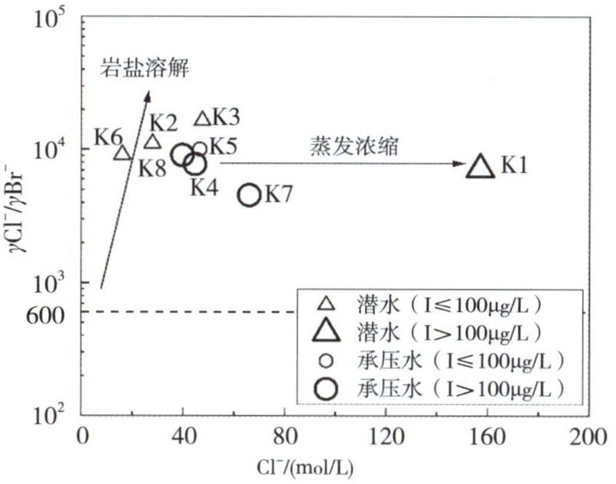


图5-27　典型区地下水Cl⁻和Cl/Br摩尔比的关系

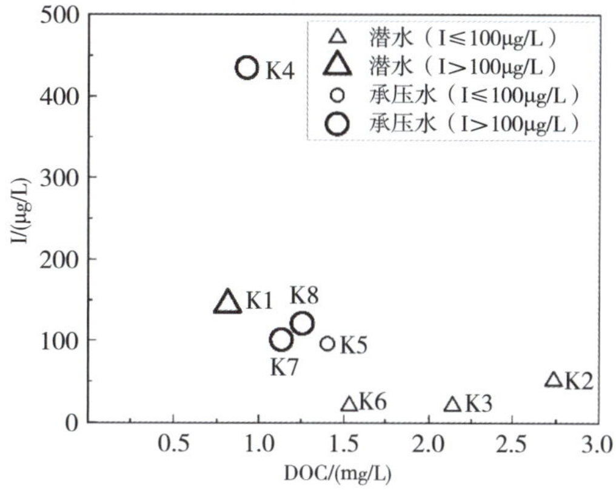


图5-28　典型区地下水碘含量和DOC的关系

### 5.3.6.3　沉积环境对地下水碘含量的影响

典型区第四纪成因类型主要为冲积–湖积物、冲洪积物和洪积物，南部靠近沙漠分布有风积物和冲积物等（王彩华，2005）（图5-29）。高碘潜水K1分布于洪积物中（碘含量为144.0μg/L），其余潜水均分布于冲积–湖积物中（碘含量范围为ND～51.0μg/L，

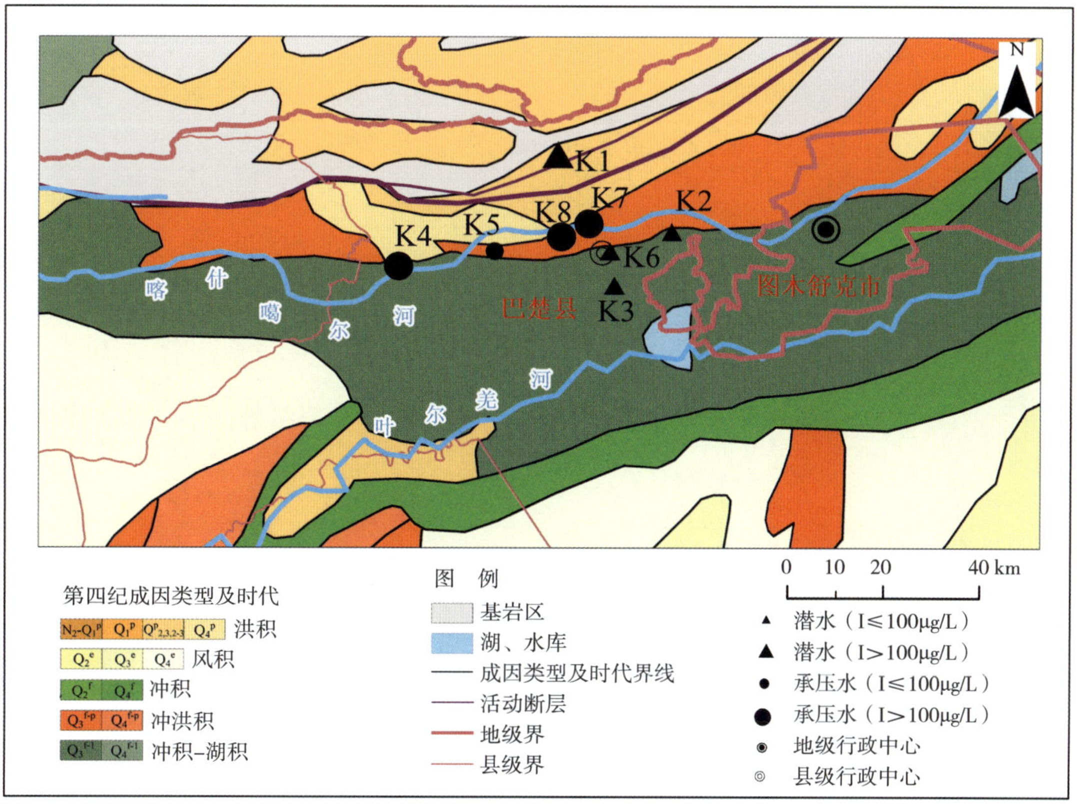


图5-29　典型区第四纪地质图（王彩华，2005）

均值为30.3μg/L）；高碘承压水分布于冲积–湖积物（碘含量为435.0μg/L）和冲洪积物中（碘含量范围为101.0 ~ 121.0μg/L，均值为111.0μg/L），其余低碘承压水分布于冲洪积物中（碘含量为96.0μg/L），从各沉积物中碘含量大小可以看出，冲积–湖积物对承压水碘含量的影响较大，对潜水碘含量的影响不显著。

典型区冲积–湖积物主要分布于喀什噶尔河下游冲积平原河流迁移处，喀什噶尔河虽已断流，但岩性仍以淤泥、亚砂土和粉细砂为主，河流生物残体沉积形成了富含有机质的黏土层，利于地下水碘的富集。

# 6 喀什地区西部劣质地下水形成机制

# 6.1 水样采集与分析检测

## 6.1.1 数据来源

2003年地下水化学检测数据来源于水利部项目“新疆地下水资源调查与评价”；2011年地下水化学检测数据来源于新疆维吾尔自治区水利厅项目“新疆地下水资源利用与保护规划”；2014年地下水化学检测数据来源于中国地质调查局项目“西北地区主要城市地下水污染调查评价”的子项目“塔里木盆地地下水污染调查评价”；2017年地下水化学检测数据和同位素检测数据来源于国家自然科学基金项目“新疆喀什地区地下水咸化机理研究”和中央返还两权款资金项目“新疆喀什三角洲1：10万水文地质环境地质调查”。

## 6.1.2 采样点布设

### 6.1.2.1 地下水和地表水化学样品

2014年地下水采样点布设以《区域地下水污染调查评价规范》（DZ/T 0288—2015）为依据，遵循区域控制原则，以绿洲灌区为重点控制区，地下水采样点布设精度为1：25万。2014年8月在研究区共采集地下水水样55组，其中潜水水样10组，承压水水样45组（浅层承压水水样31组，深层承压水水样14组），取样井深度为9～220m。

2017年7月补充采集地下水水样13组（其中潜水水样3组，浅层承压水水样6组，深层承压水水样4组），且选取的2017年地下水采样点与2014年当中的13组采样点一致。收集1985年地下水化学图以及以往地下水水质检测数据资料，其中，2003年采集地下水水样4组（其中潜水水样1组，浅层承压水水样2组，深层承压水水样1组）；2011年采集地下水水样5组（其中潜水水样1组，浅层承压水水样2组，深层承压水水样2组）。

2014年8月采集地表水水样7组，2017年7月采集地表水水样8组。

地下水和地表水采样点分布见图6–1。

### 6.1.2.2 同位素样品

2017年7月在喀什地区西部共采集D、$^{18}O$同位素23组，其中地表水水样8组、潜水水样4组、浅层承压水7组、深层承压水4组（图6–2）。

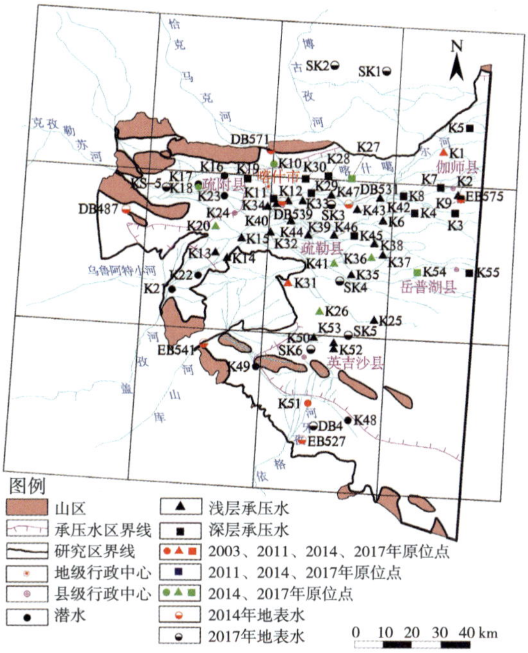


注：研究区界线不作为定界依据。

图6-1 喀什地区西部地下水和地表水采样点分布图

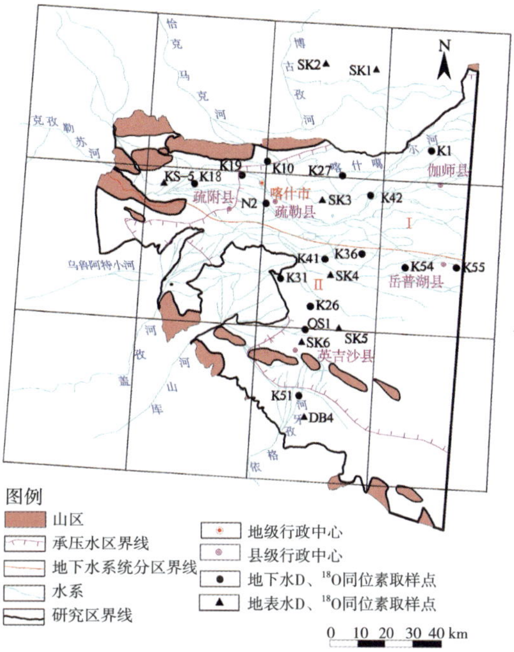


注：研究区界线不作为定界依据。

图6-2 喀什地区西部D、$^{18}O$同位素采样点分布及典型剖面位置图

## 6.1.3 样品采集和保存方法

### 6.1.3.1 地下水化学样品

在查明研究区地质和水文地质资料的基础上，严格按照《区域地下水污染调查评价规范》（DZ/T 0288—2015）对地下水样品进行采集、保存、送样。地下水均采自生活和农用机井，采样前先用待采集的地下水润洗采样瓶3次；为获取新鲜地下水，开泵10min后再进行地下水化学样品的采集。

采集地下水常规无机物样品时，取样前用0.45μm滤膜过滤水样以除去大部分杂质，然后将样品收集在500mL用$HNO_3$洗涤的聚乙烯瓶中，排除顶空、拧紧瓶盖后保存，用作地下水中阴离子检测。而阳离子和微量元素样品的收集是在上述水样中添加数滴1∶1的$HNO_3$保存剂，直至pH＜2后排除顶空、拧紧瓶盖后单独保存。

### 6.1.3.2 同位素样品

采集氢氧同位素样品时，用普通注射器吸水样后，用0.22μm的滤膜过滤，将过滤后的水样放入2mL的棕色玻璃小瓶中。氢氧同位素样品需保存在4℃保温箱中，并在7日内送达实验室进行检测。

## 6.1.4 检测指标及方法

### 6.1.4.1 地下水化学样品

2003年、2011年和2017年采集的地下水水样检测由新疆地矿局第二水文地质工程地质大队完成，2014年采集的地下水水样检测由中国地质科学院水文地质环境地质研究所矿泉水检测中心完成。

依据《地下水环境监测技术规范》（HJ/T 164—2004）选择地下水检测项目，包括pH、Eh、水温、EC 4项现场必测指标，TDS、TH、$K^+$、$Na^+$、$Ca^{2+}$、$Mg^{2+}$、$Cl^-$、$SO_4^{2-}$、$HCO_3^-$、$CO_3^{2-}$、耗氧量、Fe、Mn、$NO_3^-$、$NO_2^-$、$NH_4^+$、$F^-$、$I^-$、Cu、Zn、Hg、$Cr^{6+}$、Pb、As、Cd、Se和Al 27项无机指标。其中主要指标的检测仪器及检测下限为：pH由中国深圳卡迪亚科技有限公司（Kady）的MT-8060型便携式数显pH计测定；Eh和水温由中国北京中恒日鑫科技有限公司（Zhong Heng Ri Xin）的YSI Eh15A型笔试OPR/温度计测定；EC由中国杭州盈傲仪器有限公司（Ying Ao）的5021型笔式电导率仪测定；As、$F^-$、Fe、Mn由美国赛默飞世尔科技有限公司（Thermo Fisher Scientific）的电感耦合等离子体原子发射光谱仪iCAP 6300测定，检测下限分别为0.001，0.10，0.010，0.001mg/L；$NH_4^+$、$NO_3^-$、$NO_2^-$由日本岛津公司（Shimadzu）的紫外分光光度计UV2550测定，检测下限分别为0.04，0.20，0.002mg/L；主要阳离子（$K^+$、$Na^+$、$Ca^{2+}$、$Mg^{2+}$）和阴离子（$SO_4^{2-}$、$Cl^-$）由美国戴安公司（Dionex）的离子色谱仪ICS1500测定，其中，主要阳离子检测下限分别为0.05，0.01，1.0，1.0mg/L，主要阴离子检测下限分别为5.0mg/L和1.0mg/L；$HCO_3^-$采用盐酸滴定法测定，检测下限为1.0mg/L。

采用阴阳离子平衡检验方法对水样数据进行可靠性检验，水中阴阳离子的平衡误差可用式（6-1）来计算：

$$E=\frac{\Sigma N_c-\Sigma N_a}{\Sigma N_c+\Sigma N_a}\times 100 \qquad (6-1)$$

式中 $E$——相对误差，%；

$N_c$——阳离子的毫克当量浓度，meq/L；

$N_a$——阴离子的毫克当量浓度，meq/L。

阴阳离子的平衡误差绝对值小于5%为可靠数据，经检验，研究区水样阴阳离子的平衡误差$E$为-2.01%～3.82%，说明所有地下水水样数据均为可靠数据。

### 6.1.4.2 同位素样品

氢氧同位素检测在中国地质大学（北京）生物地质与环境地质国家重点实验室中的水环境同位素化学实验室完成，检测仪器为美国Picarro公司的液态水气态水同位素分析仪L2120-I，$\delta^{18}O$的分析精度为±0.20‰；$\delta D$分析精度为±1.00‰。氢氧同位素分析结果均用标准平均海洋水（Standard Mean Ocean Water，SMOW）表示。样品的$\delta$值越高，反映同位素越富集，$\delta$值为正则表明样品较标准样品越富集；$\delta$值为负则表明样品较标准样品越亏损。

# 6.2 地下水化学特征

## 6.2.1 现状地下水化学特征

采用喀什地区西部2014年采集的55组地下水水样为研究对象，研究现状地下水化学特征（曾妍妍，2018）。

### 6.2.1.1 地下水化学指标含量特征分析

对2014年喀什地区西部55组地下水水样中的13项主要指标（pH、TDS、TH、$K^+$+$Na^+$、$Ca^{2+}$、$Mg^{2+}$、$Cl^-$、$SO_4^{2-}$、$HCO_3^-$、$F^-$、As、Fe和Mn）做描述性统计分析，统计结果见表6-1。

表6-1 喀什地区西部地下水化学指标特征值统计表

| 地下水类型 | 指标 | 最小值 | 最大值 | 平均值 | 中位数 | 标准差 | 变异系数 |
|---|---|---|---|---|---|---|---|
| 潜水（$n$=10） | pH | 7.45 | 11.23 | 8.31 | 7.80 | 1.08 | 0.13 |
| | TDS | 354.8 | 5048.0 | 2202.0 | 1393.5 | 1735.4 | 0.79 |
| | TH | 326.3 | 767.1 | 553.2 | 573.7 | 173.4 | 0.31 |
| | $K^+$+$Na^+$ | 26.9 | 1114.0 | 412.3 | 207.2 | 421.6 | 1.02 |
| | $Ca^{2+}$ | 55.5 | 360.5 | 195.6 | 199.2 | 102.8 | 0.53 |
| | $Mg^{2+}$ | 28.5 | 293.0 | 111.8 | 98.7 | 85.4 | 0.76 |
| | $Cl^-$ | 22.9 | 1506.0 | 566.0 | 260.1 | 570.9 | 1.01 |
| | $SO_4^{2-}$ | 96.2 | 2316.0 | 777.0 | 646.4 | 656.1 | 0.84 |
| | $HCO_3^-$ | 66.8 | 425.0 | 214.3 | 209.5 | 101.7 | 0.47 |
| | $F^-$ | 0.44 | 2.20 | 0.89 | 0.74 | 0.55 | 0.61 |
| | As | ND | 0.011 | 0.003 | 0.001 | 0.004 | 1.69 |
| | Fe | ND | 0.99 | 0.32 | 0.22 | 0.33 | 1.05 |
| | Mn | ND | 0.77 | 0.19 | 0.01 | 0.28 | 1.47 |
| 浅层承压水（$n$=31） | pH | 6.85 | 7.94 | 7.42 | 7.42 | 0.27 | 0.04 |
| | TDS | 214.0 | 14548.0 | 2594.6 | 1609.0 | 2848.14 | 1.10 |
| | TH | 255.7 | 3278.0 | 1137.8 | 994.8 | 766.81 | 0.67 |
| | $K^+$+$Na^+$ | 10.2 | 3644.0 | 439.9 | 257.6 | 675.32 | 1.54 |
| | $Ca^{2+}$ | 43.1 | 753.1 | 222.6 | 181.2 | 180.92 | 0.81 |
| | $Mg^{2+}$ | 11.0 | 479.4 | 148.7 | 73.5 | 131.70 | 0.89 |

续表

| 地下水类型 | 指标 | 最小值 | 最大值 | 平均值 | 中位数 | 标准差 | 变异系数 |
|---|---|---|---|---|---|---|---|
| 浅层承压水（$n$=31） | $Cl^-$ | 15.8 | 5865.0 | 590.2 | 276.3 | 1083.48 | 1.84 |
| | $SO_4^{2-}$ | 65.1 | 3734.0 | 1047.7 | 709.1 | 915.18 | 0.87 |
| | $HCO_3^-$ | 54.6 | 534.3 | 216.0 | 212.5 | 111.59 | 0.52 |
| | $F^-$ | 0.18 | 3.80 | 1.34 | 0.78 | 1.18 | 0.88 |
| | As | ND | 0.048 | 0.006 | 0.001 | 0.01 | 1.79 |
| | Fe | ND | 30.29 | 4.26 | 0.29 | 8.85 | 2.08 |
| | Mn | ND | 1.71 | 0.49 | 0.25 | 0.53 | 1.09 |
| 深层承压水（$n$=14） | pH | 7.28 | 9.68 | 7.84 | 7.59 | 0.67 | 0.08 |
| | TDS | 249.3 | 21059.0 | 4278.0 | 2087.5 | 5591.44 | 1.31 |
| | TH | 35.0 | 2970.0 | 1234.8 | 968.4 | 934.84 | 0.76 |
| | $K^++Na^+$ | 12.9 | 6102.0 | 899.5 | 251.8 | 1630.24 | 1.81 |
| | $Ca^{2+}$ | 39.4 | 828.2 | 268.4 | 240.8 | 223.80 | 0.83 |
| | $Mg^{2+}$ | 16.2 | 721.0 | 228.8 | 165.2 | 221.71 | 0.97 |
| | $Cl^-$ | 26.3 | 9279.0 | 1258.0 | 229.8 | 2507.18 | 1.99 |
| | $SO_4^{2-}$ | 60.6 | 3940.0 | 1393.3 | 1077.5 | 1240.75 | 0.89 |
| | $HCO_3^-$ | 115.4 | 765.0 | 330.6 | 297.2 | 208.40 | 0.63 |
| | $F^-$ | ND | 2.80 | 1.29 | 0.98 | 0.91 | 0.71 |
| | As | ND | 0.214 | 0.020 | 0.004 | 0.06 | 2.82 |
| | Fe | ND | 15.32 | 2.92 | 1.57 | 4.04 | 1.38 |
| | Mn | 0.05 | 1.72 | 0.53 | 0.31 | 0.57 | 1.07 |

注：pH为无量纲，其余组分单位为mg/L；ND代表该组分未检出。

（1）潜水　由表6-1可以看出，喀什地区西部潜水水样pH的变化范围7.45～11.23，平均值8.31，地下水整体呈弱碱性；水样中的TDS的变化范围354.8～5048.0mg/L，平均值2202.0mg/L；水样中TH的变化范围326.3～767.1mg/L，平均值553.2mg/L。按TDS可将地下水类型划分为：＜1g/L为淡水，1～3g/L为微咸水，3～10g/L为咸水，10～50g/L为盐水，＞50g/L为卤水，研究区淡水水样、微咸水水样和咸水水样分别占潜水水样的30.0%、30.0%和40.0%。按TH可将地下水类型划分为：＜75mg/L为极软水，75～150mg/L为软水，150～300mg/L为微硬水，300～450mg/L为硬水，＞450mg/L为极硬水，研究区硬水水样和极硬水水样分别占潜水水样的40.0%和60.0%。

喀什地区西部潜水中阳离子各组分含量整体为：$K^++Na^+$＞$Ca^{2+}$＞$Mg^{2+}$，阴离子各组分含量整体为：$SO_4^{2-}$＞$Cl^-$＞$HCO_3^-$。潜水阳离子平均值中，$K^++Na^+$含量占主要优势，分别为$Ca^{2+}$和$Mg^{2+}$的2.11倍和3.69倍；阴离子平均值中，$SO_4^{2-}$含量占主要优势，分别为$Cl^-$和$HCO_3^-$的1.37倍和3.63倍。

$F^-$、As、Fe和Mn作为地下水中的常见微量元素，对人体健康非常重要。根据《地下水质量标准》（GB/T 14848—2017），地下水中$F^-$、As、Fe和Mn的上限值分别为1.0mg/L、0.01mg/L、0.3mg/L和0.1mg/L。喀什地区西部潜水中，$F^-$含量变化范围为0.44～2.20mg/L，平均值为0.89mg/L，点位超标率为20.0%；As含量变化范围为ND～0.011mg/L，平均值为0.003mg/L，点位超标率为10.0%；Fe含量变化范围为ND～0.99mg/L，平均值为0.32mg/L，点位超标率为40.0%；Mn含量变化范围为ND～0.77mg/L，平均值为0.19mg/L，点位超标率为40.0%。

变异系数可以用来反映地下水中各化学指标受人类活动影响的程度。由表6-1可以看出，喀什地区西部潜水中$K^+$+$Na^+$、$Cl^-$、As、Fe和Mn空间变异性大，变异系数均大于1.0，呈现强空间变异性；pH、TDS、TH、$Ca^{2+}$、$Mg^{2+}$、$SO_4^{2-}$、$HCO_3^-$和$F^-$的变异系数为0.1～1.0，呈现中等空间变异性。

（2）浅层承压水　由表6-1可以看出，喀什地区西部浅层承压水水样pH的变化范围6.85～7.94，平均值7.42；水样中的TDS的变化范围214.0～14548.0mg/L，平均值2594.6mg/L；水样中TH的变化范围255.7～3278.0mg/L，平均值1137.8mg/L。研究区按TDS划分，淡水水样、微咸水水样、咸水水样和盐水水样分别占浅层承压水水样的29.0%、38.7%、29.0%和3.3%；按TH划分，微硬水水样、硬水水样和极硬水水样分别占浅层承压水水样的9.7%、12.9%和77.4%。

喀什地区西部浅层承压水中阳离子各组分含量整体为：$K^+$+$Na^+$＞$Ca^{2+}$＞$Mg^{2+}$，阴离子各组分含量整体为：$SO_4^{2-}$＞$Cl^-$＞$HCO_3^-$。浅层承压水阳离子平均值中，$K^+$+$Na^+$含量占主要优势，分别为$Ca^{2+}$和$Mg^{2+}$的1.98倍和2.96倍；阴离子平均值中，$SO_4^{2-}$含量占主要优势，分别为$Cl^-$和$HCO_3^-$的1.78倍和4.85倍。

喀什地区西部浅层承压水中，$F^-$含量变化范围为0.18～3.80mg/L，平均值为1.34mg/L，点位超标率为35.5%；As含量变化范围为ND～0.048mg/L，平均值为0.006mg/L，点位超标率为19.4%；Fe含量变化范围为ND～30.29mg/L，平均值为4.26mg/L，点位超标率为48.4%；Mn含量变化范围为ND～1.71mg/L，平均值为0.49mg/L，点位超标率为71.0%。

从变异系数来看，喀什地区西部浅层承压水中TDS、$K^+$+$Na^+$、$Cl^-$、As、Fe和Mn空间变异性大，变异系数均大于1.0，呈现强空间变异性；TH、$Ca^{2+}$、$Mg^{2+}$、$SO_4^{2-}$、$HCO_3^-$和$F^-$的变异系数为0.1～1.0，呈现中等空间变异性；pH变异系数小于0.1，呈现弱空间变异性。

（3）深层承压水　由表6-1可以看出，喀什地区西部深层承压水水样pH的变化范围7.28～9.68，平均值7.84；水样中的TDS的变化范围249.3～21059.0mg/L，平均值4278.0mg/L；水样中TH的变化范围35.0～2970.0mg/L，平均值1234.8mg/L。研究区按TDS划分，淡水水样、微咸水水样、咸水水样和盐水水样分别占深层地下水水样的28.6%、

35.7%、21.4%和14.3%；按TH划分，极软水水样、微硬水水样、硬水水样和极硬水水样分别占深层承压水水样的7.1%、7.1%、7.1%和78.7%。

喀什地区西部深层承压水中阳离子各组分含量整体为：$K^{+}+Na^{+}>Ca^{2+}>Mg^{2+}$，阴离子各组分含量整体为：$SO_4^{2-}>Cl^{-}>HCO_3^{-}$。深层承压水阳离子平均值中，$K^{+}+Na^{+}$含量占主要优势，分别为$Ca^{2+}$和$Mg^{2+}$的3.35倍和3.93倍；阴离子平均值中，$SO_4^{2-}$含量占主要优势，分别为$Cl^{-}$和$HCO_3^{-}$的1.11倍和4.21倍。研究区潜水、浅层承压水和深层承压主要水化学组分变化趋势基本相同，表明各含水层之间有较为密切的水力联系。

喀什地区西部深层承压水中，$F^{-}$含量变化范围为ND～2.80mg/L，平均值为1.29mg/L，点位超标率为50.0%；As含量变化范围为ND～0.214mg/L，平均值为0.020mg/L，点位超标率为21.4%；Fe含量变化范围为ND～15.32mg/L，平均值为2.92mg/L，点位超标率为71.4%；Mn含量变化范围为0.05～1.72mg/L，平均值为0.53mg/L，点位超标率为71.4%。

从变异系数来看，喀什地区西部深层承压水中TDS、$K^{+}+Na^{+}$、$Cl^{-}$、As、Fe和Mn空间变异性大，变异系数均大于1.0，呈现强空间变异性；TH、$Ca^{2+}$、$Mg^{2+}$、$SO_4^{2-}$、$HCO_3^{-}$和$F^{-}$的变异系数小于0.1～1.0，呈现中等空间变异性；pH变异系数小于0.1，呈现弱空间变异性。

TDS、TH、$K^{+}+Na^{+}$、$Ca^{2+}$、$Mg^{2+}$、$Cl^{-}$、$SO_4^{2-}$、$HCO_3^{-}$和As变异系数：潜水＜浅层承压水＜深层承压水；$F^{-}$和Fe变异系数：潜水＜深层承压水＜浅层承压水；Mn变异系数：深层承压水＜浅层承压水＜潜水。说明深层承压水中主要指标的含量高于浅层地下水（潜水和浅层承压水）中的，由此可以初步推断深层承压水受人类活动的影响较大，咸化作用较强（姜凌，2009；林丽等，2017）。

#### 6.2.1.2　TDS分布特征

利用喀什地区西部2014年地下水水样数据绘制TDS分区图（图6-3），并对不同TDS分区面积进行统计（表6-2）。由图6-3可以看出，北部克孜勒苏河地下水系统（Ⅰ）TDS整体无明显的水平分带性，以微咸水（TDS=1～3g/L）、淡水（TDS＜1g/L）和咸水（TDS=3～10g/L）为主，根据对TDS分区面积的统计，研究区微咸水、淡水和咸水的分布面积分别为

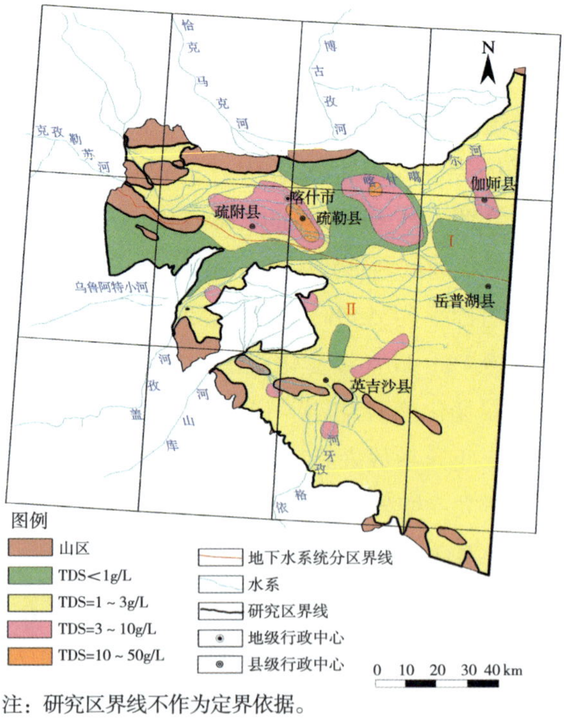

注：研究区界线不作为定界依据。

图6-3　2014年喀什地区西部地下水TDS分区图

1915.6km$^2$、1010.9km$^2$和831.1km$^2$，占研究区总面积的50.0%、26.3%和21.7%；而盐水（TDS=10～50g/L）的分布面积为76.2km$^2$，仅占研究区总面积的2.0%，分布在喀什市和疏勒县的局部区域。

南部盖孜河地下水系统（Ⅱ）以微咸水为主，其次为淡水，淡水主要分布在研究区西北部和东北部，微咸水和淡水的分布面积分别为5612.2km$^2$和939.1km$^2$，占研究区总面积的83.5%和14.0%；而咸水的分布面积为166.5km$^2$，仅占研究区总面积的2.5%，零星分布在英吉沙县和疏勒县内。

表6-2　2014年喀什地区西部地下水不同TDS分区面积统计表

| 地下水系统 | 统计值 | TDS分区/（g/L） | | | | 合计 |
|---|---|---|---|---|---|---|
| | | <1 | 1～3 | 3～10 | 10～50 | |
| Ⅰ | 面积/km$^2$ | 1010.9 | 1915.6 | 831.1 | 76.2 | 3833.8 |
| | 比例/% | 26.3 | 50.0 | 21.7 | 2.0 | 100.0 |
| Ⅱ | 面积/km$^2$ | 939.1 | 5612.2 | 166.5 | 0.0 | 6717.8 |
| | 比例/% | 14.0 | 83.5 | 2.5 | 0.0 | 100.0 |

#### 6.2.1.3　宏量组分与TDS的关系

地下水中宏量组分的含量变化会引起TDS的变化，它们之间的关系可以反映地下水化学组分的分布特征和变化趋势（张贵等，2017）。

研究区北部克孜勒苏河地下水系统中地下水水样33组，当显著性水平$\alpha$=0.05，相关系数$r$大于0.344时，表明变量之间呈显著相关关系；当显著性水平$\alpha$=0.01，相关系数$r$大于0.442时，表明变量之间呈极显著相关关系。研究区南部盖孜河地下水系统中地下水水样22组，当显著性水平$\alpha$=0.05，相关系数$r$大于0.423时，表明变量之间呈显著相关关系；当显著性水平$\alpha$=0.01，相关系数$r$大于0.537时，表明变量之间呈极显著相关关系。

（1）宏量阳离子与TDS的相关性分析　北部克孜勒苏河地下水系统的宏量阳离子与TDS的关系图见［图6-4（a）］，由图可以看出，宏量阳离子$Na^+$+$K^+$、$Ca^{2+}$、$Mg^{2+}$与TDS相关系数$r$分别为0.982、0.913、0.904，表明宏量阳离子与TDS之间均呈现极显著线性相关关系，且相关程度依次为：$Na^+$+$K^+$>$Ca^{2+}$>$Mg^{2+}$。

南部盖孜河地下水系统的宏量阳离子与TDS的关系图见［图6-4（b）］，由图可以看出，宏量阳离子$Na^+$+$K^+$、$Ca^{2+}$、$Mg^{2+}$与TDS相关系数$r$分别为0.987、0.957、0.956，表明宏量阳离子与TDS之间均呈现极显著线性相关关系，且相关程度依次为：$Na^+$+$K^+$>$Ca^{2+}$>$Mg^{2+}$。

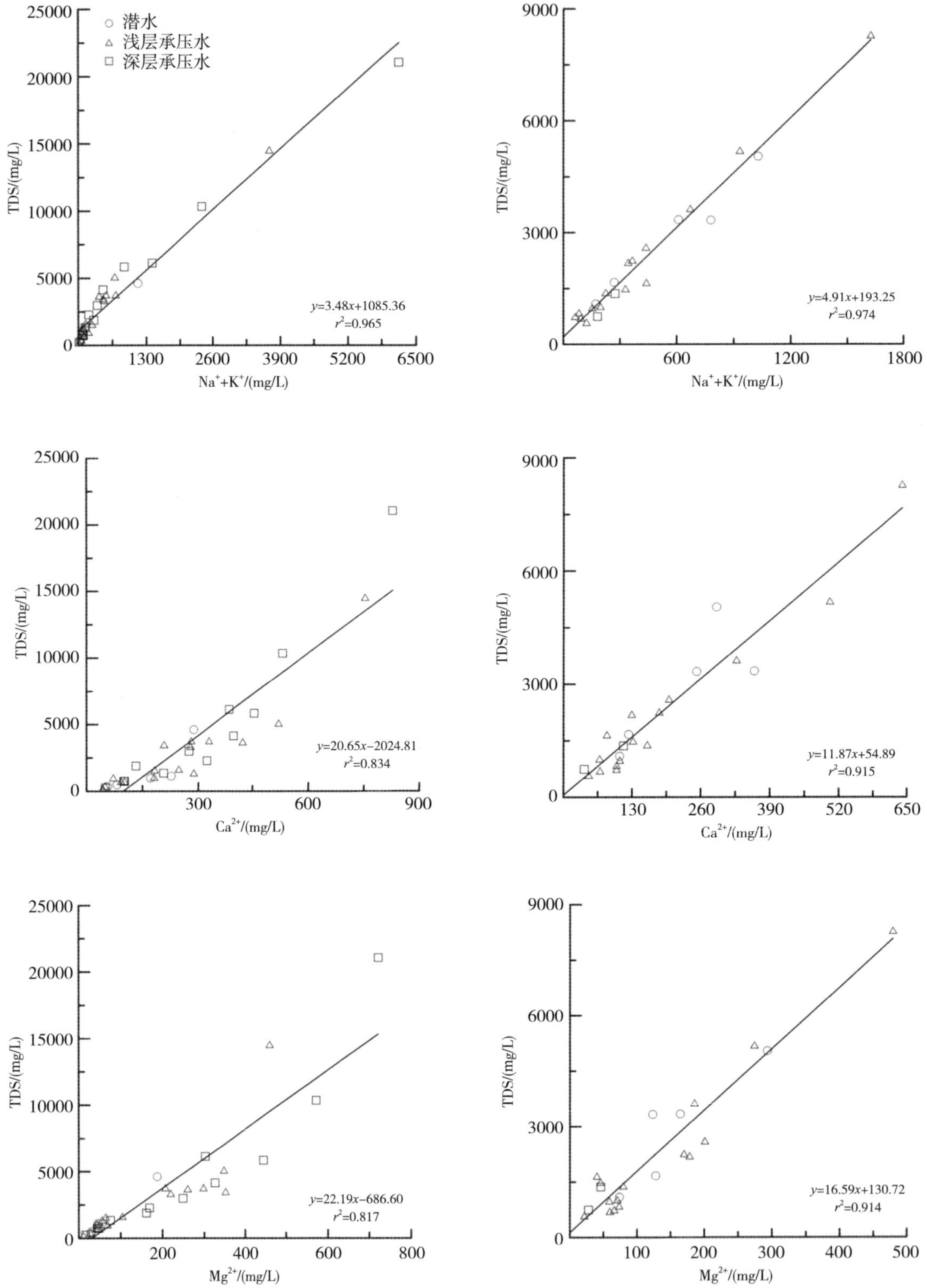


（a）北部克孜勒苏河地下水系统　　（b）南部盖孜河地下水系统

图6-4　喀什地区西部地下水宏量阳离子与TDS关系图

由图6-4可以看出，北部克孜勒苏河地下水系统和南部盖孜河地下水系统中$Na^+$+$K^+$与TDS之间相关性最好，表明宏量阳离子中$Na^+$+$K^+$含量的增加对TDS增加的贡献率大于$Ca^{2+}$和$Mg^{2+}$的，由此可以初步推测研究区地下水中的水-岩相互作用以含$Na^+$+$K^+$的矿物溶解为主，同时也存在含$Ca^{2+}$和$Mg^{2+}$的矿物的溶解沉淀。

（2）宏量阴离子与TDS的相关性分析　北部克孜勒苏河地下水系统的宏量阴离子与TDS的关系图见［图6-5（a）］，由图可以看出，宏量阴离子$Cl^-$、$SO_4^{2-}$与TDS相关系数$r$分别为0.972、0883，表明$Cl^-$、$SO_4^{2-}$与TDS之间均呈现极显著线性相关关系，且相关程度依次为：$Cl^->SO_4^{2-}$，而$HCO_3^-$与TDS相关性不大。

南部盖孜河地下水系统的宏量阴离子与TDS的关系图见［图6-5（b）］，由图可以看出，宏量阴离子$Cl^-$、$SO_4^{2-}$与TDS相关系数$r$分别为0.976、0.968，表明$Cl^-$、$SO_4^{2-}$与TDS之间均呈现极显著线性相关关系，且相关程度依次为：$Cl^->SO_4^{2-}$，而$HCO_3^-$与TDS相关性不大。

由图6-5可以看出，北部克孜勒苏河地下水系统和南部盖孜河地下水系统中$Cl^-$与TDS之间相关性最好，表明宏量阴离子中$Cl^-$含量的增加对TDS增加的贡献率大于$SO_4^{2-}$，由此可以初步推测研究区地下水中的水-岩相互作用以含$Cl^-$的矿物溶解为主，同时也存在含$SO_4^{2-}$的矿物溶解。

综上所述，根据宏量组分与TDS的关系可以初步推断研究区地下水中的水-岩相互作用以含$Na^+$+$K^+$和$Cl^-$的矿物溶解为主，即以岩盐的溶解为主；同时也存在含$Ca^{2+}$和$SO_4^{2-}$的矿物溶解，即石膏的溶解。

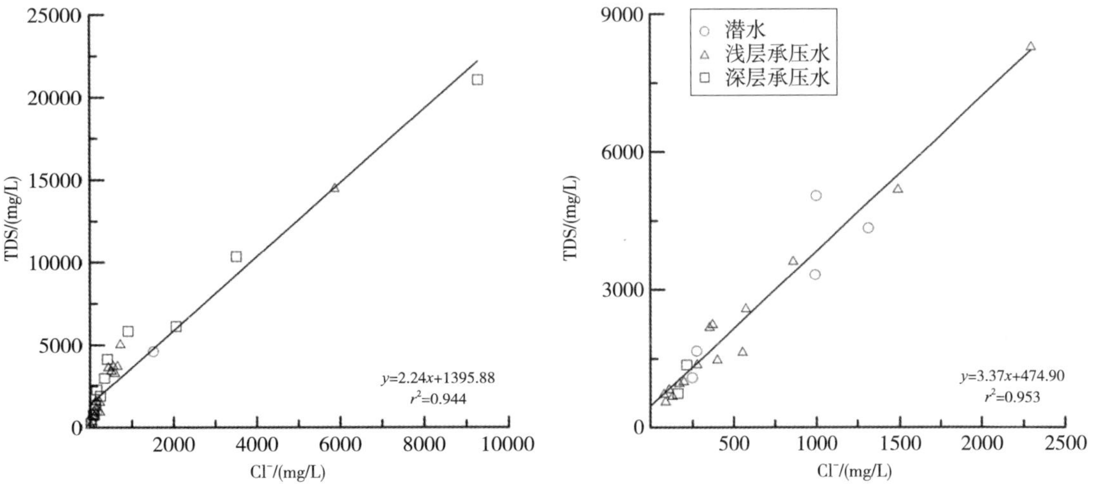

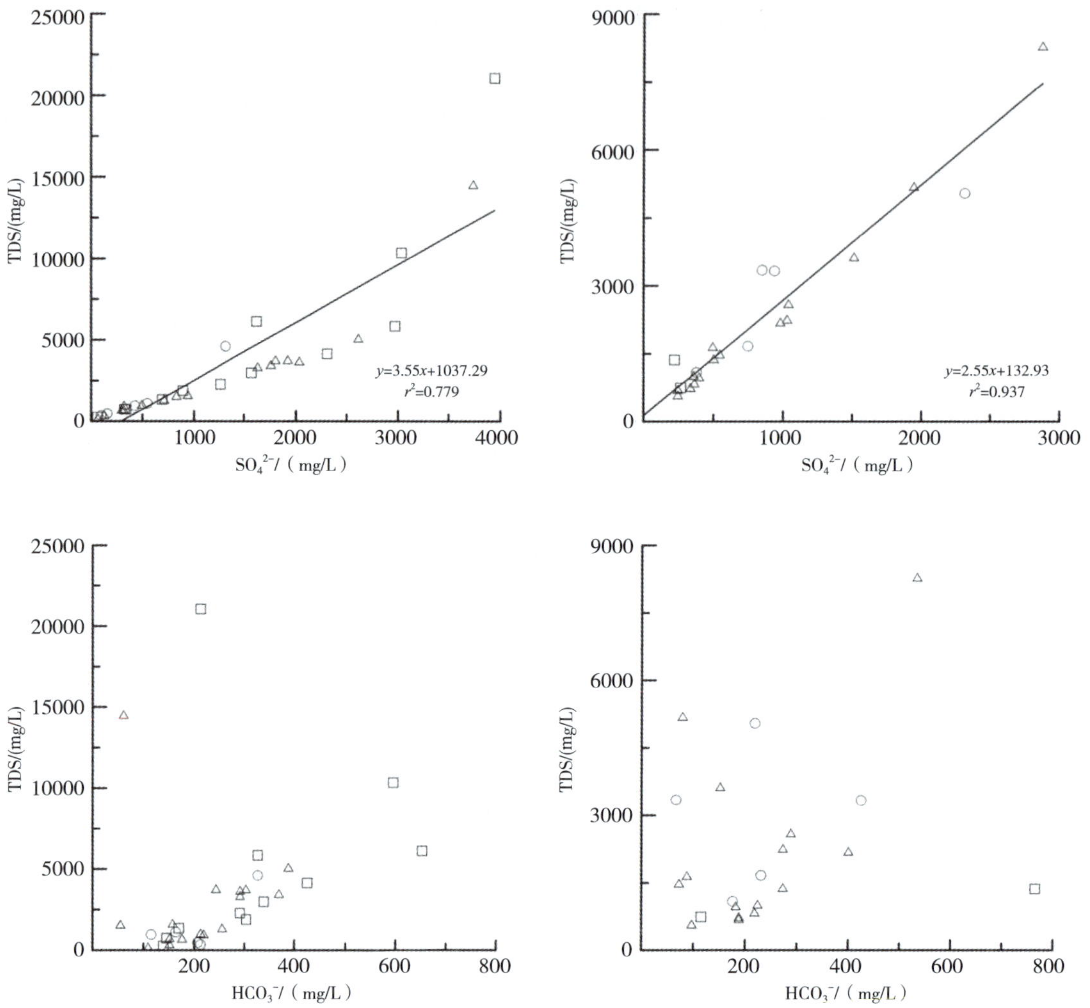


（a）北部克孜勒苏河地下水系统　　（b）南部盖孜河地下水系统

图6-5　喀什地区西部地下水宏量阴离子与TDS关系图

#### 6.2.1.4　地下水化学类型

采用舒卡列夫分类法对地下水化学类型进行划分，即根据地下水中6种主要离子（$K^+$合并于$Na^+$中，$CO_3^{2-}$合并于$HCO_3^-$中）及TDS来划分，将毫克当量百分数大于25.0%的阴离子和阳离子进行组合，每种类型水都表示一个特定环境中形成的天然水（Li等，2013）。

利用AquaChem软件绘制2014年地下水化学类型Piper三线图（图6-6），可以直观地反映喀什地区西部地下水化学特征。

（1）北部克孜勒苏河地下水系统　西北部的克孜勒苏河–恰克马克河来源于西南天山，该系统单一结构潜水主要分布在山前戈壁砾石带，水化学作用以浓缩–溶滤作用为主，潜水化学类型并没有明显的分带性，水化学类型以$SO_4$型水为主；承压水化学类型没有明显的分带性，以$SO_4$型水、$SO_4\cdot Cl$型水为主，在西部疏勒县局部地段为

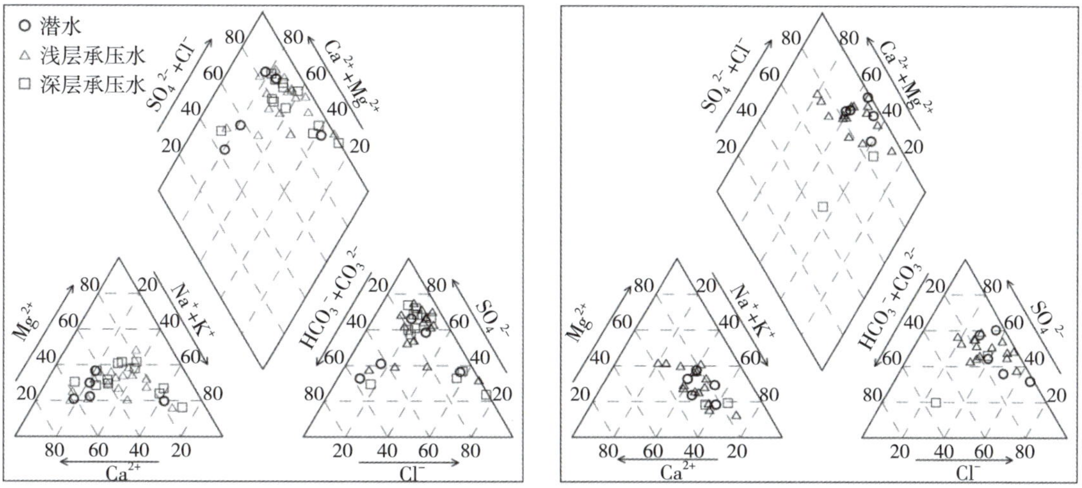

（a）北部克孜勒苏河地下水系统　　（b）南部盖孜河地下水系统

图6-6　2014年喀什地区西部地下水Piper三线图

$HCO_3 \cdot SO_4$型水。

（2）南部盖孜河地下水系统　西南部的乌鲁阿特小河-盖孜河-库山河来源于昆仑山区，地下水径流条件好，水化学作用以淋溶和迁移为主。该系统潜水化学类型以$SO_4 \cdot Cl$型水、$Cl \cdot SO_4$型水为主，在英吉沙县局部地段为$SO_4 \cdot HCO_3$型水；承压水化学类型以$SO_4 \cdot Cl$型水为主，北部局部区域分布有$SO_4 \cdot HCO_3$型水、$HCO_3 \cdot Cl$型水。

## 6.2.2 地下水化学变化特征

### 6.2.2.1 不同时期地下水各主要指标变化分析

利用研究区2003年、2011年、2014年及2017年相同井位的13组地下水水质资料，选取点位超标率较高的9项指标（TDS、TH、$Na^+$、$Cl^-$、$SO_4^{2-}$、$F^-$、As、Fe和Mn），对研究区不同时期地下水中各主要指标变化进行对比描述。北部克孜勒苏河地下水系统中潜水原位点2组，浅层承压水原位点1组，深层承压水原位点2组；南部盖孜河地下水系统中潜水原位点1组，浅层承压水原位点5组，深层承压水原位点2组（图6-7）。研究区不同时期地下水中各主要指标变化分别见

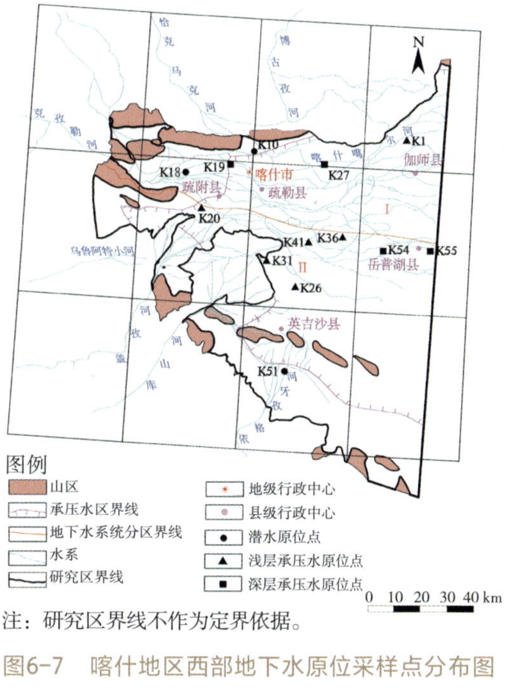

注：研究区界线不作为定界依据。

图6-7　喀什地区西部地下水原位采样点分布图

表6-3　北部克孜勒苏河地下水系统不同时期地下水中各主要指标变化状况　单位：mg/L

| 编号 | 地下水类型 | 年份 | TDS | TH | $Na^+$ | $Cl^-$ | $SO_4^{2-}$ | $F^-$ | As | Fe | Mn |
|---|---|---|---|---|---|---|---|---|---|---|---|
| K10 | 潜水 | 2014 | 477.3 | 767.1 | 36.2 | 45.8 | 156.9 | 0.74 | — | — | — |
| | | 2017 | 1612.2 | 752.3 | 252.7 | 297.8 | 646.1 | 0.43 | — | — | — |
| K18 | 潜水 | 2014 | 4617.0 | 592.5 | 1114.0 | 1506.0 | 1317.0 | 2.20 | — | 0.62 | 0.45 |
| | | 2017 | 726.6 | 471.4 | 36.6 | 56.7 | 390.2 | 0.37 | — | 0.04 | — |
| K1 | 浅层承压水 | 2003 | 560.0 | 160.1 | 139.8 | 108.5 | 192.1 | — | — | — | — |
| | | 2011 | 708.9 | 207.5 | 178.2 | 132.6 | 247.9 | 0.57 | — | — | — |
| | | 2014 | 3505.0 | 1554.0 | 456.0 | 501.5 | 1761.0 | 0.80 | 0.011 | 1.62 | 0.21 |
| | | 2017 | 2053.6 | 613.8 | 470.2 | 419.1 | 865.9 | 0.78 | — | 0.09 | 0.43 |
| K19 | 深层承压水 | 2011 | 690.1 | 430.4 | 56.9 | 50.2 | 369.3 | 0.28 | — | — | — |
| | | 2014 | 4151.0 | 499.4 | 416.2 | 411.4 | 2306.0 | 2.50 | 0.011 | 1.66 | 0.82 |
| | | 2017 | 783.1 | 493.5 | 46.0 | 75.9 | 409.3 | 0.36 | — | — | — |
| K27 | 深层承压水 | 2014 | 21059.0 | 437.9 | 6102.0 | 9279.0 | 3940.0 | 2.80 | 0.016 | 4.15 | 1.72 |
| | | 2017 | 777.9 | 436.3 | 81.3 | 92.2 | 361.8 | 0.48 | — | 0.15 | — |

注："—"表示无检测值。

表6-3和表6-4。

由表6-3可以看出，北部克孜勒苏河地下水系统中2组潜水原位点的主要指标含量变化趋势不一致，编号为K10的潜水水样主要指标含量总体呈上升趋势，编号为K18的潜水水样主要指标含量总体呈下降趋势。浅层承压水原位点TDS、TH、$Cl^-$、$SO_4^{2-}$、$F^-$、As和Fe的含量从2003—2014年呈现出上升趋势，2014—2017年呈现下降趋势，但总体上表现为含量随时间的迁移呈上升趋势；$Na^+$和Mn的含量则从2003—2017年呈现持续上升的趋势。深层承压水原位点TDS、TH、$Na^+$、$Cl^-$、$SO_4^{2-}$、$F^-$、As、Fe和Mn的含量从2011—2014年呈现出上升趋势，2014—2017年呈现下降趋势，但总体上表现为含量随时间的迁移呈上升趋势。

表6-4　南部盖孜河地下水系统不同时期地下水中各主要指标变化状况　单位：mg/L

| 编号 | 地下水类型 | 年份 | TDS | TH | $Na^+$ | $Cl^-$ | $SO_4^{2-}$ | $F^-$ | As | Fe | Mn |
|---|---|---|---|---|---|---|---|---|---|---|---|
| K51 | 潜水 | 2003 | 597.9 | 370.3 | 67.6 | 65.2 | 254.6 | — | — | — | — |
| | | 2011 | 999.3 | 555.3 | 138.1 | 129.0 | 427.1 | — | — | — | — |
| | | 2014 | 3344.0 | 564.9 | 602.6 | 1313.0 | 848.5 | 0.48 | — | 0.07 | 0.49 |
| | | 2017 | 652.5 | 391.2 | 47.2 | 63.8 | 303.1 | 0.32 | — | — | — |

续表

| 编号 | 地下水类型 | 年份 | TDS | TH | $Na^+$ | $Cl^-$ | $SO_4^{2-}$ | $F^-$ | As | Fe | Mn |
|---|---|---|---|---|---|---|---|---|---|---|---|
| K31 | 浅层承压水 | 2003 | 623.1 | 350.3 | 94.3 | 53.2 | 192.1 | — | — | — | — |
| | | 2011 | 322.8 | 199.3 | 41.8 | 21.5 | 105.3 | — | — | — | — |
| | | 2014 | 3645.0 | 725.1 | 658.7 | 857.8 | 1513.0 | 0.74 | — | — | 1.10 |
| | | 2017 | 1736.2 | 842.5 | 244.5 | 426.2 | 621.6 | 0.81 | — | 0.13 | 0.34 |
| K20 | 浅层承压水 | 2014 | 2207.0 | 442.4 | 330.0 | 350.1 | 980.7 | 2.40 | 0.036 | 1.33 | 0.57 |
| | | 2017 | 1063.6 | 601.8 | 114.1 | 148.9 | 474.8 | 0.73 | — | — | — |
| K26 | 浅层承压水 | 2014 | 589.0 | 1151.0 | 120.0 | 90.0 | 245.6 | 0.66 | 0.019 | — | 0.06 |
| | | 2017 | 3081.6 | 1529.6 | 484.3 | 482.2 | 1461.2 | 0.81 | — | 0.14 | 0.54 |
| K36 | 浅层承压水 | 2014 | 2269.0 | 600.5 | 340.0 | 369.5 | 1029.0 | 0.78 | 0.002 | 0.05 | 0.46 |
| | | 2017 | 1825.3 | 977.9 | 230.4 | 237.6 | 850.6 | 1.90 | — | 0.08 | 0.28 |
| K41 | 浅层承压水 | 2014 | 1667.0 | 413.3 | 434.5 | 551.5 | 495.6 | 3.10 | — | 0.29 | 0.13 |
| | | 2017 | 1117.8 | 636.9 | 116.5 | 142.5 | 494.0 | 1.90 | — | 0.19 | 0.38 |
| K55 | 深层承压水 | 2003 | 814.1 | 243.2 | 193.2 | 227.6 | 280.5 | — | — | — | — |
| | | 2011 | 595.1 | 97.1 | 182.1 | 136.2 | 178.3 | 0.52 | — | — | — |
| | | 2014 | 746.9 | 35.0 | 179.2 | 162.8 | 265.5 | 0.58 | 0.004 | 0.07 | 0.08 |
| | | 2017 | 934.7 | 235.7 | 231.6 | 209.2 | 352.2 | 0.70 | — | — | — |
| K54 | 深层承压水 | 2014 | 1366.0 | 1004.0 | 245.4 | 215.0 | 221.1 | 0.80 | 0.002 | 5.42 | 0.32 |
| | | 2017 | 1930.0 | 847.5 | 324.3 | 295.7 | 959.8 | 0.34 | — | 0.07 | — |

注：“—”表示无检测值。

由表6-4可以看出，南部盖孜河地下水系统中潜水原位点TDS、TH、$Na^+$、$Cl^-$、$SO_4^{2-}$、$F^-$、Fe和Mn的含量从2003—2014年呈现出上升趋势，2014—2017年呈现下降趋势，但总体上表现为含量随时间的迁移呈上升趋势。浅层承压水原位点TDS、$Na^+$、$Cl^-$和$SO_4^{2-}$的含量从2003—2014年呈现出上升趋势，2014—2017年总体呈现下降趋势；TH从2003—2017年呈现上升的趋势；As的含量从2014—2017年总体呈现出下降趋势；5组浅层承压水原位点中有3组$F^-$和Fe的含量从2014—2017年呈现出上升趋势，3组Mn的含量从2014—2017年呈现出下降趋势。深层承压水原位点TDS、TH、$Na^+$、$Cl^-$和$SO_4^{2-}$的含量从2003—2014年总体呈现下降趋势，2014—2017年呈现上升趋势；$F^-$、As、Fe和Mn的含量从2014—2017年总体呈现下降趋势。

### 6.2.2.2 TDS年际变化

喀什地区西部2003年、2011年、2014年和2017年地下水TDS分区面积统计结果见表6–5，由表6–5可以看出，2003年地下水TDS均＜1g/L，2003—2017年各地下水TDS分区面积变幅较大，TDS＜1g/L的面积整体呈降低趋势，北部克孜勒苏河地下水系统（Ⅰ）TDS＜1g/L的面积从2003年的100.0%减小到2017年的16.6%，降幅为3196.2km$^2$；南部盖孜河地下水系统（Ⅱ）TDS＜1g/L的面积从2003年的100.0%减小到2017年的4.7%，降幅为6399.0km$^2$。TDS=1～3g/L的面积整体呈增长趋势，北部克孜勒苏河地下水系统TDS=1～3g/L的面积从2003年的0增大到2017年的83.4%，增幅为3196.2km$^2$；南部盖孜河地下水系统TDS=1～3g/L的面积从2003年的0增大到2017年的94.2%，增幅为6325.8km$^2$。TDS=3～10g/L的面积呈现先增长后降低的趋势，北部克孜勒苏河地下水系统TDS=3～10g/L的面积从2003年的0增大到2014年的21.7%，后减小到2017年的0；南部盖孜河地下水系统TDS=3～10g/L的面积从2003年的0增大到2014年的2.5%，后减小到2017年的1.1%，变幅较小。TDS=10～50g/L的地下水采样点仅在2014年北部克孜勒苏河地下水系统出现，占比仅为2.0%。研究区2014年地下水TDS分区图见图6–3，2011年和2017年地下水TDS分区图分别见图6–8和图6–9。

综上可知，研究区从2003—2017年地下水中淡水逐年减少，逐渐转为微咸水，同时，2014年以来咸水和盐水在研究区局部区域均有分布，由此可以初步推断研究区地下水呈现咸化趋势。

表6–5 喀什地区西部不同时期地下水TDS分区面积统计表

| 地下水系统 | TDS分区/（g/L） | 2003年 | | 2011年 | | 2014年 | | 2017年 | | 2003—2017年变幅/km$^2$ |
|---|---|---|---|---|---|---|---|---|---|---|
| | | 面积/km$^2$ | 比例/% | 面积/km$^2$ | 比例/% | 面积/km$^2$ | 比例/% | 面积/km$^2$ | 比例/% | |
| Ⅰ | ＜1 | 3833.8 | 100 | 3435.2 | 89.6 | 1010.9 | 26.3 | 637.6 | 16.6 | –3196.2 |
| | 1～3 | 0 | 0 | 398.6 | 10.4 | 1915.6 | 50.0 | 3196.2 | 83.4 | 3196.2 |
| | 3～10 | 0 | 0 | 0 | 0 | 831.1 | 21.7 | 0 | 0 | 0 |
| | 10～50 | 0 | 0 | 0 | 0 | 76.2 | 2.0 | 0 | 0 | 0 |
| | 合计 | 3833.8 | 100 | 3833.8 | 100 | 3833.8 | 100 | 3833.8 | 100 | 0 |
| Ⅱ | ＜1 | 6717.8 | 100 | 6717.8 | 100 | 939.1 | 14.0 | 318.8 | 4.7 | –6399.0 |
| | 1～3 | 0 | 0 | 0 | 0 | 5612.2 | 83.5 | 6325.8 | 94.2 | 6325.8 |
| | 3～10 | 0 | 0 | 0 | 0 | 166.5 | 2.5 | 73.2 | 1.1 | 73.2 |
| | 10～50 | 0 | 0 | 0 | 0 | 0 | 0 | 0 | 0 | 0 |
| | 合计 | 6717.8 | 100 | 6717.8 | 100 | 6717.8 | 100 | 6717.8 | 100 | 0 |

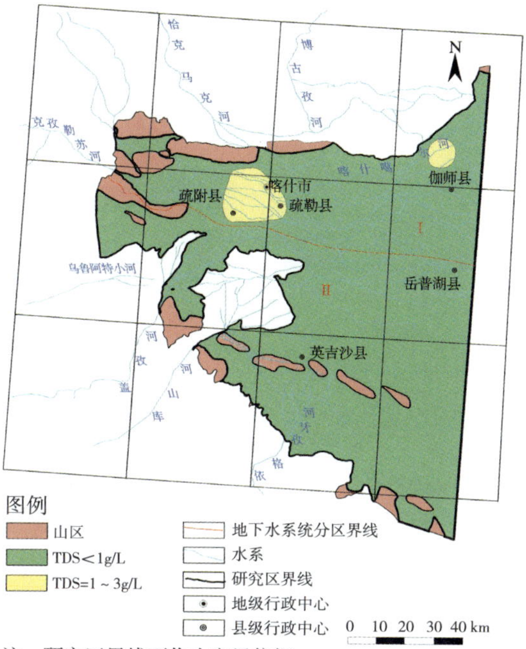


注：研究区界线不作为定界依据。

图6-8　2011年喀什地区西部地下水TDS分区图

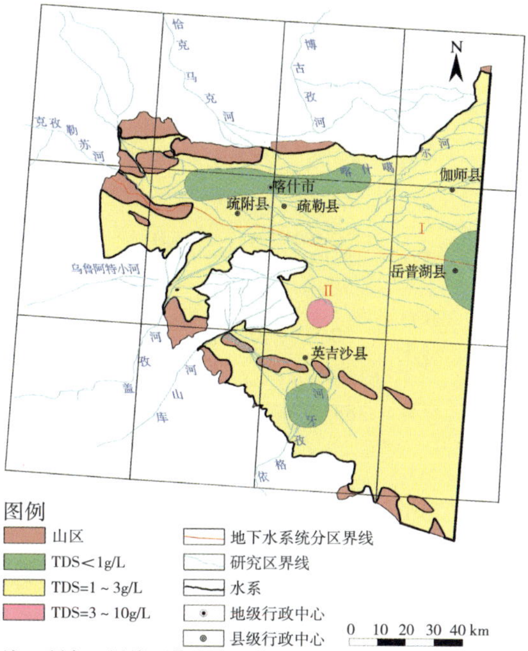


注：研究区界线不作为定界依据。

图6-9　2017年喀什地区西部地下水TDS分区图

#### 6.2.2.3　地下水化学类型年际变化

喀什地区西部1985年、2003年、2011年、2014年和2017年各类型地下水化学类型分区面积统计结果见表6-6，1985—2014年各地下水化学类型分区面积变幅较大，$SO_4$型水的面积整体呈降低趋势，北部克孜勒苏河地下水系统（Ⅰ）$SO_4$型水的面积从1985年的100%减小到2014年的82.8%，降幅为661.0km²；南部盖孜河地下水系统（Ⅱ）$SO_4$型水的面积从1985年的98.6%减小到2014年的85.6%，降幅为872.5km²。Cl型水、$HCO_3$型水的面积整体呈增长趋势，北部克孜勒苏河地下水系统Cl型水、$HCO_3$型水的面积从1985年的0分别增大到2014年的12.2%和5.0%，增幅分别为468.6km²和192.4km²；南部盖孜河地下水系统Cl型水、$HCO_3$型水的面积分别从1985年的0和1.4%增大到2014年的12.4%和2.0%，增幅分别为830.1km²和42.4km²，而2017年13组地下水水样的水化学类型均为$SO_4$型水。研究区1985年、2003年、2011年和2014年地下水化学类型分区图见图6-10～图6-13。

表6-6　喀什地区西部不同时期地下水化学类型分区面积统计表

| 地下水系统 | 地下水化学类型 | 1985年 | | 2003年 | | 2011年 | | 2014年 | | 1985—2014年变幅/km² | 2017年 | |
|---|---|---|---|---|---|---|---|---|---|---|---|---|
| | | 面积/km² | 比例/% | 面积/km² | 比例/% | 面积/km² | 比例/% | 面积/km² | 比例/% | | 面积/km² | 比例/% |
| Ⅰ | $SO_4$型水 | 3833.8 | 100 | 3747.8 | 97.8 | 3569.9 | 93.1 | 3172.8 | 82.8 | -661.0 | 3833.8 | 100 |

续表

| 地下水系统 | 地下水化学类型 | 1985年 | | 2003年 | | 2011年 | | 2014年 | | 1985—2014年变幅/km² | 2017年 | |
|---|---|---|---|---|---|---|---|---|---|---|---|---|
| | | 面积/km² | 比例/% | 面积/km² | 比例/% | 面积/km² | 比例/% | 面积/km² | 比例/% | | 面积/km² | 比例/% |
| Ⅰ | Cl型水 | 0 | 0 | 86.0 | 2.2 | 263.9 | 6.9 | 468.6 | 12.2 | 468.6 | 0 | 0 |
| | $HCO_3$型水 | 0 | 0 | 0 | 0 | 0 | 0 | 192.4 | 5.0 | 192.4 | 0 | 0 |
| | 合计 | 3833.8 | 100 | 3833.8 | 100 | 3833.8 | 100 | 3833.8 | 100 | 0 | 3833.8 | 100 |
| Ⅱ | $SO_4$型水 | 6625.7 | 98.6 | 6392.5 | 95.2 | 6045.2 | 90.0 | 5753.2 | 85.6 | −872.5 | 6717.8 | 100 |
| | Cl型水 | 0 | 0 | 116.6 | 1.7 | 358.1 | 5.3 | 830.1 | 12.4 | 830.1 | 0 | 0 |
| | $HCO_3$型水 | 92.1 | 1.4 | 208.7 | 3.1 | 314.5 | 4.7 | 134.5 | 2.0 | 42.4 | 0 | 0 |
| | 合计 | 6717.8 | 100 | 6717.8 | 100 | 6717.8 | 100 | 6717.8 | 100 | 0 | 6717.8 | 100 |

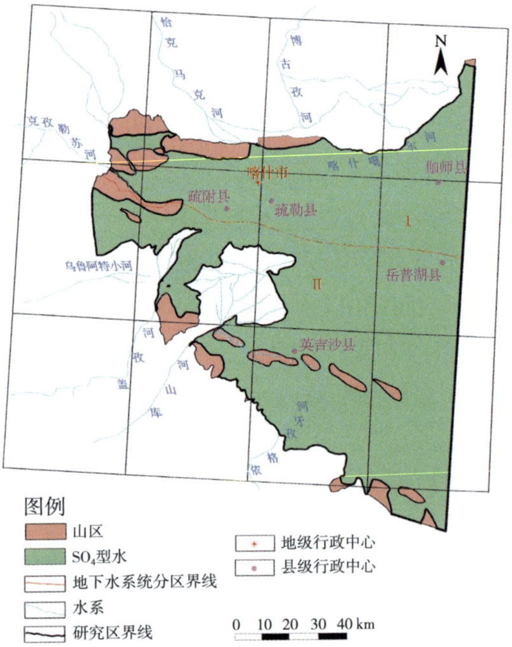


注：研究区界线不作为定界依据。

图6-10 1985年喀什地区西部地下水化学类型分区图

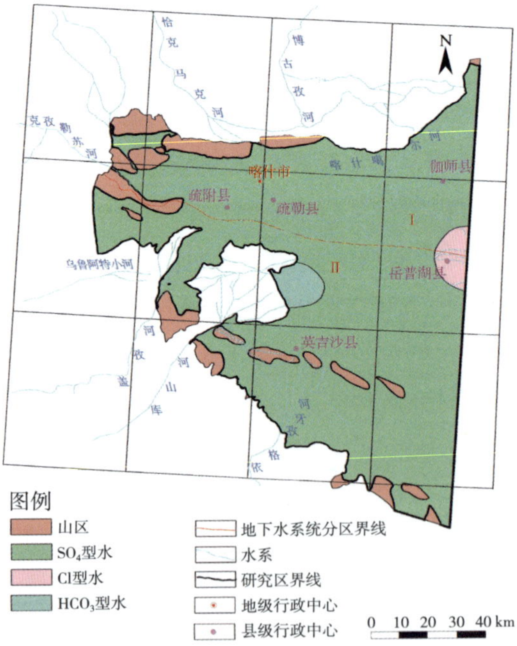


注：研究区界线不作为定界依据。

图6-11 2003年喀什地区西部地下水化学类型分区图

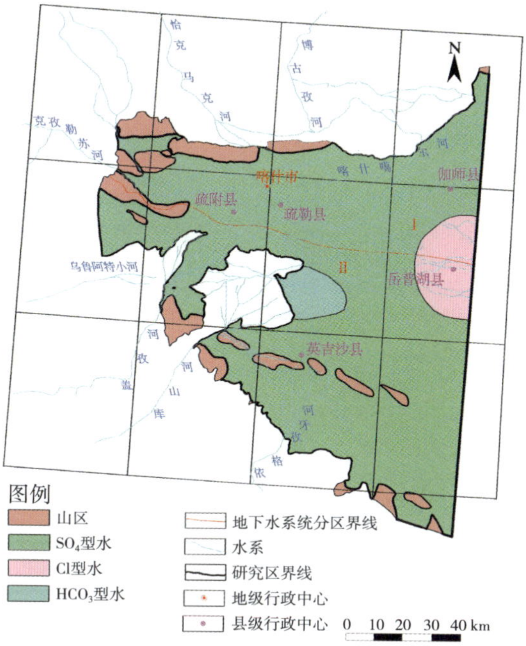


注：研究区界线不作为定界依据。

图6-12 2011年喀什地区西部地下水化学类型分区图

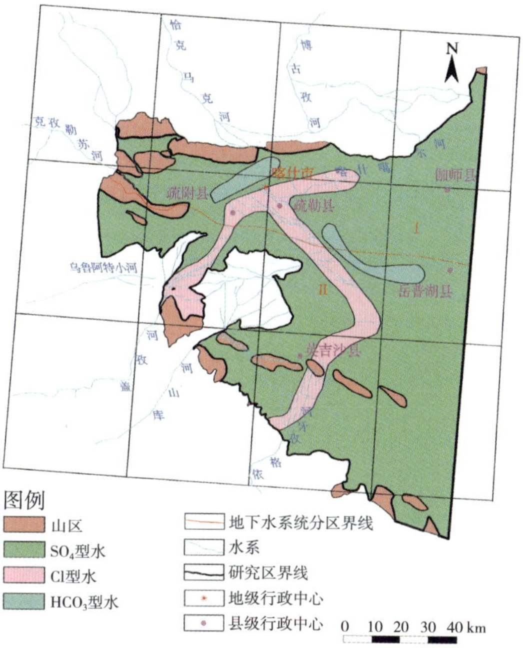


注：研究区界线不作为定界依据。

图6-13 2014年喀什地区西部地下水化学类型分区图

## 6.2.3 氢氧同位素特征

氢氧同位素化学性质稳定，在地下水中常作为天然示踪剂，可以用来研究地下水起源、地下水形成及演化规律以及其中的水–岩相互作用等。

Craig（Craig，1961）根据全球降水资料，研究表明大气降水中$\delta D$和$\delta^{18}O$值之间呈线性关系，即全球大气降水线，线性方程为$\delta D=8\delta^{18}O+10$。王文祥等（王文祥等，2013）对塔里木盆地多条河流中的样品分析表明塔里木盆地大气降水线为$\delta D=8\delta^{18}O+15$，喀什地区西部位于塔里木盆地西部，因此将该方程作为研究区当地大气降水线方程（乃尉华等，2017）。

本次研究于2017年7月在喀什地区西部共采集D、$^{18}O$同位素23组，其中地表水水样8组、潜水水样4组、浅层承压水7组、深层承压水4组。研究区地表水$\delta D$和$\delta^{18}O$值范围分别为–86.74‰ ~ –32.25‰和–9.79‰ ~ –2.24‰，平均值分别为–46.17‰和–4.12‰；潜水$\delta D$和$\delta^{18}O$值范围分别为–88.77‰ ~ –37.70‰和–9.64‰ ~ –4.08‰，平均值分别为–69.15‰和–7.60‰；浅层承压水$\delta D$和$\delta^{18}O$值范围分别为–95.28‰ ~ –63.49‰和–10.53‰ ~ –6.72‰，平均值分别为–81.05‰和–8.86‰；深层承压水$\delta D$和$\delta^{18}O$值范围分别为–91.90‰ ~ –58.81‰和–10.41‰ ~ –6.72‰，平均值分别为–79.32‰和–8.86‰。研究区地表水和地下水的$\delta D$和$\delta^{18}O$之间的关系见图6–14。由图可以看出地表水和地下水样品均分布在当地大气降水线的下方，表明降水补给过程中有一定程度的蒸发。

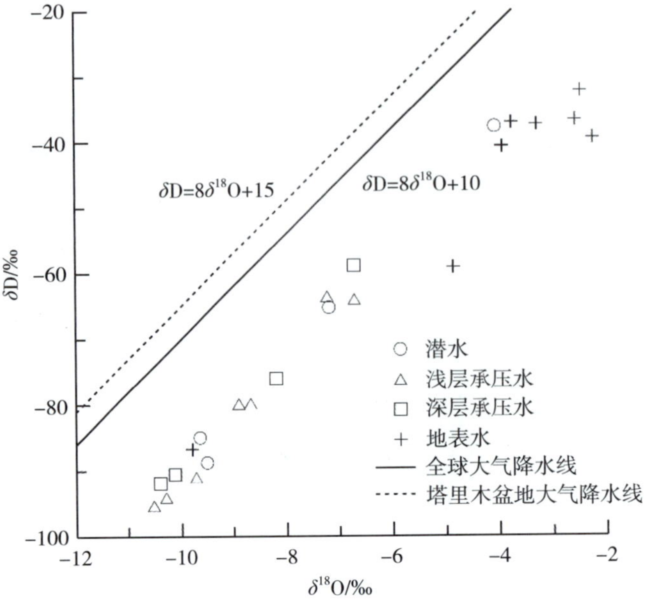


图6-14　喀什地区西部地表水和地下水的δD和$\delta^{18}O$之间的关系

潜水、浅层承压水和深层承压水δD、$\delta^{18}O$值相近，表明垂向上潜水、浅层承压水和深层承压水有较密切的水力联系。

在北部克孜勒苏河地下水系统中沿地下水流动方向（由西向东）选取典型剖面A–A′，并在剖面A–A′上选取潜水点K18→K10，浅层承压水点N2→K1，深层承压水点K19→K27；在南部盖孜河地下水系统中沿地下水流动方向选取典型剖面B–B′，并在剖面B–B′上选取浅层承压水点K31→K36，深层承压水点K54→K55，分析沿水流方向（图6–2）地下水δD、$\delta^{18}O$值的变化（表6–7）。

由表6–7可以看出，研究区北部克孜勒苏河地下水系统潜水中δD值呈递减趋势，即由山区至绿洲平原区潜水中δD值越亏损，$\delta^{18}O$值呈递增趋势；浅层承压水和深层承压水中δD、$\delta^{18}O$值均呈递减趋势，即由西向东承压水中δD、$\delta^{18}O$值越亏损。研究区南部盖孜

表6–7　喀什地区西部典型剖面上沿水流方向地下水δD、$\delta^{18}O$值变化统计表

| 典型剖面 | 地下水类型 | 沿水流方向地下水编号 | δD/‰ | $\delta^{18}O$/‰ |
|---|---|---|---|---|
| A—A′ | 潜水 | K18→K10 | −84.96→−88.77 | −9.64→−9.50 |
| | 浅层承压水 | N2→K1 | −94.04→−95.28 | −10.30→−10.53 |
| | 深层承压水 | K19→K27 | −90.58→−91.90 | −10.13→−10.41 |
| B—B′ | 浅层承压水 | K31→K36 | −63.49→−79.79 | −7.22→−8.68 |
| | 深层承压水 | K54→K55 | −75.98→−58.81 | −8.19→−6.72 |

河地下水系统浅层承压水中$\delta D$、$\delta^{18}O$值均呈递减趋势，即由西向东浅层承压水中$\delta D$、$\delta^{18}O$值越亏损；深层承压水中$\delta D$、$\delta^{18}O$值均呈递增趋势，即由西向东深层承压水$\delta D$、$\delta^{18}O$值越富集。

## 6.2.4 地下水质量评价

### 6.2.4.1 评价指标及标准

依据2014年地下水化学检测数据，选用pH、TDS、TH、$Na^+$、$Cl^-$、$SO_4^{2-}$、耗氧量、Fe、Mn、$NO_3^-$、$NO_2^-$、$NH_4^+$-N、$F^-$、$I^-$、Cu、Zn、Hg、$Cr^{6+}$、Pb、As、Cd、Se和Al 23个指标作为评价指标。评价标准采用最新的《地下水质量标准》（GB/T 14848—2017），将地下水质量划分为五类（表6-8）。

表6-8 地下水质量评价标准

| 质量类别 | 化学组分含量 | 用途 |
|---|---|---|
| Ⅰ类 | 低 | 适用于各种用途 |
| Ⅱ类 | 较低 | 适用于各种用途 |
| Ⅲ类 | 中等 | 适用于集中式生活饮用水水源及工农业用水 |
| Ⅳ类 | 较高 | 适用于农业和部分工业用水，适当处理后可作生活饮用水 |
| Ⅴ类 | 高 | 不宜作生活饮用水水源，其他用水可根据使用目的选用 |

### 6.2.4.2 评价方法

采用单项指标评价法对喀什地区西部2014年采集的55组水样进行地下水质量评价，该方法是我国实施多年且普遍获得认可的一种方法，采用一票否决制，分别对单个指标进行分析评价，以其中最差的指标来表征水质的整体状况，该法计算简便，且通过评价结果能直观地反映水质中哪一种或哪几种指标超标。

### 6.2.4.3 地下水质量评价结果

（1）北部克孜勒苏河地下水系统

①潜水质量评价结果。5组潜水水样质量类别均为Ⅴ类，潜水质量超标率为100.0%，说明潜水质量极差。

潜水的23个评价指标中超Ⅲ类水质标准的有8项：TDS、TH、$Na^+$、$Cl^-$、$SO_4^{2-}$、Fe、Mn和$F^-$，占总指标数的34.8%，其中，$F^-$为无机毒理指标，其他为无机常规指标。超标率最大的是TH，点位超标率为100%，以下依次为$SO_4^{2-}$、TDS、Fe、$Na^+$、$Cl^-$、$F^-$和Mn（表6-9），表明TH、$SO_4^{2-}$、TDS、Fe等指标的超标是影响潜水质量的主要因素。

表6-9　北部克孜勒苏河地下水系统中各指标点位超标率统计表　　　　单位：%

| 指标 | TDS | TH | $Na^+$ | $Cl^-$ | $SO_4^{2-}$ | $F^-$ | As | Fe | Mn | 耗氧量 | $I^-$ | $NH_4^+$-N | Pb |
|---|---|---|---|---|---|---|---|---|---|---|---|---|---|
| 标准值/（mg/L） | 1000 | 450 | 200 | 250 | 250 | 1 | 0.01 | 0.3 | 0.1 | 3 | 0.08 | 0.5 | 0.01 |
| 潜水 | 40.0 | 100 | 20.0 | 20.0 | 60.0 | 20.0 | 0 | 40.0 | 20.0 | 0 | 0 | 0 | 0 |
| 浅层承压水 | 75.0 | 87.5 | 50.0 | 43.8 | 87.5 | 37.5 | 18.8 | 50.0 | 62.5 | 12.5 | 18.8 | 6.3 | 6.3 |
| 深层承压水 | 75.0 | 83.3 | 58.3 | 50.0 | 91.7 | 58.3 | 25.0 | 75.0 | 75.0 | 0 | 0 | 0 | 0 |

注：标准值采用《地下水质量标准》（GB/T 14848—2017）中的Ⅲ类标准值。

②浅层承压水质量评价结果。16组浅层承压水水样中质量类别为Ⅳ和Ⅴ类的井点分别占调查总井数的6.3%和93.7%，浅层承压水质量超标率为100%，且以Ⅴ类水为主，说明浅层承压水质量极差。

浅层承压水的23个评价指标中超Ⅲ类水质标准的有13项：TDS、TH、$Na^+$、$Cl^-$、$SO_4^{2-}$、$F^-$、As、Fe、Mn、耗氧量、$I^-$、$NH_4^+$和Pb，占总指标数的56.5%。超标率最大的是TH和$SO_4^{2-}$，点位超标率均为87.5%，以下依次为TDS、Mn、$Na^+$、Fe、$Cl^-$、$F^-$、As、$I^-$、耗氧量、$NH_4^+$和Pb（表6-9）。表明TH、$SO_4^{2-}$、TDS、Mn、$Na^+$、Fe等指标的超标是影响浅层承压水质量的主要因素。

③深层承压水质量评价结果。12组深层承压水水样中质量类别为Ⅳ类和Ⅴ类的井点分别占调查总井数的8.3%和91.7%，深层承压水质量超标率为100%，且以Ⅴ类水为主，说明深层承压水质量极差。

深层承压水的23个评价指标中超Ⅲ类水质标准的有9项：TDS、TH、$Na^+$、$Cl^-$、$SO_4^{2-}$、$F^-$、As、Fe和Mn，占总指标数的39.1%。超标率最大的是$SO_4^{2-}$，点位超标率为91.7%，以下依次为TH、TDS、Fe、Mn、$Na^+$、$F^-$、$Cl^-$和As（表6-9）。表明$SO_4^{2-}$、TH、TDS、Fe、Mn、$Na^+$、$F^-$、$Cl^-$和As的超标是影响深层承压水质量的主要因素。

（2）南部盖孜河地下水系统

①潜水质量评价结果。5组潜水水样质量类别均为Ⅴ类，潜水质量超标率为100%，说明潜水质量极差。

潜水的23个评价指标中超Ⅲ类水质标准的有10项：TDS、TH、$Na^+$、$Cl^-$、$SO_4^{2-}$、$F^-$、As、Fe、Mn和$I^-$，占总指标数的43.5%。超标率最大的是TDS和$SO_4^{2-}$，点位超标率均为100%，以下依次为$Na^+$、$Cl^-$、Mn、As、Fe、TH、$F^-$和$I^-$（表6-10），表明TDS、$SO_4^{2-}$、$Na^+$、$Cl^-$、Mn、As、Fe等指标的超标是影响潜水质量的主要因素。

表6-10 南部盖孜河地下水系统中各指标点位超标率统计表 单位：%

| 指标 | TDS | TH | $Na^+$ | $Cl^-$ | $SO_4^{2-}$ | $F^-$ | As | Fe | Mn | 耗氧量 | $I^-$ | $NH_4^+$-N | Pb |
|---|---|---|---|---|---|---|---|---|---|---|---|---|---|
| 标准值/（mg/L） | 1000 | 450 | 200 | 250 | 250 | 1 | 0.01 | 0.3 | 0.1 | 3 | 0.08 | 0.5 | 0.01 |
| 潜水 | 100 | 20.0 | 80.0 | 80.0 | 100 | 20.0 | 40.0 | 40.0 | 60.0 | 0 | 20.0 | 0 | 0 |
| 浅层承压水 | 66.7 | 66.7 | 60.0 | 60.0 | 86.7 | 33.3 | 13.3 | 40.0 | 73.3 | 0 | 20.0 | 0 | 6.7 |
| 深层承压水 | 50.0 | 50.0 | 50.0 | 0 | 50.0 | 0 | 0 | 50.0 | 50.0 | 0 | 0 | 50.0 | 0 |

②浅层承压水质量评价结果。15组浅层承压水水样中质量类别为Ⅲ类和Ⅴ类的井点分别占调查总井数的6.7%和93.3%，浅层承压水质量超标率为100%，且以Ⅴ类水为主，说明浅层承压水质量极差。

浅层承压水的23个评价指标中超Ⅲ类水质标准的有11项：TDS、TH、$Na^+$、$Cl^-$、$SO_4^{2-}$、$F^-$、As、Fe、Mn、$I^-$和Pb，占总指标数的47.8%。超标率最大的是$SO_4^{2-}$，点位超标率为86.7%，以下依次为Mn、TDS、TH、$Na^+$、$Cl^-$、Fe、$F^-$、$I^-$、As和Pb（表6-10）。表明$SO_4^{2-}$、Mn、TDS、TH、$Na^+$、$Cl^-$、Fe等指标的超标是影响浅层承压水质量的主要因素。

③深层承压水质量评价结果。2组深层承压水水样中质量类别为Ⅳ类和Ⅴ类的井点分别占调查总井数的50.0%和50.0%，深层承压水质量超标率为100%，说明深层承压水质量极差。

深层承压水的23个评价指标中超Ⅲ类水质标准的有7项：TDS、TH、$Na^+$、$SO_4^{2-}$、Fe、Mn和$NH_4^+$，占总指标数的30.4%，点位超标率均为50.0%（表6-10）。

#### 6.2.4.4 地下水质量类别分布特征

（1）水平分布特征 绘制喀什地区西部地下水质量类别分区图（图6-15），并对不同地下水质量类别分区面积进行统计（表6-11）。由图6-15和表6-11可以看出，北部克孜勒苏河地下水系统（Ⅰ）地下水质量类别以Ⅴ类水为主，Ⅳ类水仅在伽师县和疏勒县的局部区域分布，Ⅴ类水和Ⅳ类水分布面积分别为3719.8km$^2$和114.0km$^2$，占研究区总面积的97.0%和3.0%。南部盖孜河地下水系统（Ⅱ）地下水质量类别以Ⅴ类水为主，Ⅳ类水和Ⅲ类水仅在岳普湖县和疏附县零星分布，Ⅴ类水、Ⅳ类水和Ⅲ类水分布面积分别为6624.8km$^2$、55.0km$^2$和38.0km$^2$，占研究区总面积的98.6%、0.8%和0.6%。

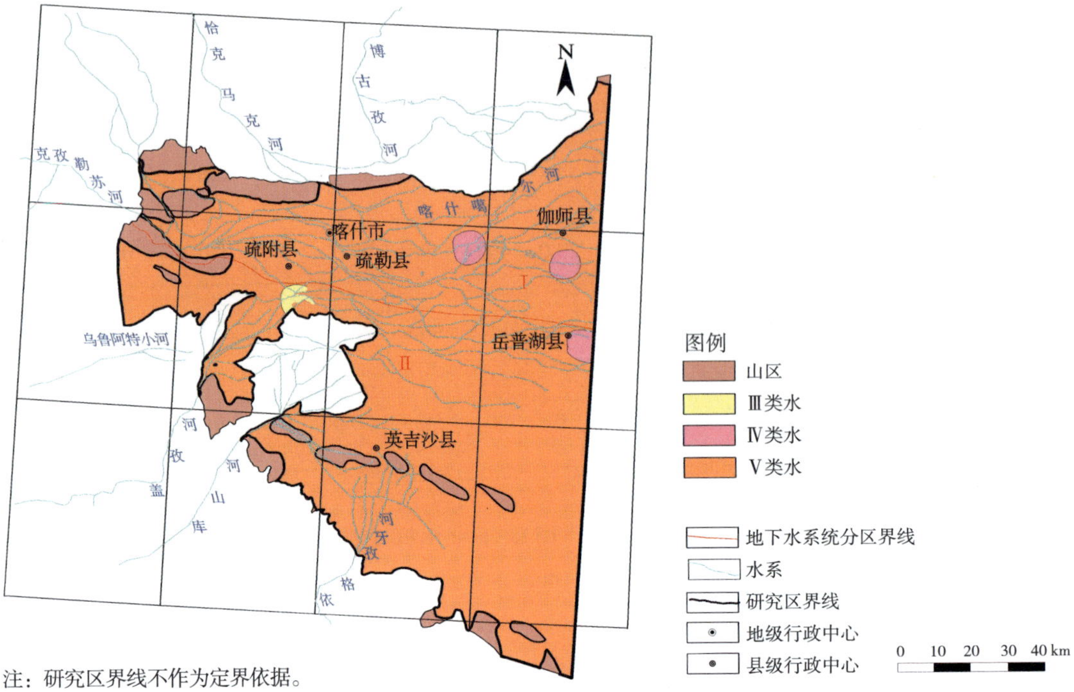


注：研究区界线不作为定界依据。

图6-15　喀什地区西部2014年地下水质量类别分区图

表6-11　喀什地区西部2014年地下水不同质量类别分区面积统计表

| 地下水系统 | 统计值 | 质量类别 | | | 合计 |
|---|---|---|---|---|---|
| | | Ⅲ类 | Ⅳ类 | Ⅴ类 | |
| Ⅰ | 面积/km$^2$ | 0 | 114.0 | 3719.8 | 3833.8 |
| | 比例/% | 0 | 3.0 | 97.0 | 100 |
| Ⅱ | 面积/km$^2$ | 38.0 | 55.0 | 6624.8 | 6717.8 |
| | 比例/% | 0.6 | 0.8 | 98.6 | 100 |

（2）垂向分布特征　由表6-9和表6-10可以看出，对于北部克孜勒苏河地下水系统各主要指标点位超标率总体表现为深层承压水＞浅层承压水＞潜水，表明北部克孜勒苏河地下水系统中地下水质量从优到劣依次为潜水、浅层承压水、深层承压水；对于南部盖孜河地下水系统各主要指标点位超标率总体表现为潜水＞浅层承压水＞深层承压水，表明南部盖孜河地下水系统中地下水质量从优到劣依次为深层承压水、浅层承压水、潜水。

一般情况下，由于潜水埋藏较浅，易受到外界环境的影响，潜水质量劣于承压水质量（曾妍妍等，2016）。根据本次评价结果来看，南部盖孜河地下水系统的地下水质量评价符合一般情况，而北部克孜勒苏河地下水系统的地下水质量评价与之相反，这主要是由于受到水文地质条件和人类活动（地下水开采）的共同影响。

# 6.3 劣质地下水类型及分布特征

已有研究结果表明喀什地区西部地下水中超标指标种类较多，为复合型劣质地下水，复合型劣质地下水是指两种及以上的指标超过相关标准的地下水，长期饮用将对身体造成严重伤害。本节采用聚类分析方法对劣质地下水类型进行划分，并对研究区劣质地下水空间分布特征进行分析；同时，采用2003年、2011年、2014年和2017年这四期地下水化学检测数据以揭示研究区不同时期劣质地下水各主要指标的变化情况。

## 6.3.1 劣质地下水类型划分

### 6.3.1.1 指标选择

本次劣质地下水类型划分的研究对象为2014年采集的55组地下水水样（其中潜水水样10组，浅层承压水水样31组，深层承压水水样14组），依据“6.2.4地下水质量评价”一节中结果可知，以《地下水质量标准》（GB/T 14848—2017）中的Ⅲ类标准为依据，研究区不同地下水系统中TDS、TH、$Na^+$、$Cl^-$、$SO_4^{2-}$、$F^-$、As、Fe和Mn的点位超标率较高，因此，本节选取这9项指标进行劣质地下水类型划分。

### 6.3.1.2 劣质地下水类型划分方法

采用聚类分析方法对劣质地下水类型进行划分，聚类分析是一种对样品或变量进行分析的多元统计方法，其历史已有80年左右，它广泛应用于社会发展和科学技术各个领域，可以很好地解决多变量数据的统计分析问题，在多元统计方法中占有重要地位。在实际应用中，聚类分析根据分类对象的不同分为变量聚类（R型聚类）和样品聚类（Q型聚类）两种类型（张立军等，2009）。窦妍采用Q型聚类分析方法对鄂尔多斯盆地北部白垩系不同地下水系统中地下水水样进行分类，为该区地下水的分类提供了新的划分依据，在聚类分析中，聚类变量为常量组分$Na^+$、$K^+$、$Ca^{2+}$、$Mg^{2+}$、$Cl^-$、$HCO_3^-$和$SO_4^{2-}$（窦妍等，2010）。魏国孝采用R型聚类分析方法对内蒙古吉兰泰盆地地下水水样进行分类，按地下水中组分相关程度的高低将地下水划分为三类，分别为相关程度很高的指标（$Cl^-$、$SO_4^{2-}$、$Na^+$、$K^+$、$Mg^{2+}$），相关程度较低的指标（$HCO_3^-$、pH），以及相关程度很低的指标（$NO_3^-$、$Ca^{2+}$）（魏国孝，2011）。

本研究采用系统聚类方法对数据进行处理，首先，采用R型聚类分析方法对所选指标进行聚类，并采用Q型聚类分析方法对所选地下水采样点进行聚类，最后，结合研究区地下水系统完成劣质地下水类型划分。

本研究区内选取的聚类变量较多，除了常量指标TDS、TH、$Na^+$、$Cl^-$和$SO_4^{2-}$外，还包含有微量指标$F^-$、As、Fe和Mn，因此，先采用R型聚类分析方法对这9项指标进行聚类，将具有相似变化的指标归为一类，并选取其中某一指标代表该类参与下一步的Q型聚类分析，而不必对所有指标进行后续的分析，从而有效减少工作量。

聚类分析结果可以通过多种软件方法实现，本研究采用SPSS22.0软件来完成。

（1）R型聚类分析　采用R型聚类分析方法对研究区地下水中点位超标率较高的9项指标进行聚类，结果显示指标可分为6类，其中TDS、$Na^+$、$Cl^-$、$SO_4^{2-}$归为一类，表示这4项指标具有相似的变化规律，同时，相关性分析结果表明$Na^+$、$Cl^-$、$SO_4^{2-}$与TDS均为极显著线性相关关系，与R型聚类分析结果一致，因此选取TDS代表本类别，其余5项指标TH、$F^-$、As、Fe和Mn各成一类（图6-16）。

（2）Q型聚类分析　依据R型聚类分析结果选出的6类指标（TDS、TH、$F^-$、As、Fe和Mn）的数据资料，分别对质量类别为Ⅲ类标准以上的10组潜水水样，30组浅层承压

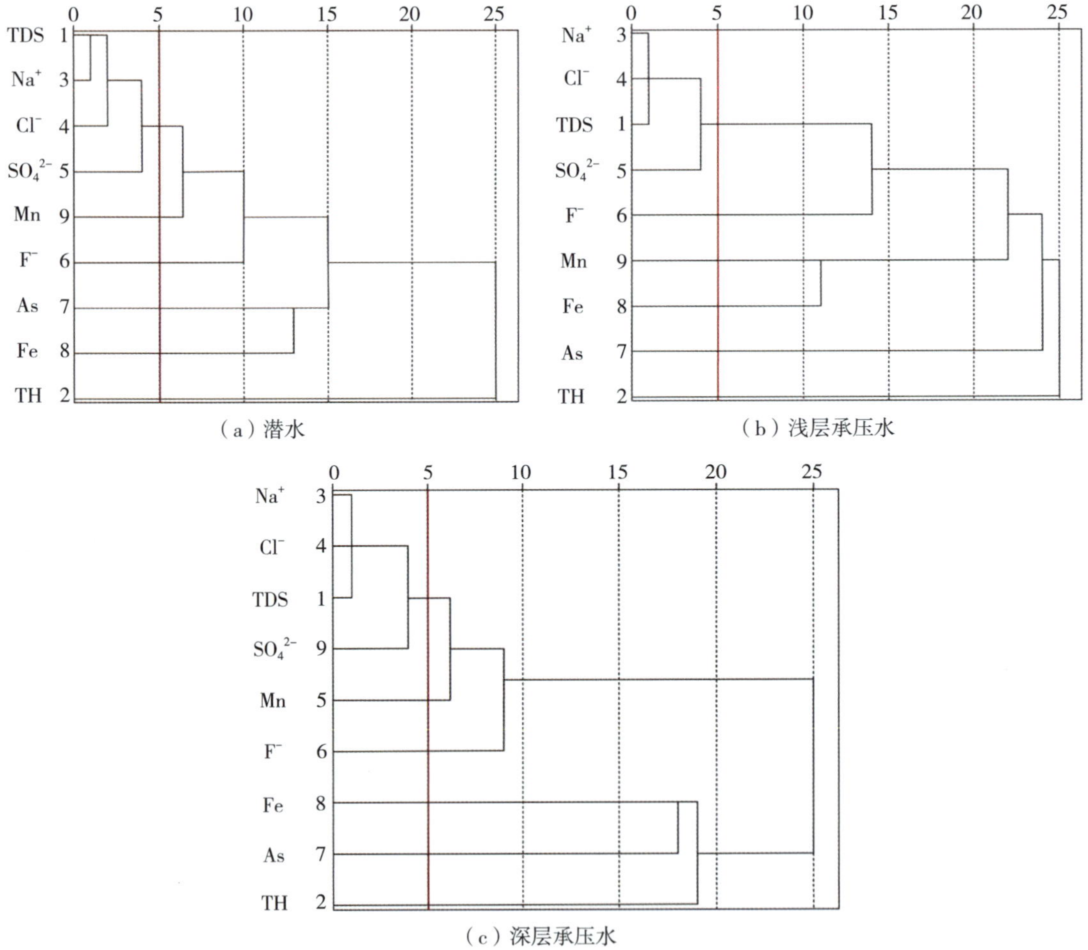


（a）潜水

（b）浅层承压水

（c）深层承压水

图6-16　喀什地区西部R型聚类分析树状图

水水样，14组深层承压水水样进行Q型聚类分析，结果显示可以将潜水、浅层承压水和深层承压水采样点各划分为两大类（A、B类；C、D类和E、F类）（图6-17）。

（3）劣质地下水类型划分结果　在聚类分析结果的基础上结合研究区地下水流动系统完成劣质地下水类型划分，研究区潜水中劣质地下水类型主要有3类，分别为$A_{Ⅰ}$类（高TDS、高TH、高$F^-$、高Fe、高Mn）、$A_{Ⅱ}$类（高TDS、高As、高Fe、高Mn）、$B_{Ⅰ}$类（高TDS、高TH）；浅层承压水中劣质地下水类型主要有4类，分别为$C_{Ⅰ}$类（高TDS、高TH、高$F^-$、高As、高Fe、高Mn）、$C_{Ⅱ}$类（高TDS、高TH、高$F^-$、高Fe、高Mn）、$D_{Ⅰ}$类（高TDS、高TH、高Fe、高Mn）、$D_{Ⅱ}$类（高TDS、高TH、高As、高Fe、高Mn）；深层承压水中劣质地下水类型主要有3类，分别为$E_{Ⅰ}$类（高TDS、高TH、高$F^-$、高Fe、高Mn）、$E_{Ⅱ}$类（高TDS、高TH、高Fe、高Mn）、$F_{Ⅰ}$类（高TH、高As、高Fe、高Mn）（表6-12和图6-18～图6-20）。

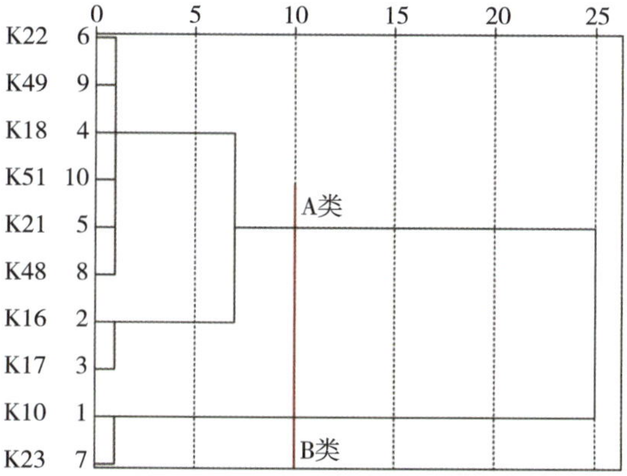

（a）潜水

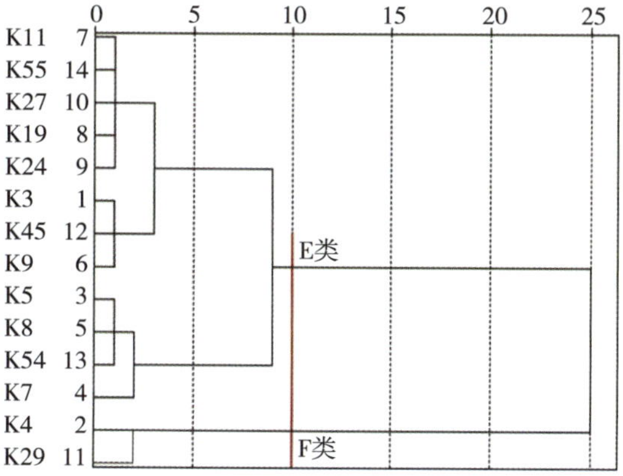

（c）深层承压水

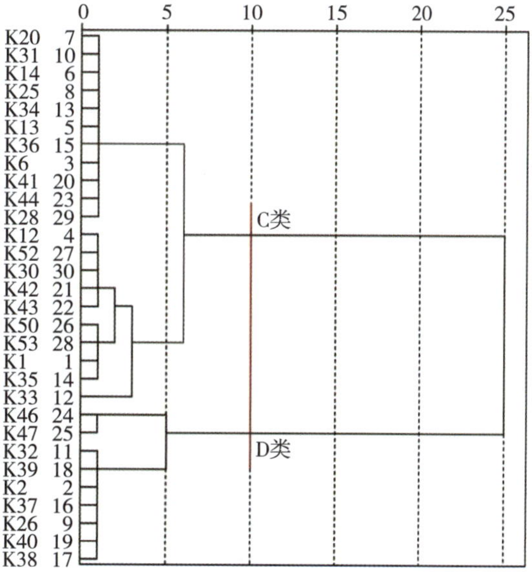

（b）浅层承压水

图6-17　喀什地区西部Q型聚类树状图

表6-12　喀什地区西部劣质地下水类型统计表　　单位：%

<table>
<tr><th>地下水类型</th><th>聚类分类</th><th>亚类</th><th>地下水系统</th><th>点位数</th><th>统计值</th><th>TDS</th><th>TH</th><th>F⁻</th><th>As</th><th>Fe</th><th>Mn</th><th>劣质地下水类型</th></tr>
<tr><td rowspan="6">潜水（n=10）</td><td rowspan="4">A</td><td rowspan="2">A Ⅰ</td><td rowspan="2">Ⅰ</td><td rowspan="2">3</td><td>点位检出率</td><td>100</td><td>100</td><td>100</td><td>0</td><td>100</td><td>100</td><td rowspan="2">高TDS、高TH、高F⁻、高Fe、高Mn</td></tr>
<tr><td>点位超标率</td><td>66.7</td><td>100</td><td>33.3</td><td>0</td><td>66.7</td><td>33.3</td></tr>
<tr><td rowspan="2">A Ⅱ</td><td rowspan="2">Ⅱ</td><td rowspan="2">5</td><td>点位检出率</td><td>100</td><td>100</td><td>100</td><td>40.0</td><td>60.0</td><td>60.0</td><td rowspan="2">高TDS、高As、高Fe、高Mn</td></tr>
<tr><td>点位超标率</td><td>100</td><td>20.0</td><td>20.0</td><td>40.0</td><td>40.0</td><td>60.0</td></tr>
<tr><td rowspan="2">B</td><td rowspan="2">B Ⅰ</td><td rowspan="2">Ⅰ</td><td rowspan="2">2</td><td>点位检出率</td><td>100</td><td>100</td><td>100</td><td>0</td><td>50.0</td><td>50.0</td><td rowspan="2">高TDS、高TH</td></tr>
<tr><td>点位超标率</td><td>50.0</td><td>100</td><td>0</td><td>0</td><td>0</td><td>0</td></tr>
<tr><td rowspan="8">浅层承压水（n=30）</td><td rowspan="4">C</td><td rowspan="2">C Ⅰ</td><td rowspan="2">Ⅰ</td><td rowspan="2">10</td><td>点位检出率</td><td>100</td><td>100</td><td>100</td><td>100</td><td>90.0</td><td>90.0</td><td rowspan="2">高TDS、高TH、高F⁻、高As、高Fe、高Mn</td></tr>
<tr><td>点位超标率</td><td>100</td><td>80.0</td><td>60.0</td><td>40.0</td><td>70.0</td><td>90.0</td></tr>
<tr><td rowspan="2">C Ⅱ</td><td rowspan="2">Ⅱ</td><td rowspan="2">11</td><td>点位检出率</td><td>100</td><td>100</td><td>100</td><td>54.5</td><td>63.6</td><td>100</td><td rowspan="2">高TDS、高TH、高F⁻、高Fe、高Mn</td></tr>
<tr><td>点位超标率</td><td>81.8</td><td>63.6</td><td>45.5</td><td>9.1</td><td>45.5</td><td>81.8</td></tr>
<tr><td rowspan="4">D</td><td rowspan="2">D Ⅰ</td><td rowspan="2">Ⅰ</td><td rowspan="2">6</td><td>点位检出率</td><td>100</td><td>100</td><td>100</td><td>50.0</td><td>50.0</td><td>50.0</td><td rowspan="2">高TDS、高TH、高Fe、高Mn</td></tr>
<tr><td>点位超标率</td><td>33.3</td><td>100</td><td>0</td><td>0</td><td>33.3</td><td>33.3</td></tr>
<tr><td rowspan="2">D Ⅱ</td><td rowspan="2">Ⅱ</td><td rowspan="2">3</td><td>点位检出率</td><td>100</td><td>100</td><td>100</td><td>66.7</td><td>33.3</td><td>100</td><td rowspan="2">高TDS、高TH、高As、高Fe、高Mn</td></tr>
<tr><td>点位超标率</td><td>33.3</td><td>100</td><td>0</td><td>33.3</td><td>33.3</td><td>66.7</td></tr>
<tr><td rowspan="2">深层承压水（n=14）</td><td rowspan="2">E</td><td rowspan="2">E Ⅰ</td><td rowspan="2">Ⅰ</td><td rowspan="2">10</td><td>点位检出率</td><td>100</td><td>100</td><td>100</td><td>90.0</td><td>90.0</td><td>100</td><td rowspan="2">高TDS、高TH、高F⁻、高Fe、高Mn</td></tr>
<tr><td>点位超标率</td><td>90.0</td><td>80.0</td><td>70.0</td><td>20.0</td><td>70.0</td><td>80.0</td></tr>
</table>

续表

| 地下水类型 | 聚类分类 | 亚类 | 地下水系统 | 点位数 | 统计值 | TDS | TH | $F^-$ | As | Fe | Mn | 劣质地下水类型 |
|---|---|---|---|---|---|---|---|---|---|---|---|---|
| 深层承压水（$n$=14） | E | $E_{II}$ | Ⅱ | 2 | 点位检出率 | 100 | 100 | 100 | 100 | 100 | 100 | 高TDS、高TH、高Fe、高Mn |
| | | | | | 点位超标率 | 50.0 | 50.0 | 0 | 0 | 50.0 | 50.0 | |
| | F | $F_{I}$ | Ⅰ | 2 | 点位检出率 | 100 | 100 | 50.0 | 100 | 100 | 100 | 高TH、高As、高Fe、高Mn |
| | | | | | 点位超标率 | 0 | 100 | 0 | 50.0 | 100 | 50.0 | |

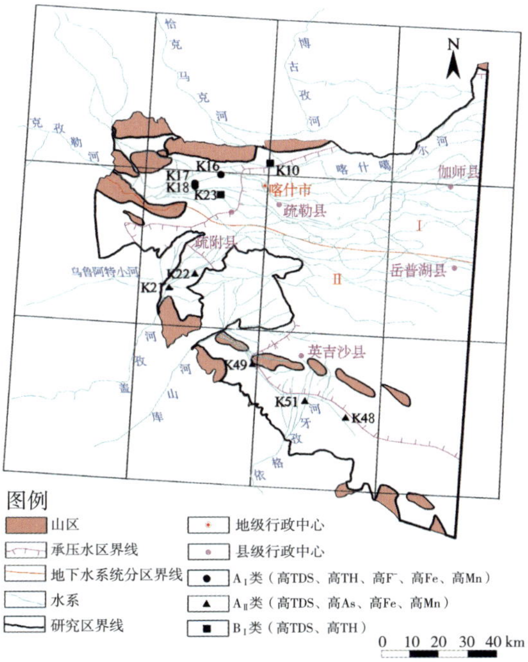


注：研究区界线不作为定界依据。

图6-18　喀什地区西部潜水中劣质地下水类型分布图

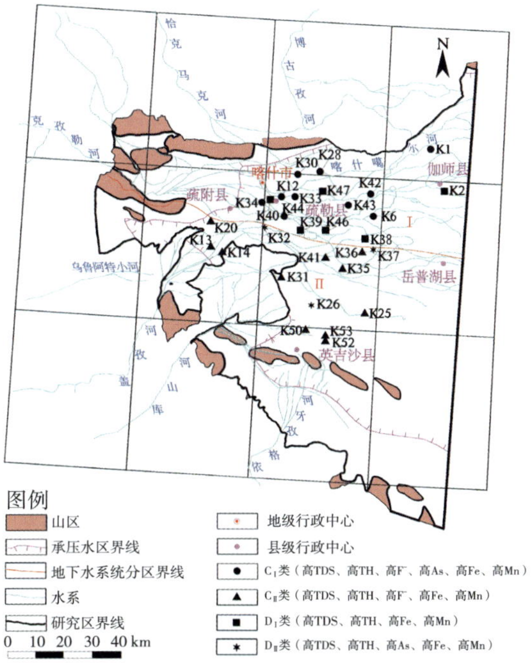


注：研究区界线不作为定界依据。

图6-19　喀什地区西部浅层承压水中劣质地下水类型分布图

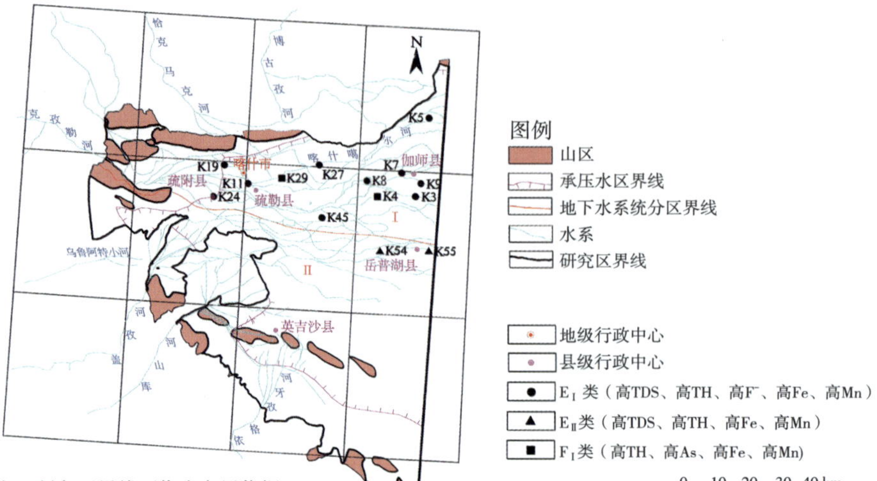


注：研究区界线不作为定界依据。

图6-20　喀什地区西部深层承压水中劣质地下水类型分布图

## 6.3.2　劣质地下水的空间分布特征

### 6.3.2.1　水平分布特征

（1）单一结构潜水　研究区单一结构潜水主要分布在喀什三角洲中上游砾质平原，由图6-18可以看出，北部克孜勒苏河地下水系统中潜水采样点有5个，潜水的劣质地下水类型由西向东由$A_I$类（高TDS、高TH、高F⁻、高Fe、高Mn）过渡到$B_I$类（高TDS、高TH）；南部盖孜河地下水系统中潜水采样点有2个，劣质地下水类型均为$A_{II}$类（高TDS、高As、高Fe、高Mn）。

（2）浅层承压水　由图6-19可以看出，北部克孜勒苏河地下水系统浅层承压水采样点有16个，劣质地下水类型以$C_I$类（高TDS、高TH、高F⁻、高As、高Fe、高Mn）为主，$D_I$类（高TDS、高TH、高Fe、高Mn）则主要集中分布在克孜勒苏河地下水系统的南部；南部盖孜河地下水系统浅层承压水采样点有14个，劣质地下水类型以$C_{II}$类（高TDS、高TH、高F⁻、高Fe、高Mn）为主，$D_{II}$类（高TDS、高TH、高As、高Fe、高Mn）零星分布在疏勒县的南部。

（3）深层承压水　由图6-20可以看出，北部克孜勒苏河地下水系统深层承压水采样点有12个，劣质地下水类型以$E_I$类（高TDS、高TH、高F⁻、高Fe、高Mn）为主，$F_I$类（高TH、高As、高Fe、高Mn）零星分布在克孜勒苏河地下水系统的中部；南部盖孜河地下水系统深层承压水采样点有2个，劣质地下水类型均为$E_{II}$类（高TDS、高TH、高Fe、高Mn）。

### 6.3.2.2　垂向分布特征

（1）北部克孜勒苏河地下水系统　研究区北部克孜勒苏河地下水系统中3种地下水

类型中劣质地下水类型均存在高TDS、高TH、高$F^-$、高Fe、高Mn，浅层承压水和深层承压水较潜水劣质地下水类型还存在高As。

（2）南部盖孜河地下水系统　研究区南部盖孜河地下水系统中3种地下水类型中劣质地下水类型均存在高TDS、高Fe、高Mn，潜水较浅层承压水和深层承压水劣质地下水类型无高TH、高$F^-$，深层承压水较潜水和浅层承压水劣质地下水类型无高As、高$F^-$，且2个深层承压水中有1个为极软水（TH＜75mg/L），长期饮用极软水对人体健康不利，也可列为劣质水。

## 6.4　地下水水质劣化影响因素分析

通过筛选影响地下水质量的主要指标，并分析导致超标的主要原因，从而对劣质地下水采取相应的防控措施，以保证日常生活生产的用水安全以及实现当地社会经济的可持续发展。研究区不同地下水系统中TDS、TH、$Na^+$、$Cl^-$、$SO_4^{2-}$、$F^-$、As、Fe和Mn的点位超标率较高，是导致地下水劣化的主要指标，这些指标的含量主要受到原生地质环境、气候条件、水文地质条件、地表水水质、地下水化学环境及人类活动等因素的共同影响。

### 6.4.1　原生地质环境

研究区北、南、西三面环山，山区矿产种类多、资源丰富、矿床规模大，地下水中Fe、Mn、$F^-$、$SO_4^{2-}$、$Na^+$和$Cl^-$含量的超标与原生地质环境有关。

据新疆维吾尔自治区国土资源厅2004年8月编制的《新疆维吾尔自治区矿产开发简明图集》，喀什地区西北部山区分布有2个铁矿和2个锰矿，在自然还原环境下，高价铁和锰的氧化物还原成低价铁和锰的易溶盐，并离解出大量的铁元素和锰元素，进入地下水中，所以上述铁矿和锰矿是地下水中Fe和Mn的主要自然来源。

研究区南部山区分布有富氟的变质岩和沉积岩，山区部分地壳中氟含量为500～700mg/kg，有些甚至达到700～1000mg/kg（谢学锦等，2012），同时在平原区的北部也分布有富氟的萤石（$CaF_2$），随着含氟矿化物的溶解作用会导致地下水中$F^-$含量的富集。

在本次研究中，$SO_4^{2-}$点位超标率相对最高，主要集中在研究区西北部的伽师县、疏附县和疏勒县。这是由于在研究区西北部克孜勒苏河流域上游低山丘陵区，出露着古近纪–新近纪的褐红地层，褐红地层中含有大量的可溶盐矿物，主要成分是石膏

（$CaSO_4 \cdot 2H_2O$）等，当发生水–岩相互作用后，溶解的$SO_4^{2-}$进入地下水中，$SO_4^{2-}$含量升高（王文科等，2012；曾妍妍等，2016）。

同时，岩盐矿物在疏附县、英吉沙县、伽师县等地均有分布，这些矿物经溶滤作用后进入地下水，为地下水中$Na^+$、$Cl^-$提供了物质来源。

山区中未发现含As的矿产资源，因此研究区地下水中As的来源不考虑自然来源，主要为人为来源。

### 6.4.2 气候条件

研究区属暖温带大陆性干旱气候，气候干燥，蒸发量远远大于降水量。地下水由于强烈的蒸发浓缩作用导致水去盐留，最终造成研究区地下水中TDS随着各离子的不断累积而逐渐升高，形成高矿化度的氯化物水，水质逐渐变差。同时，溶解于地下水中的盐分沿毛管上升水流在表土积聚，导致土壤盐碱化。

由于浅层地下水埋深较浅，干旱的气候条件将促使浅层地下水中各主要组分含量的富集，而对深层承压水中主要组分的富集影响不大。

### 6.4.3 水文地质条件

由表6–9可以看出，研究区北部克孜勒苏河地下水系统承压水中TDS、$Na^+$、$Cl^-$、$SO_4^{2-}$、$F^-$、As、Fe、Mn等指标的点位超标率高于潜水的。这是由于北部克孜勒苏河地下水系统单一结构潜水主要分布在山前戈壁砾石带，地下水水力梯度大，地下水循环更新速率较快，地下水径流条件较好，不利于地下水中各组分的富集。至喀什噶尔河流域中下游细土平原，含水层颗粒逐渐变细，形成多层结构潜水–承压水，循环更新速率较慢，地下水径流条件较差，且环境封闭较好，形成了各种元素的聚集场所，利于地下水中$Na^+$、$Cl^-$、$SO_4^{2-}$、$F^-$、As、Fe、Mn等组分的富集。

### 6.4.4 地表水水质的影响

地表水作为研究区地下水重要的补给来源，其水质对地下水水质有一定影响。研究区地表水水质较差，7个地表水水样中，有6个采样点$SO_4^{2-}$含量超过《地表水环境质量标准》（GB 3838—2002）中的Ⅲ类水标准，Fe、$F^-$和Mn均各有1个采样点超标（表6–13），超标的各项指标随着地表水的入渗补给进入地下水，影响地下水质量。

表6-13 喀什地区西部地表水中超标的评价指标及含量统计表 单位：mg/L

| 编号 | $SO_4^{2-}$ | Fe | $F^-$ | Mn |
| --- | --- | --- | --- | --- |
| 标准值 | 250 | 0.3 | 1 | 0.1 |
| DB487 | 77.8 | ND | 3.20 | 0.10 |
| EB527 | 455.8 | 0.14 | 0.40 | ND |
| DB531 | 601.5 | 0.12 | 0.44 | 0.001 |
| DB539 | 527.0 | ND | 0.48 | ND |
| EB541 | 409.3 | 1.01 | 0.28 | 0.02 |
| DB571 | 1148.0 | 0.09 | 0.48 | 0.28 |
| EB575 | 680.0 | ND | 0.58 | ND |

注：标准值采用《地表水环境质量标准》（GB 3838—2002）中的Ⅲ类标准值。

## 6.4.5 地下水化学环境

### 6.4.5.1 pH的影响

研究区潜水水样pH的变化范围7.45～11.23，平均值8.31；浅层承压水水样pH的变化范围6.85～7.94，平均值7.42；深层承压水水样pH的变化范围7.28～9.68，平均值7.84，地下水整体呈弱碱性。将导致研究区地下水劣化的主要指标TDS、TH、$Na^+$、$Cl^-$、$SO_4^{2-}$、$F^-$、As、Fe、Mn和pH之间进行Pearson相关系数计算（表6-14和表6-15）。

表6-14 北部克孜勒苏河地下水系统地下水化学指标相关系数矩阵

| 指标 | pH | Eh | TDS | TH | $Na^+$ | $Cl^-$ | $SO_4^{2-}$ | $F^-$ | As | Fe | Mn |
| --- | --- | --- | --- | --- | --- | --- | --- | --- | --- | --- | --- |
| pH | 1.000 | | | | | | | | | | |
| Eh | 0.160 | 1.000 | | | | | | | | | |
| TDS | −0.108 | −0.129 | 1.000 | | | | | | | | |
| TH | −0.390* | −0.133 | −0.308 | 1.000 | | | | | | | |
| $Na^+$ | −0.107 | −0.076 | 0.982** | −0.315 | 1.000 | | | | | | |
| $Cl^-$ | −0.095 | −0.074 | 0.972** | −0.334 | 0.998** | 1.000 | | | | | |
| $SO_4^{2-}$ | −0.116 | −0.235 | 0.883** | −0.198 | 0.777** | 0.749** | 1.000 | | | | |
| $F^-$ | −0.005 | 0.021 | 0.561** | −0.281 | 0.507** | 0.491** | 0.602** | 1.000 | | | |
| As | −0.092 | −0.192 | −0.055 | 0.170 | −0.044 | −0.044 | −0.067 | −0.133 | 1.000 | | |
| Fe | −0.020 | −0.085 | −0.021 | −0.122 | −0.051 | −0.053 | 0.036 | 0.345* | 0.055 | 1.000 | |
| Mn | −0.176 | −0.212 | 0.521** | −0.185 | 0.452** | 0.421* | 0.603** | 0.475** | −0.017 | 0.435* | 1.000 |

注：*表示在0.05水平上显著相关；**表示在0.01水平（双侧）上显著相关，下同。

表6-15　南部盖孜河地下水系统地下水化学指标相关系数矩阵

| 指标 | pH | Eh | TDS | TH | $Na^+$ | $Cl^-$ | $SO_4^{2-}$ | $F^-$ | As | Fe | Mn |
|---|---|---|---|---|---|---|---|---|---|---|---|
| pH | 1.000 | | | | | | | | | | |
| Eh | 0.114 | 1.000 | | | | | | | | | |
| TDS | −0.251 | 0.106 | 1.000 | | | | | | | | |
| TH | −0.718** | −0.337 | 0.363 | 1.000 | | | | | | | |
| $Na^+$ | −0.193 | 0.155 | 0.987** | 0.301 | 1.000 | | | | | | |
| $Cl^-$ | −0.268 | 0.152 | 0.976** | 0.367 | 0.961** | 1.000 | | | | | |
| $SO_4^{2-}$ | −0.218 | 0.079 | 0.968** | 0.342 | 0.942** | 0.875** | 1.000 | | | | |
| $F^-$ | −0.202 | −0.245 | 0.395 | 0.339 | 0.434* | 0.429* | 0.364 | 1.000 | | | |
| As | 0.124 | −0.091 | 0.019 | −0.087 | −0.003 | −0.088 | 0.109 | 0.126 | 1.000 | | |
| Fe | −0.044 | −0.218 | 0.087 | 0.017 | 0.089 | 0.079 | 0.051 | −0.106 | −0.046 | 1.000 | |
| Mn | −0.293 | −0.185 | 0.595** | 0.392 | 0.553** | 0.528* | 0.632** | 0.184 | 0.080 | 0.577** | 1.000 |

由表6–14和表6–15可以看出，导致北部克孜勒苏河地下水系统地下水劣化的主要组分中TH与pH之间的相关系数为–0.390（$n$=33，$R_{\alpha=0.05}$=0.344，$R_{\alpha=0.01}$=0.442），呈显著负相关关系，即随着pH的降低，地下水中TH升高；而其余指标与pH之间没有明显的相关性，表明这些指标受pH的影响不大。导致南部盖孜河地下水系统地下水劣化的主要指标中TH与pH之间的相关系数为–0.718（$n$=33，$R_{\alpha=0.05}$=0.344，$R_{\alpha=0.01}$=0.442），呈极显著负相关关系，即随着pH的降低，地下水中TH升高；而其余指标与pH之间没有明显的相关性，表明这些指标受pH的影响不大。

地下水中pH降低，有利于富含$Ca^{2+}$和$Mg^{2+}$的碳酸盐矿物的溶解，使$Ca^{2+}$和$Mg^{2+}$由化合态转成游离态，使地下水中TH升高（张岩等，2011）。

#### 6.4.5.2　氧化还原电位（Eh）的影响

研究区潜水水样Eh的变化范围215～236mV，平均值226.5mV；浅层承压水水样Eh的变化范围–260～–4mV，平均值–179.4mV；深层承压水水样Eh的变化范围–240～–174mV，平均值–205.7mV，指示地下水赋存的氧化还原环境。将导致研究区地下水劣化的主要组分TDS、TH、$Na^+$、$Cl^-$、$SO_4^{2-}$、$F^-$、As、Fe、Mn和Eh之间进行Pearson相关系数计算。由表6–14和表6–15可以看出，导致研究区地下水劣化的主要组分与Eh之间没有明显的相关性，表明这些组分受Eh的影响不大。

## 6.4.6 人类活动的影响

### 6.4.6.1 地下水开采的影响

（1）各县（市）农业灌溉地下水开采量　大量开采地下水会导致区域地下水水位下降，引起水动力场改变，逐渐影响地下水中各化学组分，使地下水化学形成的水文地球化学过程（溶滤作用、阳离子交换作用和混合作用等）变得日趋复杂（王晓曦等，2014）。

新疆地处内陆干旱区，农业大省的定位和灌溉农业的特点，使得农业用水在总用水量中占据绝大部分份额，据《新疆维吾尔自治区水资源公报（2015）》和《喀什地区水资源公报（2015）》数据显示，2014年末新疆农业灌溉用水量占总用水量的94.7%，喀什地区农业灌溉用水量占该区用水总量的95%以上，其中喀什地区西部农业灌溉用水量占喀什地区用水总量的41.8%。依据喀什水文水资源勘测局多年统计资料，研究区2011—2015年各县（市）农业灌溉地下水开采量统计见表6-16。由表6-16可以看出，2011—2015年农业灌溉地下水开采量除疏附县呈现降低趋势外，其余县（市）整体呈增长趋势；同时，北部克孜勒苏河地下水系统的农业灌溉地下水开采量略高于南部盖孜河地下水系统。

表6-16　喀什地区西部2011—2015年各县（市）农业灌溉地下水开采量统计表　单位：$10^8m^3$

| 县（市） | 2011年 | 2012年 | 2013年 | 2014年 | 2015年 | 2011—2015年变幅 |
|---|---|---|---|---|---|---|
| 喀什市 | 0.052 | 0.036 | 0.141 | 0.330 | 0.265 | 0.213 |
| 伽师县 | 0.491 | 0.128 | 1.899 | 2.383 | 1.643 | 1.152 |
| 疏勒县 | 0.327 | 0.273 | 0.657 | 1.005 | 0.975 | 0.648 |
| 疏附县 | 0.944 | 0.565 | 1.240 | 0.575 | 0.486 | –0.458 |
| 英吉沙县 | 0.338 | 0.258 | 0.838 | 0.777 | 0.529 | 0.191 |
| 岳普湖县 | 0.787 | 0.676 | 1.595 | 2.017 | 2.141 | 1.354 |
| 开采总量 | 2.939 | 1.936 | 6.371 | 7.086 | 6.039 | 3.100 |

（2）深层承压水咸化现状　由6.2.1.1“地下水化学指标含量特征分析”中变异系数分析结果可知，地下水中主要指标在深层承压水中较浅层地下水中的含量变化较大，可以初步推测研究区深层承压水受人类活动的影响较大，咸化作用较强，因此，本小节分析研究区深层承压水咸化现状。

①咸化特征。利用研究区2011年和2014年相同井位的4组深层承压水水质资料，对比深层承压水中主要指标的含量，判断该地区深层承压水从2011—2014年是否发生进一步咸化。4组原位深层承压水监测井位置见图6-21，2011年和2014年深层承压水咸化主要指标对比见表6-17。

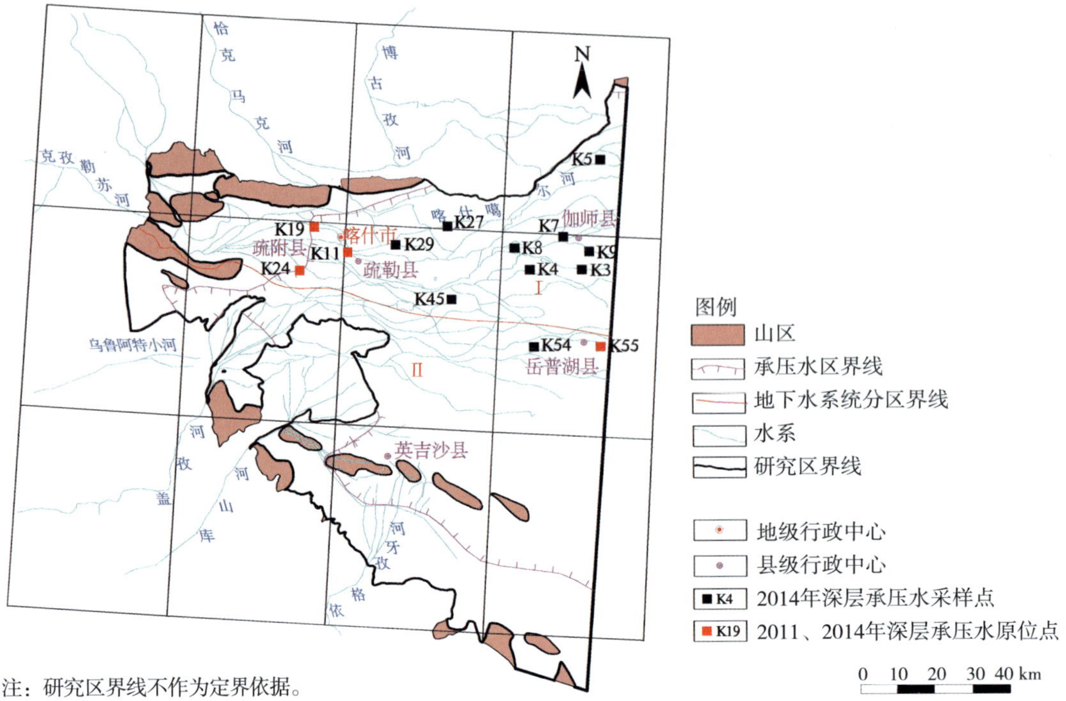


注：研究区界线不作为定界依据。

图6-21　喀什地区西部深层承压水采样点分布图

表6-17　喀什地区西部2011年和2014年深层承压水咸化主要指标对比表　单位：mg/L

| 地下水系统 | 编号 | 监测时间 | TDS | TH | $Na^+$ | $Cl^-$ | $SO_4^{2-}$ | $HCO_3^-$ |
|---|---|---|---|---|---|---|---|---|
| I | K11 | 2011年 | 595.1 | 97.1 | 182.1 | 136.2 | 178.3 | 79.7 |
| | | 2014年 | 746.9 | 35.0 | 179.2 | 162.8 | 265.5 | 115.4 |
| | | 变化率/% | 25.5 | –63.9 | –1.6 | 19.5 | 48.9 | 44.8 |
| | K19 | 2011年 | 690.1 | 430.4 | 56.9 | 50.2 | 369.3 | 104.6 |
| | | 2014年 | 4151.0 | 499.4 | 416.2 | 411.4 | 2306.0 | 425.0 |
| | | 变化率/% | 501.5 | 16.0 | 631.5 | 719.5 | 524.4 | 524.0 |
| | K24 | 2011年 | 1211.6 | 738.0 | 113.0 | 107.5 | 626.7 | 185.6 |
| | | 2014年 | 6130 | 704.1 | 1374 | 2055 | 1623 | 652.7 |
| | | 变化率/% | 405.9 | –4.6 | 1116.0 | 1811.3 | 159.0 | 251.8 |

续表

| 地下水系统 | 编号 | 监测时间 | TDS | TH | $Na^+$ | $Cl^-$ | $SO_4^{2-}$ | $HCO_3^-$ |
|---|---|---|---|---|---|---|---|---|
| Ⅱ | K55 | 2011年 | 595.1 | 97.1 | 182.1 | 136.2 | 178.3 | 211.7 |
| | | 2014年 | 746.9 | 35.0 | 179.2 | 162.8 | 265.5 | 595.0 |
| | | 变化率/% | 25.5 | −64.0 | −1.6 | 19.5 | 48.9 | 181.1 |

由表6–17可以看出，研究区从2011—2014年深层承压水中出现了以TDS、$Na^+$、$Cl^-$、$SO_4^{2-}$和$HCO_3^-$等指标含量明显升高为标志的咸水污染，由于研究区多年高强度开采深层承压淡水，改变了深层承压水的补给与径流条件，深层承压水逐渐咸化。

②咸化程度。2014年喀什地区西部14组深层承压水分布见图6–21，通过计算研究区2014年14组深层承压水的咸化系数来确定深层承压水的咸化程度（林丽等，2017），见表6–18。

表6–18　喀什地区西部深层承压水咸化系数

| 地下水系统 | 编号 | $Cl^-$/（mg/L） | $HCO_3^-$/（mg/L） | $CO_3^{2-}$/（mg/L） | 咸化系数 |
|---|---|---|---|---|---|
| Ⅰ | K3 | 93.3 | 145.7 | 0.0 | 0.64 |
| | K4 | 82.7 | 145.7 | 0.0 | 0.57 |
| | K5 | 244.6 | 303.6 | 0.0 | 0.81 |
| | K7 | 135.5 | 170.0 | 0.0 | 0.80 |
| | K8 | 161.9 | 290.8 | 0.0 | 0.56 |
| | K9 | 901.6 | 327.8 | 0.0 | 2.75 |
| | K11 | 162.8 | 115.4 | 0.0 | 1.41 |
| | K19 | 411.4 | 425.0 | 0.0 | 0.97 |
| | K24 | 2055 | 652.7 | 0.0 | 3.15 |
| | K27 | 9279.0 | 212.5 | 0.0 | 43.67 |
| | K29 | 26.3 | 139.6 | 0.0 | 0.19 |
| | K45 | 341.4 | 340.0 | 0.0 | 1.00 |
| Ⅱ | K54 | 215.0 | 765.0 | 0.0 | 0.28 |
| | K55 | 162.8 | 595.0 | 0.0 | 0.27 |

注：咸化系数=$Cl^-$/（$HCO_3^-$+$CO_3^{2-}$）。

由表6-18可以看出，北部克孜勒苏河地下水系统（Ⅰ）中深层承压水的咸化系数基本上都大于南部盖孜河地下水系统（Ⅱ）的咸化系数，其中，北部克孜勒苏河地下水系统中深层承压水咸化系数≥1.0的采样点有5个，占总采样点的41.7%，其余采样点咸化系数均小于1.0；南部盖孜河地下水系统中深层承压水咸化系数均小于0.5。因此，北部克孜勒苏河地下水系统中深层承压水的咸化程度高于南部盖孜河地下水系统。

研究区为干旱区，地下水具有上咸下淡的双层结构，承压淡水是该区最主要的生活、农业和工业供水水源，不规范的成井工艺会造成潜水、浅层承压水和深层承压水的混合开采，使潜水-承压水分布区的劣质潜水通过井壁入渗补给承压水，造成承压水化学组分含量增大。

综上可知，北部克孜勒苏河地下水系统的农业灌溉地下水开采量略高于南部盖孜河地下水系统，因此，北部克孜勒苏河地下水系统较南部易形成地下水位降落漏斗，咸淡水界面发生移动，促使劣质浅层地下水通过弱透水层越流补给深层承压水，加剧深层承压水的咸化，最终导致深层承压水水质的劣化。

6.4.6.2　污染源的影响

（1）生活污染源　研究区生活污染主要为城镇生活垃圾和生活污水等，据《新疆维吾尔自治区统计年鉴（2016）》和《新疆维吾尔自治区水资源公报（2015）》数据显示，喀什市生活垃圾总量$25.66 \times 10^4$t，喀什地区生活污水总量$0.404 \times 10^8$t。垃圾渗滤液是成分复杂的高浓度有机废水，含有氨氮、有机物、重金属（如Fe、Mn、Pb等）离子、某些有毒物质（如$F^-$等）以及$Cl^-$等，生活垃圾若未经处理直接填埋或处理技术落后等，会对地下水造成严重的污染；同时，区内产生的大量生活污水，虽然会有一定的防渗措施，但由于设施简陋而出现渗漏，不仅严重污染地表水，同时通过下渗对地下水造成了不同程度的污染（黄莹等，2014）。

此外，生活垃圾和生活污水以及土壤中的有机质在微生物降解作用下产生大量的$CO_2$，促使含$Ca^{2+}$和$Mg^{2+}$的碳酸盐矿物溶解，使浅层地下水中$Ca^{2+}$和$Mg^{2+}$含量增加，最终造成地下水TH升高（张岩等，2011）。

（2）工业污染源　研究区地下水工业污染主要来自当地火电厂、化工厂、纺织厂、水泥厂、食品加工厂等行业，生产加工时一些未经处理直接排放的废水会流入河流并渗入地下水中（托合提姑丽·沙比尔，2013）。且随着工业化进程的加速，工业废水的排放量逐年增加，据《新疆维吾尔自治区水资源公报（2003—2015）》数据显示，2014年末喀什地区工业废水排放总量$0.334 \times 10^8$t，较2002年末增长3.4倍，工业污染的排放使地下水中各类重金属（如Fe、Mn、Pb等）以及$SO_4^{2-}$等含量超标。

（3）农业污染源　研究区作为新疆主要的灌溉农业区，化肥农药的大量施用一直作为当地农业增产的重要手段。化肥施用在增加农作物产量的同时，其负效应也在逐渐显现，不但加剧了农业面源污染，还会造成土壤污染、水体污染等（颜璐，2011）。研究区以氨氮污染为主，由《新疆维吾尔自治区统计年鉴（2003—2016）》数据可以看出研究区农业活动中氮肥施用量呈逐年增长趋势，2015年末氮肥施用量为335.36kg/hm$^2$，较2002年末增长4.7倍。氮肥中含有大量的氮元素，其中$NH_4^+$会随着大气降水、灌溉水进入土壤，并会随着地表水入渗进入潜水中，由于该区潜水更新交替作用较强，$NH_4^+$不会在潜水中富集，而会通过井壁入渗和越流补给承压水，造成承压水氨氮污染，水质变差（罗泽娇，2002）。

此外，农业区内使用的化肥农药等还含有大量的$Ca^{2+}$、$Cl^-$和$Na^+$等，这些组分随灌溉水入渗进入地下水，发生离子置换作用，使地下水中$Cl^-$和$Na^+$等超过标准值，将进一步加剧区域地下水质量恶化的趋势。

同时，研究区农业机井管理混乱，当地农户为获得更大的出水量，对上部易受污染的潜水或浅层承压水未进行止水或不完全止水，造成多层混合取水，水质较差潜水或浅层承压水不断向深层流动，使地下水污染向更深层发展（赵江涛等，2015）。

喀什地区西部山区无As矿产资源，地下水中As主要来源于农业生产，研究区长期使用的农药导致As在土壤中累积，为地下水中的As提供来源（Smedley等，2002）。

（4）主要污染源的确定　由先前的分析可知，研究区$Cl^-$主要来源于生活污染，$SO_4^{2-}$主要来源于工业污染，氮肥施用为主要农业污染源，其中又以$NH_4^+$污染为主。因此，利用研究区地下水化学数据绘制$Cl^-$、$SO_4^{2-}$和$NH_4^+$离子毫克当量比值趋势图分析各地下水采样点可能存在的主要污染源。若$\gamma Cl^-/\gamma NH_4^+$大于1.0，说明地下水均受生活污染源的影响；$\gamma Cl^-/\gamma SO_4^{2-}$越小，说明地下水受到工业污染；$\gamma SO_4^{2-}/\gamma NH_4^+$越小，说明地下水受到农业污染（赵江涛等，2015）。

①北部克孜勒苏河地下水系统。北部克孜勒苏河地下水系统地下水中$Cl^-$、$SO_4^{2-}$和$NH_4^+$离子毫克当量比值趋势图见图6-22。从图中可以看出，$\gamma Cl^-/\gamma NH_4^+$要远大于1.0，说明北部克孜勒苏河地下水系统均受到生活污染源的影响，同时，有22个采样点$\gamma Cl^-/\gamma SO_4^{2-}$比值相对越小，表明这些采样点还叠加了工业污染源的影响，此外，浅层承压水中个别采样点还叠加了农业污染源的影响。

②南部盖孜河地下水系统。南部盖孜河地下水系统地下水中$Cl^-$、$SO_4^{2-}$和$NH_4^+$离子毫克当量比值趋势图见图6-23。从图中可以看出，$\gamma Cl^-/\gamma NH_4^+$要远大于1.0，说明南部盖孜河地下水系统均受到生活污染源的影响，同时，有6个采样点$\gamma Cl^-/\gamma SO_4^{2-}$比值相对越小，表明这些采样点还叠加了工业污染源的影响，此外，深层承压水中个别采样点还受到农业污染源的影响。

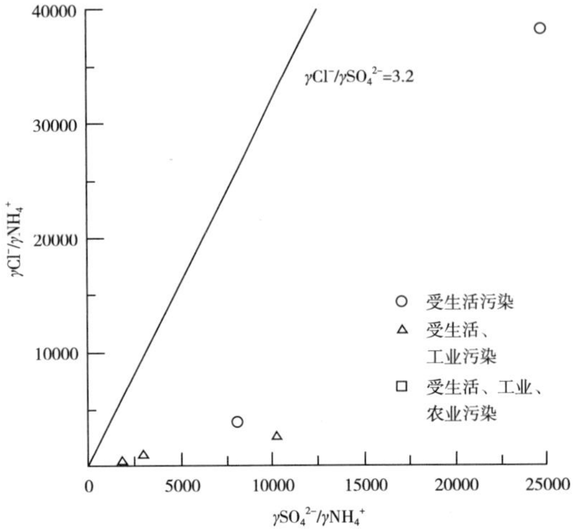


(a)潜水

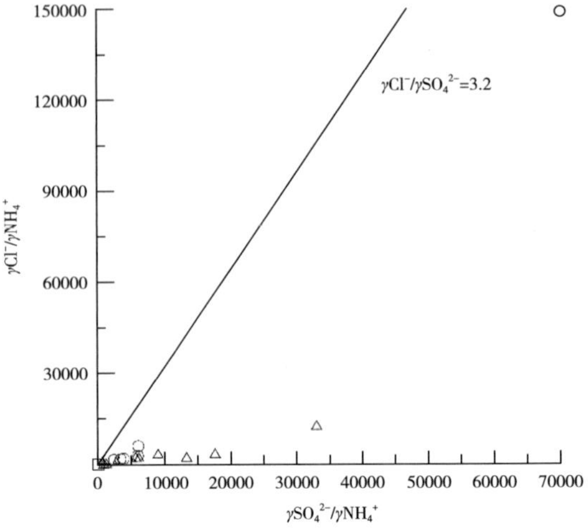


(b)浅层承压水

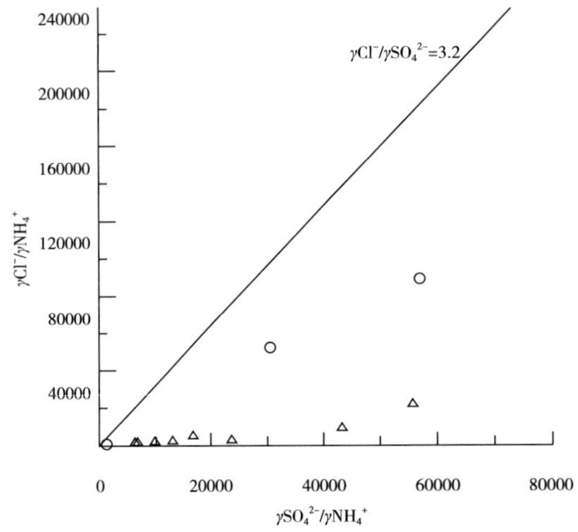


(c)深层承压水

图6-22　北部克孜勒苏河地下水系统地下水离子毫克当量比值趋势图

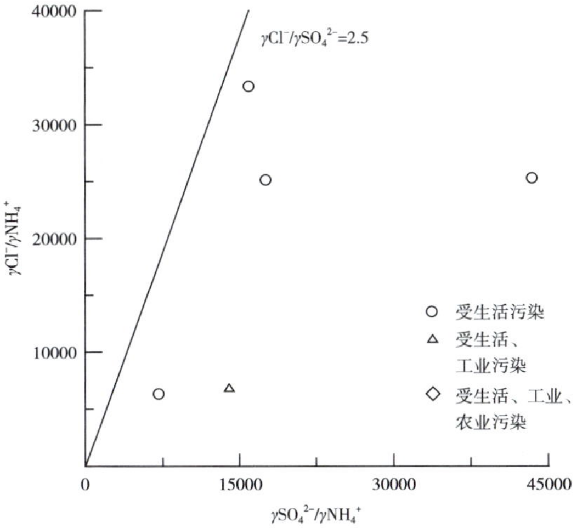


（a）潜水

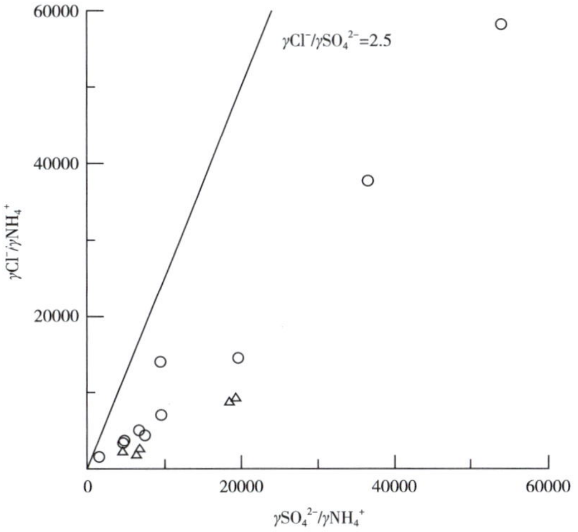


（b）浅层承压水

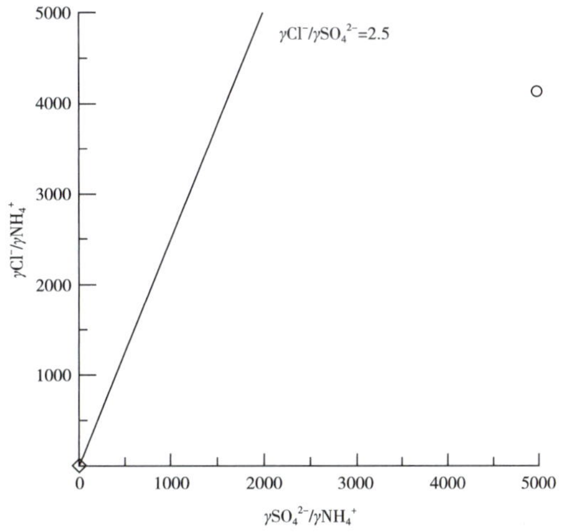


（c）深层承压水

图6-23　南部盖孜河地下水系统地下水离子毫克当量比值趋势图

# 6.5　劣质地下水化学形成与演化的水文地球化学过程

本节通过水文地球化学分析法和同位素分析法，定性分析影响研究区劣质地下水化学特征形成的主要因素。

## 6.5.1　第四系含水层的矿物组成

为查明研究区第四系含水层中的矿物成分，研究共在6处采集钻孔岩芯样并进行岩

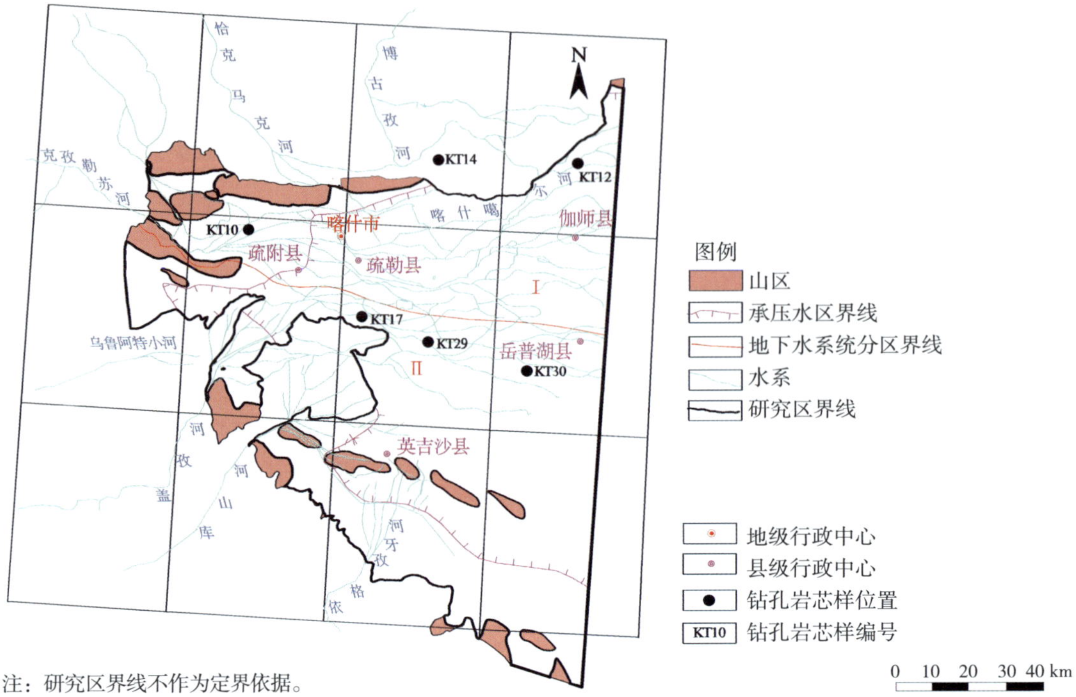


注：研究区界线不作为定界依据。

图6-24　喀什地区西部钻孔岩芯取样点分布图

矿鉴定，岩芯样钻孔位置见图6-24。

第四系含水层矿物组成由新疆维吾尔自治区有色地质勘查局测试中心完成，根据对岩芯样品的薄片分析，表明研究区第四系含水层中矿物主要为硅酸盐矿物，成分主要为石英，以及少量的方解石、白云石等碳酸盐矿物、石膏等硫酸盐矿物、磷灰石等磷酸盐矿物和钠长石、钾长石、绿泥石、赤铁矿等。

## 6.5.2　劣质地下水化学形成作用

研究区地下水化学特征的形成经历了长期复杂的物理、化学作用过程，其受到原生地质环境、气候条件、水文地质条件、地表水水质、地下水化学环境及人类活动等因素的共同影响。本小节结合水样检测数据，采用图解法、离子比值法等分析影响研究区劣质地下水化学形成与演化的水文地球化学过程。地下水化学形成主要受到溶滤、蒸发浓缩、阳离子交换、脱硫酸和混合等作用的影响。

### 6.5.2.1　溶滤作用

（1）饱和指数法　矿物的饱和指数是用来表征某种矿物在地下水中的溶解沉淀状态，可以用来指示水–岩相互作用的方向，同时，也可以为反向水文地球化学模拟中“可能矿物相”的确定提供参考依据。

一般认为当饱和指数绝对值小于0.5时，表明该矿物与水溶液处于平衡状态（钱会等，2005）。

本节利用PHREEQC水文地球化学模拟软件计算地下水中各矿物的饱和指数。

①北部克孜勒苏河地下水系统。研究区北部克孜勒苏河地下水系统中各矿物的饱和指数见表6-19。

表6-19　北部克孜勒苏河地下水系统中主要矿物的饱和指数统计表

| 地下水类型 | 项目 | 方解石 | 白云石 | 石膏 | 岩盐 | 萤石 |
|---|---|---|---|---|---|---|
| 潜水（$n$=5） | 最大值 | 1.99 | 3.93 | −0.50 | −4.51 | −0.77 |
| | 最小值 | 0.02 | 0.09 | −1.75 | −7.44 | −5.74 |
| | 平均值 | 1.29 | 2.49 | −1.06 | −6.45 | −2.51 |
| 浅层承压水（$n$=16） | 最大值 | 1.09 | 2.34 | 0.01 | −3.49 | 2.10 |
| | 最小值 | −0.49 | −0.99 | −1.92 | −7.86 | −5.83 |
| | 平均值 | 0.17 | 0.39 | −0.71 | −5.92 | −1.93 |
| 深层承压水（$n$=12） | 最大值 | 2.30 | 4.86 | −0.05 | −3.09 | 1.56 |
| | 最小值 | −0.33 | −0.81 | −1.92 | −7.95 | −5.57 |
| | 平均值 | 0.73 | 1.62 | −0.61 | −5.58 | −1.16 |

北部克孜勒苏河地下水系统潜水、浅层承压水和深层承压水中石膏、岩盐和萤石SI值大部分都小于−0.5，说明石膏、岩盐和萤石矿物将发生溶解。潜水和深层承压水中方解石和白云石SI值大部分都大于0.5，说明潜水和深层承压水中方解石和白云石等碳酸盐矿物趋于沉淀；浅层承压水中方解石和白云石SI值大部分介于−0.5～0.5，其余少部分大于0.5，说明浅层承压水中大部分方解石和白云石相对于地下水处于平衡状态，少部分则趋于沉淀。

②南部盖孜河地下水系统。研究区南部盖孜河地下水系统中各矿物的饱和指数见表6-20。

南部盖孜河地下水系统潜水、浅层承压水和深层承压水中石膏、岩盐和萤石SI值基本小于−0.5，说明石膏、岩盐和萤石矿物将发生溶解。潜水和深层承压水中方解石和白云石SI值大部分都大于0.5，说明潜水和深层承压水中方解石和白云石等碳酸盐矿物趋于沉淀；浅层承压水中方解石和白云石SI值大部分介于−0.5～0.5，其余少部分大于

表6-20 南部盖孜河地下水系统中主要矿物的饱和指数统计表

| 地下水类型 | 项目 | 方解石 | 白云石 | 石膏 | 岩盐 | 萤石 |
|---|---|---|---|---|---|---|
| 潜水（$n$=5） | 最大值 | 0.79 | 1.92 | −0.33 | −4.74 | −0.57 |
| | 最小值 | 0.10 | 0.39 | −1.10 | −6.02 | −1.51 |
| | 平均值 | 0.51 | 1.21 | −0.69 | −5.24 | −1.23 |
| 浅层承压水（$n$=15） | 最大值 | 0.90 | 2.00 | −0.06 | −4.21 | 0.36 |
| | 最小值 | −0.46 | −0.94 | −1.45 | −6.94 | −2.67 |
| | 平均值 | 0.17 | 0.51 | −0.86 | −5.73 | −1.23 |
| 深层承压水（$n$=2） | 最大值 | 0.96 | 1.88 | −1.31 | −5.89 | −1.23 |
| | 最小值 | 0.68 | 1.54 | −1.55 | −6.16 | −1.87 |
| | 平均值 | 0.82 | 1.71 | −1.43 | −6.03 | −1.55 |

0.5，说明浅层承压水中大部分方解石和白云石相对于地下水处于平衡状态，少部分则趋于沉淀。

虽然在地下水中方解石和白云石的SI值大部分都大于0.5，但也并不代表地下水在径流过程中方解石和白云石等碳酸盐矿物趋于沉淀，因为仅用SI值来判断沉淀不一定可靠，特别是对方解石、白云石和一些硅酸盐矿物来说，这些矿物尽管在地下水中处于过饱和状态，但也有可能不只发生沉淀作用，还会发生溶解作用（沈照理等，1993）。因此，饱和指数法分析结果表明地下水中$SO_4^{2-}$、$Na^+$、$Cl^-$和$F^-$主要来源于研究区石膏、岩盐和萤石等矿物的溶解。

（2）劣质地下水中离子组成的特征　地下水中各离子组分之间的毫克当量比值常被用来研究水文地球化学问题，比如用来判断地下水形成原因及地下水中化学成分的来源等，它比传统的分析水化学类型更能深入描述水质在时空尺度上的演化过程，对地下水水文地球化学演化能做出更典型的剖析。

①$\gamma Na^+/\gamma Cl^-$。$\gamma Na^+/\gamma Cl^-$的关系可以用来反映$Na^+$和$Cl^-$的来源，前人研究表明，$Na^+$主要来源于硅酸盐和蒸发岩的风化溶解，$Cl^-$在地下水中相对稳定，主要来源于蒸发岩的风化溶解（Faye等，2005）。从理论上看，若地下水中的$Na^+$和$Cl^-$全部来源含水层中蒸发岩中岩盐的风化溶解，则$\gamma Na^+/\gamma Cl^-$的比值应该等于1，即岩盐是地下水中$Na^+$和$Cl^-$的最主要来源（Edmunds等，2006）。

利用研究区地下水水样数据绘制$\gamma Na^+/\gamma Cl^-$的关系图（图6-25），可以看出，大部分水样靠近直线$y=x$，表明岩盐矿物的溶解是研究区地下水中$Na^+$和$Cl^-$的主要来源，同时还可以看出，虽然靠近直线$y=x$，但其中大部分水样位于该直线的左上方，表明研究区地下水中$Na^+$还可能受到其他含钠矿物溶解作用的影响，如钠长石、芒硝等。

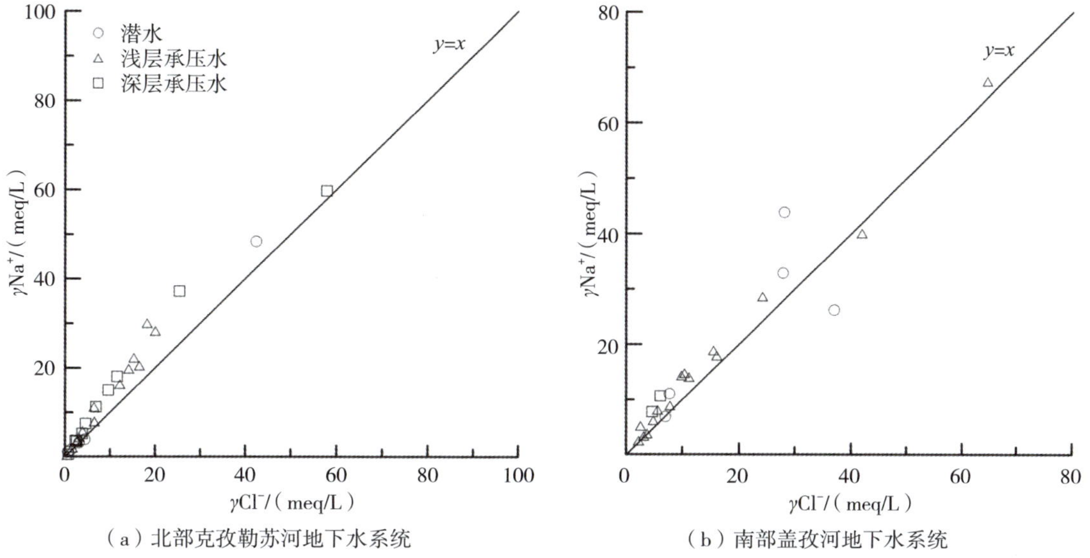


图6-25　喀什地区西部地下水$\gamma Na^{+}/\gamma Cl^{-}$的关系图

②$\gamma$（$Ca^{2+}+Mg^{2+}$）/$\gamma$（$HCO_3^-+SO_4^{2-}$）。$\gamma$（$Ca^{2+}+Mg^{2+}$）/$\gamma$（$HCO_3^-+SO_4^{2-}$）的关系可以用来反映$Ca^{2+}$和$Mg^{2+}$的来源，当$\gamma$（$Ca^{2+}+Mg^{2+}$）/$\gamma$（$HCO_3^-+SO_4^{2-}$）的比值接近1时，表明碳酸盐和硅酸盐矿物的溶解是地下水中$Ca^{2+}$和$Mg^{2+}$的主要来源；当$\gamma$（$Ca^{2+}+Mg^{2+}$）/$\gamma$（$HCO_3^-+SO_4^{2-}$）的比值远大于1时，表明碳酸盐矿物的溶解是地下水中$Ca^{2+}$和$Mg^{2+}$的主要来源；当$\gamma$（$Ca^{2+}+Mg^{2+}$）/$\gamma$（$HCO_3^-+SO_4^{2-}$）的比值远小于1时，表明蒸发岩和硅酸盐矿物的溶解是地下水中$Ca^{2+}$和$Mg^{2+}$的主要来源（魏国孝，2011）。

利用研究区地下水水样数据绘制$\gamma$（$Ca^{2+}+Mg^{2+}$）/$\gamma$（$HCO_3^-+SO_4^{2-}$）的关系图（图6-26），可以看出，大部分水样靠近直线$y=x$，且基本位于该直线的右下方，同时结合研究区第四系含水层矿物的岩矿鉴定结果，表明研究区地下水中$Ca^{2+}$和$Mg^{2+}$主要来源石膏等蒸发岩（硫酸盐）矿物、长石类等硅酸盐矿物以及方解石和白云石等碳酸盐矿物的溶解。

③$\gamma$（$Na^+-Cl^-$）/［$\gamma$（$SO_4^{2-}+HCO_3^-$）$-\gamma$（$Ca^{2+}-Mg^{2+}$）］。之前由$\gamma Na^+/\gamma Cl^-$的比值可初步推断地下水中$Na^+$还可能来源于芒硝等硅酸盐矿物的溶解，而如果地下水中$Na^+$除来源岩盐的溶解外，还来自芒硝的溶解，这样就会有一部分除来自石膏溶解之外的$SO_4^{2-}$与之平衡。$\gamma$（$Na^+-Cl^-$）/［$\gamma$（$SO_4^{2-}+HCO_3^-$）$-\gamma$（$Ca^{2+}-Mg^{2+}$）］的关系可以用来判断地下水中$Na^+$和$SO_4^{2-}$是否来源于芒硝的溶解，如果地下水中$Na^+$和$SO_4^{2-}$来源芒硝的溶解，那么$\gamma$（$Na^+-Cl^-$）/［$\gamma$（$SO_4^{2-}+HCO_3^-$）$-\gamma$（$Ca^{2+}-Mg^{2+}$）］的比值应该接近1（张晟瑀，2013）。

利用研究区地下水水样数据绘制$\gamma$（$Na^+-Cl^-$）/［$\gamma$（$SO_4^{2-}+HCO_3^-$）$-\gamma$（$Ca^{2+}-Mg^{2+}$）］的关系图（图6-27），可以看出，水样基本上都远离直线$y=x$，表明地下水中$Na^+$的来源不包括芒硝矿物的溶解。

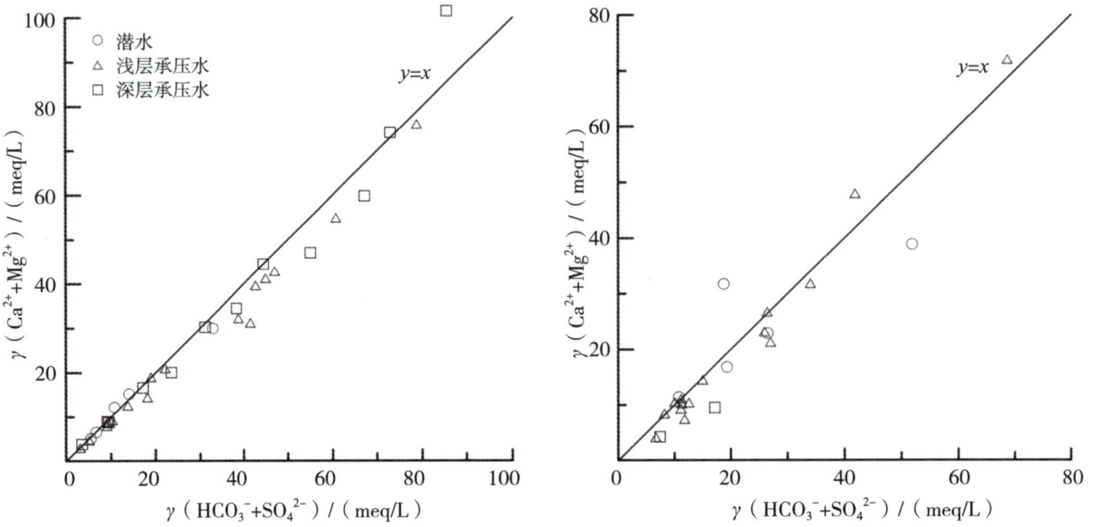


（a）北部克孜勒苏河地下水系统　（b）南部盖孜河地下水系统

图6-26　喀什地区西部地下水$\gamma$（$Ca^{2+}+Mg^{2+}$）/$\gamma$（$HCO_3^-+SO_4^{2-}$）的关系图

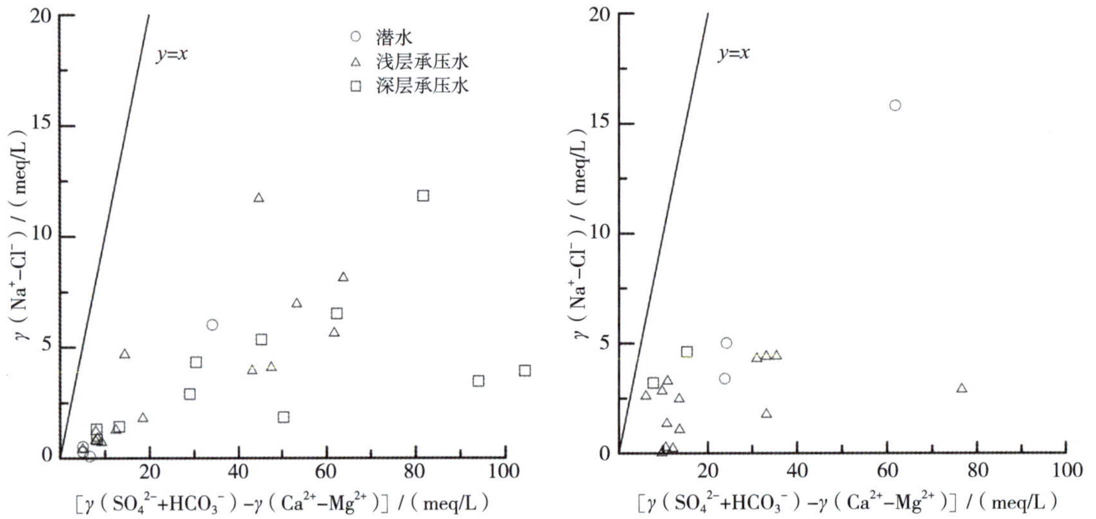


（a）北部克孜勒苏河地下水系统　（b）南部盖孜河地下水系统

图6-27　喀什地区西部地下水$\gamma$（$Na^+-Cl^-$）/[$\gamma$（$SO_4^{2-}+HCO_3^-$）$-\gamma$（$Ca^{2+}-Mg^{2+}$）]的关系图

#### 6.5.2.2　蒸发浓缩作用

（1）基于Gibbs图的离子分析　在Gibbs图（图6–28）的右下方，即TDS较低且$\gamma Na^+/\gamma$（$Na^++Ca^{2+}$）比值大于0.5时，表明地下水化学组分主要受大气降水作用影响；在Gibbs图的左中部，即TDS中等且$\gamma Na^+/\gamma$（$Na^++Ca^{2+}$）比值小于0.5时，表明地下水化学组分主要受岩石风化作用影响；在Gibbs图的右上方，即TDS较高且$\gamma Na^+/\gamma$（$Na^++Ca^{2+}$）比值接近于1时，反映地下水化学组分主要受蒸发浓缩作用影响（张艳等，2015）。

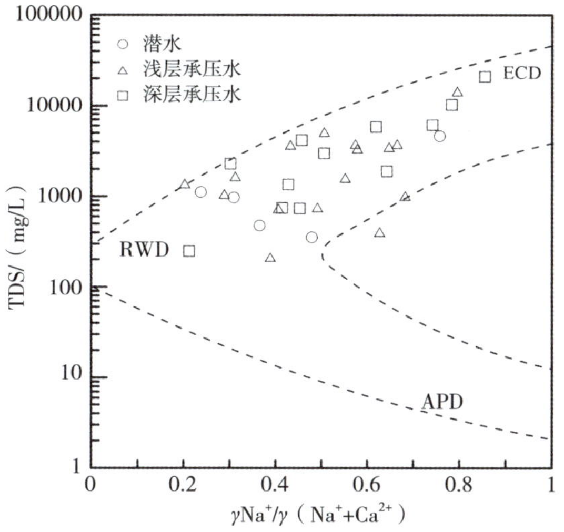


（a）北部克孜勒苏河地下水系统

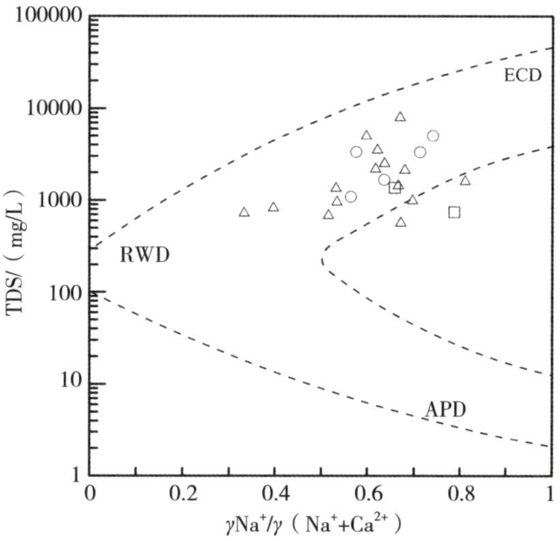


（b）南部盖孜河地下水系统

图6-28　喀什地区西部地下水化学Gibbs分布图

（APD代表大气降水作用；RWD代表岩石风化作用；ECD代表蒸发浓缩作用）

①北部克孜勒苏河地下水系统。北部克孜勒苏河地下水系统中潜水、浅层承压水和深层承压水均分布在Gibbs图的上部，表明潜水和承压水主要受到岩石风化作用和蒸发浓缩作用的双重影响。

②南部盖孜河地下水系统。南部盖孜河地下水系统中潜水、浅层承压水和深层承压水主要分布在Gibbs图的右上部，个别浅层承压水采样点零星分布在中部，说明潜水和承压水的补给水源化学组分主要受蒸发浓缩作用的影响，个别浅层承压水采样点还受到岩石风化作用的影响。

研究区蒸（发）降（水）比为22∶7，结合饱和指数法分析结果，强烈的蒸发浓缩作用将导致地下水中溶解度高的盐类离子（$Na^+$、$Cl^-$、$SO_4^{2-}$等）发生积聚，溶解度低的盐类离子（$Ca^{2+}$、$Mg^{2+}$、$HCO_3^-$、$CO_3^{2-}$等）发生沉淀。

（2）岩石风化源类型　研究表明，硅酸盐岩和蒸发盐岩的风化溶解是地下水中$Na^+$和$K^+$的主要来源；碳酸盐岩、蒸发盐岩和硅酸盐岩的风化溶解是地下水中$Ca^{2+}$和$Mg^{2+}$的主要来源；蒸发盐岩的风化溶解是地下水中$SO_4^{2-}$和$Cl^-$的主要来源；碳酸盐岩的风化溶解是地下水中$HCO_3^-$的主要来源（周长进等，2015；Gaillardet等，1999）。

采用$\gamma Ca^{2+}/\gamma Na^+$与$\gamma HCO_3^-/\gamma Na^+$比值端元图法，可进一步分析确定与研究区地下水化学特征有关的岩石风化源类型。Gaillardet等指出硅酸盐岩端元$\gamma Ca^{2+}/\gamma Na^+$、$\gamma HCO_3^-/\gamma Na^+$比值分别为0.35±0.15、2±1，碳酸盐岩端元$\gamma Ca^{2+}/\gamma Na^+$、$\gamma HCO_3^-/\gamma Na^+$比值分别为50、120（Gaillardet等，1999）。

利用研究区地下水水样数据绘制地下水离子比值端元图（图6-29），可以看出研究区地下水化学组成介于硅酸盐岩流域与蒸发盐岩流域之间，地下水化学组分则主要来源

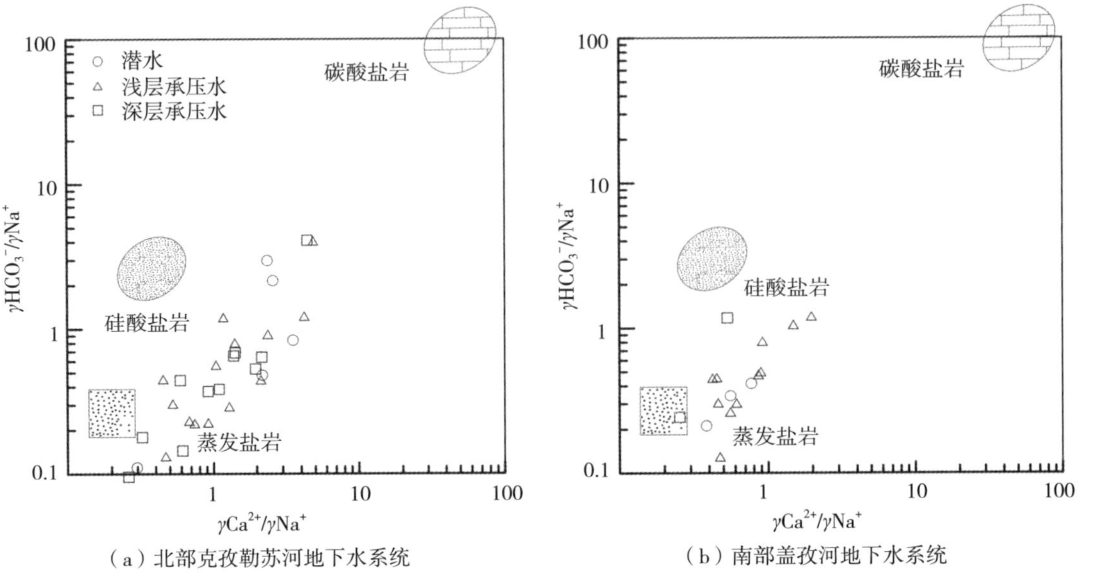


图6-29　喀什地区西部地下水离子比值端元图

于硅酸盐岩和蒸发盐岩的风化溶解。这与Gibbs图中的地下水主要分布在岩石风化控制区，且远离大气降水控制区相一致。

6.5.2.3　阳离子交换作用

（1）离子比值法　地下水化学组分形成的水文地球化学过程中阳离子交换作用主要发生在$Na^+$、$Ca^{2+}$和$Mg^{2+}$之间，可用离子比值法来判断地下水中是否发生阳离子交换。常用［$\gamma$（$Ca^{2+}$+$Mg^{2+}$）−$\gamma$（$HCO_3^-$+$SO_4^{2-}$）］/$\gamma$（$Na^+$−$Cl^-$）的关系来反映阳离子交换作用及其作用的程度，其中，$\gamma$（$Ca^{2+}$+$Mg^{2+}$）−$\gamma$（$HCO_3^-$+$SO_4^{2-}$）是为了去除地下水中$Ca^{2+}$/$Mg^{2+}$来源碳酸盐岩和硅酸盐岩风化溶解的影响，$\gamma$（$Na^+$−$Cl^-$）是为了去除地下水中$Na^+$来源岩盐溶解的影响。当地下水水样位于直线$y=-x$左上方时，表明水中的$Na^+$置换出了岩石中的$Ca^{2+}$/$Mg^{2+}$使得地下水中$Ca^{2+}$/$Mg^{2+}$变得相对富集，即发生正向阳离子交换作用；当地下水水样位于直线$y=-x$右下方时，表明水中的$Ca^{2+}$/$Mg^{2+}$置换出了岩石中的$Na^+$使得地下水中$Na^+$变得相对富集，即发生反向阳离子交换作用（Zaidi等，2015；Luo，2014）。

利用研究区地下水水样数据绘制［$\gamma$（$Ca^{2+}$+$Mg^{2+}$）−$\gamma$（$HCO_3^-$+$SO_4^{2-}$）］/$\gamma$（$Na^+$−$Cl^-$）的关系图（图6–30），从［图6–30（a）］可以看出，北部克孜勒苏河地下水系统中除了1个潜水水样和1个深层承压水水样分布在直线$y=-x$的左上方外，其余水样基本分布在直线$y=-x$的右下方；从［图6–30（b）］可以看出，南部盖孜河地下水系统中除了2个潜水水样和1个浅层承压水水样分布在直线$y=-x$的左上方外其余水样基本分布在其右下方，说明水中的$Ca^{2+}$/$Mg^{2+}$置换出了岩石中的$Na^+$使得地下水中$Na^+$变得相对富集，即地下水中主要发生了反向阳离子交换作用，而只在局部区域发生正向阳离子交换作用。这是由于研究区pH变化范围6.85～10.23，地下水整体呈弱碱性，该环境有利于阳离子交换反

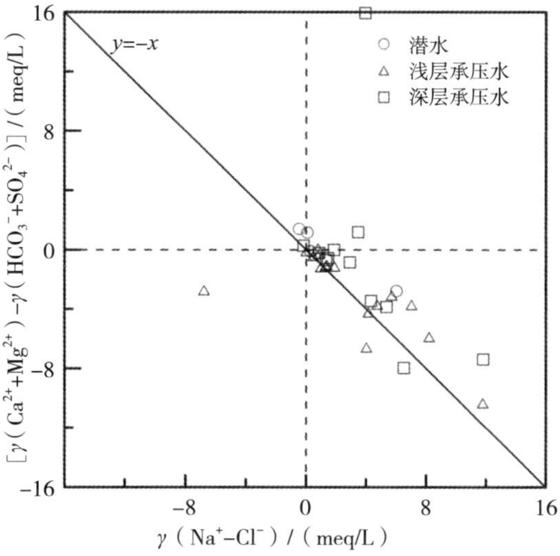

(a)北部克孜勒苏河地下水系统

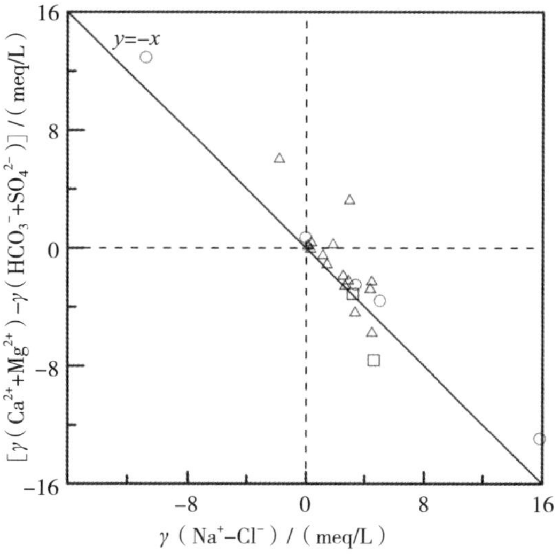

(b)南部盖孜河地下水系统

图6-30　喀什地区西部地下水［γ（$Ca^{2+}$+$Mg^{2+}$）−γ（$HCO_3^-$+$SO_4^{2-}$）］/γ（$Na^+$−$Cl^-$）的关系图

应，同时，$Ca^{2+}$/$Mg^{2+}$的吸附亲合力高于$Na^+$的，使得地下水中$Ca^{2+}$/$Mg^{2+}$置换出了岩石中的$Na^+$，地下水中$Ca^{2+}$/$Mg^{2+}$含量减少。同时从图6-30还可以看出，北部克孜勒苏河地下水系统中的地下水水样更靠近于直线$y=-x$，说明北部克孜勒苏河地下水系统中的阳离子交换作用强于南部盖孜河地下水系统。

（2）钠吸附比法　钠吸附比值（Sodium Adsorption Ratio，SAR）的定义是$Na^+$含量与$Ca^{2+}$、$Mg^{2+}$含量平均值的平方根的比值，可用来判断地下水中$Ca^{2+}$/$Mg^{2+}$与$Na^+$的交换作用，SAR值越大，固相表面对$Na^+$的吸附趋势越强，阳离子交换作用越强（王晓曦等，2014）。

不同地下水系统中各地下水类型的SAR值统计见表6-21，并利用研究区地下水水样数据绘制SAR值与井深的关系图（图6-31），由表6-21和图6-31可以看出总体上北部克孜勒苏河地下水系统（Ⅰ）的SAR值高于南部盖孜河地下水系统（Ⅱ）的SAR值，表明北部克孜勒苏河地下水系统中$Na^+$被吸附的趋势强于南部盖孜河地下水系统，即北部克孜勒苏河地下水系统中的反向阳离子交换作用强于南部盖孜河地下水系统，其结果与离子比值法所得结论一致。

由表6-21和图6-31还可以看出，研究区地下水SAR值依次表现为深层承压水＞浅层承压水＞潜水，表明随着含水层深度的逐渐增加，SAR值呈逐渐升高的趋势，研究区地下水中阳离子交换作用依次表现为深层承压水＞浅层承压水＞潜水。同时，由图6-31可以看出个别承压水点分布在Gibbs图的范围之外，造成这种情况的原因很有可能就是因为这些承压水发生了明显的阳离子交换作用，而Gibbs未将这一因素考虑在内（党慧慧等，2015）。

表6-21 喀什地区西部不同地下水系统中各地下水类型的SAR值统计表

| 地下水系统 | 地下水类型 | 最小值 | 最大值 | 平均值 |
|---|---|---|---|---|
| Ⅰ | 潜水 | 4.2 | 92.3 | 29.3 |
| | 浅层承压水 | 2.0 | 147.9 | 36.9 |
| | 深层承压水 | 2.2 | 219.2 | 45.0 |
| Ⅱ | 潜水 | 16.8 | 37.2 | 26.2 |
| | 浅层承压水 | 6.4 | 65.6 | 28.5 |
| | 深层承压水 | 27.4 | 30.9 | 29.2 |

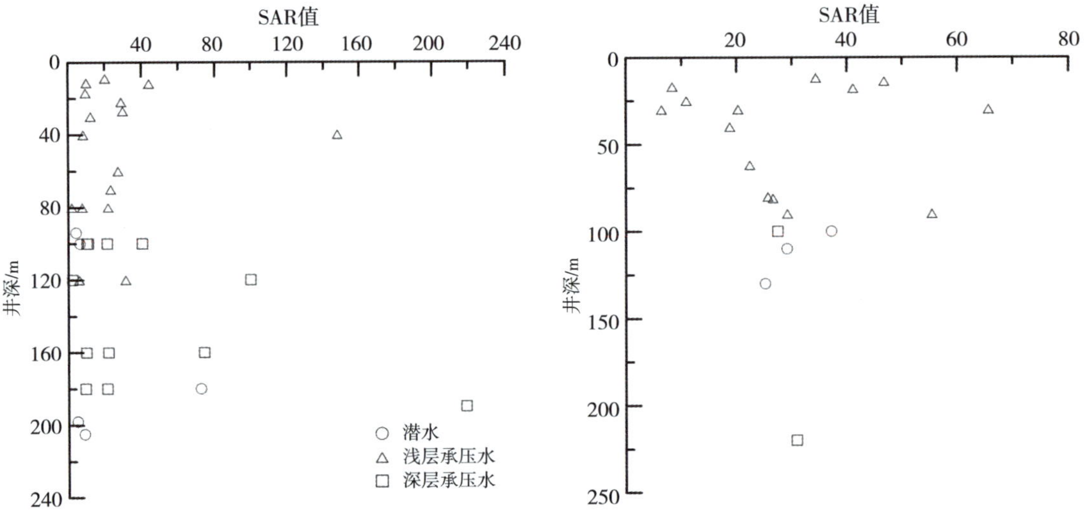

（a）北部克孜勒苏河地下水系统 （b）南部盖孜河地下水系统

图6-31 喀什地区西部地下水SAR值与井深的关系图

#### 6.5.2.4 脱硫酸作用

脱硫酸作用是指在封闭的缺氧还原环境中，硫酸盐受有机物和脱硫菌作用，被分解形成$H_2S$和$HCO_3^-$的生物化学过程，常采用$\gamma SO_4^{2-}$/［$\gamma SO_4^{2-}$+0.5$\gamma$（$HCO_3^-$–$Ca^{2+}$–$Mg^{2+}$）］的关系来判断脱硫酸作用及其作用的程度（Yamanaka等，2007）。一般情况下，若没有发生脱硫酸作用，则$\gamma SO_4^{2-}$/［$\gamma SO_4^{2-}$+0.5$\gamma$（$HCO_3^-$–$Ca^{2+}$–$Mg^{2+}$）］应为1，而随着还原反应的加强，该比值逐渐减少（Vengosh等，2007）。

潜水和浅层承压水埋藏较浅，不具备封闭的缺氧环境，故不考虑潜水和浅层承压水的脱硫酸作用；深层承压水埋藏较深，地下水系统处于封闭状态，满足产生脱硫酸作用的基本条件，同时，大部分深层承压水水样氧化还原电位值为负值，指示地下水赋存的还原环境，因此，本节仅考虑研究区深层承压水的脱硫酸作用。

利用研究区地下水水样数据绘制$\gamma SO_4^{2-}$/［$\gamma SO_4^{2-}+0.5\gamma$（$HCO_3^- - Ca^{2+} - Mg^{2+}$）］的关系图（图6–32），由图6–32可以看出，北部克孜勒苏河地下水系统中12组深层承压水水样$\gamma SO_4^{2-}$/［$\gamma SO_4^{2-}+0.5\gamma$（$HCO_3^- - Ca^{2+} - Mg^{2+}$）］均大于1，表明北部克孜勒苏河地下水系统中没有脱硫酸作用的发生；南部盖孜河地下水系统中2组深层承压水水样中有1组$\gamma SO_4^{2-}$/［$\gamma SO_4^{2-}+0.5\gamma$（$HCO_3^- - Ca^{2+} - Mg^{2+}$）］小于1，表明在南部盖孜河地下水系统中局部地段发生脱硫酸作用。

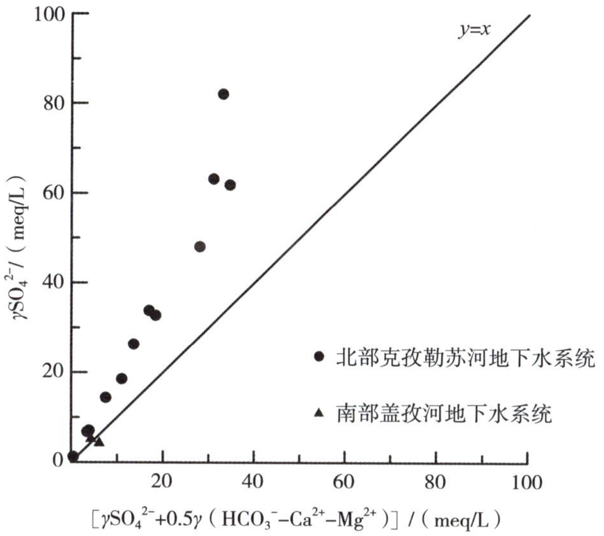

图6–32　喀什地区西部地下水$\gamma SO_4^{2-}$和$\gamma SO_4^{2-}+0.5\gamma$（$HCO_3^- - Ca^{2+} - Mg^{2+}$）的关系图

### 6.5.2.5　混合作用

混合作用是研究区地下水化学形成的一种较为普遍的地质作用，混合作用包括了地表水与地下水的混合以及不同含水层之间地下水的混合。

地表水是研究区地下水最主要的补给来源，地表水与浅层地下水之间水力联系复杂，它们之间相互补给、相互控制。以研究区北部克孜勒苏河地下水系统中的克孜勒苏河和南部盖孜河地下水系统中的依格孜牙河为例，选取2017年在克孜勒苏河上游采集的地表水点KS–5以及靠近该水样下游的潜水点K18，和2017年在依格孜牙河上游采集的地表水点DB4以及靠近该水样下游的潜水点K51。分别对比两个地下水系统中地表水和地下水的主要化学指标含量（图6–33），可以看出，两个地下水系统中地表水水样和潜水水样主要化学指标的含量变化总体上趋势一致，因此可以判断地表水与地下水存在混合作用，地下水水质在一定程度上会受到地表水水质的影响。

6.2.3“氢氧同位素特征”一节中分析结果表明喀什地区西部垂向上潜水、浅层承压水和深层承压水有较密切的水力联系，为不同含水层之间地下水的混合提供条件。同时，依据6.4.6“人类活动的影响”一节中的分析结果，研究区长期大量开采深层淡水，形成区域地下水位降落漏斗，促使浅层地下水越流补给深层地下水，表明研究区不同含水层之间地下水存在着混合作用。

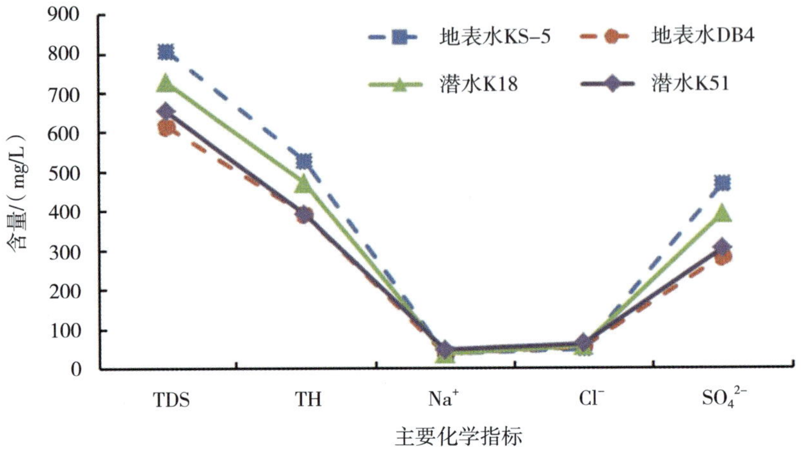


图6-33　喀什地区西部2017年地表水与地下水中主要化学指标含量的关系图

# 7 阿克苏河流域平原区地下水砷氟赋存环境及共富集机制

# 7.1 数据来源与研究方法

## 7.1.1 样品采集与检测

### 7.1.1.1 样品采集与数据收集

依据水利部《全国水资源综合规划技术细则》，将研究区承压含水层按井深划分为浅层承压含水层（井深＜100m）和深层承压含水层（井深＞100m）。2016年，共采集阿克苏河流域平原区地下水样品138组（表7-1和图7-1），其中单一结构潜水含水层56组、承压水区潜水含水层31组、浅层承压含水层38组、深层承压含水层13组，地下水采样井深10～190m，同时采集地表水样品6组。地下水取样点控制面积为21905.29km$^2$，取样点密度为6.30眼/10$^3$km$^2$，完全符合《地下水监测规范》（SL 183—2005）规定：内陆盆地平原区超采区地下水水质统测井的密度为1.0～1.6眼/10$^3$km$^2$，地下水水质统测井的密度为3.0～4.8眼/10$^3$km$^2$。

于2021年5月对15组地下水原位点（其中5组单一结构潜水、2组承压水区潜水、5组浅层承压水、3组深层承压水）和4组地表水进行样品采集。严格依据《地下水环境监测技术规范》（HJ/T 164—2004）对地下水进行取样，现场取样时需用所取的水样润洗3次水样瓶，使用0.45μm的微孔滤膜将水中悬浮物过滤去除，向进行阳离子检测的水样中滴加硝酸，使pH低于2；用于分析砷形态的样品采用2mL棕色色谱瓶，加入0.2mL饱和EDTA；瓶盖拧紧不留气泡，用封口膜密封，贴好标签，4℃冷藏保存并送检。

表7-1 阿克苏河流域平原区2016年地下水采样点基本信息

| 编号 | 东经/° | 北纬/° | 县（市） | 地下水类型 | 砷含量/（mg/L） | 氟含量/（mg/L） |
|---|---|---|---|---|---|---|
| A1 | 80.48 | 40.79 | 阿克苏市 | 深层承压水 | 0.023 | 2.30 |
| A2 | 80.24 | 41.18 | 阿克苏市 | 单一结构潜水 | ND | 1.32 |
| A3 | 80.59 | 40.68 | 阿克苏市 | 浅层承压水 | 0.011 | 0.60 |
| A4 | 80.55 | 40.85 | 阿克苏市 | 浅层承压水 | ND | 0.30 |
| A5 | 80.34 | 41.28 | 阿克苏市 | 单一结构潜水 | 0.003 | 2.01 |
| A6 | 80.18 | 41.19 | 阿克苏市 | 单一结构潜水 | 0.002 | 0.89 |
| A7 | 80.26 | 41.03 | 阿克苏市 | 单一结构潜水 | 0.003 | 0.57 |
| A8 | 80.20 | 40.98 | 阿克苏市 | 单一结构潜水 | 0.003 | 0.47 |
| A9 | 80.48 | 40.85 | 阿克苏市 | 浅层承压水 | 0.008 | 1.49 |

续表

| 编号 | 东经/° | 北纬/° | 县（市） | 地下水类型 | 砷含量/（mg/L） | 氟含量/（mg/L） |
|---|---|---|---|---|---|---|
| A10 | 80.71 | 40.79 | 阿克苏市 | 浅层承压水 | 0.009 | 4.87 |
| A11 | 80.21 | 40.95 | 阿瓦提县 | 单一结构潜水 | 0.002 | 0.46 |
| A12 | 80.44 | 40.98 | 农一师六团 | 承压水区潜水 | ND | 2.40 |
| A13 | 80.48 | 40.88 | 阿克苏市 | 承压水区潜水 | ND | 3.20 |
| A14 | 80.36 | 40.86 | 阿克苏市 | 承压水区潜水 | 0.025 | 2.90 |
| A15 | 80.38 | 40.93 | 阿瓦提县 | 单一结构潜水 | 0.001 | 2.10 |
| A16 | 80.35 | 41.30 | 温宿县 | 单一结构潜水 | ND | 1.20 |
| A17 | 80.36 | 41.37 | 温宿县 | 单一结构潜水 | ND | 0.78 |
| A18 | 80.26 | 41.04 | 阿克苏市 | 单一结构潜水 | ND | 0.46 |
| A19 | 80.35 | 41.10 | 阿克苏市 | 浅层承压水 | ND | 2.80 |
| A20 | 80.32 | 41.23 | 阿克苏市 | 浅层承压水 | ND | 1.90 |
| A21 | 80.56 | 40.77 | 阿克苏市 | 浅层承压水 | ND | 2.10 |
| A22 | 80.59 | 40.68 | 阿克苏市 | 浅层承压水 | 0.094 | 2.70 |
| A23 | 80.55 | 40.85 | 阿克苏市 | 承压水区潜水 | 0.002 | 3.20 |
| A24 | 80.35 | 41.07 | 阿克苏市 | 浅层承压水 | 0.018 | 3.80 |
| A25 | 80.86 | 40.60 | 农一师八团 | 单一结构潜水 | 0.060 | 1.20 |
| A26 | 80.80 | 40.51 | 阿瓦提县 | 单一结构潜水 | 0.026 | 2.00 |
| A27 | 80.37 | 40.80 | 阿瓦提县 | 承压水区潜水 | 0.021 | 2.40 |
| A28 | 80.39 | 40.65 | 阿瓦提县 | 深层承压水 | ND | 1.40 |
| A29 | 80.31 | 40.70 | 阿瓦提县 | 承压水区潜水 | 0.002 | 0.40 |
| A30 | 80.24 | 40.72 | 阿瓦提县 | 浅层承压水 | ND | 0.80 |
| A31 | 80.23 | 40.63 | 阿瓦提县 | 承压水区潜水 | 0.003 | 1.12 |
| A32 | 80.30 | 40.62 | 阿瓦提县 | 承压水区潜水 | 0.009 | 1.32 |
| A33 | 80.14 | 40.82 | 阿瓦提县 | 浅层承压水 | 0.016 | 0.65 |
| A34 | 80.31 | 40.80 | 阿瓦提县 | 浅层承压水 | 0.026 | 0.70 |
| A35 | 80.27 | 40.72 | 阿瓦提县 | 浅层承压水 | 0.007 | 0.47 |
| A36 | 80.40 | 40.69 | 阿瓦提县 | 浅层承压水 | 0.038 | 0.59 |
| A37 | 80.30 | 40.62 | 阿瓦提县 | 深层承压水 | 0.011 | 0.46 |
| A38 | 80.53 | 40.56 | 阿瓦提县 | 浅层承压水 | 0.099 | 1.24 |
| A39 | 80.18 | 40.81 | 阿克苏市 | 浅层承压水 | 0.013 | 0.61 |
| A40 | 80.30 | 40.80 | 阿瓦提县 | 承压水区潜水 | ND | 2.90 |

续表

| 编号 | 东经/° | 北纬/° | 县（市） | 地下水类型 | 砷含量/（mg/L） | 氟含量/（mg/L） |
|---|---|---|---|---|---|---|
| A41 | 80.31 | 40.80 | 阿瓦提县 | 深层承压水 | 0.021 | 1.16 |
| A42 | 80.31 | 40.80 | 阿瓦提县 | 承压水区潜水 | ND | 1.92 |
| A43 | 80.32 | 40.79 | 阿瓦提县 | 承压水区潜水 | ND | 2.30 |
| A44 | 80.38 | 40.79 | 阿瓦提县 | 浅层承压水 | ND | 2.00 |
| A45 | 80.48 | 40.73 | 阿瓦提县 | 承压水区潜水 | ND | 1.92 |
| A46 | 80.38 | 40.78 | 阿瓦提县 | 承压水区潜水 | 0.026 | 1.92 |
| A47 | 80.46 | 40.72 | 阿瓦提县 | 深层承压水 | 0.010 | 1.56 |
| A48 | 80.37 | 40.80 | 阿瓦提县 | 承压水区潜水 | 0.023 | 2.90 |
| A49 | 80.28 | 40.66 | 阿瓦提县 | 浅层承压水 | 0.020 | 0.46 |
| A50 | 80.16 | 40.73 | 阿瓦提县 | 浅层承压水 | 0.004 | 0.58 |
| A51 | 80.19 | 40.82 | 阿瓦提县 | 浅层承压水 | 0.003 | 0.48 |
| A52 | 80.25 | 40.75 | 阿瓦提县 | 深层承压水 | 0.013 | 0.50 |
| A53 | 80.12 | 40.83 | 阿瓦提县 | 深层承压水 | 0.002 | 0.58 |
| A54 | 80.17 | 40.88 | 阿瓦提县 | 深层承压水 | 0.007 | 0.56 |
| A55 | 80.39 | 40.75 | 阿瓦提县 | 浅层承压水 | 0.015 | 1.20 |
| A56 | 80.39 | 40.52 | 阿瓦提县 | 承压水区潜水 | 0.003 | 1.90 |
| A57 | 80.35 | 40.43 | 阿瓦提县 | 承压水区潜水 | 0.002 | 1.90 |
| A58 | 80.35 | 40.35 | 阿瓦提县 | 单一结构潜水 | ND | 2.80 |
| A59 | 80.18 | 40.40 | 阿瓦提县 | 承压水区潜水 | 0.002 | 0.80 |
| A60 | 80.11 | 40.37 | 阿瓦提县 | 单一结构潜水 | 0.002 | 1.08 |
| A61 | 79.99 | 40.37 | 阿瓦提县 | 承压水区潜水 | ND | 1.12 |
| A62 | 79.92 | 40.36 | 阿瓦提县 | 承压水区潜水 | ND | 0.66 |
| A63 | 80.44 | 40.52 | 阿瓦提县 | 承压水区潜水 | 0.001 | 0.44 |
| A64 | 80.51 | 40.49 | 阿瓦提县 | 承压水区潜水 | ND | 0.44 |
| A65 | 80.55 | 40.58 | 阿瓦提县 | 承压水区潜水 | 0.038 | 2.20 |
| A66 | 80.56 | 40.53 | 阿瓦提县 | 承压水区潜水 | 0.002 | 1.20 |
| A67 | 80.31 | 40.70 | 阿瓦提县 | 承压水区潜水 | 0.011 | 2.50 |
| A68 | 80.24 | 40.72 | 阿瓦提县 | 浅层承压水 | 0.002 | 0.48 |
| A69 | 80.23 | 40.63 | 阿瓦提县 | 承压水区潜水 | 0.004 | 0.58 |
| A70 | 80.30 | 40.62 | 阿瓦提县 | 承压水区潜水 | 0.036 | 2.40 |
| A71 | 80.38 | 40.55 | 阿瓦提县 | 浅层承压水 | 0.078 | 0.76 |

续表

| 编号 | 东经/° | 北纬/° | 县（市） | 地下水类型 | 砷含量/（mg/L） | 氟含量/（mg/L） |
|---|---|---|---|---|---|---|
| A72 | 80.42 | 40.69 | 阿瓦提县 | 浅层承压水 | 0.014 | 0.78 |
| A73 | 80.47 | 40.65 | 阿瓦提县 | 浅层承压水 | 0.005 | 1.80 |
| A74 | 80.45 | 40.55 | 阿瓦提县 | 浅层承压水 | 0.081 | 2.50 |
| A75 | 79.04 | 40.50 | 柯坪县 | 浅层承压水 | ND | 1.50 |
| A76 | 79.04 | 40.53 | 柯坪县 | 单一结构潜水 | ND | 0.64 |
| A77 | 79.01 | 40.54 | 柯坪县 | 单一结构潜水 | 0.050 | 2.00 |
| A78 | 79.46 | 40.55 | 柯坪县 | 单一结构潜水 | 0.002 | 2.10 |
| A79 | 79.34 | 40.50 | 柯坪县 | 单一结构潜水 | ND | 2.50 |
| A80 | 79.44 | 40.48 | 柯坪县 | 单一结构潜水 | ND | 1.48 |
| A81 | 79.01 | 40.54 | 柯坪县 | 单一结构潜水 | ND | 1.50 |
| A82 | 80.23 | 41.28 | 温宿县 | 单一结构潜水 | ND | 1.20 |
| A83 | 80.51 | 41.32 | 温宿县 | 单一结构潜水 | ND | 1.32 |
| A84 | 80.53 | 40.96 | 温宿县 | 浅层承压水 | 0.011 | 0.74 |
| A85 | 80.63 | 41.37 | 温宿县 | 单一结构潜水 | 0.003 | 1.00 |
| A86 | 80.41 | 41.33 | 温宿县 | 单一结构潜水 | 0.003 | 0.98 |
| A87 | 80.57 | 41.33 | 温宿县 | 单一结构潜水 | 0.003 | 1.62 |
| A88 | 80.49 | 41.25 | 温宿县 | 浅层承压水 | 0.002 | 3.89 |
| A89 | 80.56 | 41.15 | 温宿县 | 浅层承压水 | 0.019 | 2.70 |
| A90 | 80.44 | 41.12 | 温宿县 | 浅层承压水 | 0.007 | 2.18 |
| A91 | 80.59 | 41.04 | 温宿县 | 浅层承压水 | 0.063 | 3.10 |
| A92 | 80.06 | 41.40 | 温宿县 | 单一结构潜水 | ND | 0.34 |
| A93 | 80.13 | 41.35 | 温宿县 | 单一结构潜水 | 0.012 | 2.30 |
| A94 | 80.53 | 41.25 | 温宿县 | 浅层承压水 | ND | 1.70 |
| A95 | 80.10 | 41.32 | 温宿县 | 单一结构潜水 | ND | 0.76 |
| A96 | 80.00 | 41.16 | 温宿县 | 单一结构潜水 | ND | 0.76 |
| A97 | 80.00 | 41.25 | 温宿县 | 单一结构潜水 | ND | 0.92 |
| A98 | 79.90 | 41.26 | 温宿县 | 单一结构潜水 | ND | 0.64 |
| A99 | 80.43 | 41.28 | 温宿县 | 深层承压水 | ND | 1.48 |
| A100 | 80.64 | 41.34 | 温宿县 | 单一结构潜水 | ND | 2.00 |
| A101 | 80.85 | 41.40 | 温宿县 | 单一结构潜水 | ND | 1.80 |
| A102 | 80.47 | 41.16 | 阿克苏市 | 浅层承压水 | 0.037 | 3.40 |

续表

| 编号 | 东经/° | 北纬/° | 县（市） | 地下水类型 | 砷含量/（mg/L） | 氟含量/（mg/L） |
|---|---|---|---|---|---|---|
| A103 | 80.48 | 41.14 | 阿克苏市 | 浅层承压水 | 0.001 | 4.80 |
| A104 | 80.50 | 41.10 | 阿克苏市 | 浅层承压水 | 0.004 | 3.20 |
| A105 | 80.45 | 41.05 | 阿克苏市 | 承压水区潜水 | 0.003 | 4.70 |
| A106 | 80.54 | 41.02 | 阿克苏市 | 深层承压水 | 0.010 | 3.70 |
| A107 | 80.44 | 41.20 | 阿克苏市 | 浅层承压水 | ND | 3.20 |
| A108 | 80.57 | 41.18 | 温宿县 | 承压水区潜水 | 0.001 | 2.20 |
| A109 | 80.51 | 41.22 | 温宿县 | 承压水区潜水 | 0.008 | 2.40 |
| A110 | 80.47 | 41.22 | 温宿县 | 深层承压水 | 0.001 | 2.20 |
| A111 | 79.84 | 41.18 | 温宿县 | 单一结构潜水 | 0.002 | 0.86 |
| A112 | 80.53 | 40.96 | 温宿县 | 承压水区潜水 | 0.001 | 4.80 |
| A113 | 79.57 | 41.24 | 乌什县 | 单一结构潜水 | ND | 1.04 |
| A114 | 79.21 | 41.20 | 乌什县 | 单一结构潜水 | ND | ND |
| A115 | 79.57 | 41.24 | 乌什县 | 单一结构潜水 | ND | 0.74 |
| A116 | 79.89 | 41.41 | 温宿县 | 单一结构潜水 | ND | 0.96 |
| A117 | 78.92 | 41.07 | 乌什县 | 单一结构潜水 | ND | ND |
| A118 | 79.20 | 41.27 | 乌什县 | 单一结构潜水 | ND | 0.12 |
| A119 | 79.90 | 41.10 | 乌什县 | 单一结构潜水 | ND | 2.00 |
| A120 | 79.80 | 41.12 | 乌什县 | 单一结构潜水 | ND | 1.68 |
| A121 | 79.74 | 41.18 | 乌什县 | 单一结构潜水 | ND | 1.80 |
| A122 | 79.62 | 41.27 | 乌什县 | 单一结构潜水 | ND | 0.42 |
| A123 | 79.66 | 41.21 | 乌什县 | 单一结构潜水 | ND | 0.78 |
| A124 | 79.46 | 41.22 | 乌什县 | 单一结构潜水 | ND | 0.22 |
| A125 | 79.46 | 41.43 | 乌什县 | 单一结构潜水 | ND | 0.26 |
| A126 | 79.39 | 41.28 | 乌什县 | 单一结构潜水 | ND | 0.20 |
| A127 | 78.43 | 40.93 | 乌什县 | 单一结构潜水 | 0.001 | ND |
| A128 | 78.43 | 40.93 | 阿合奇县 | 单一结构潜水 | ND | 0.25 |
| A129 | 78.66 | 41.01 | 乌什县 | 单一结构潜水 | ND | ND |
| A130 | 80.48 | 40.79 | 阿克苏市 | 深层承压水 | 0.023 | 2.30 |
| A131 | 80.37 | 40.80 | 阿瓦提县 | 承压水区潜水 | 0.021 | 2.40 |
| A132 | 80.54 | 41.29 | 温宿县 | 浅层承压水 | ND | 1.32 |
| A133 | 80.23 | 41.24 | 温宿县 | 单一结构潜水 | 0.001 | 1.20 |

续表

| 编号 | 东经/° | 北纬/° | 县（市） | 地下水类型 | 砷含量/（mg/L） | 氟含量/（mg/L） |
|---|---|---|---|---|---|---|
| A134 | 80.24 | 41.14 | 阿克苏市 | 单一结构潜水 | ND | 1.32 |
| A135 | 79.53 | 41.23 | 乌什县 | 单一结构潜水 | ND | 1.04 |
| A136 | 80.85 | 40.59 | 农一师八团 | 单一结构潜水 | 0.060 | 1.20 |
| A137 | 79.14 | 41.18 | 乌什县 | 单一结构潜水 | ND | ND |
| A138 | 80.38 | 40.63 | 阿瓦提县 | 深层承压水 | ND | 1.40 |

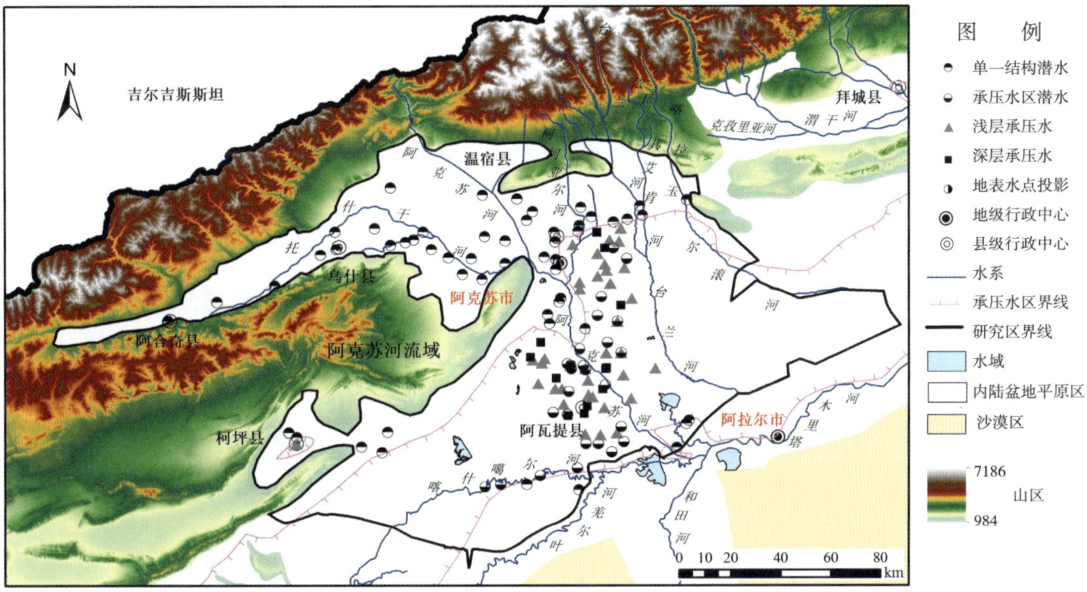


注：研究区界线不作为定界依据。

图7-1　阿克苏河流域平原区地下水与地表水取样点分布图

#### 7.1.1.2　样品检测

地下水和地表水样品的化学含量检测由中国地质科学院水文地质环境地质研究所矿泉水检测中心执行，依据《地下水环境监测技术规范》（HJ/T 164—2004）选取检测指标。现场测定水温、Eh、pH、EC、DO 5项指标。实验室检测指标包括$K^+$、$Na^+$、$Ca^{2+}$、$Mg^{2+}$、$Cl^-$、$SO_4^{2-}$、$HCO_3^-$、TH、TDS、$F^-$、As、Fe、Mn、$NO_3^-$、$NH_4^+$和砷形态等。使用火焰原子吸收分光光度法对$K^+$和$Na^+$进行测定，EDTA滴定法对$Ca^{2+}$、$Mg^{2+}$和TH进行测定，105℃干燥-重量法测定TDS，硝酸银容量法测定$Cl^-$，硫酸钡比浊法测定$SO_4^{2-}$，盐酸滴定法测定$HCO_3^-$，原子荧光法（AFS-922）测定As，离子选择电极法（PHS-3D）测定$F^-$，Fe的检测仪器为PinAAcle-900Z单石墨炉原子吸收分光光度计，Mn的检测仪器为OPTIMA8000电感耦合等离子体发射光谱仪。砷形态由中国地质大学（北京）水环境实验室采用高效液相色谱-原子荧光光谱法（AFS9130，吉天）测定。As和Mn的检出限为0.001mg/L，$F^-$的检出限为0.1mg/L，$NO_3^-$的检出限为0.2mg/L，其他指标的检出限均为0.01mg/L。检验结果显示，指标测定值的相对标准偏差（RSD）均小于5%。

#### 7.1.1.3 土地利用类型数据来源

基于对土地利用类型的解析，依据中国科学院资源环境科学数据中心2020年土地利用类型数据，对土地利用类型对地下水氟、砷富集方面的影响进行分析。土地利用类型以Landsat系列遥感影像数据为基础，经由人工目视解译后生成，一级与二级土地利用类型综合评估的精准度分别为94.3%与91.2%，达到制图精度标准要求。按照研究区土地利用类型的实际情况，对土地利用类型进行划分，得到包括冰川、裸地、建设用地、水域、湿地、灌木、草地、林地及耕地9类。

### 7.1.2 研究方法

（1）3S技术　整合已有水文地质勘查报告、地下水水质检测资料、地下水流场资料、专著、论文等，利用ArcGIS空间分析功能，初步绘制阿克苏河流域平原区浅层和中深层地下水砷、氟含量分布图，分析地下水砷、氟含量与地质环境、水文地球化学环境、地下水流场等的空间相关性，确定有利于地下水砷氟共富集赋存的地质环境与水文地球化学环境。采用GPS对取样点进行精准定位，确保取样数据的可靠性。依据本研究新增的地下水水质检测资料，修编阿克苏河流域平原区浅层和中深层地下水砷氟含量分布图，最终确定研究区为有利于地下水砷氟共富集赋存的地质环境与水文地球化学环境。

运用遥感（RS）软件对遥感影像的土地利用类型，包括建设用地、水域、草地、耕地、林地、未开发地等信息进行解译提取。根据所提取信息研究土地利用类型及植被覆盖度等，计算土地利用转移矩阵和动态度，分析各土地利用类型的面积、不同植被覆盖度等指标的时空分布特征。收集研究区河道变迁、渠系水库的兴建、地下水开采量、地下水水位以及农用地灌溉方式等资料，运用数理统计分析水资源开发利用情况。

（2）补充水文地质调查　在初步圈定的地下水砷氟共富集分布区的外围及地下水砷氟检测空白区布设地下水采样点，调查地下水位埋深、机井深度、用途等，为最终圈定阿克苏河流域平原区地下水砷氟共富集分布区奠定基础。

（3）地下水样品采集　收集取样点水文地质条件资料，严格按照相关规范采集、保存、检测地下水样品，现场检测地下水pH、EC、Eh、DO等。详见7.1.1.1“样品采集与数据收集”。

（4）室内样品检测　完成地下水样品的检测工作。平原区地下水样品均检测$Na^+$、$K^+$、$Ca^{2+}$、$Mg^{2+}$、$Cl^-$、$SO_4^{2-}$、$HCO_3^-$、$CO_3^{2-}$、As、$F^-$、Fe、Mn、TDS、TH等和氘氧同位素（$\delta D-\delta^{18}O$）等。详见7.1.1.2“样品检测”。

（5）数理统计　运用SPSS等软件对阿克苏河流域平原区地下水砷、氟、常规指标、同位素等进行数理统计，采用ArcGIS、Surfer、Origin等软件进行空间分析和图件绘制。统计各水体的稳定氘氧同位素组分特征，分析之间的水力联系与空间差异，并做出解释，分析研究区地下水砷氟共富集赋存环境的共性和特性。

（6）水文地球化学模拟　通过PHREEQC水文地球化学模拟软件对各取样点地下水的饱和指数进行计算并确定地下水赋存环境的可能矿物相，对阿克苏河流域平原区地下水演化过程沿径流方向进行反向模拟，整合地下水流场、水文地球化学和同位素信息，定性定量表征水流场内所发生的水文地球化学过程，进而深入探讨上述过程对地下水砷氟迁移富集的影响。

## 7.2　地下水砷氟富集分布特征

地下水砷氟富集分布规律影响因素较为复杂，本节采用2016年138组地下水砷、氟含量，对地下水砷、氟、砷氟的水化学特征和水平、垂向分布规律进行详细分析，为后续开展砷氟富集机制研究奠定理论基础（纪媛媛，2022）。

### 7.2.1　地下水砷富集分布特征

#### 7.2.1.1　地下水化学特征

研究区高As地下水的pH范围为6.7～8.3，均值为7.6，呈中性–弱碱性；地下水Eh范围为–70.0～244.0mV，平均值为92.8mV，较低As地下水的Eh（平均值166.8mV）低，地下水环境还原性较强；高As地下水具有较低的$Na^+$含量（平均值194.0mg/L）、较低的$Ca^{2+}$含量（平均值100.1mg/L）、较高的$Mg^{2+}$含量（平均值82.1mg/L）、较低的$Cl^-$含量（平均值226.6mg/L）、较低的$SO_4^{2-}$含量（平均值454.9mg/L）、较高的$HCO_3^-$含量（平均值268.2mg/L）、较低的$NO_3^-$含量（平均值0.7mg/L）、较高的总Fe含量（平均值1.9mg/L）、较高的Mn含量（平均值0.228mg/L）、较低的TDS（平均值1225.1mg/L）和较低的TH（平均值566.0mg/L）的特征（表7–2）。

表7-2　阿克苏河流域平原区地下水化学指标含量统计表

| 分类 | | 地下水类型 | | | | 水文地质分区 | | |
|---|---|---|---|---|---|---|---|---|
| | | 单一结构潜水 | 承压水区潜水 | 浅层承压水 | 深层承压水 | 补给区 | 过渡区 | 蒸发区 |
| 样品数/组 | | 56 | 31 | 38 | 13 | 48 | 67 | 23 |
| $K^+$ | 最小值/（mg/L） | 1.3 | 1.5 | 0.9 | 2.4 | 1.3 | 0.9 | 2.1 |
| | 最大值/（mg/L） | 28.8 | 55.0 | 28.1 | 22.7 | 17.4 | 45.5 | 55.0 |
| | 平均值/（mg/L） | 7.5 | 14.6 | 9.5 | 8.1 | 6.3 | 10.7 | 13.8 |
| | 标准差/（mg/L） | 5.7 | 11.8 | 6.3 | 7.2 | 3.8 | 8.4 | 11.4 |
| | 变异系数 | 0.760 | 0.808 | 0.663 | 0.889 | 0.603 | 0.785 | 0.826 |
| $Na^+$ | 最小值/（mg/L） | 14.7 | 31.9 | 32.2 | 31.3 | 14.7 | 31.3 | 31.9 |
| | 最大值/（mg/L） | 1577.0 | 1213.0 | 756.1 | 308.3 | 935.5 | 1577.0 | 838.9 |
| | 平均值/（mg/L） | 168.9 | 278.4 | 196.7 | 106.9 | 97.2 | 247.8 | 247.0 |
| | 标准差/（mg/L） | 279.6 | 244.3 | 153.9 | 83.1 | 146.2 | 273.1 | 191.3 |
| | 变异系数 | 1.655 | 0.878 | 0.782 | 0.777 | 1.504 | 1.102 | 0.774 |
| $Ca^{2+}$ | 最小值/（mg/L） | 26.2 | 34.6 | 9.9 | 28.9 | 26.2 | 9.9 | 22.5 |
| | 最大值/（mg/L） | 532.4 | 486.1 | 252.2 | 148.6 | 348.9 | 532.4 | 398.7 |
| | 平均值/（mg/L） | 112.0 | 170.9 | 113.6 | 66.1 | 93.3 | 127.2 | 162.8 |
| | 标准差/（mg/L） | 99.9 | 114.1 | 63.6 | 40.3 | 60.1 | 103.3 | 112.8 |
| | 变异系数 | 0.892 | 0.668 | 0.560 | 0.610 | 0.644 | 0.812 | 0.693 |
| $Mg^{2+}$ | 最小值/（mg/L） | 10.6 | 8.5 | 2.5 | 11.9 | 10.6 | 2.5 | 13.0 |
| | 最大值/（mg/L） | 366.6 | 417.8 | 245.7 | 166.4 | 185.7 | 417.8 | 325.7 |
| | 平均值/（mg/L） | 61.8 | 132 | 69.7 | 55.7 | 51.9 | 90.5 | 103.2 |
| | 标准差/（mg/L） | 57.9 | 90.2 | 47.6 | 52.4 | 36.9 | 75.8 | 85.4 |
| | 变异系数 | 0.937 | 0.683 | 0.683 | 0.941 | 0.711 | 0.838 | 0.828 |
| $Cl^-$ | 最小值/（mg/L） | 12.3 | 28.2 | 26.4 | 42.0 | 12.3 | 29.7 | 26.4 |
| | 最大值/（mg/L） | 2153.0 | 1681.0 | 989.1 | 384.4 | 1355.0 | 2153.0 | 1190.0 |
| | 平均值/（mg/L） | 220.0 | 353.1 | 252.5 | 143.9 | 129.4 | 318.0 | 313.6 |
| | 标准差/（mg/L） | 371.2 | 349.5 | 212.2 | 122.3 | 202.7 | 371.3 | 265.7 |
| | 变异系数 | 1.687 | 0.990 | 0.840 | 0.850 | 1.566 | 1.168 | 0.847 |
| $SO_4^{2-}$ | 最小值/（mg/L） | 40.8 | 77.8 | 32.0 | 69.7 | 40.8 | 69.7 | 32.0 |
| | 最大值/（mg/L） | 2819.0 | 2781.0 | 1272.0 | 617.0 | 1674.0 | 2819.0 | 2306.0 |
| | 平均值/（mg/L） | 367.3 | 768.3 | 424.2 | 250.8 | 251.1 | 544.8 | 661.4 |
| | 标准差/（mg/L） | 537.9 | 639.5 | 281.8 | 199.4 | 307.8 | 546.3 | 604.7 |
| | 变异系数 | 1.464 | 0.832 | 0.664 | 0.795 | 1.226 | 1.003 | 0.914 |

续表

| 分类 | | 地下水类型 | | | | 水文地质分区 | | |
|---|---|---|---|---|---|---|---|---|
| | | 单一结构潜水 | 承压水区潜水 | 浅层承压水 | 深层承压水 | 补给区 | 过渡区 | 蒸发区 |
| $HCO_3^-$ | 最小值/（mg/L） | 78.9 | 88.0 | 84.6 | 94.1 | 100.2 | 78.9 | 100.0 |
| | 最大值/（mg/L） | 564.6 | 562.3 | 524.0 | 573.7 | 564.6 | 573.7 | 573.7 |
| | 平均值/（mg/L） | 249.3 | 339.3 | 225.7 | 216.7 | 255.6 | 256.2 | 279.8 |
| | 标准差/（mg/L） | 125.9 | 143.2 | 120.1 | 166.6 | 126.9 | 147.9 | 140.2 |
| | 变异系数 | 0.505 | 0.422 | 0.532 | 0.769 | 0.496 | 0.577 | 0.501 |
| pH | 最小值 | 6.9 | 6.9 | 6.7 | 7.1 | 6.9 | 6.8 | 6.7 |
| | 最大值 | 8.2 | 8.6 | 8.3 | 8.3 | 8.2 | 8.6 | 8.3 |
| | 平均值 | 7.6 | 7.5 | 7.6 | 7.7 | 7.6 | 7.6 | 7.5 |
| | 标准差 | 0.3 | 0.4 | 0.4 | 0.4 | 0.3 | 0.4 | 0.4 |
| | 变异系数 | 0.039 | 0.053 | 0.053 | 0.052 | 0.039 | 0.053 | 0.053 |
| TDS | 最小值/（mg/L） | 192.2 | 327.3 | 274.0 | 269.4 | 192.2 | 269.4 | 300.0 |
| | 最大值/（mg/L） | 7632.0 | 6804.0 | 3330.0 | 1717.0 | 4614.0 | 7632.0 | 4561.0 |
| | 平均值/（mg/L） | 1114.9 | 1903.6 | 1208.5 | 754.7 | 814.4 | 1490.2 | 1662.8 |
| | 标准差/（mg/L） | 1321.3 | 1377.5 | 735.8 | 550.9 | 742.6 | 1349.2 | 1203.6 |
| | 变异系数 | 1.185 | 0.724 | 0.609 | 0.730 | 0.912 | 0.905 | 0.724 |
| TH | 最小值/（mg/L） | 108.6 | 121.1 | 110.0 | 123.1 | 108.6 | 121.1 | 110.0 |
| | 最大值/（mg/L） | 2827.0 | 2932.0 | 1481.0 | 1057.0 | 1636.0 | 2932.0 | 2334.0 |
| | 平均值/（mg/L） | 539.1 | 1005.3 | 557.1 | 394.7 | 452.6 | 676.3 | 896.6 |
| | 标准差/（mg/L） | 475.1 | 644.8 | 320.7 | 312.2 | 294.8 | 546.3 | 625.6 |
| | 变异系数 | 0.881 | 0.641 | 0.576 | 0.791 | 0.651 | 0.808 | 0.698 |
| As | 最小值/（mg/L） | ND | ND | ND | ND | ND | ND | ND |
| | 最大值/（mg/L） | 0.060 | 0.038 | 0.099 | 0.023 | 0.050 | 0.094 | 0.099 |
| | 平均值/（mg/L） | 0.005 | 0.008 | 0.019 | 0.009 | 0.002 | 0.015 | 0.011 |
| | 标准差/（mg/L） | 0.013 | 0.011 | 0.027 | 0.008 | 0.007 | 0.021 | 0.021 |
| | 变异系数 | 2.600 | 1.375 | 1.421 | 0.889 | 3.500 | 1.400 | 1.909 |
| $F^-$ | 最小值/（mg/L） | ND | 0.4 | 0.3 | 0.5 | ND | 0.3 | 0.4 |
| | 最大值/（mg/L） | 2.8 | 4.8 | 4.9 | 3.7 | 2.3 | 4.9 | 2.8 |
| | 平均值/（mg/L） | 1.1 | 2.0 | 1.8 | 1.5 | 0.9 | 2.1 | 1.2 |
| | 标准差/（mg/L） | 0.7 | 1.1 | 1.3 | 0.9 | 0.6 | 1.2 | 0.7 |
| | 变异系数 | 0.636 | 0.550 | 0.722 | 0.600 | 0.667 | 0.571 | 0.583 |

续表

| 分类 | | 地下水类型 | | | | 水文地质分区 | | |
|---|---|---|---|---|---|---|---|---|
| | | 单一结构潜水 | 承压水区潜水 | 浅层承压水 | 深层承压水 | 补给区 | 过渡区 | 蒸发区 |
| Fe | 最小值/（mg/L） | ND | ND | ND | ND | ND | ND | ND |
| | 最大值/（mg/L） | 5.7 | 5.7 | 28.9 | 0.2 | 5.7 | 28.9 | 5.7 |
| | 平均值/（mg/L） | 0.5 | 1.2 | 1.1 | 0.0 | 0.6 | 1.0 | 1.0 |
| | 标准差/（mg/L） | 1.1 | 1.5 | 4.7 | 0.1 | 1.2 | 3.8 | 1.6 |
| | 变异系数 | 2.200 | 1.250 | 4.273 | — | 2.000 | 3.800 | 1.600 |
| Mn | 最小值/（mg/L） | ND | 0.043 | ND | ND | ND | ND | 0.006 |
| | 最大值/（mg/L） | 0.544 | 1.585 | 1.589 | 1.599 | 0.544 | 1.599 | 1.599 |
| | 平均值/（mg/L） | 0.049 | 0.466 | 0.255 | 0.286 | 0.043 | 0.288 | 0.401 |
| | 标准差/（mg/L） | 0.101 | 0.390 | 0.379 | 0.561 | 0.104 | 0.411 | 0.420 |
| | 变异系数 | 2.061 | 0.837 | 1.486 | 1.962 | 2.419 | 1.427 | 1.047 |
| EC | 最小值/（μS/cm） | 328.0 | 575.0 | 575.0 | 458.0 | 328.0 | 458.0 | 724.0 |
| | 最大值/（μS/cm） | 10320.0 | 9130.0 | 4400.0 | 23300.0 | 6660.0 | 10320.0 | 23300.0 |
| | 平均值/（μS/cm） | 1993.7 | 3036.8 | 1864.5 | 3441.3 | 1463.3 | 2353.8 | 3770.3 |
| | 标准差/（μS/cm） | 2083.9 | 1931.9 | 946.1 | 7506.7 | 1342.3 | 2129.0 | 4725.0 |
| | 变异系数 | 1.045 | 0.636 | 0.507 | 2.181 | 0.917 | 0.904 | 1.253 |
| Eh | 最小值/mV | −49.0 | −70.0 | −53.0 | 121.0 | −49.0 | −70.0 | −51.0 |
| | 最大值/mV | 249.0 | 245.0 | 244.0 | 240.0 | 249.0 | 244.0 | 245.0 |
| | 平均值/mV | 174.2 | 104.4 | 139.6 | 176.7 | 179.1 | 142.9 | 115.7 |
| | 标准差/mV | 66.1 | 107.7 | 103.2 | 42.1 | 66.9 | 92.4 | 105.3 |
| | 变异系数 | 0.379 | 1.032 | 0.739 | 0.238 | 0.374 | 0.647 | 0.910 |
| DO | 最小值/（mg/L） | 1.3 | 0.8 | 0.8 | 1.7 | 1.6 | 0.8 | 0.9 |
| | 最大值/（mg/L） | 9.1 | 3.9 | 4.7 | 4.5 | 9.1 | 4.7 | 4.8 |
| | 平均值/（mg/L） | 4.8 | 2.3 | 2.9 | 3.3 | 5.2 | 2.9 | 2.6 |
| | 标准差/（mg/L） | 2.0 | 1.0 | 1.1 | 0.8 | 2.0 | 1.2 | 1.1 |
| | 变异系数 | 0.417 | 0.435 | 0.379 | 0.242 | 0.385 | 0.414 | 0.423 |

#### 7.2.1.2 地下水砷的水平分布特征

（1）不同水文地质单元地下水砷含量分布特征　研究区补给区As含量变化范围（表7-2）为ND～0.050mg/L，平均值为0.002mg/L；过渡区As含量变化范围为ND～0.094mg/L，平均值为0.015mg/L，超过生活饮用水标准（0.01mg/L）；蒸发区As含量变化范围为ND～0.099mg/L，平均值为0.011mg/L，超过生活饮用水标准。

地下水As含量分布如图7-2所示，靠近北部山区的地下水补给区和山前冲洪积平原地下水具有较好的径流条件，且蒸发排泄作用相对较小，故地下水As超标较少。地下水As超标区域主要集中在研究区南部的阿瓦提县，即靠近沙漠的过渡区，该区域地下水径流滞缓，蒸发作用较强烈，地下水具有较强的还原性及碱性条件。地下水As>0.05mg/L的分布面积为127.28km$^2$，0.01mg/L < As≤0.05mg/L的分布面积为854.38km$^2$，高砷地下水分布面积达到981.66km$^2$，占平原区总面积（21905.29km$^2$）的4.48%。

（2）不同县市地下水砷含量分布特征　研究区地下水砷含量超标点主要分布在阿瓦提县和阿克苏市（表7-3）。阿瓦提县地下水As含量变化范围为ND ~ 0.099mg/L，平均值为0.014mg/L，超过生活饮用水标准；As含量超过0.01mg/L的样品（21组）占该区总样品（50组）的42.00%。阿克苏市地下水As含量变化范围为ND ~ 0.094mg/L，平均值为0.009mg/L，As含量超过0.01mg/L的样品（6组）占该区总样品（26组）的23.08%。

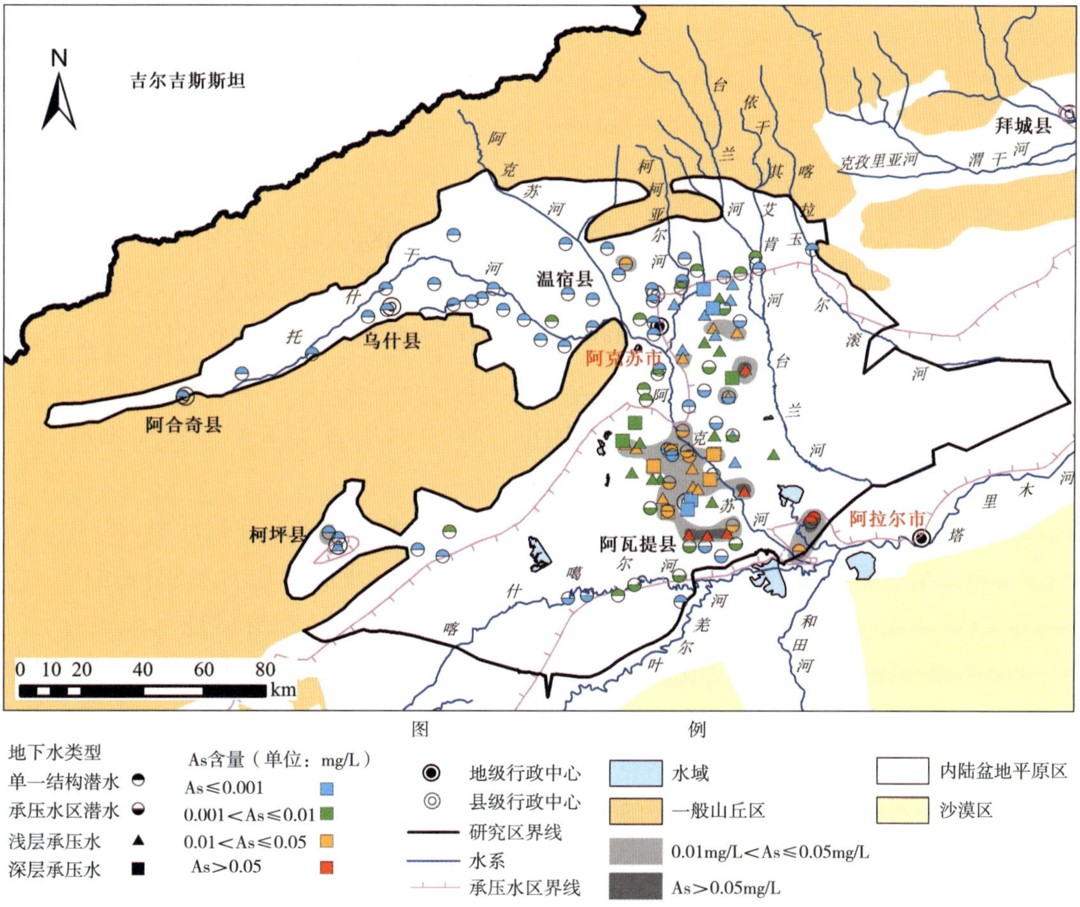


注：研究区界线不作为定界依据。

图7-2　阿克苏河流域平原区地下水砷含量分布图

表7-3　阿克苏河流域各县市地下水砷氟超标率统计表

| 县（市） | | 阿合奇县 | 阿克苏市 | 阿拉尔市 | 阿瓦提县 | 柯坪县 | 温宿县 | 乌什县 |
|---|---|---|---|---|---|---|---|---|
| 样品数/组 | | 3 | 26 | 3 | 50 | 7 | 33 | 16 |
| 砷 | 超标个数/组 | 0 | 6 | 3 | 21 | 1 | 5 | 0 |
| | 超标率/% | 0 | 23.08 | 100.00 | 42.00 | 14.29 | 15.15 | 0 |
| | 最大值/（mg/L） | — | 0.094 | 0.060 | 0.099 | 0.050 | 0.063 | — |
| | 最小值/（mg/L） | — | ND | 0.026 | ND | ND | ND | — |
| | 平均值/（mg/L） | ND | 0.009 | 0.049 | 0.014 | 0.008 | 0.006 | ND |
| 氟 | 超标个数/组 | 0 | 18 | 3 | 28 | 6 | 24 | 5 |
| | 超标率/% | 0 | 69.23 | 100.00 | 56.00 | 85.71 | 72.73 | 31.25 |
| | 最大值/（mg/L） | 0.2 | 4.9 | 2.0 | 2.9 | 2.5 | 4.8 | 2.0 |
| | 最小值/（mg/L） | ND | 0.3 | 1.2 | 0.4 | 0.6 | 0.3 | ND |
| | 平均值/（mg/L） | 0.1 | 1.9 | 1.5 | 1.5 | 1.7 | 2.1 | 0.7 |
| 砷氟 | 超标个数/组 | 0 | 5 | 3 | 12 | 1 | 4 | 0 |
| | 超标率/% | 0 | 19.23 | 100.00 | 24.00 | 14.29 | 12.12 | 0 |

注：—表示无检测值。

#### 7.2.1.3　地下水砷的垂向分布特征

研究区地下水As含量变化范围（表7-2）为ND～0.099mg/L，平均值为0.010mg/L，As含量超过0.01mg/L的样品占总样品的26.09%。研究区单一结构潜水含水层As含量变化范围为ND～0.060mg/L，平均值为0.005mg/L；承压水区潜水含水层As含量变化范围为ND～0.038mg/L，平均值为0.008mg/L；浅层承压含水层As含量变化范围为ND～0.099mg/L，平均值为0.019mg/L，超过生活饮用水标准；深层承压含水层As含量变化范围为ND～0.023mg/L，平均值为0.009mg/L。

研究区地下水砷超标率为26.09%，其中单一结构潜水含水层砷超标率为8.93%（5组），承压水区潜水含水层砷超标率为25.81%（8组），浅层承压含水层砷超标率为44.74%（17组），深层承压含水层砷超标率为46.15%（6组）。研究区地下水砷的垂向分布规律如图7-3所示，高砷地下水主要赋存在10～20m深的承压水区潜水含水层和80～100m深的浅层承压含水层中。

砷的垂向分布特征主要研究阿克苏河流域承压水区范围内的承压水区潜水含水层（PACGA，缩写P）、浅层承压含水层（SCA，缩写S）和深层承压含水层（DCA，缩写D）的差异性。通过表7-4和图7-4分析阿克苏河流域平原区承压水区范围内砷的垂向分布特征，承压水区范围内临位点共计13个（L1～L13，其中L13范围内仅含有1个浅层承压含水层取样点，故未进行特征分析）。根据地下水垂向分布特征将该区地下水

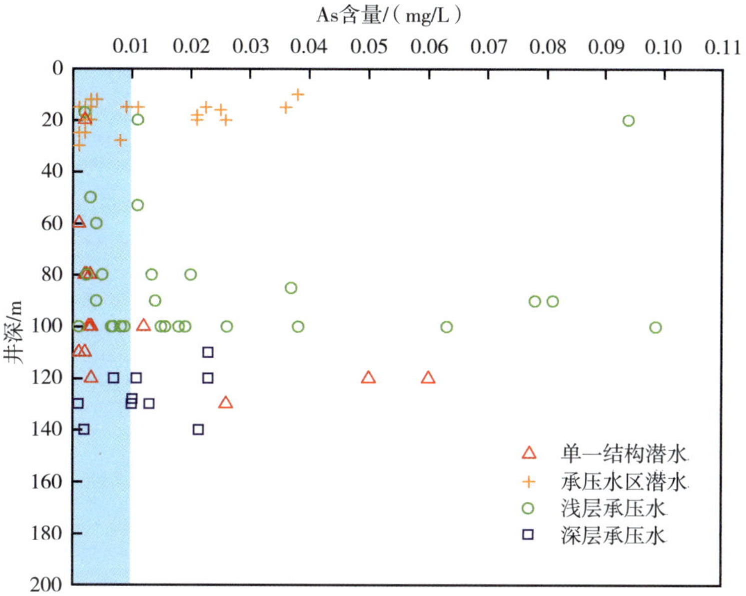


图7-3　阿克苏河流域平原区地下水砷含量与井深关系图

划分为7种类型，其中L1属于（S–L,D–L）类型，控制面积分别为423.05km²；L2与L11属于（P–H,S–M,D–L）类型，控制面积分别为160.03km²、269.07km²；L3、L7与L10属于（P–L,S–H,D–M）类型，控制面积分别为341.01km²、24.26km²、331.98km²；L4与L12属于（P–L,S–H）类型，控制面积分别为218.34km²、706.04km²；L5属于（S–L,D–H）类型，控制面积分别为439.47km²；L6与L9属于（P–H,S–L）类型，控制面积分别为150.96km²、127.13km²；L8属于（S–H,D–L）类型，控制面积为176.94km²。

表7-4　阿克苏河流域平原区承压水区范围内砷垂向分布特征

| 临位点编号 | 地下水类型 | 取样点个数 | 包含采样井编号 | As含量/（mg/L） | 分布特征 | 控制面积/km² |
|---|---|---|---|---|---|---|
| L1 | P | 0 | — | — | — | 423.05 |
| | S | 5 | A19、A20、A94、A107、A132 | ND | L | |
| | D | 1 | A99 | ND | L | |
| L2 | P | 1 | A109 | 0.0080 | H | 160.03 |
| | S | 4 | A88、A90、A103、A104 | 0.0035 | M | |
| | D | 1 | A110 | 0.0010 | L | |
| L3 | P | 2 | A105、A108 | 0.0020 | L | 341.01 |
| | S | 4 | A24、A89、A90、A102 | 0.0343 | H | |
| | D | 1 | A106 | 0.0100 | M | |

续表

| 临位点编号 | 地下水类型 | 取样点个数 | 包含采样井编号 | As含量/(mg/L) | 分布特征 | 控制面积/$km^2$ |
|---|---|---|---|---|---|---|
| L4 | P | 3 | A12、A13、A112 | 0.0007 | L | 218.34 |
| | S | 1 | A84 | 0.0110 | H | |
| | D | 0 | — | — | — | |
| L5 | P | 0 | — | — | — | 439.47 |
| | S | 7 | A9、A10、A30、A35、A50、A51、A68 | 0.0048 | L | |
| | D | 3 | A1、A52、A130 | 0.0197 | H | |
| L6 | P | 5 | A14、A27、A46、A48、A131 | 0.0231 | H | 150.96 |
| | S | 1 | A44 | 0.0005 | L | |
| | D | 0 | — | — | — | |
| L7 | P | 3 | A40、A42、A43 | ND | L | 24.26 |
| | S | 1 | A34 | 0.0262 | H | |
| | D | 1 | A41 | 0.0214 | M | |
| L8 | P | 0 | — | — | — | 176.94 |
| | S | 3 | A33、A39、A53 | 0.0146 | H | |
| | D | 1 | A54 | 0.0045 | L | |
| L9 | P | 1 | A23 | 0.0020 | H | 127.13 |
| | S | 2 | A4、A21 | ND | L | |
| | D | 0 | — | — | — | |
| L10 | P | 3 | A29、A45、A67 | 0.0045 | L | 331.98 |
| | S | 6 | A3、A22、A36、A49、A55、A72 | 0.0320 | H | |
| | D | 1 | A47 | 0.0101 | M | |
| L11 | P | 3 | A32、A65、A70 | 0.0277 | H | 269.07 |
| | S | 1 | A73 | 0.0050 | M | |
| | D | 3 | A28、A37、A138 | 0.0039 | L | |
| L12 | P | 10 | A31、A56、A57、A59、A61、A62、A63、A64、A66、A69 | 0.0019 | L | 706.04 |
| | S | 3 | A38、A71、A74 | 0.0859 | H | |
| | D | 0 | — | — | — | |
| L13 | P | 0 | — | — | — | — |
| | S | 1 | A75 | 0.7600 | — | |
| | D | 0 | — | — | — | |

注：—表示无检测值；H表示含量较高，M表示含量中等，L表示含量较低。

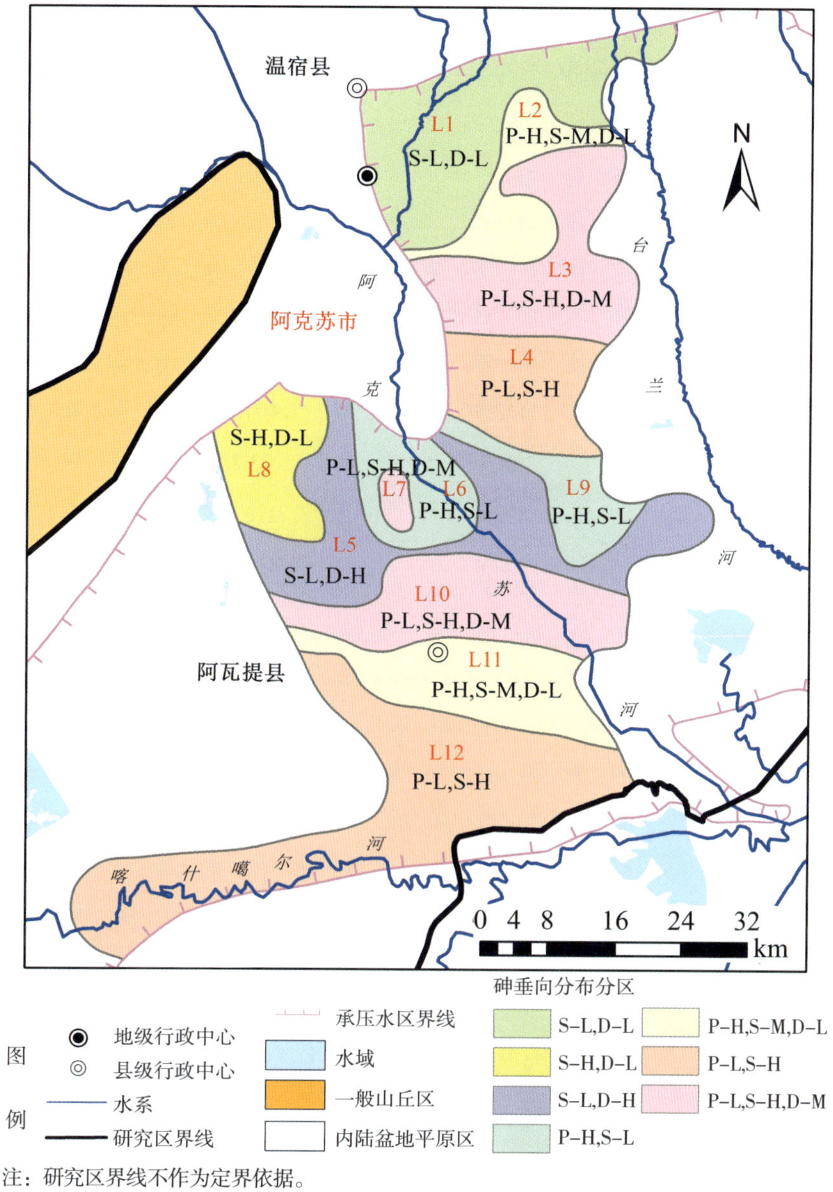


注：研究区界线不作为定界依据。

图7-4 阿克苏河流域平原区承压水区范围内砷垂向分布图

（H表示含量较高；M表示含量中等；L表示含量较低）

#### 7.2.1.4 地下水砷形态分析

在环境中无机的As（Ⅲ）和As（Ⅴ）是砷在地下水中主要的存在形式，此外由于有机砷的含量较低，可以忽略不计。天然水中砷可能的存在形态主要有：

$$\Sigma As=H_3AsO_4+H_2AsO_4^{-}+HAsO_4^{2-}+AsO_4^{3-}+H_3AsO_3+H_2AsO_3^{-}+HAsO_3^{2-}+AsO_3^{3-}+AsO^{+}$$

对2021年5月采集的15组地下水样品中砷超标的3组地下水样品形态进行测定（表7-5），结果表明阿克苏河流域典型区高砷地下水砷的形态主要为毒性较低的As（Ⅴ）。

阿克苏河西岸蒸发区取样点A38的As（Ⅴ）含量较过渡区取样点A52高，阿克苏河西岸取样点A38的As（Ⅴ）含量较东岸取样点A26高。进一步说明砷含量在阿克苏河中下游的蒸发区富集明显。

表7-5　阿克苏河流域典型区地下水砷形态及含量统计表（2021年）

| 编号 | | A38 | A26 | A52 |
|---|---|---|---|---|
| 地下水类型 | | 浅层承压水 | 单一结构潜水 | 深层承压水 |
| $K^{+}+Na^{+}$ | | 363.6 | 275.5 | 89.6 |
| $Ca^{2+}$ | | 123.5 | 104.6 | 48.3 |
| $Mg^{2+}$ | | 48.5 | 73.2 | 42.0 |
| $Cl^{-}$ | | 430.4 | 212.0 | 79.4 |
| $SO_4^{2-}$ | | 524.6 | 461.0 | 172.5 |
| $HCO_3^{-}$ | | 97.7 | 402.9 | 218.5 |
| Fe | | 0.072 | 1.807 | 0.072 |
| pH | | 7.9 | 7.9 | 8.1 |
| TDS | | 1264.0 | 1022.0 | 419.0 |
| Eh | | −55.8 | −22.4 | −50.7 |
| $F^{-}$ | | 0.59 | 1.45 | 0.57 |
| As形态 | As（Ⅲ） | ND | ND | ND |
| | As（Ⅴ） | 0.081 | 0.053 | 0.025 |

注：pH为无量纲，其余指标单位为mg/L。

## 7.2.2　地下水氟富集分布特征

### 7.2.2.1　高氟地下水化学特征

研究区高$F^{-}$地下水的pH范围为6.8～8.6，均值为7.6，呈中性–弱碱性；地下水Eh范围为−70.0～249.0mV，平均值为159.1mV，较低$F^{-}$地下水的Eh（平均值137.6mV）略高，指示为还原–亚氧化环境；高$F^{-}$地下水具有较高的$Na^{+}$含量（平均值252.6mg/L）、较高的$Ca^{2+}$含量（平均值143.5mg/L）、较高的$Mg^{2+}$含量（平均值96.0mg/L）、较高的$Cl^{-}$含量（平均值329.1mg/L）、较高的$SO_4^{2-}$含量（平均值584.5mg/L）、较高的$HCO_3^{-}$含量（平均值278.8mg/L）、较高的$NO_3^{-}$含量（平均值5.5mg/L）、较高的总Fe含量（平均值1.1mg/L）、较高的Mn含量（平均值0.301mg/L）、较高的TDS（平均值1601.9mg/L）和较高的TH（平均值736.6mg/L）的特征（表7-2）。

### 7.2.2.2 地下水氟的水平分布特征

（1）不同水文地质单元地下水氟含量分布特征　研究区补给区地下水$F^-$含量变化范围（表7-2）为ND～2.3mg/L，平均值为0.9mg/L；过渡区地下水$F^-$含量变化范围为0.3～4.9mg/L，平均值为2.1mg/L，超过生活饮用水标准（1mg/L）；蒸发区地下水$F^-$含量变化范围为0.4～2.8mg/L，平均值为1.2mg/L，超过生活饮用水标准。补给区至蒸发区$F^-$平均值增大。

研究区地下水$F^-$含量分布如图7-5所示，靠近北部山区的地下水补给区和山前冲洪积平原地下水流动条件较好、蒸发排泄作用相对较小，地下水$F^-$超标较少。地下水$F^-$超标区域主要分布在研究区的阿克苏市和阿瓦提县，即中南部的过渡区和蒸发区，该区域地下水径流滞缓，蒸发作用强烈，地下水环境碱性和还原性均较强。地下水$F^->2$mg/L的面积为1085.11$km^2$，1mg/L＜$F^-\leqslant$2mg/L的分布面积为2711.85$km^2$，高氟地下水分布面积达到3796.96$km^2$，占平原区面积（21905.29$km^2$）的17.33%。

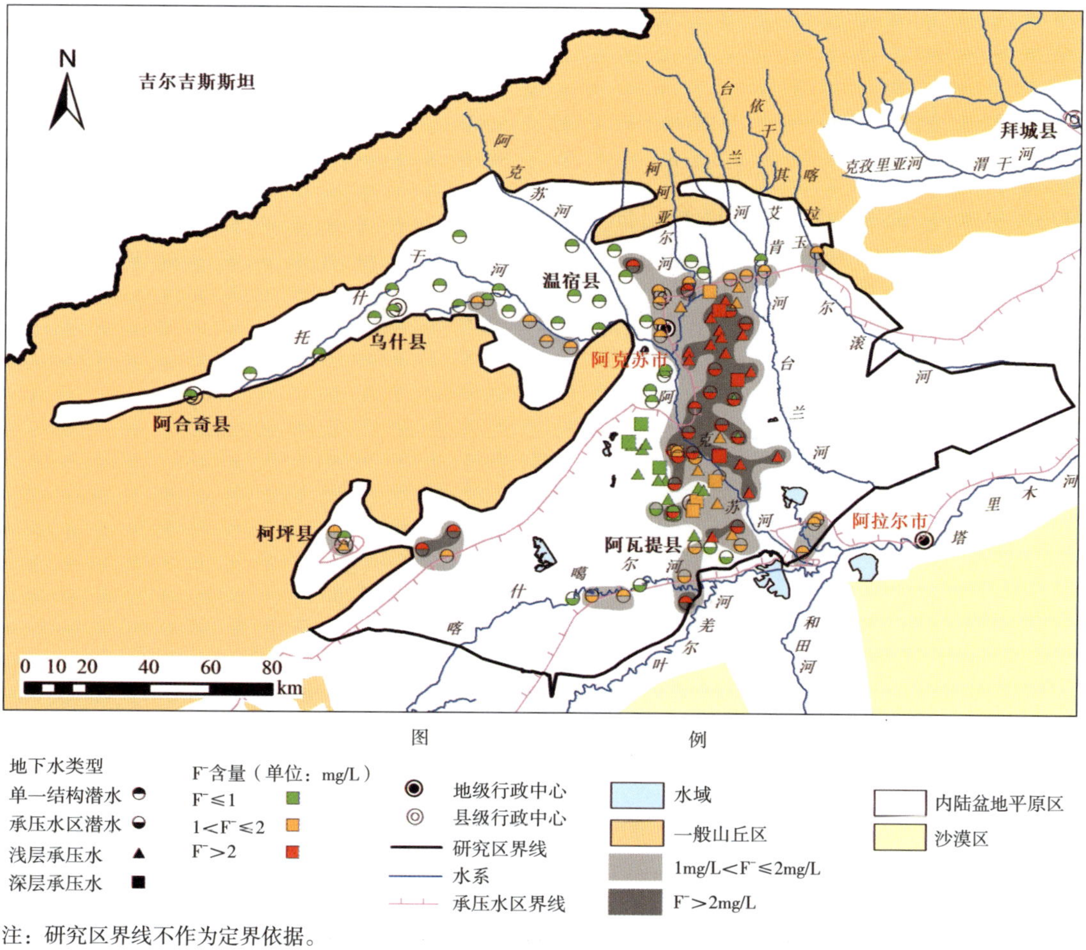


注：研究区界线不作为定界依据。

图7-5　阿克苏河流域平原区地下水氟含量分布图

（2）不同县市地下水氟含量分布特征　研究区地下水氟含量超标点主要分布在阿瓦提县、温宿县和阿克苏市（表7-3）。阿瓦提县地下水$F^-$含量变化范围为0.4～2.9mg/L，平均值为1.5mg/L，超过生活饮用水标准；$F^-$含量超过1.0mg/L的样品（28组）占该区总样品（50组）的56.00%。温宿县地下水$F^-$含量变化范围为0.3～4.8mg/L，平均值为2.1mg/L，超过生活饮用水标准；$F^-$含量超过1.0mg/L的样品（24组）占该区总样品（33组）的72.73%。阿克苏市地下水$F^-$含量变化范围为0.3～4.9mg/L，平均值为1.9mg/L，超过生活饮用水标准；$F^-$含量超过1.0mg/L的样品（18组）占该区总样品（26组）的69.23%。研究区地下水总体氟超标严重。

#### 7.2.2.3　地下水氟的垂向分布特征

研究区地下水$F^-$含量变化范围（表7-2）为ND～4.9mg/L，平均值为1.5mg/L，$F^-$含量超过1.0mg/L的样品占总样品的60.87%。研究区单一结构潜水含水层$F^-$含量变化范围为ND～2.8mg/L，平均值为1.1mg/L；承压水区潜水含水层$F^-$含量变化范围为0.4～4.8mg/L，平均值为2.0mg/L；浅层承压含水层$F^-$含量变化范围为0.3～4.9mg/L，平均值为1.8mg/L；深层承压含水层$F^-$含量变化范围为0.5～3.7mg/L，平均值为1.5mg/L。单一结构潜水含水层、承压水区潜水含水层、浅层承压含水层和深层承压含水层中平均氟含量全部大于生活饮用水标准，说明阿克苏河流域平原区地下水氟超标情况较为严重。

研究区地下水氟超标率为60.87%，其中单一结构潜水含水层氟超标率为48.21%（27组），承压水区潜水含水层氟超标率为80.65%（25组），浅层承压含水层氟超标率为60.53%（23组），深层承压含水层氟超标率为69.23%（9组）。研究区地下水氟的垂向分布规律如图7-6所示，高氟地下水主要赋存在10～30m深的承压水区潜水含水层和

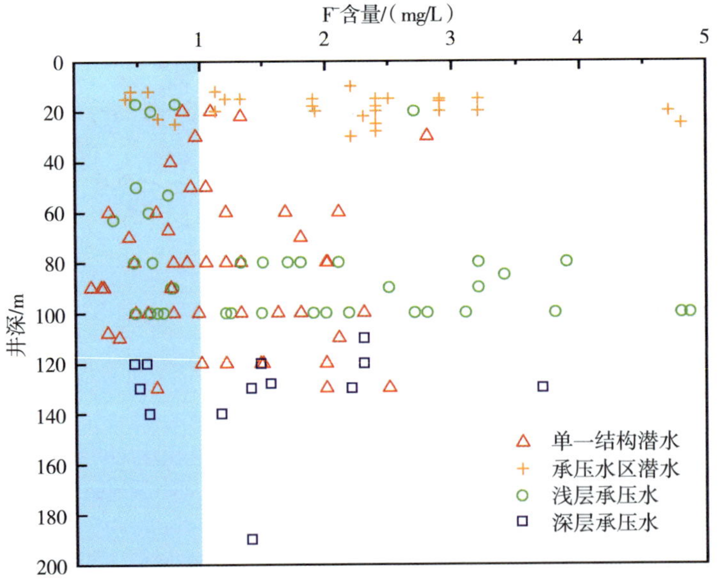


图7-6　阿克苏河流域平原区地下水氟含量与井深关系图

80～100m深的浅层承压含水层中。

氟的垂向分布特征主要研究阿克苏河流域承压水区范围内的承压水区潜水含水层、浅层承压含水层和深层承压含水层的差异性。通过表7-6和图7-7分析阿克苏河流域平原区承压水压范围内氟的垂向分布特征。该研究区承压水区范围内临位点共计15个（L1～L15，其中L15范围内仅含有1个浅层承压含水层取样点，故未进行特征分析）。根据地下水垂向分布特征将该区地下水划分为8种类型，其中L1与L9属于（S-H,D-L）类型，控制面积分别为239.41km$^2$、362.03km$^2$；L2与L6属于（P-M,S-H,D-L）类型，控制面积分别为232.54km$^2$、201.46km$^2$；L3、L5和L13属于（P-H,S-L）类型，控制面积分别为162.07km$^2$、268.65km$^2$和602.80km$^2$；L4属于（P-L,S-M,D-H）类型，控制面积为329.79km$^2$；L7与L8属于（P-H,S-L,D-M）类型，控制面积分别为151.43km$^2$、24.26km$^2$；L10属于（S-L,D-H）类型，控制面积为217.31km$^2$；L11与L12属于（P-H,S-M,D-L）类型，控制面积分别为339.15km$^2$、100.36km$^2$；L14属于（P-L,S-H）类型，控制面积为137.07km$^2$。

表7-6　阿克苏河流域平原区地下水氟垂向分布特征

| 临位点编号 | 地下水类型 | 取样点个数 | 包含采样井编号 | $F^-$含量/（mg/L） | 分布特征 | 控制面积/km$^2$ |
|---|---|---|---|---|---|---|
| L1 | P | 0 | — | — | — | 239.41 |
| | S | 3 | A20、A94、A132 | 1.64 | H | |
| | D | 1 | A99 | 1.48 | L | |
| L2 | P | 1 | A109 | 2.40 | M | 232.54 |
| | S | 4 | A88、A102、A103、A107 | 3.82 | H | |
| | D | 1 | A110 | 2.20 | L | |
| L3 | P | 1 | A105 | 4.70 | H | 162.07 |
| | S | 4 | A19、A24、A90、A104 | 3.00 | L | |
| | D | 0 | — | — | — | |
| L4 | P | 2 | A12、A108 | 2.30 | L | 329.79 |
| | S | 2 | A89、A91 | 2.90 | M | |
| | D | 1 | 106 | 3.70 | H | |
| L5 | P | 3 | A13、A23、A112 | 3.73 | H | 268.65 |
| | S | 3 | A4、A9、A84 | 0.84 | L | |
| | D | 0 | — | — | — | |

续表

| 临位点编号 | 地下水类型 | 取样点个数 | 包含采样井编号 | $F^-$含量/（mg/L） | 分布特征 | 控制面积/$km^2$ |
|---|---|---|---|---|---|---|
| L6 | P | 1 | A45 | 1.92 | M | 201.46 |
| | S | 4 | A3、A10、A21、A22 | 2.57 | H | |
| | D | 1 | A47 | 1.56 | L | |
| L7 | P | 5 | A14、A27、A46、A48、A131 | 2.50 | H | 151.43 |
| | S | 1 | A44 | 2.00 | L | |
| | D | 2 | A1、A130 | 2.30 | M | |
| L8 | P | 3 | A40、A42、A43 | 2.37 | H | 24.26 |
| | S | 1 | A34 | 0.70 | L | |
| | D | 1 | 41 | 1.16 | M | |
| L9 | P | 0 | — | — | — | 362.03 |
| | S | 5 | A30、A33、A39、A50、A68 | 0.62 | H | |
| | D | 2 | A53、A54 | 0.57 | L | |
| L10 | P | 0 | — | — | — | 217.31 |
| | S | 2 | A35、A51 | 0.48 | L | |
| | D | 1 | A52 | 0.50 | H | |
| L11 | P | 4 | A29、A32、A67、A70 | 1.66 | H | 339.15 |
| | S | 4 | A36、A49、A55、A72 | 0.76 | M | |
| | D | 1 | A37 | 0.46 | L | |
| L12 | P | 1 | A65 | 2.20 | H | 100.36 |
| | S | 1 | A73 | 1.80 | M | |
| | D | 2 | A28、A138 | 1.40 | L | |
| L13 | P | 7 | A31、A56、A57、A59、A61、A62、A69 | 1.15 | H | 602.80 |
| | S | 1 | A71 | 0.76 | L | |
| | D | 0 | — | — | — | |
| L14 | P | 3 | A63、A64、A66 | 0.69 | L | 137.07 |
| | S | 2 | A38、A74 | 1.87 | H | |
| | D | 0 | — | — | — | |
| L15 | P | 0 | — | — | — | — |
| | S | 1 | A75 | 1.50 | — | |
| | D | 0 | — | — | — | |

注：—表示无检测值；H表示含量较高，M表示含量中等，L表示含量较低。

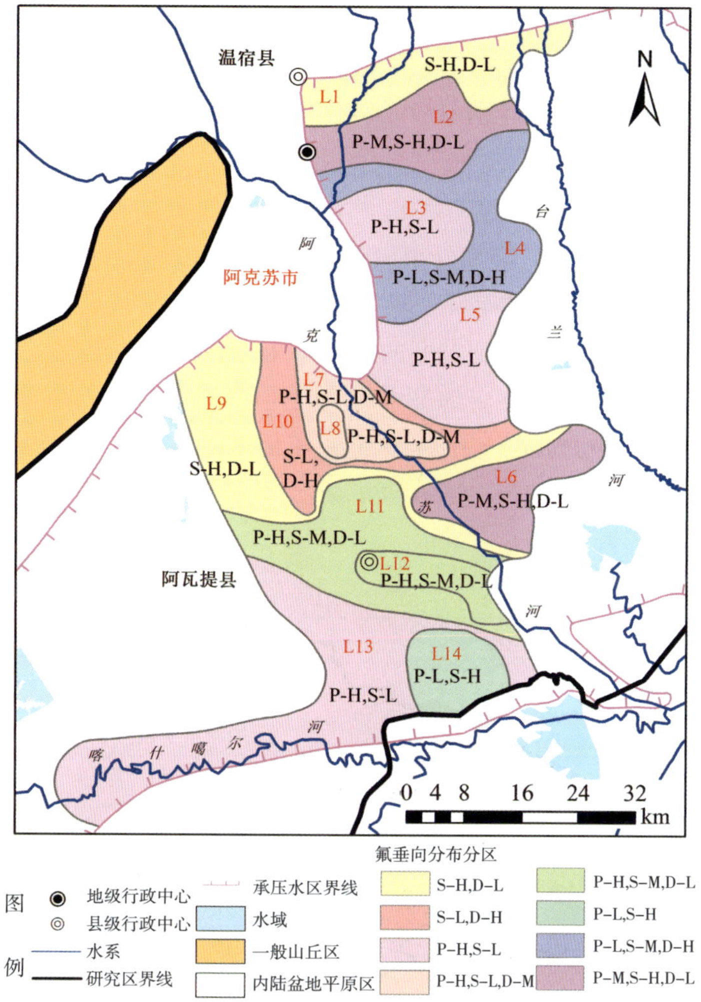


注：研究区界线不作为定界依据。

图7-7 阿克苏河流域平原区地下水氟垂向分布图

（H表示含量较高；M表示含量中等；L表示含量较低）

## 7.2.3 地下水砷氟共富集的分布特征

### 7.2.3.1 地下水砷氟共富集化学特征

地下水砷氟共超标样品占总样品的18.12%，地下水的pH范围为7.3～8.3，均值为7.7，呈中性–弱碱性，较砷氟单项超标或均未超标的pH（平均值7.5）略偏碱性；地下水Eh范围为–70.0～244.0mV，平均值为82.9mV，较砷氟单项超标或均未超标的Eh（平均值162.4mV）低，地下水环境还原性较强；砷氟共富集地下水具有较低的$Na^{+}$含量（平均值191.1mg/L）、较低的$Ca^{2+}$含量（平均值106.9mg/L）、较高的$Mg^{2+}$含量（平均值88.4mg/L）、较低的$Cl^{-}$含量（平均值221.2mg/L）、较高的$SO_4^{2-}$含量（平均值469.7mg/L）、较高的$HCO_3^-$含量（平均值308.8mg/L）、较低的$NO_3^-$含量（平均值0.9mg/L）、较高的总Fe含量（平均值2.9mg/L）、较高的Mn含量（平均值0.288mg/L）、较低的TDS（平均值1261.2mg/L）和较低的TH（平均值615.0mg/L）的特征。6组地表水样品中均未检测出砷或氟。

#### 7.2.3.2 地下水砷氟共富集分布状况

研究区地下水砷氟含量共富集分布如图7-8所示，靠近北部山区的地下水补给区和山前冲洪积平原地下水流动条件较好、蒸发排泄作用相对较小，砷氟共富集分布面积较少。砷氟共富集区域主要分布于研究区的阿瓦提县，即阿克苏河流域的中下游，该区域靠近沙漠边缘，地下水径流滞缓，地下水环境碱性和还原性均较强。研究区地下水砷氟共富集分布面积达到799.17km²，占平原区面积（21905.29km²）的3.65%。砷单项超标面积为185.82km²，氟单项超标面积为3001.79km²。

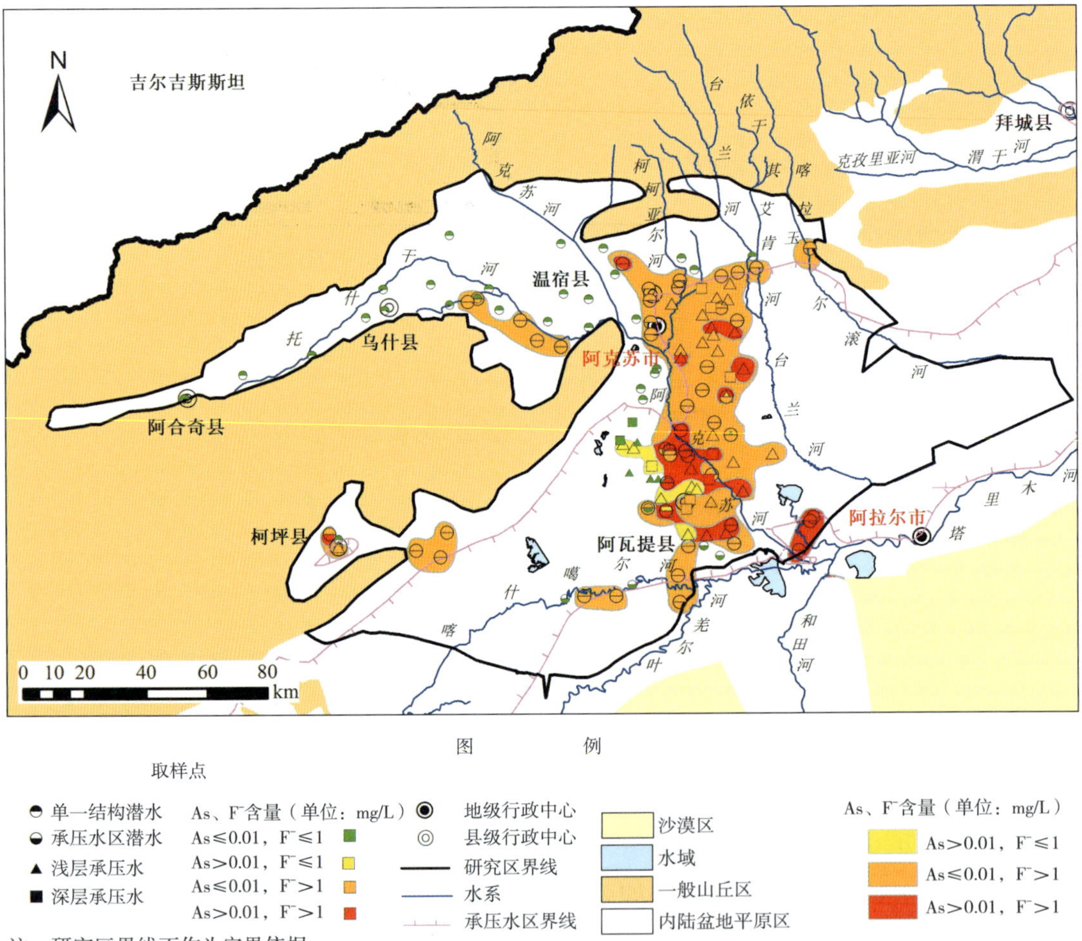


注：研究区界线不作为定界依据。

图7-8 阿克苏河流域平原区地下水砷氟共富集区分布图

研究区地下水砷氟共富集的点主要分布在阿瓦提县和阿克苏市（表7–3），阿瓦提县地下水砷氟共富集的样品（12组）占该区总样品（50组）的24.00%，阿克苏市地下水砷氟共富集的样品（5组）占该区总样品（26组）的19.23%。

#### 7.2.3.3 不同水文地质分区地下水砷氟共富集的差异性分析

依据研究区2016年138组地下水砷氟含量检测数据，补给区、过渡区和蒸发区砷氟共超标样品数分别为2组、19组和4组，占比分别为4.16%、28.36%和17.39%，过渡区和蒸发区的地下水砷氟共超标率明显高于补给区（表7–7），说明阿克苏河流域冲洪积平原中下游的过渡区和蒸发区有利于地下水砷氟的共富集。

表7–7 阿克苏河流域平原区不同水文地质分区地下水中砷氟共超标率对比

| 水文地质分区 | 样品数/组 | 砷氟均未超标 | | 砷单项超标 | | 氟单项超标 | | 砷氟共超标 | |
|---|---|---|---|---|---|---|---|---|---|
| | | 组数/组 | 占比/% | 组数/组 | 占比/% | 组数/组 | 占比/% | 组数/组 | 占比/% |
| 补给区 | 48 | 29 | 60.42 | 0 | 0.00 | 17 | 35.42 | 2 | 4.16 |
| 过渡区 | 67 | 6 | 8.96 | 9 | 13.43 | 33 | 49.25 | 19 | 28.36 |
| 蒸发区 | 23 | 8 | 34.78 | 2 | 8.70 | 9 | 39.13 | 4 | 17.39 |

根据研究区地下水砷氟含量关系图（图7–9）可以看出，过渡区浅层承压水和蒸发区承压水区潜水中砷氟均呈现正相关，地下水中的砷、氟在偏碱性的环境中，通过还原

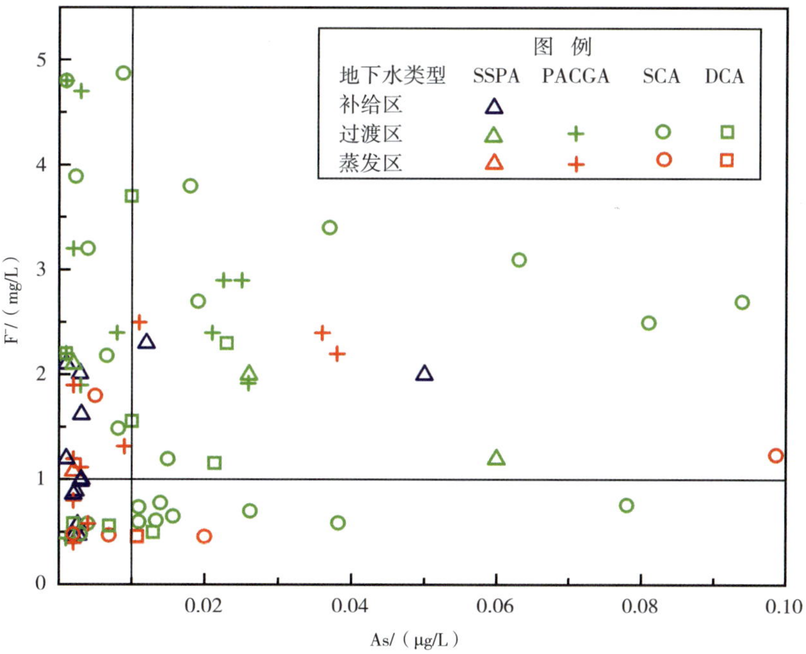


图7–9 阿克苏河流域平原区地下水砷氟含量关系图

作用进入地下水中，在迁移过程中受到蒸发浓缩作用和解吸附作用，从而导致地下水砷氟共富集现象（杨振宁，2016）。

## 7.3 地下水砷氟共富集形成机制

地下水砷氟共富集形成机制较为复杂，基于地下水化学特征、水质情况和地下水砷氟富集分布特征的研究结果，本节分别从地质与水文地质条件、水化学环境、地下水化学形成机制及作用、土地利用类型和氘氧同位素特征等方面对地下水砷氟共富集机制进行深入研究。

### 7.3.1 地下水砷氟共富集地质条件

地下水中砷的来源分为原生来源与次生来源，原生来源指岩石中的含砷矿物，次生来源指铁锰质结合与生物体中的砷；同样，地下水中氟的来源也分为原生来源与次生来源，原生来源指通过母岩风化后释放出来的氟，次生来源是指沉积岩与土壤解吸、淋溶后所释放的氟（邴智武，2009）。

大部分砷以硫化物的形式夹杂在金、铜、铅、锌、锡、镍、钴矿中（曹烨等，2015），而氟则多存在于萤石中。阿克苏地区是新疆矿产与能源的富集地区，其中资源量与储量在新疆排名首位的矿产资源包括重晶石、明矾石、霞石正长岩、麦饭石、磷矿、锑矿、刚玉、萤石、铌钽、铝土矿等；此外还有金属矿镁、镍、金、铜、锌、锰、镁、铁、镉、铅、银等；矿产包括金云母、大理石、玄武岩、陶土、花岗岩、石英砂、岩盐、煤、耐火黏土等，具有较广的分布、较大的储量（晋红展，2017）。伴生指示元素有砷（As）、锑（Sb）、银（Ag）、汞（Hg）、锇（Os）、锡（Sn）、钼（Mo）、铋（Bi）（王永福等，2018）。初步判定阿克苏河流域地下水属于原生高砷、高氟地下水，地下水的水文地球化学条件比较复杂。

由阿克苏河流域第四纪地质图（图7-10）可以看出，阿克苏河流域高砷地下水主要分布于阿克苏河中下游的第四纪冲积平原。高氟地下水主要分布于阿克苏河中下游的第四纪冲积平原、阿克苏河和台兰河河间地块的洪积平原。地下水砷氟共富集主要分布于阿克苏河中下游的第四纪冲积平原、阿克苏河和台兰河河间地块的洪积平原。根据研究区地质条件，初步判定阿克苏河流域地下水属于原生高砷、高氟地下水。

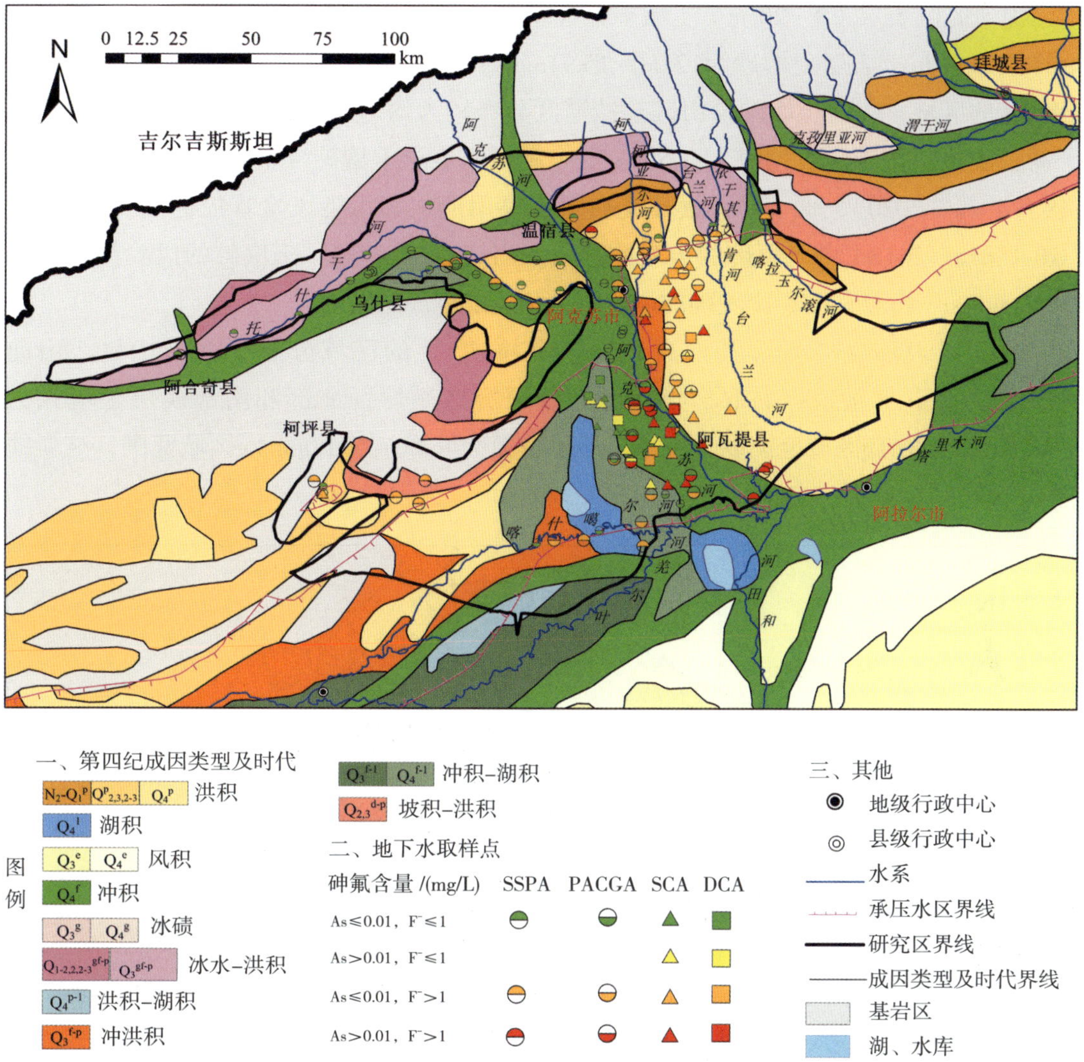


注：研究区界线不作为定界依据。

图7-10 阿克苏河流域第四纪地质与地下水砷氟含量分布图（王彩华，2005）

阿克苏河流域属暖温带的荒漠地带，典型土壤是棕漠土、龟裂性土和残余盐土。由于受到塔里木盆地干旱暖热气候的影响，本区降水量小，植被稀疏，岩土裸露，土壤淋溶作用较弱。从山区至平原土壤类型的分布规律是：山地草甸土→草原土→栗钙土→棕钙土→棕漠土→灌淤土→潮土→草甸土（林年丰等，1992）。阿克苏河流域由于其独特的气候条件导致蒸发强烈，且下游灌区内频繁的人类活动及大规模的农田灌溉，使得下游地下水埋藏较浅的地区，耕地土壤发生大面积盐渍化，对农作物生长及人类生产生活构成了严重威胁。同时，当地为实现土壤脱盐及确保农作物正常生长，常采用过量的春、冬灌水定额以实现“压盐”目的。

由研究区表层（0～20cm）土壤砷氟含量分区图（图7-11）可见，地下水砷超标的取样点多分布于表层土壤砷为12.08～15.91mg/kg区域范围内，且为该区表层土壤砷含量最高的区域，表层土壤砷自山区至沙漠区分布较为均匀。研究区表层土壤砷含量高于新疆表层土壤砷含量均值（11.50mg/kg）和国家表层土壤砷含量均值（10.30mg/kg）（侯青叶等，2020），低于《土壤环境质量　农用地土壤污染风险管控标准（试行）》（GB 15618—2018）中土壤砷的风险筛选值（当pH为6.5～7.5，土壤砷的风险筛选值为30.00mg/kg；当pH>7.5，土壤砷的风险筛选值为25.00mg/kg）。

研究区表层土壤氟含量较高（587～664mg/kg）的区域分布于北部山区、山前补给区，地下水氟超标的取样点多分布于研究区平原区北部和南部表层土壤氟为521.0～587.0mg/kg区域范围以及中部表层土壤氟为464.0～521.0mg/kg区域范围，与新疆

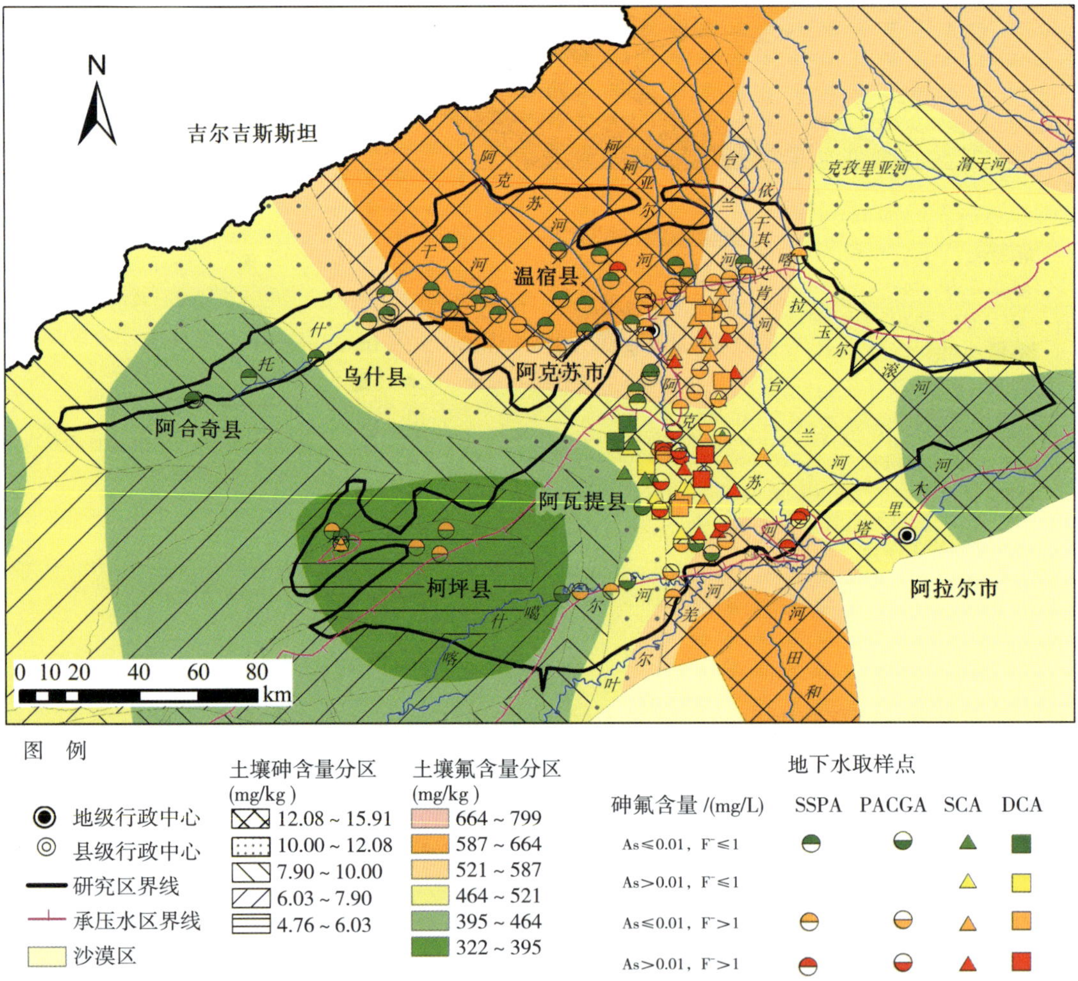


注：研究区界线不作为定界依据。

图7-11　阿克苏河流域表层土壤砷氟含量分区图（李家熙等，1999）

表层土壤氟含量（均值为585.0mg/kg）和国家表层土壤氟含量（均值为521.0mg/kg）基本持平。研究区风沙土、盐渍化土壤、盐土、绿洲土（耕作土）中水溶性氟的含量均较高，其原因主要是由于土壤pH呈偏碱性，并具有一定程度的苏打盐渍化以及极端干旱大陆性气候条件，在大的气温年较差和强烈的蒸发作用下，造成可溶性盐类（包括$F^-$）在土壤中浓缩富集（周天骧，1994）。

## 7.3.2 地下水砷氟共富集的水文地质条件

阿克苏河流域的山前倾斜平原为十几条不同大小的河流组成的自北至南的冲洪积扇，其上部是砂砾石与卵砾石为主要物质的砂砾石带，具有较为单一的岩性，是一种优良的含水介质，至南向细土平原过渡，其介质偶夹黏性土、粉砂、细砂，含水介质的非均质性较强，过渡带是潜水溢出带。在研究区域内，南部的塔里木河冲积平原沉积物多是从天山山脉南坡而来，介质多包括粉细砂夹薄层亚黏土（亚砂土），从西向东呈条状分布，薄层亚黏土和亚砂土为区域性隔水层（叶含春等，2000）。阿克苏河流域地下水整体由西北向东南径流，在补给区，接受大气降水和山区基岩裂隙水的补给，溶滤含水介质中含砷、氟的矿物，地下水中的砷、氟随地下水迁移至地势和流速较低的过渡区，继续向东南方向流动，直至蒸发区，该区沉积物颗粒细小，径流不畅，加之处于干旱气候区，地下水通过蒸发散失，使地下水中砷、氟迁移缓慢形成砷氟共富集地下水，导致研究区地下水砷氟共富集主要分布在过渡区和蒸发区的浅层承压水中。

研究区$\gamma Ca^{2+}/\gamma Cl^-$值范围为0.103～3.953（均值为0.805）（图7-12），地下水流动条件整体较差。单一结构潜水$\gamma Ca^{2+}/\gamma Cl^-$值范围为0.139～3.953（均值为1.036）；承压水

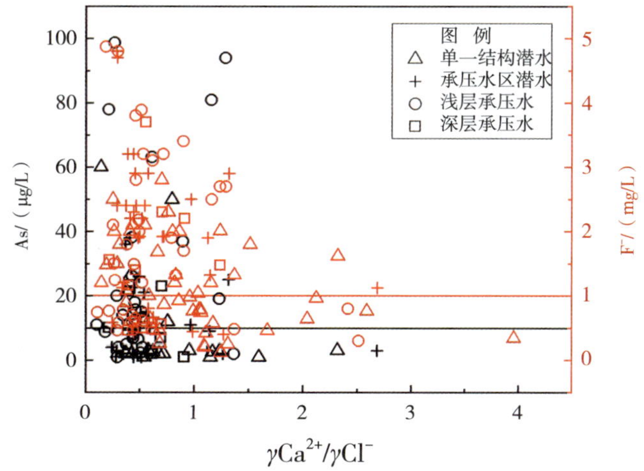


图7-12 阿克苏河流域平原区地下水砷氟含量与$\gamma Ca^{2+}/\gamma Cl^-$的关系图

区潜水$\gamma Ca^{2+}/\gamma Cl^-$值范围为0.242～2.685（均值为0.660）；浅层承压水$\gamma Ca^{2+}/\gamma Cl^-$值范围为0.103～2.509（均值为0.653）；深层承压水$\gamma Ca^{2+}/\gamma Cl^-$值范围为0.212～1.235（均值为0.605）。研究区地下水砷氟含量随$\gamma Ca^{2+}/\gamma Cl^-$比值减小而增大，表明地下水流动条件越差越利于地下水砷氟的富集。

## 7.3.3 地下水赋存的水化学环境

### 7.3.3.1 地下水化学指标因子分析

运用SPSS 19.0软件对研究区四种地下水类型（单一结构潜水、承压水区潜水、浅层承压水和深层承压水）取样点的19项指标进行因子分析（表7–8）。其中单一结构潜水含水层KMO检验值为0.574，且Bartlett球型检验差异性显著检验值为0.00＜0.05，表示存在显著性差异，可以做因子分析，通过五次方值法对成分矩阵进行计算，获取各项指标的旋转因子载荷值（表7–8），3个主因子（$F_1$、$F_2$和$F_3$）的贡献率分别为40.524%、13.904%和12.708%，累积贡献率为67.136%；承压水区潜水含水层KMO检验值为0.344，深层承压含水层KMO检验值小于0.300，均小于0.500，说明该区域地下水化学过程控制因素较为复杂，极不适合做因子分析；浅层承压含水层KMO检验值为0.513，且Bartlett球型检验差异性显著检验值为0.00＜0.05，表示存在显著性差异，可以做因子分析，通过五次方值法对成分矩阵进行计算，获取各项指标的旋转因子载荷值（表7–8），3个主因子（$F_1$、$F_2$和$F_3$）的贡献率分别为36.532%、17.190%和14.575%，累积贡献率为68.297%。

根据旋转因子载荷矩阵（表7–8）可得，单一结构潜水含水层$F_1$中具有较高因子载荷的指标为$K^+$、$Na^+$、$Ca^{2+}$、$Mg^{2+}$、$Cl^-$、$SO_4^{2-}$、$F^-$、TDS、TH，单一结构潜水多分布于靠近山区的地下水补给区，其地下水流动条件好、蒸发排泄作用相对较小，$Na^+$多源自沉积岩中含钠矿物和岩盐的风化溶解作用，而$Mg^{2+}$与$Ca^{2+}$多源自含钙（镁）矿物与碳酸盐类沉积物的风化溶解作用，$Cl^-$多源自沉积岩中岩盐及其他氯化物的溶解，$SO_4^{2-}$多源自含石膏或其他硫酸盐的沉积岩溶解，$F^-$多源自于含氟矿物（如萤石）的溶解。综上，$F_1$表示地下水的溶滤作用因子。$F_2$中因子载荷较高的指标为$HCO_3^-$、Fe、Mn、$H_2SiO_3$，地下水中Fe和Mn元素来源相同，迁移富集规律相似，沉积物中As与Fe的溶解是伴生关系，As吸附在Fe、Mn氧化物的表面，碳酸氢根盐溶液能够将氢氧化铁表面上吸附的砷提取出来，表示碳酸氢根盐溶液能够活化沉积物中的砷，代替矿物与沉积物表面的砷向地下水中释放，故$F_2$表示吸附释放因子。$F_3$中因子载荷较高的指标为$NO_2^-$、As，由于山前区域人类活动较少，地下水埋深较深，亚硝酸盐在厌氧环境下会转换为氨氮，氨氮指示还原环境，故$F_3$为还原环境因子。

表7-8 阿克苏河流域平原区地下水化学指标旋转因子载荷矩阵

| 指标 | 单一结构潜水含水层因子荷载 | | | 浅层承压含水层因子荷载 | | |
|---|---|---|---|---|---|---|
| | $F_1$ | $F_2$ | $F_3$ | $F_1$ | $F_2$ | $F_3$ |
| $K^+$ | **0.836** | 0.294 | -0.173 | **0.637** | 0.460 | -0.518 |
| $Na^+$ | **0.970** | -0.074 | 0.136 | **0.914** | -0.074 | -0.285 |
| $Ca^{2+}$ | **0.958** | 0.047 | -0.049 | **0.734** | 0.334 | -0.181 |
| $Mg^{2+}$ | **0.915** | 0.297 | -0.023 | **0.862** | 0.281 | 0.112 |
| $Cl^-$ | **0.965** | -0.115 | 0.114 | **0.914** | -0.069 | -0.304 |
| $SO_4^{2-}$ | **0.983** | 0.012 | 0.036 | **0.952** | 0.031 | 0.035 |
| $HCO_3^-$ | -0.083 | **0.882** | -0.190 | 0.157 | **0.891** | -0.294 |
| $NO_3^-$ | 0.058 | 0.065 | -0.229 | 0.320 | 0.156 | **-0.846** |
| $NO_2^-$ | 0.017 | 0.015 | **0.949** | 0.476 | **-0.515** | 0.320 |
| $NH_4^+$ | -0.064 | 0.099 | -0.084 | 0.295 | 0.130 | 0.219 |
| Fe | 0.127 | **0.729** | 0.338 | -0.041 | 0.025 | 0.004 |
| Mn | 0.091 | **0.733** | 0.468 | **0.599** | 0.237 | 0.464 |
| As | -0.007 | 0.147 | **0.956** | -0.189 | 0.174 | -0.025 |
| $F^-$ | **0.536** | 0.281 | 0.265 | 0.318 | **0.736** | 0.245 |
| TDS | **0.986** | -0.006 | 0.061 | **0.972** | 0.089 | -0.175 |
| TH | **0.959** | 0.102 | -0.101 | **0.768** | 0.457 | -0.099 |
| pH | 0.072 | 0.116 | -0.131 | -0.388 | -0.129 | **0.850** |
| Eh | 0.060 | -0.202 | -0.024 | 0.175 | 0.246 | **0.528** |
| $H_2SiO_3$ | 0.424 | **0.648** | 0.050 | 0.154 | **0.912** | 0.104 |
| 贡献率/% | 40.524 | 13.904 | 12.708 | 36.532 | 17.190 | 14.575 |
| 累积贡献率/% | 40.524 | 54.428 | 67.136 | 36.532 | 53.722 | 68.297 |

注：加粗代表成分荷载的最大值，表示已确定的主成分关键指标。

浅层承压含水层$F_1$中因子载荷较高的指标为$K^+$、$Na^+$、$Ca^{2+}$、$Mg^{2+}$、$Cl^-$、$SO_4^{2-}$、Mn、TDS、TH，岩石剧烈的蒸发、浓缩、溶滤等作用对地下水化学成分产生极大影响，加之研究区少雨干旱，水流缓慢，且具有较高的地下水位，从而加剧水–岩作用，导致地下水中各离子均具有较高含量，阴离子主要是$Cl^-$、$SO_4^{2-}$，故该因子视为盐渍化因子。$F_2$中因子载荷较高的指标为$HCO_3^-$、$NO_2^-$、$F^-$、$H_2SiO_3$，在高砷地下水的形成方面有机碳源和无机碳源发挥了较为关键的作用，碳酸盐溶解后发生竞争吸附形成碳酸盐络合物，很大程度上降低痕量金属的吸附作用，碳酸盐溶解后，将吸附的砷解吸，是造成地下水中砷含量较高的主要原因之一（Garcia等，2005）；有机物发生的微生物降解能够显著促进砷的富集，微生物能够在碳源增加的情况下，加速异样微生物代谢的速度，使氧气被消耗，最后形成对砷富集有利的还原环境（周殷竹等，2015；Zheng，2004），故$F_2$可视为碳影响因子。$F_3$中因子载荷较高的指标为$NO_3^-$、pH、Eh，$F_3$为碱性还原环境因子。

#### 7.3.3.2 地下水砷氟含量与其他化学指标的关系

通过地下水砷氟含量与其他化学指标的关系图（图7–13）可以看出，高砷地下水中通常$HCO_3^-$的含量较高［图7–13（a）］，原因是其能够和砷对铁锰氧化物上的吸附位进行竞争，进而造成地下水中砷出现解吸附（Anawar等，2003），$HCO_3^-$同样能够将土壤胶体上面吸附的氟置换出来。研究区域内地下水中$HCO_3^-$的含量最大为573.7mg/L，$HCO_3^-$含量高的原因是有机物的降解与剧烈的蒸发浓缩作用（Hasan等，2007）。地下水中氟和砷的含量都是在$HCO_3^-$含量上升的情况下增加，故$HCO_3^-$含量高会对地下水中氟与砷的富集造成重要影响。

高砷地下水中的$SO_4^{2-}$含量一般较低［图7–13（b）］，指示了较强的还原环境。地下水氟含量整体上随$Ca^{2+}$、$Mg^{2+}$含量的增加而呈现降低趋势［图7–13（c）和图7–13（d）］，$CaF_2$的溶解平衡是控制地下水中$F^-$含量的重要因素，低含量的$Ca^{2+}$、$Mg^{2+}$有利于氟的富集，当$Ca^{2+}$、$Mg^{2+}$质量浓度增大到超出$CaF_2$与$MgF_2$的饱和度时，$F^-$与$Ca^{2+}$、$Mg^{2+}$形成沉淀，使得水中$F^-$含量降低。

高砷地下水点中$NH_4^+$含量普遍较高，$NO_3^-$含量普遍较低［图7–13（e）和图7–13（f）］，指示了较强的还原环境，地下水中的$NO_3^-$可能被还原为$NH_4^+$、$NO_2^-$或$N_2$等（Thornton等，2001）。

Fe和Mn具有类似的化学性质，现有研究结果显示，还原性条件下，铁锰氢氧化物与氧化物可以被还原成溶解性高的锰离子和铁离子，从而导致矿物表面的砷向地下水中释放。研究区地下水中砷含量有随着Fe、Mn含量升高而升高的趋势［图7–13（g）和图7–13（h）］，说明研究区地下水中砷的富集与铁锰氧化物的还原性溶解有关。

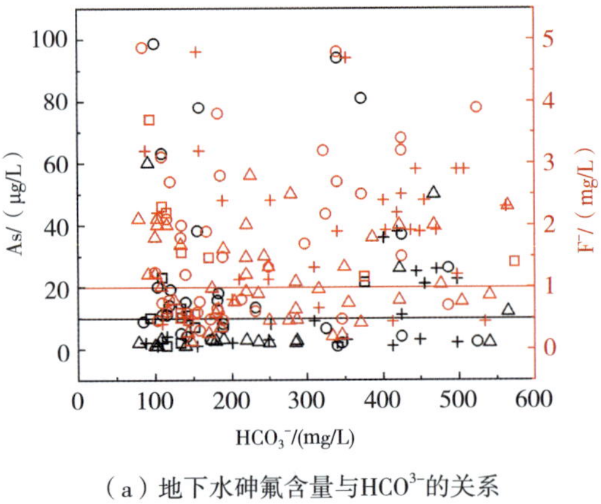


（a）地下水砷氟含量与HCO³⁻的关系

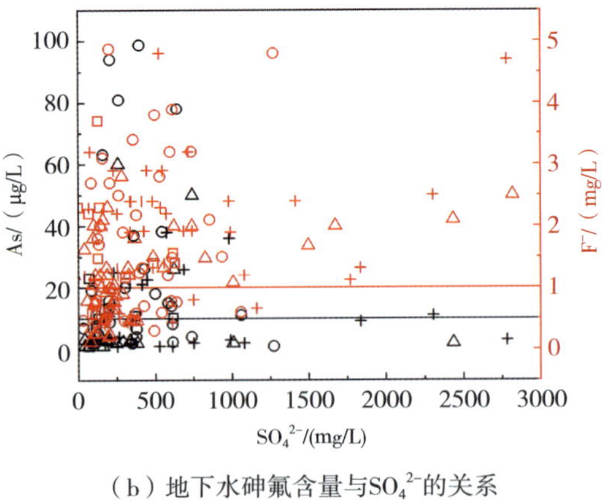


（b）地下水砷氟含量与$SO_4^{2-}$的关系

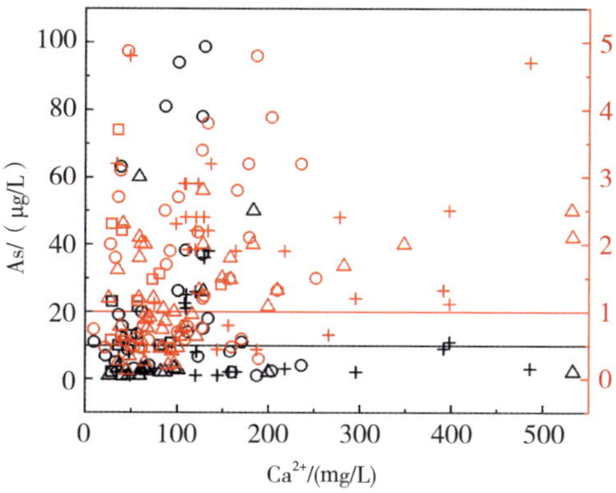


（c）地下水砷氟含量与$Ca^{2+}$的关系

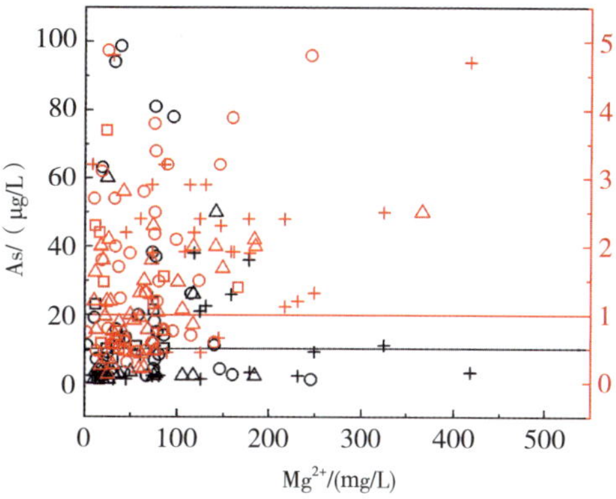


（d）地下水砷氟含量与$Mg^{2+}$的关系

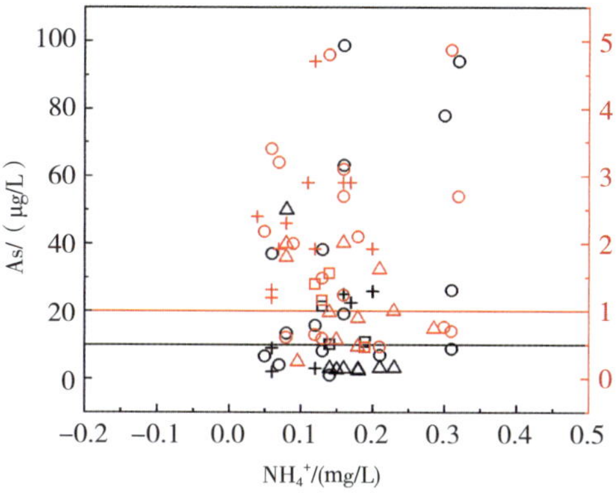


（e）地下水砷氟含量与$NH_4^+$的关系

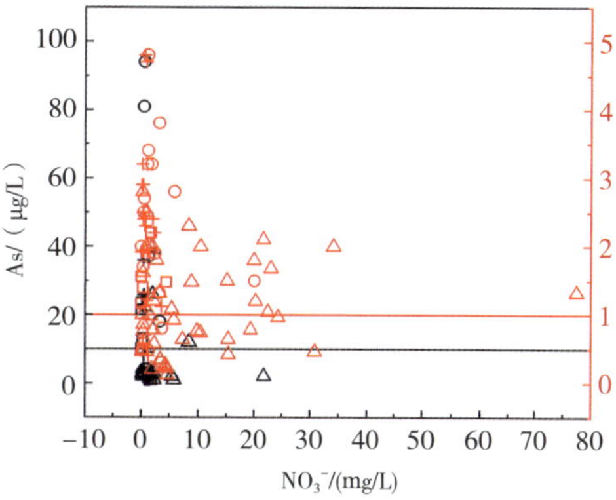


（f）地下水砷氟含量与$NO^{3-}$的关系

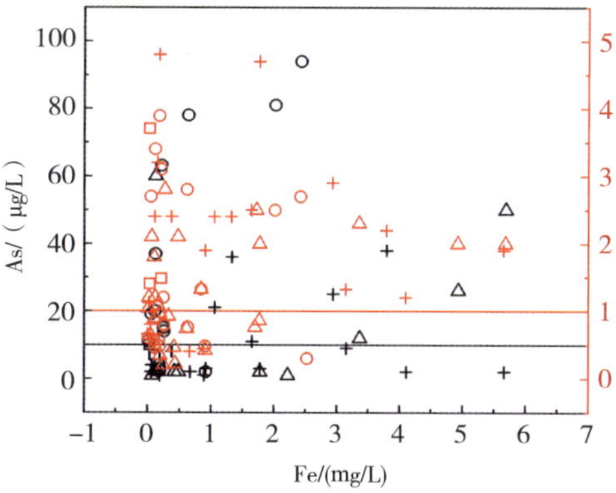


（g）地下水砷氟含量与Fe的关系

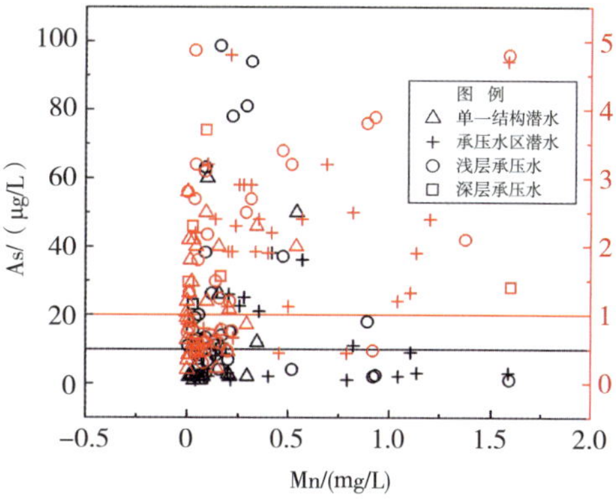


（h）地下水砷氟含量与Mn的关系

图7-13 阿克苏河流域平原区地下水砷氟含量与其他化学指标的关系图

#### 7.3.3.3 氧化还原环境

研究区属于还原–亚氧化环境，该环境在地下水中砷的富集与迁移方面发挥着关键作用。由阿克苏河流域地下水Eh与砷氟关系图［图7-14（a）］可以看出，砷氟共富集的Eh的范围为−70.0 ~ 244.0mV，均值为82.9mV，远小于砷氟单项超标（均值为

162.4mV）和未超标（142.4mV）地下水。对于亚氧化环境下的地下水而言，砷的化合物会受到铁锰氢氧化物、氧化物及胶体吸附；对于还原环境而言，在达到一定的氧化还原电位的情况下，胶体的稳定性降低，铁锰氧化物、氢氧化物被还原，形成有较大溶解度活泼性更强的铁锰离子，在其表面吸附着的砷就会逐渐向地下水中解吸（王焰新等，2004）。对于此种地下水而言，除了高砷外还伴有低$SO_4^{2-}$、低溶解氧、高铁锰含量的特征。上述关系显示，砷的迁移需要较强的还原环境，同时还会伴随$SO_4^{2-}$的还原（Smedley等，2002）。同时，对于亚氧化环境而言，含砷矿物一旦发生氧化就会释放砷（郭华明等，2007；郭华明，2013）。

7.3.3.4 pH

地下水砷氟共富集区域的pH范围［图7-14（b）］为7.3～8.3，均值为7.7，较砷氟均未超标区域的pH（均值7.5）或砷氟单项超标区域的pH（均值7.5）高，中性–弱碱性环境有利于地下水砷氟共富集。砷在pH为7～9的地下水中主要以砷酸根和亚砷酸的形式存在。在pH不断增高的情况下，黏土矿物与胶体会携带更大量的负电荷，使碳酸被吸附的作用降低，继而加速砷的解吸，抑制了砷的吸附，给地下水中砷的富集提供了有利条件。这和现有研究中的高砷地下水通常为弱碱性的研究结论相同（Park等，2006）。地下水的pH对于氟在水中的赋存状态有决定作用。氟在偏碱性（pH7～9）的环境中的存在如$AlF_4^-$、$AlF_3^0$、$MgF^+$、$AlF^{2+}$、$CaF^+$、$HF_{aq}$、$BF(OH)_3$与$F^-$等10余种形式。$Ca^{2+}$在碱性、偏碱性地下水中活性降低，进而降低$F^-$的聚集效应，对地下水中$F^-$的富集具有促进作用（张威等，2004；Li等，2012）。

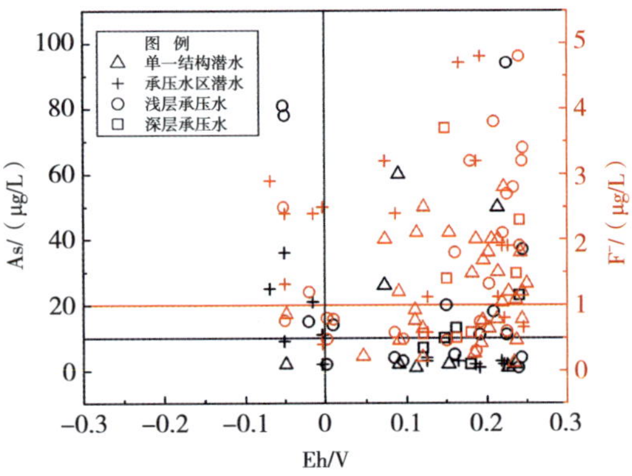


（a）地下水砷氟含量与Eh的关系

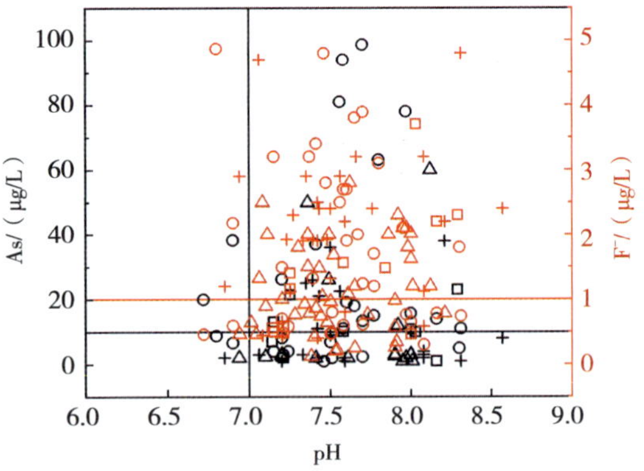


（b）地下水砷氟含量与pH的关系

图7-14 阿克苏河流域平原区地下水砷氟含量与Eh、pH关系图

## 7.3.4 地下水化学形成机制及作用

### 7.3.4.1 化学形成机制分析

Gibbs图常用于分析地下水化学特征的形成机制，当$\gamma Na^+/\gamma$（$Na^++Ca^{2+}$）或$\gamma Cl^-/\gamma$（$Cl^-+HCO_3^-$）大于0.5且TDS值较低的情况下，代表大气降水对于地下水的化学种类具有决定性影响；如果$\gamma Na^+/\gamma$（$Na^++Ca^{2+}$）或$\gamma Cl^-/\gamma$（$Cl^-+HCO_3^-$）小于0.5，TDS值为中等的条件下，代表岩石风化作用对于地下水的化学种类具有决定性影响；在$\gamma Na^+/\gamma$（$Na^++Ca^{2+}$）或$\gamma Cl^-/\gamma$（$Cl^-+HCO_3^-$）超过0.5的条件下，同时具有较大TDS值时，代表蒸发浓缩对于地下水的化学种类具有决定性影响（Gibbs，1970；Elaid等，2020）。

研究区TDS值多在200～900mg/L，该值中等偏大；研究区地下水化学Gibbs图（图7-15）显示，单一结构潜水含水层$\gamma Na^+/\gamma$（$Na^++Ca^{2+}$）和$\gamma Cl^-/\gamma$（$Cl^-+HCO_3^-$）多小于0.5，说明其影响因素主要是岩石风化作用；承压水区潜水含水层$\gamma Na^+/\gamma$（$Na^++Ca^{2+}$）多大于0.5、$\gamma Cl^-/\gamma$（$Cl^-+HCO_3^-$）多小于0.5，说明其影响因素主要是蒸发浓缩和岩石风化共同作用；浅层承压含水层$\gamma Na^+/\gamma$（$Na^++Ca^{2+}$）和$\gamma Cl^-/\gamma$（$Cl^-+HCO_3^-$）多小于0.5，说明其影响因素主要是岩石风化作用；深层承压含水层$\gamma Na^+/\gamma$（$Na^++Ca^{2+}$）和$\gamma Cl^-/\gamma$（$Cl^-+HCO_3^-$）多小于0.5，说明其影响因素主要是岩石风化作用。

地下水砷氟共富集的$\gamma Na^+/\gamma$（$Na^++Ca^{2+}$）多大于0.5、$\gamma Cl^-/\gamma$（$Cl^-+HCO_3^-$）多小于0.5，说明其影响因素主要是蒸发浓缩和岩石风化共同作用；砷氟单项超标地下水的$\gamma Na^+/$

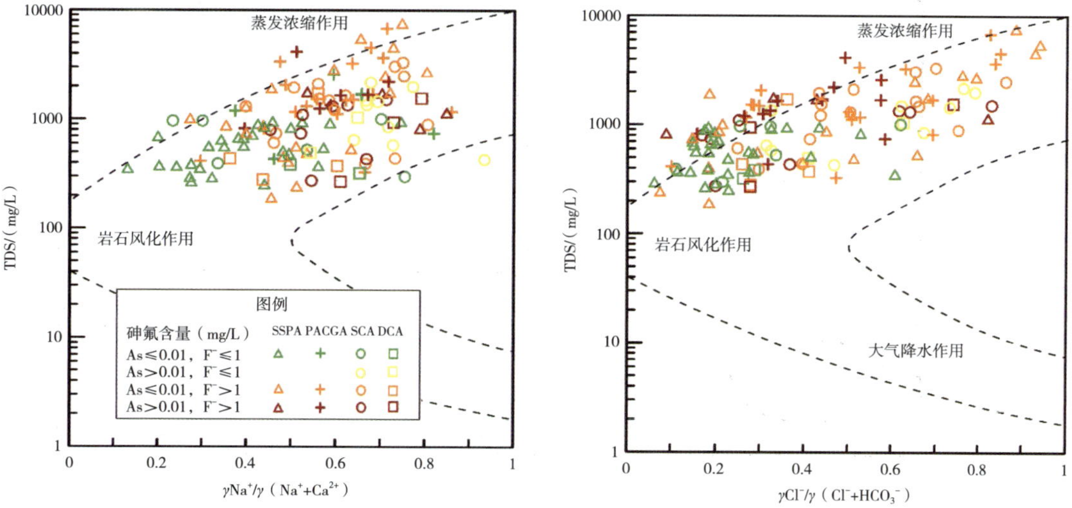


（a）地下水TDS与$\gamma Na^+/\gamma$（$Na^++Ca^{2+}$）的关系　（b）地下水TDS与$\gamma Cl^-/\gamma$（$Cl^-+HCO_3^-$）的关系

图7-15 阿克苏河流域平原区地下水Gibbs图

$\gamma$（$Na^+$+$Ca^{2+}$）和$\gamma Cl^-/\gamma$（$Cl^-$+$HCO_3^-$）多大于0.5，说明其影响因素主要是蒸发浓缩作用（Zhang等，2020）。

#### 7.3.4.2 岩石风化源判别

通过$\gamma Ca^{2+}/\gamma Na^+$和$\gamma HCO_3/\gamma Na^+$比值端元图法能够准确判断地下水化学特征对应的岩石风化源的种类（Gaillardet等，2020；Qian等，2016）。由地下水离子比值端元图（图7–16）可以看出，地下水取样点主要分布在硅酸盐岩区域附近，其中砷氟共富集或砷氟单项超标的点多分布于硅酸盐岩附近，砷氟均未超标取样点多分布于硅酸盐岩和碳酸盐岩之间。因此，可以判断砷和氟的富集主要受到硅酸盐岩风化溶解的影响。

#### 7.3.4.3 溶滤作用

矿物在地下水中的溶解、沉淀状态主要由其相对水溶液的饱和程度来决定。在对水溶组分平衡分布计算的基础上，计算地下水相对方解石、白云石、石膏和岩盐的饱和指数，当饱和指数>0.5时，表明该矿物趋于沉淀状态；饱和指数<–0.5时，表明该矿物处于溶解状态；当饱和指数绝对值小于0.5时，表明该矿物处于平衡状态。

由地下水中各矿物相的饱和指数图（图7–17）可得，不同含水层内的白云石与方解石多为平衡或者饱和状态；岩盐与石膏在各含水层中主要处于溶解状态，其中氟单项超标的含水层中石膏与岩盐的饱和指数均值绝对值最小；其次砷氟共富集的含水层中石膏与岩盐的饱和指数均值绝对值略高；砷氟均未超标的含水层中石膏与岩盐的饱和指

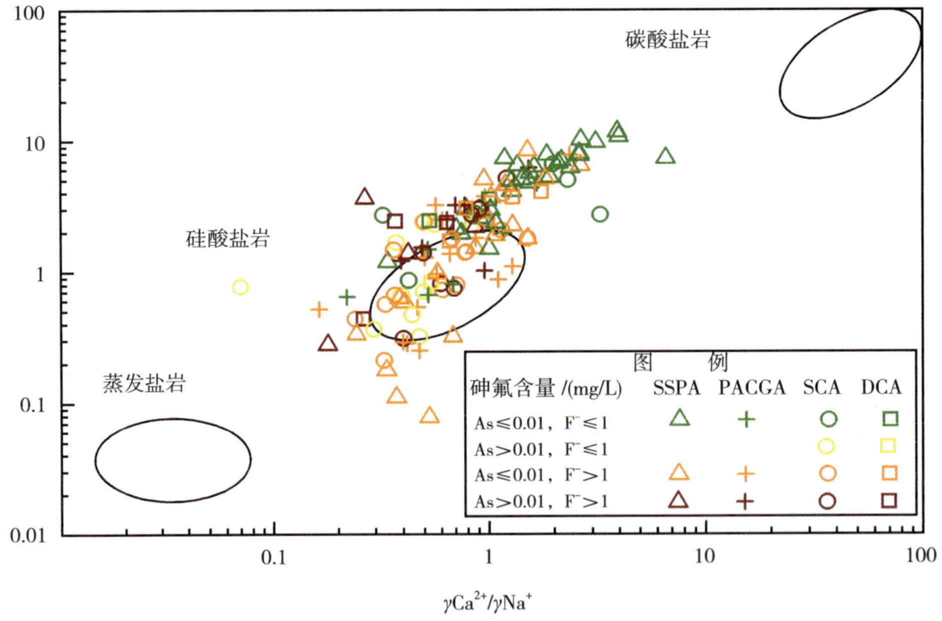


图7–16 阿克苏河流域平原区地下水离子比值端元图

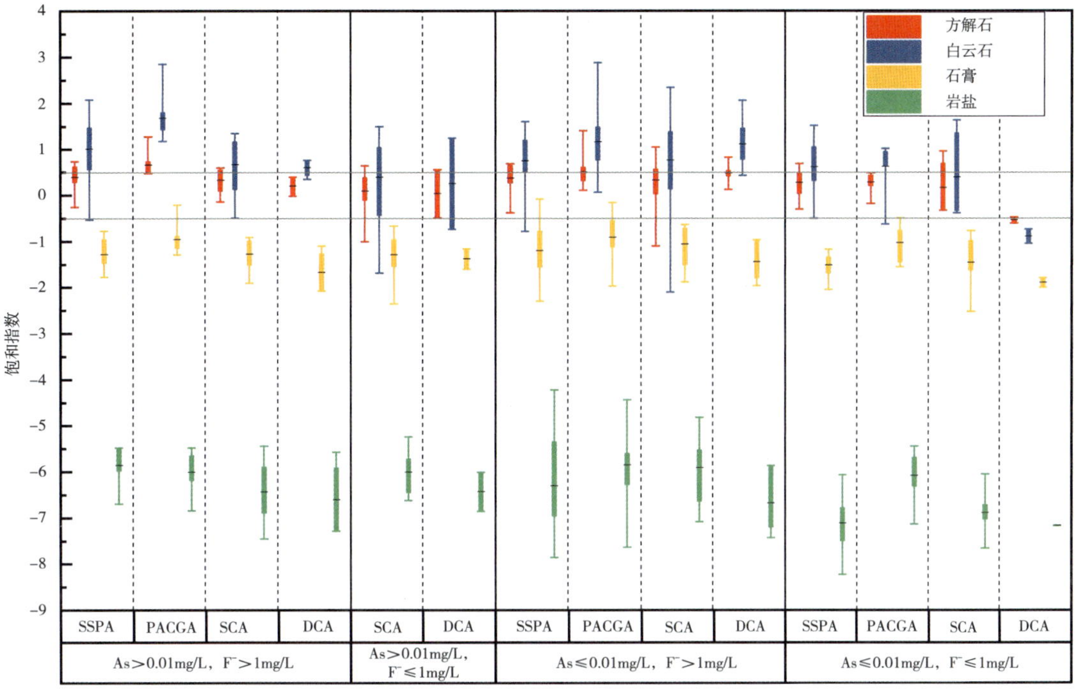


图7-17　阿克苏河流域平原区含水介质中矿物饱和指数图

数均值绝对值最高，表明砷、氟富集的地下水中石膏和岩盐的溶解状态更趋于平衡。这与砷氟共富集或砷氟单项超标的地下水化学类型以$SO_4$·Cl–Na·Mg（Na·Ca·Mg）型为主一致。

#### 7.3.4.4　阳离子交换作用

地下水中砷与氟的富集，同时还和含水层中钠、钾与钙、镁离子之间的交替吸附效应具有密切联系（Rashid等，2018）。通过氯碱指数（CAI）能体现出地下水中阳离子的交换效应，如果CAI–Ⅰ与CAI–Ⅱ都是正数，代表地下水中$Na^+$、$K^+$和含水介质中的$Mg^{2+}$、$Ca^{2+}$进行了离子交换；相反，代表地下水中的$Ca^{2+}$、$Mg^{2+}$和含水介质中的$Na^+$、$K^+$进行了交换，二者具有越大的绝对值，就代表具有越明显的阳离子交换作用。

阿克苏河流域平原区地下水氯碱指数CAI–Ⅰ与CAI–Ⅱ大部分为正值（图7–18），代表地下水中$Na^+$、$K^+$和含水介质中的$Ca^{2+}$、$Mg^{2+}$进行了离子交换。砷氟共富集的地下水取样点中，潜水含水层（包括单一结构潜水含水层和承压水区潜水含水层）中的地下水CAI大部分为正值，承压含水层（包括浅层承压含水层和深层承压含水层）中的地下水CAI大部分为负值，因此阳离子交换作用是影响地下水砷氟共富集的重要原因之一。

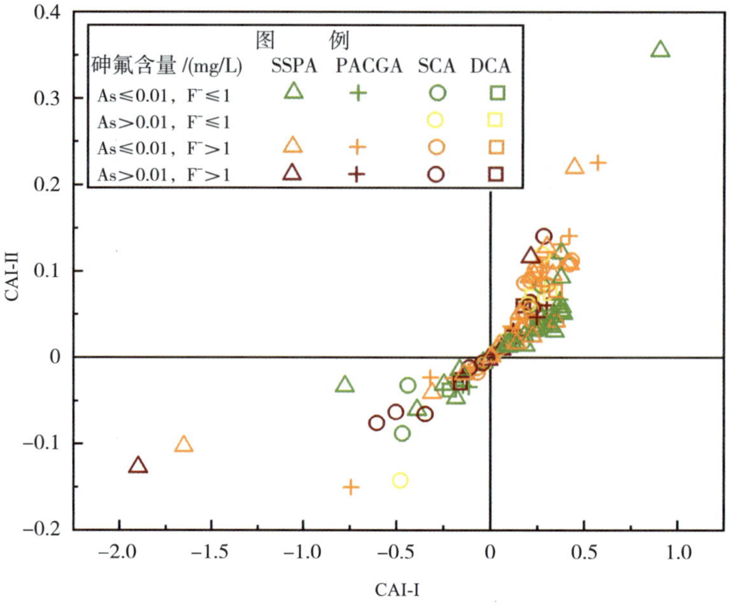


图7-18　阿克苏河流域平原区地下水氯碱指数分布图

## 7.3.5　土地利用类型对地下水砷氟富集的影响

土地利用类型对地下水的化学类型及空间分布产生重要影响。阿克苏河流域自西北向东南由山区→平原→沙漠逐渐过渡的地形特点决定了该区土地利用结构中裸地、草地、耕地所占比例较大的现状。研究区裸地面积最大（表7-9和图7-19），占总面积的51.36%；其次是草地面积，占总面积的22.35%；第三是耕地面积，占总面积的17.49%；此外，冰川面积占5.02%，建设用地面积占1.16%，灌木面积占0.83%，水体面积占0.76%，林地面积占0.60%，湿地面积占0.43%。

表7-9　阿克苏河流域土地利用类型面积统计　　单位：$km^2$

| 分类 | 耕地 | 林地 | 草地 | 灌木 | 湿地 |
|---|---|---|---|---|---|
| 面积/$km^2$ | 8534.35 | 295.54 | 10906.12 | 407.40 | 211.03 |
| 分类 | 水体 | 建设用地 | 裸地 | 冰川 | |
| 面积/$km^2$ | 371.14 | 564.07 | 25066.91 | 2449.45 | |

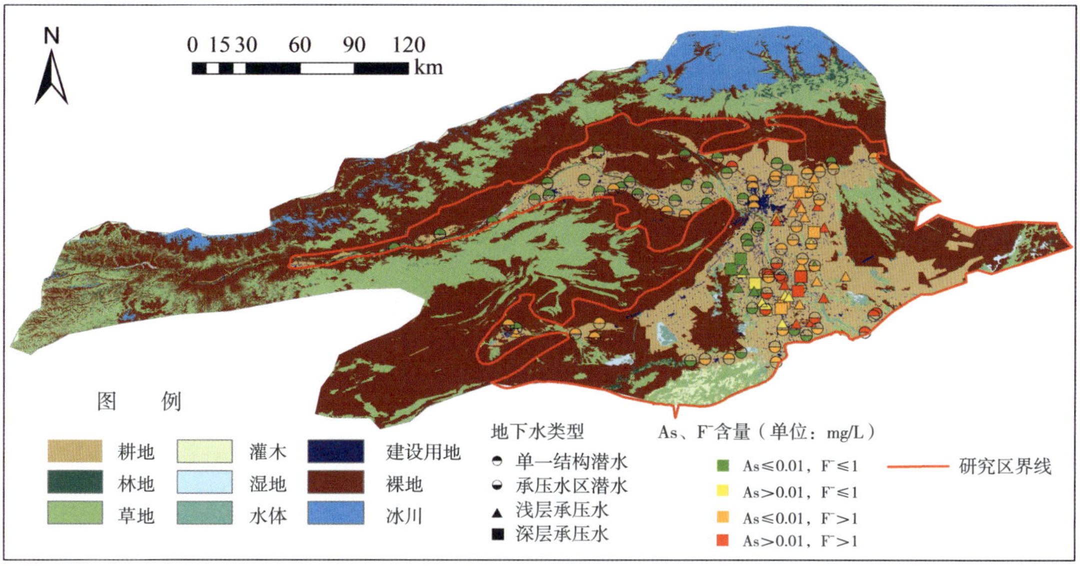


注：研究区界线不作为定界依据。

图7-19 阿克苏河流域土地利用类型及2016年地下水砷氟含量分布图

阿克苏河流域平原广阔，长期以来农业生产是该流域经济收入的主要来源之一，区内水系较为发达，且水利设施配套较为齐全。因此，水浇地占耕地的比例较大，在个别自然条件优越的地方分布少量的水田。在西部山区、丘陵区，由于受地形、地貌、光、水等条件的制约，水利设施较为缺乏。因此，旱地多集中在这些地区。研究区裸地、草地和灌木林主要分布在西北部山区、丘陵区，此地区海拔高、土壤贫瘠，种植农作物及林木较为困难。

由不同土地利用类型地下水砷氟超标点位统计表（表7-10）可以看出，研究区地下水取样点分布在耕地、建设用地、草地和裸地，其中分布在耕地的地下水取样点有80组，占比最大（57.97%）。地下水砷氟共富集取样点有17组分布在耕地，占砷氟共超标点（25组）的68.00%，多为浅层承压水；在建设用地分布8组，占砷氟共超标点的32.00%，多为承压水区潜水。研究区地下水机井多用于农业灌溉，地下水中的As、$F^-$的释放和迁移对人为干扰很敏感。由于抽取地下水用于灌溉，农业方式的改变等人类活动，都会改变地下水流场、地下水中砷氟的物质来源，进而对地下水氟、砷的含量造成影响。由于砷和氟的水文地球化学性质及成因较为复杂，在灌溉这一项重要农业活动中，不但会使地下水砷和氟的水化学场与水动力场发生变化，还会将其带入食物和食物链中，对人类的食物安全造成威胁。因此，地下水中的砷氟对人体健康和农产品安全的影响等问题亟待深入研究（何薪，2020；孔晓乐等，2015）。

表7-10 阿克苏河流域平原区不同土地利用类型地下水砷氟超标点位统计表

| 地下水类型 | 砷氟含量/（mg/L） | 耕地 | 建设用地 | 草地 | 裸地 |
|---|---|---|---|---|---|
| 单一结构潜水 | As≤0.01，$F^-$≤1 | 16 | 9 | 2 | 2 |
| | As>0.01，$F^-$≤1 | — | — | — | — |
| | As≤0.01，$F^-$>1 | 13 | 8 | | 1 |
| | As>0.01，$F^-$>1 | 3 | 2 | — | — |
| 承压水区潜水 | As≤0.01，$F^-$≤1 | 4 | 1 | 1 | — |
| | As>0.01，$F^-$≤1 | — | — | — | — |
| | As≤0.01，$F^-$>1 | 11 | 6 | — | — |
| | As>0.01，$F^-$>1 | 5 | 3 | — | — |
| 浅层承压水 | As≤0.01，$F^-$≤1 | 4 | 2 | — | — |
| | As>0.01，$F^-$≤1 | 4 | 5 | — | — |
| | As≤0.01，$F^-$>1 | 6 | 8 | 1 | — |
| | As>0.01，$F^-$>1 | 7 | 1 | — | — |
| 深层承压水 | As≤0.01，$F^-$≤1 | 2 | — | — | — |
| | As>0.01，$F^-$≤1 | — | 1 | 1 | — |
| | As≤0.01，$F^-$>1 | 3 | 2 | — | — |
| | As>0.01，$F^-$>1 | 2 | 2 | — | — |
| 全水样 | As≤0.01，$F^-$≤1 | 26 | 12 | 3 | 2 |
| | As>0.01，$F^-$≤1 | 4 | 6 | 1 | — |
| | As≤0.01，$F^-$>1 | 33 | 24 | 1 | 1 |
| | As>0.01，$F^-$>1 | 17 | 8 | — | — |

注：—为无该土地利用类型取样点。

根据研究区不同土地利用类型地下水砷氟含量统计（图7-20和图7-21）发现，地下水砷含量均值耕地（0.011mg/L）>建设用地（0.009mg/L）>草地（0.004mg/L）>裸地（0.001mg/L）；地下水氟含量均值耕地（1.62mg/L）>建设用地（1.49mg/L）>裸地（0.86mg/L）>草地（0.85mg/L）。可以看出，耕地对地下水砷氟富集的影响较大，建设用地、草地和裸地对地下水砷氟富集的影响较小。土地利用类型为耕地时，地下水砷含量均值浅层承压水>承压水区潜水>深层承压水>单一结构潜水；地下水氟含量均值浅层承压水>承压水区潜水>深层承压水>单一结构潜水。

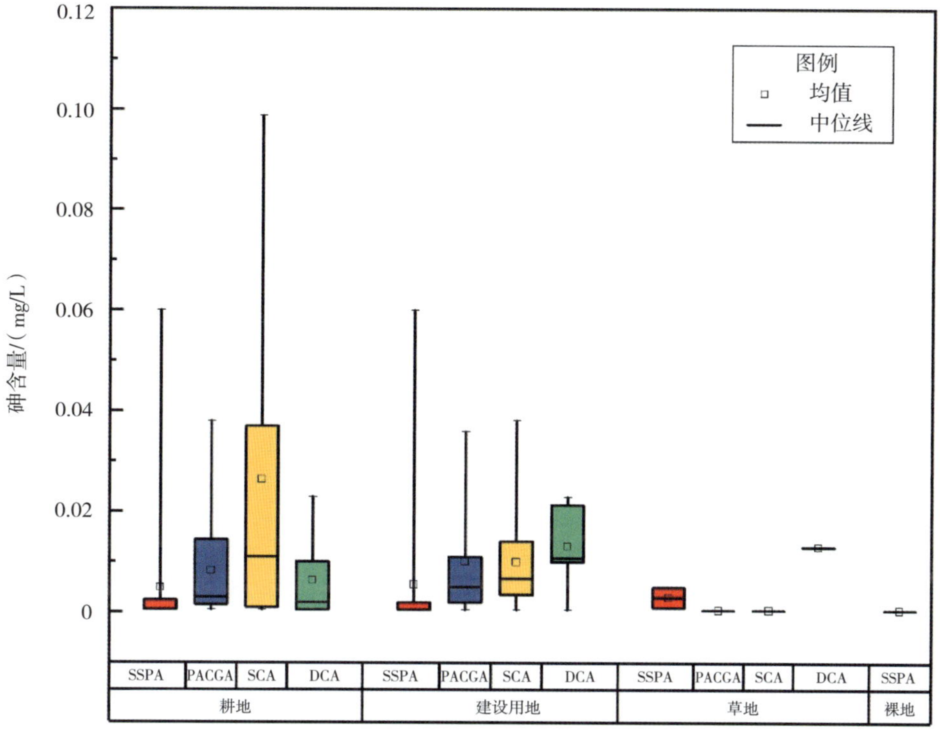


图7-20　阿克苏河流域平原区不同土地利用类型地下水砷含量箱型图

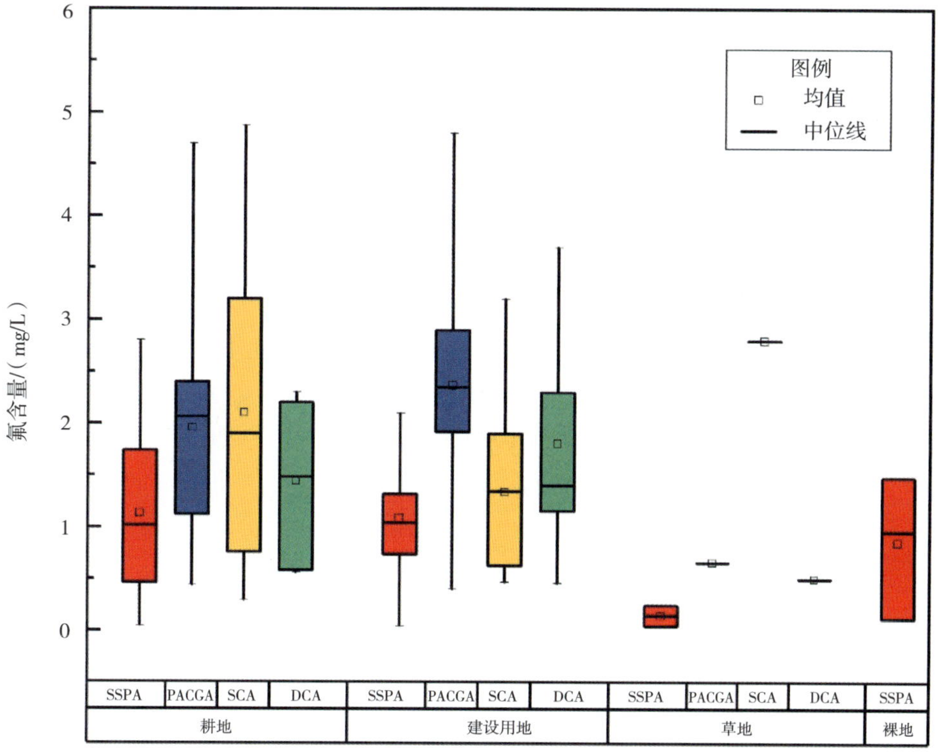


图7-21　阿克苏河流域平原区不同土地利用类型地下水氟含量箱型图

## 7.3.6 地下水氘氧同位素特征

氘氧同位素化学性质稳定，在地下水中常作为天然示踪剂，可以用来研究地下水起源、地下水形成及演化规律以及其中的水–岩相互作用等。

Craig（Craig，1961）根据全球降水资料，研究发现大气降水中$\delta D$和$\delta^{18}O$值之间呈线性关系，即全球大气降水线，线性方程为$\delta D=8\delta^{18}O+10$。塔里木盆地多条河流中的样品分析表明塔里木盆地当地大气降水线为$\delta D=8\delta^{18}O+15$，阿克苏河流域位于塔里木盆地西北部，因此将该方程作为研究区当地大气降水线方程（乃尉华等，2017）。

采用2021年15组地下水原位取样点（单一结构潜水5组、承压水区潜水2组、浅层承压水5组、深层承压水3组）和4组地表水的同位素数据（表7–11）对阿克苏河流域地下水进行研究分析。研究区氘氧同位素特征如表7–12所示，地表水$\delta D$和$\delta^{18}O$范围分别为–78.12‰～–68.81‰和–11.15‰～–9.80‰，平均值分别为–72.20‰和–10.36‰；单一结构潜水$\delta D$和$\delta^{18}O$范围分别为–76.34‰～–67.90‰和–11.55‰～–9.63‰，平均值分别为–72.73‰和–10.71‰；承压水区潜水$\delta D$和$\delta^{18}O$范围分别为–72.68‰～–72.62‰和–10.67‰～–10.59‰，平均值分别为–72.65‰和–10.63‰；浅层承压水$\delta D$和$\delta^{18}O$范围分别为–78.19‰～–73.94‰和–11.74‰～–10.71‰，平均值分别为–75.42‰和–11.14‰；深层承压水$\delta D$和$\delta^{18}O$范围分别为–78.94‰～–73.35‰和–11.82‰～–10.79‰，平均值分别为–76.91‰和–11.45‰。

氘氧作为地下水研究的重要同位素，其性质相对稳定，且其同位素特点和降水过程中的湿度与温度具有直接的关联（Clark等，1997）。受蒸发作用时，轻同位素通常在气相中富集，而水里一般有$\delta D$与$\delta^{18}O$的富集，主要表现就是降水线对应的$\delta D$–$\delta^{18}O$斜率降低。所以，在对地区地下水与大气降水之间$\delta D$–$\delta^{18}O$斜率关系分析之后，能够对地下水是否出现蒸发作用进行判断。阿克苏河流域平原区中地下水的$\delta D$–$\delta^{18}O$斜率是4.59（图7–22），比阿克苏流域大气降水线的斜率8.00要小得多，代表研究区的地表水与地下水均发生了程度不同的蒸发。研究区不同地下水类型$\delta D$和$\delta^{18}O$平均值（表7–12和图7–22）由小到大分别为深层承压水、浅层承压水、单一结构潜水、承压水区潜水，说明地下水的蒸发作用逐渐趋于强化。

表7–11 阿克苏河流域平原区2021年地下水取样点氘氧同位素检测结果

| 编号 | 地下水类型 | As含量/（mg/L） | $F^-$含量/（mg/L） | $\delta D$/‰ | $\delta^{18}O$/‰ |
|---|---|---|---|---|---|
| A38 | 浅层承压水 | 0.070 | 0.6 | –76.48 | –11.27 |
| A26 | 单一结构潜水 | 0.017 | 1.4 | –67.90 | –9.63 |
| A52 | 深层承压水 | 0.019 | 0.6 | –73.35 | –10.79 |
| A29 | 承压水区潜水 | 0.012 | 0.6 | –72.62 | –10.67 |

续表

| 编号 | 地下水类型 | As含量/（mg/L） | $F^-$含量/（mg/L） | δD/‰ | $\delta^{18}O$/‰ |
|---|---|---|---|---|---|
| A4 | 浅层承压水 | 0.002 | 2.3 | -78.19 | -11.74 |
| A130 | 深层承压水 | 0.026 | 2.2 | -78.46 | -11.73 |
| A23 | 承压水区潜水 | 0.002 | 3.1 | -72.68 | -10.59 |
| A55 | 浅层承压水 | 0.008 | 1.3 | -74.31 | -10.71 |
| A18 | 单一结构潜水 | ND | 0.6 | -72.64 | -10.64 |
| A24 | 浅层承压水 | ND | 2.8 | -74.16 | -10.83 |
| A98 | 单一结构潜水 | ND | 0.7 | -72.76 | -10.80 |
| A93 | 单一结构潜水 | 0.001 | 3.3 | -74.00 | -10.91 |
| A17 | 单一结构潜水 | ND | 1.0 | -76.34 | -11.55 |
| A88 | 浅层承压水 | ND | 1.3 | -73.94 | -11.14 |
| A138 | 深层承压水 | ND | 1.3 | -78.94 | -11.82 |

表7-12　阿克苏河流域平原区地表水和地下水氘氧同位素特征值统计表　　单位：‰

| 指标 | 地表水 | | 单一结构潜水 | | 承压水区潜水 | | 浅层承压水 | | 深层承压水 | |
|---|---|---|---|---|---|---|---|---|---|---|
| | δD | $\delta^{18}O$ | δD | $\delta^{18}O$ | δD | $\delta^{18}O$ | δD | $\delta^{18}O$ | δD | $\delta^{18}O$ |
| 最小值 | -78.12 | -11.15 | -76.34 | -11.55 | -72.68 | -10.67 | -78.19 | -11.74 | -78.94 | -11.82 |
| 最大值 | -68.81 | -9.80 | -67.90 | -9.63 | -72.62 | -10.59 | -73.94 | -10.71 | -73.35 | -10.79 |
| 平均值 | -72.20 | -10.36 | -72.73 | -10.71 | -72.65 | -10.63 | -75.42 | -11.14 | -76.91 | -11.45 |

研究区单一结构潜水中地下水砷氟共富集的δD和$\delta^{18}O$平均值（-67.90‰和-9.63‰）远大于砷氟单项超标的地下水（表7-13），说明其受蒸发作用较大；承压水区潜水砷氟单项超标地下水的δD和$\delta^{18}O$水平相当；浅层承压水氟单项超标地下水的δD和$\delta^{18}O$平均值略大于砷单项超标的地下水；深层承压水砷氟超标地下水的δD和$\delta^{18}O$平均值较其他类型地下水小，说明其受蒸发作用较小。

表7-13　阿克苏河流域平原区不同地下水砷氟水平下δD和$\delta^{18}O$的特征值

| 地下水类型 | 砷氟含量/（mg/L） | δD/‰ | | | $\delta^{18}O$/‰ | | |
|---|---|---|---|---|---|---|---|
| | | 最小值 | 最大值 | 平均值 | 最小值 | 最大值 | 平均值 |
| 单一结构潜水 | As≤0.01，$F^-$≤1 | -72.76 | -72.64 | -72.7 | -10.80 | -10.64 | -10.72 |
| | As≤0.01，$F^-$>1 | -76.34 | -74.00 | -75.17 | -11.55 | -10.91 | -11.23 |
| | As>0.01，$F^-$>1 | — | — | -67.90 | — | — | -9.63 |

续表

| 地下水类型 | 砷氟含量/（mg/L） | δD/‰ | | | $\delta^{18}O$/‰ | | |
|---|---|---|---|---|---|---|---|
| | | 最小值 | 最大值 | 平均值 | 最小值 | 最大值 | 平均值 |
| 承压水区潜水 | As＞0.01，$F^-$≤1 | — | — | -72.62 | — | — | -10.67 |
| | As≤0.01，$F^-$＞1 | — | — | -72.68 | — | — | -10.59 |
| 浅层承压水 | As＞0.01，$F^-$≤1 | — | — | -76.48 | — | — | -11.27 |
| | As≤0.01，$F^-$＞1 | -78.19 | -73.94 | -75.15 | -11.74 | -10.71 | -11.1 |
| 深层承压水 | As＞0.01，$F^-$≤1 | — | — | -73.35 | — | — | -10.79 |
| | As≤0.01，$F^-$＞1 | — | — | -78.94 | — | — | -11.82 |
| | As＞0.01，$F^-$＞1 | — | — | -78.46 | — | — | -11.73 |

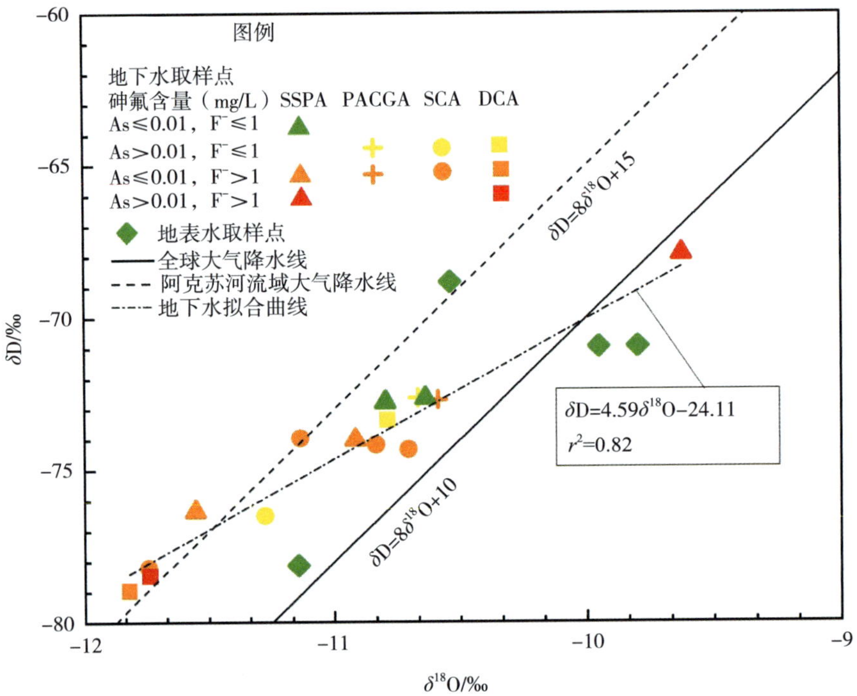


图7-22　阿克苏河流域降水、地表水、地下水δD与$\delta^{18}O$关系图

# 8 塔里木盆地南缘高氟高砷地下水形成机制

# 8.1 样品采集与检测

## 8.1.1 样品采集

2017年依据《区域地下水污染调查评价规范》（DZ/T 0288—2015）采集浅层地下水样共224组，取样井深为6～150m，采样点布设遵循区域控制原则，以绿洲灌区为重点控制区，布设精度为1：25万，地下水采样点分布见图8-1。2017年8月采集地表水水样7组。

地下水样采自生活和农用机井，采样在开泵10min后进行，采样瓶为500mL聚乙烯瓶，取样时先用水样润洗采样瓶3～5次。用0.45μm滤膜过滤水样并加入1：1的浓硝酸使pH＜2。地表水样在河流稳定、水流平稳、水面开阔的顺直河段采取，在水面0.5m以下，水底0.5m以上，当水深不足1m时，在1/2深度处取样。

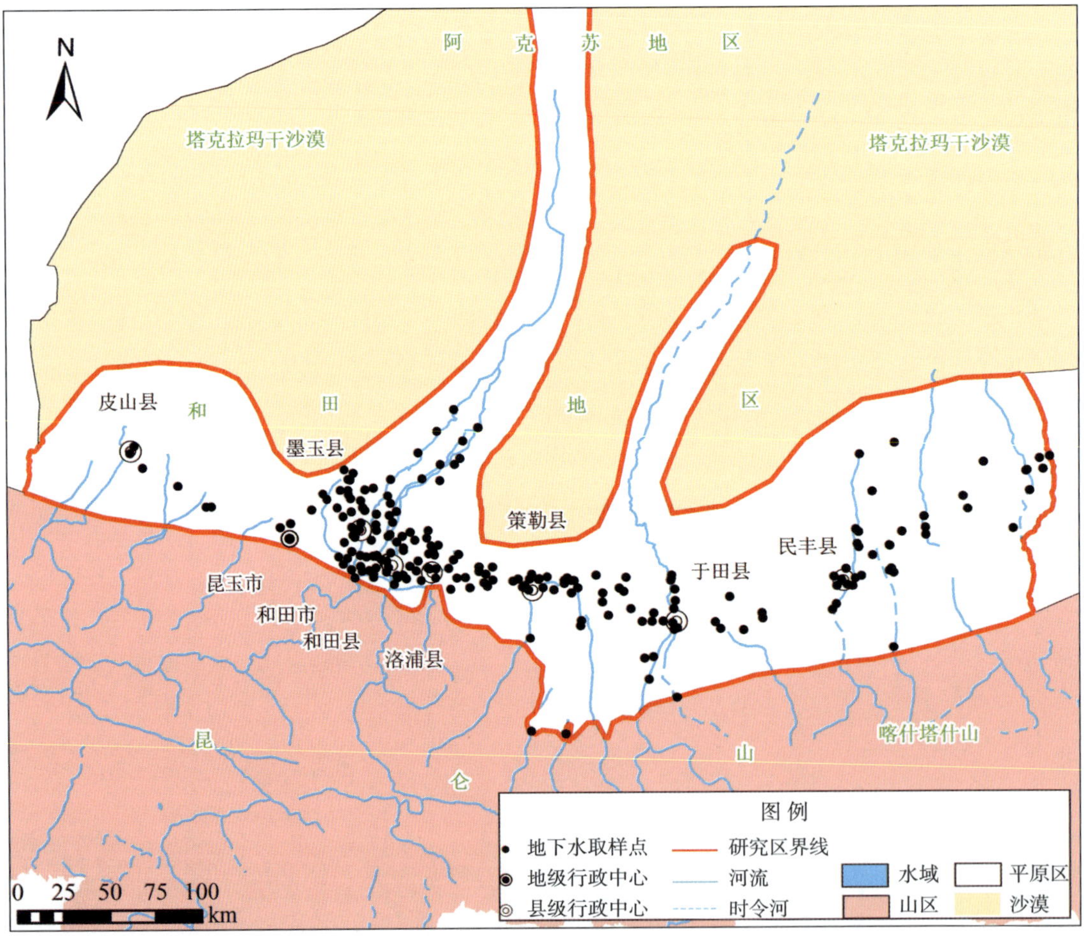


注：研究区界线不作为定界依据。

图8-1　塔里木盆地南缘地下水采样点分布图

### 8.1.2 样品检测

水样检测由中国地质科学院水文地质环境地质研究所矿泉水检测中心完成，检测严格依据《生活饮用水检验方法》（GB/T 5750—2006），检测指标包括pH、TH、TDS、$K^+$、$Na^+$、$Ca^{2+}$、$Mg^{2+}$、$Cl^-$、$SO_4^{2-}$、$HCO_3^-$、$F^-$、As、Fe、Mn、$NO_3^-$、$NH_4^+$等。用火焰原子吸收分光光度法测定$K^+$和$Na^+$，EDTA滴定法测定TH、$Ca^{2+}$和$Mg^{2+}$，105℃干燥-重量法测定TDS，硝酸银容量法测定$Cl^-$，硫酸钡比浊法测定$SO_4^{2-}$，盐酸滴定法测定$HCO_3^-$，原子荧光法（AFS-922）测定As，离子选择电极法（PHS-3D）测定$F^-$，Fe的检测仪器为PinAAcle-900Z单石墨炉原子吸收分光光度计，Mn的检测仪器为OPTIMA8000电感耦合等离子体发射光谱仪。As和Mn的检出限为0.001mg/L，其他指标的检出限为0.01mg/L。经检验，指标测定值的相对标准偏差（RSD）均小于5%（范薇，2020）。

## 8.2 高氟高砷地下水化学特征及分布规律

### 8.2.1 地表水化学特征

研究区地表水取样点分布见图8-2，水化学指标统计见表8-1。地表水pH变化范围为7.11~7.37，平均值为7.23。TDS变化范围为165.32~1092.56mg/L，平均值为511.88mg/L，TDS较低表明地表水主要受到第四系地下水和大气降水直接补给（王强民等，2018）。喀拉喀什河（HT1）$F^-$含量为0.55mg/L，TDS为404.78mg/L，水化学类型为$HCO_3 \cdot Cl$-$Na \cdot Ca$型。玉龙喀什河（HT2、HT6、HT7）沿流向$F^-$含量由0.36mg/L增加至0.86mg/L，TDS由165.32mg/L增加至637.63mg/L，水化学类型分别为$HCO_3$-Ca、$HCO_3 \cdot Cl$-Na和$HCO_3 \cdot SO_4 \cdot Cl$-$Na \cdot Ca$型。策勒河（HT3）$F^-$含量为0.47mg/L，TDS为358.12mg/L，水化学类型为$HCO_3 \cdot SO_4 \cdot Cl$-$Na \cdot Ca$型。克里雅河（HT4）$F^-$含量为0.38mg/L，TDS为269.41mg/L，水化学类型为$HCO_3 \cdot SO_4$-$Na \cdot Ca$型。尼雅河（HT5）$F^-$含量为0.35mg/L，TDS为655.36mg/L，水化学类型为$SO_4$-Ca型。地表水砷均未检出，地表水中氟的富集则成为地下水中氟的来源之一。

表8-1　塔里木盆地南缘地表水化学指标统计表　　单位：mg/L

| 编号 | pH | TDS | As | $F^-$ | $Na^+$ | $Ca^{2+}$ | $Mg^{2+}$ | $Cl^-$ | $SO_4^{2-}$ | $HCO_3^-$ | 水化学类型 |
|---|---|---|---|---|---|---|---|---|---|---|---|
| HT1 | 7.24 | 404.78 | ND | 0.55 | 59.02 | 60.25 | 14.62 | 85.81 | 80.15 | 177.13 | $HCO_3 \cdot Cl$-$Na \cdot Ca$ |

续表

| 编号 | pH | TDS | As | $F^-$ | $Na^+$ | $Ca^{2+}$ | $Mg^{2+}$ | $Cl^-$ | $SO_4^{2-}$ | $HCO_3^-$ | 水化学类型 |
|---|---|---|---|---|---|---|---|---|---|---|---|
| HT2 | 7.35 | 165.32 | ND | 0.36 | 10.07 | 30.13 | 6.09 | 22.69 | 32.29 | 109.95 | $HCO_3$–Ca |
| HT3 | 7.11 | 358.12 | ND | 0.47 | 42.7 | 54.63 | 11.94 | 63.11 | 108.69 | 122.16 | $HCO_3$·$SO_4$·Cl–Na·Ca |
| HT4 | 7.14 | 269.41 | ND | 0.38 | 25.13 | 40.17 | 12.18 | 42.55 | 63.27 | 146.59 | $HCO_3$·$SO_4$–Na·Ca |
| HT5 | 7.11 | 655.36 | ND | 0.35 | 38.94 | 132.55 | 19.49 | 55.31 | 351.37 | 85.51 | $SO_4$–Ca |
| HT6 | 7.32 | 1092.56 | ND | 1.07 | 209.4 | 80.53 | 40.34 | 276.9 | 178.68 | 462.05 | $HCO_3$·Cl–Na |
| HT7 | 7.37 | 637.63 | ND | 0.86 | 131.55 | 56.09 | 21.87 | 163.72 | 161.89 | 171.13 | $HCO_3$·$SO_4$·Cl–Na·Ca |

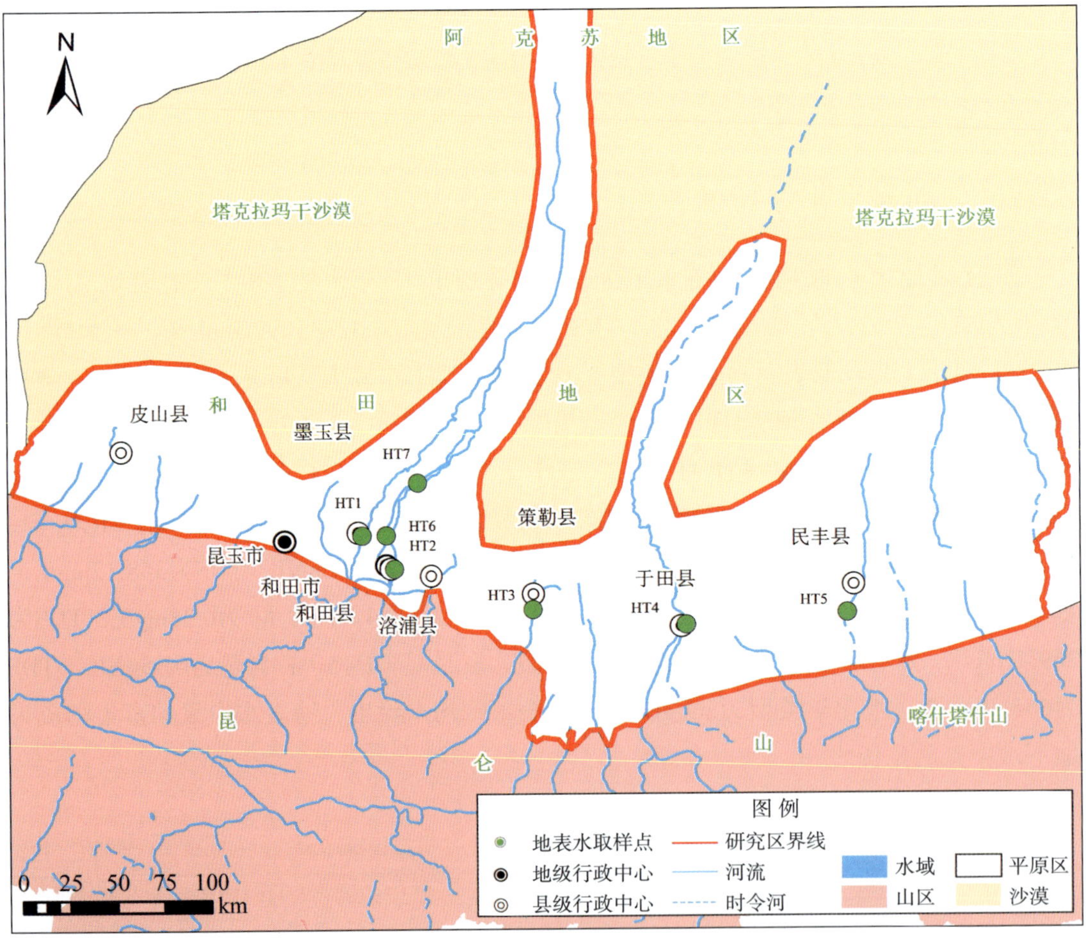


注：研究区界线不作为定界依据。

图8-2 塔里木盆地南缘地表水取样点分布图

## 8.2.2 高氟高砷共存地下水化学特征

### 8.2.2.1 地下水化学特征

和田地区地下水化学指标统计结果见表8-2。地下水pH在6.86～10.5，为中性至弱碱性水。地下水的EC变化明显，在690～13190μS/cm，表明地下水溶解的盐分量的差异较大。地下水的Eh为-59～255mV，表现出还原环境。地下水中$K^+$+$Na^+$、$Cl^-$含量高达14160.41mg/L和14348.64mg/L，TDS平均值为2309.83mg/L，大于1g/L。高含量的$K^+$+$Na^+$、$Cl^-$和TDS与研究区强烈的蒸发作用有关。地下水$NO_3^-$含量范围为0.03～186.60mg/L，均值为10.21mg/L。$NH_4^+$含量范围为ND～120.81mg/L，均值为0.76mg/L。地下水中Fe、Mn含量分别达到33.5mg/L和4.11mg/L，这与研究区地下水处于还原环境有关。地下水中As含量范围在ND～0.09mg/L，均值为0.01mg/L，5.4%的水样超过《地下水质量标准》（GB/T 14848—2017）限值0.01mg/L。地下水$F^-$浓度范围在0.03～28.31mg/L，均值为1.76mg/L，41.1%的水样超过《地下水质量标准》（GB/T 14848—2017）限值1mg/L。

表8-2 塔里木盆地南缘浅层地下水化学指标统计结果

| 指标 | 最小值 | 最大值 | 平均值 | 标准差 | 变异系数 |
|---|---|---|---|---|---|
| pH | 6.86 | 10.50 | 7.94 | 0.52 | 0.07 |
| EC/（μS/cm） | 690 | 13190 | 2984.3 | 2152.06 | 0.72 |
| Eh/mV | -59 | 255 | 159.7 | 79.39 | 0.50 |
| TDS/（mg/L） | 198.50 | 41282.73 | 2309.83 | 4546.5 | 1.97 |
| TH/（mg/L） | 108.60 | 6549.30 | 686.80 | 799.16 | 1.16 |
| $K^+$+$Na^+$/（mg/L） | 26.09 | 14160.41 | 573.86 | 1456.25 | 2.54 |
| $Ca^{2+}$/（mg/L） | 11.63 | 702.10 | 110.30 | 88.46 | 0.80 |
| $Mg^{2+}$/（mg/L） | 3.66 | 1307.97 | 100.55 | 154.32 | 1.53 |
| $Cl^-$/（mg/L） | 14.36 | 14348.64 | 701.33 | 1748.09 | 2.49 |
| $SO_4^{2-}$/（mg/L） | 19.00 | 9889.67 | 614.60 | 1133.4 | 1.84 |
| $HCO_3^-$/（mg/L） | 36.62 | 3954.03 | 369.86 | 358.73 | 0.97 |
| $F^-$/（mg/L） | 0.03 | 28.31 | 1.76 | 3.21 | 1.82 |
| As/（mg/L） | ND | 0.09 | 0.01 | 0.01 | 1.56 |
| Fe/（mg/L） | 0.01 | 33.50 | 1.07 | 3.72 | 3.48 |
| Mn/（mg/L） | ND | 4.11 | 0.13 | 0.36 | 2.64 |
| $NO_3^-$/（mg/L） | 0.03 | 186.60 | 10.21 | 18.16 | 1.78 |
| $NH_4^+$/（mg/L） | ND | 120.81 | 0.76 | 8.08 | 10.68 |

研究区水化学类型见图8-3。地下水中阴离子以$Cl^-$和$SO_4^{2-}$为主，其次为$HCO_3^-$，阳离子以$K^+$+$Na^+$为主，其次为$Ca^{2+}$。主要水化学类型为$HCO_3$·$SO_4$·Cl–Na·Ca·Mg型、$SO_4$·Cl–Na·Ca·Mg型和$HCO_3$·$SO_4$·Cl–Na·Ca型。研究区pH>8.5的样点主要分布在洛浦县北部、于田县西南部和民丰县东北部。

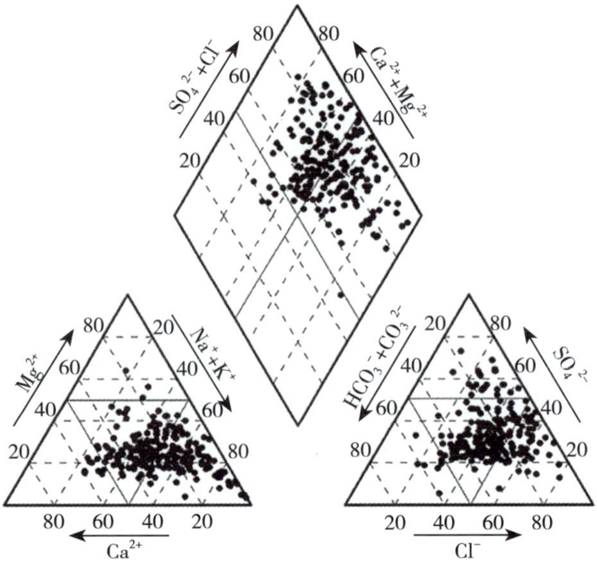

图8-3　塔里木盆地南缘地下水Piper三线图

研究区地下水中$K^+$+$Na^+$含量为26.09～14160.41mg/L，平均值为573.86mg/L，从山前冲洪积倾斜平原向北部冲湖积平原逐渐增大，在民丰县东北部达到最高。研究区内$K^+$+$Na^+$含量最低的地下水位于策勒县。根据$K^+$+$Na^+$含量等值线图和砷、氟含量等值线图分析可知，分布规律相似，$K^+$+$Na^+$含量最高值处地下水砷含量为区内最大值0.09mg/L，地下水$F^-$含量为2.83mg/L，而在$K^+$+$Na^+$含量最低值处地下水砷含量为0.002mg/L，地下水$F^-$含量为0.44mg/L，可见地下水砷、氟含量与$K^+$+$Na^+$含量有一定相关性。

地下水$Ca^{2+}$含量为11.63～702.10mg/L，平均值为110.30mg/L。最低值位于和田县，最高值位于民丰县。$Ca^{2+}$含量最高值处地下水砷含量为0.02mg/L，地下水$F^-$含量为11.82mg/L，而在$Ca^{2+}$含量最低值处地下水砷含量为0.005mg/L，地下水$F^-$含量为0.59mg/L。

$Mg^{2+}$含量为3.66～1307.97mg/L，平均值为100.55mg/L。在民丰县出现高值区，最低值位于民丰县县城附近。$Mg^{2+}$含量最高值处地下水砷含量为0.02mg/L，地下水$F^-$含量为23.23mg/L，而在$Mg^{2+}$含量最低值处地下水砷含量为0.005mg/L，地下水$F^-$含量为1.83mg/L。

$Cl^-$含量为14.36～14348.64mg/L，平均值为701.33mg/L。浅层地下水中$Cl^-$含量从西南至东北逐渐增大，含量大于650mg/L的高值区主要位于民丰县和墨玉县，最高值位于民丰县，最低值位于策勒县。$Cl^-$含量最高值处地下水砷含量为区内最大值0.09mg/L，地下水$F^-$含量为2.83mg/L，而在$Cl^-$含量最低值处地下水砷含量为未检出，地下水$F^-$含量为0.46mg/L。

$SO_4^{2-}$含量为19.00～9889.67mg/L，平均值为614.6mg/L。总体呈西部低于东部，南部低于北部的变化趋势。研究区$SO_4^{2-}$含量最低值位于策勒县，最高值位于民丰县。$SO_4^{2-}$含量最高值处地下水砷含量为区内最大值0.09mg/L，地下水$F^-$含量为2.83mg/L，而在$SO_4^{2-}$含量最低值处地下水砷含量为0.005mg/L，地下水$F^-$含量为0.48mg/L。

$HCO_3^-$含量为36.62～3954.03mg/L，平均值为369.86mg/L。最低值及最高值均位

于民丰县。$HCO_3^-$含量最高值处地下水砷含量为区内最大值0.09mg/L，地下水$F^-$含量为2.83mg/L，而在$HCO_3^-$含量最低值处地下水砷含量为0.005mg/L，地下水$F^-$含量为0.48mg/L。

TDS为198.5～41282.73mg/L，普遍偏高，平均值为2309.83mg/L。最低值位于策勒县，最高值位于民丰县。TDS最高值处地下水砷含量为区内最大值0.09mg/L，地下水$F^-$含量为2.83mg/L，而在TDS最低值处地下水砷含量为未检出，地下水$F^-$含量为0.46mg/L。

TH为108.6～6549.3mg/L，平均值为686.8mg/L。最低值及最高值均位于民丰县。TH最高值处地下水砷含量为区内最大值0.09mg/L，地下水$F^-$含量为22.23mg/L，而在TH最低值处地下水砷含量为0.005mg/L，地下水$F^-$含量为1.83mg/L。

Fe含量为0.01～33.50mg/L，平均值为1.07mg/L。含量最低值位于墨玉县，最高值位于于田县。Fe含量最高值处地下水砷含量为未检出，地下水$F^-$含量为0.68mg/L，而在Fe含量最低值处地下水砷含量为未检出，地下水$F^-$含量为0.36mg/L。

Mn含量为ND～4.11mg/L，平均值为0.13mg/L。含量最低值及最高值均位于和田县。Mn含量最高值处地下水砷含量为0.001mg/L，地下水$F^-$含量为0.6mg/L，而在Mn含量最低值处地下水砷含量为未检出，地下水$F^-$含量为0.4mg/L。

地下水$F^-$含量最低值位于洛浦县，最高值位于民丰县。$F^-$含量最高值处地下水砷含量为0.005mg/L，在$F^-$含量最低值处地下水砷含量为0.0035mg/L。高氟水区（$F^->1$mg/L）主要分布在绿洲带北部，其中民丰县东北部地下水中$F^-$含量均>5mg/L，最高可达28.31mg/L。

地下水砷含量最低值位于于田县，最高值位于民丰县。砷含量最高值处地下水$F^-$含量为2.83mg/L，在砷含量最低值处地下水$F^-$含量为0.32mg/L。高砷水（As>0.01mg/L）主要分布在民丰县北部局部区域，最高可达0.09mg/L。高砷高氟共存地下水点在和田县、策勒县、于田县和民丰县均有分布，砷氟共存超标率为4.0%，其中66.7%的砷氟共存超标样点位于民丰县东北部，平原区由南至北地下水砷氟含量不断升高。

#### 8.2.2.2 高氟高砷共存地下水化学特征

由高砷、高氟地下水Piper三线图（图8-4）可知，高砷地下水化学类型主要为$SO_4$·Cl-Na型，高氟地下水化学类型主要为$HCO_3$·$SO_4$·Cl-Na·Mg型，高砷高氟共存地下水化学类型主要为$SO_4$·Cl-Na型。根据研究区地下水氟、砷含量与井深关系图可知（图8-5），0～150m深度内均有高氟高砷水存在。高氟高砷共存地下水井深范围为5～150m。氟含量峰值为28.31mg/L的地下水样品井深为90m，砷含量峰值为0.09mg/L的地下水样品井深为150m，随着取样深度的增加地下水中砷、氟含量也呈现增加趋势。

有研究表明（王冬，2020；曾溅辉等，1996；Dixit等，2003；Park等，2006；Smedley等，2002），氟、砷在碱性环境中易富集，这是由于酸性环境中的$F^-$容易与离子半径小

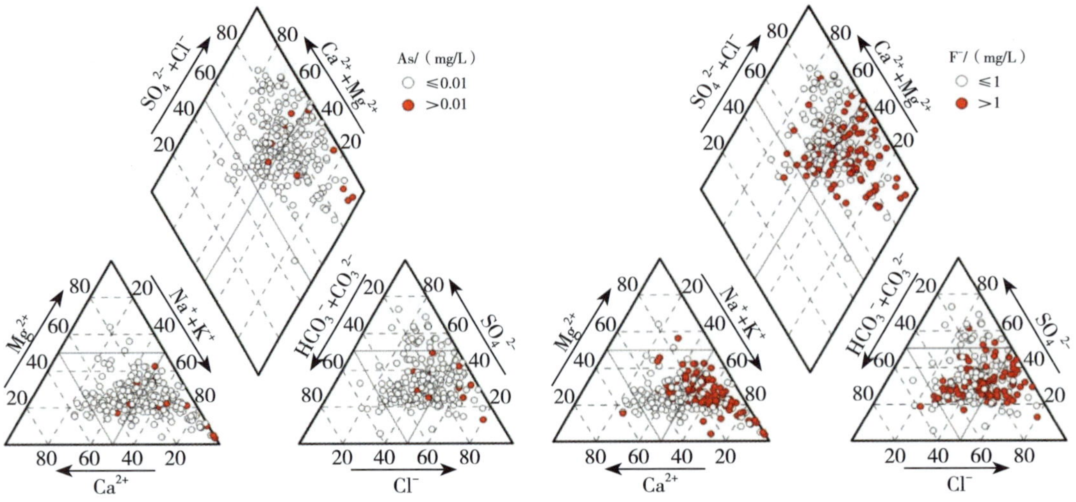


图8-4　塔里木盆地南缘高砷、高氟地下水Piper三线图

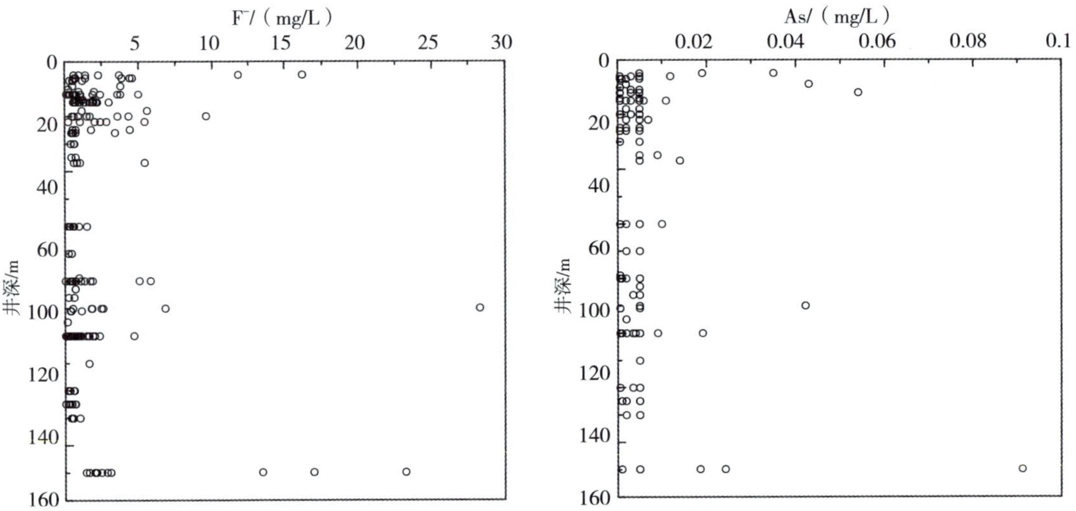


图8-5　塔里木盆地南缘地下水中氟和砷含量与井深关系图

的Fe、Al、Ca等元素形成稳定络合物，从而导致地下水中的$F^-$含量降低，而随着pH的增大，含氟矿物（萤石等）溶解度增大，同时由于$F^-$和$OH^-$离子半径近似，$OH^-$可取代一部分$F^-$被黏土矿物吸附（Jack等，2005；Saxena等，2003），利于$F^-$的富集；碱性环境下，胶体等含水介质表面的负电荷增多，对以阴离子形式存在的砷酸根的吸附能力降低，更利于水中砷的富集。由图8-6可知，研究区地下水pH在6.86～10.5，而高氟水pH大多在7.5～8.5，高砷水pH大多在7.5～9，表现出利于氟、砷共富集的碱性环境。但是当pH>9，地下水砷、氟含量并没有随pH的升高而持续升高，表明研究区地下水pH对砷和氟的共富集有一定影响，而非主导因素，这一结果与国内外高砷氟水研究结果一致（Su等，2013；Chae等，2007）。

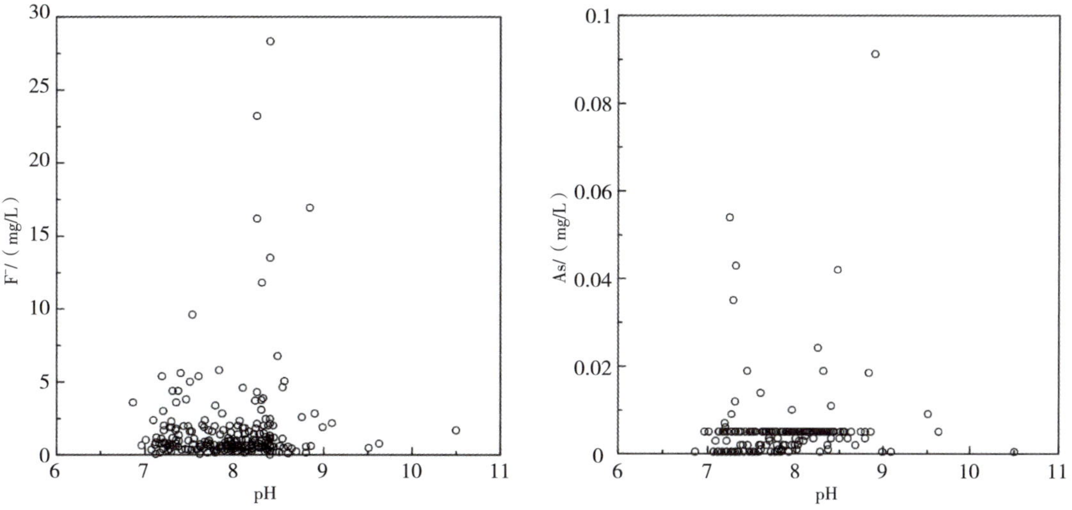


图8-6　塔里木盆地南缘地下水中氟和砷含量与pH关系图

研究区地下水中氟、砷含量与TDS之间有一定相关关系（图8-7），高TDS高氟高砷共存地下水主要分布在民丰县东北部。地下水中氟、砷含量与$Cl^-$也有相似变化趋势，总体呈正相关（图8-8），表明研究区强烈的蒸发浓缩作用，使地下水中氟、砷含量随TDS和$Cl^-$含量的升高而升高，这也是导致研究区地下水中砷、氟含量较高的原因之一。前人研究表明，西北干旱区高砷地下水与高盐和高氟水共存（高存荣等，2014；郭华明等，2013）。

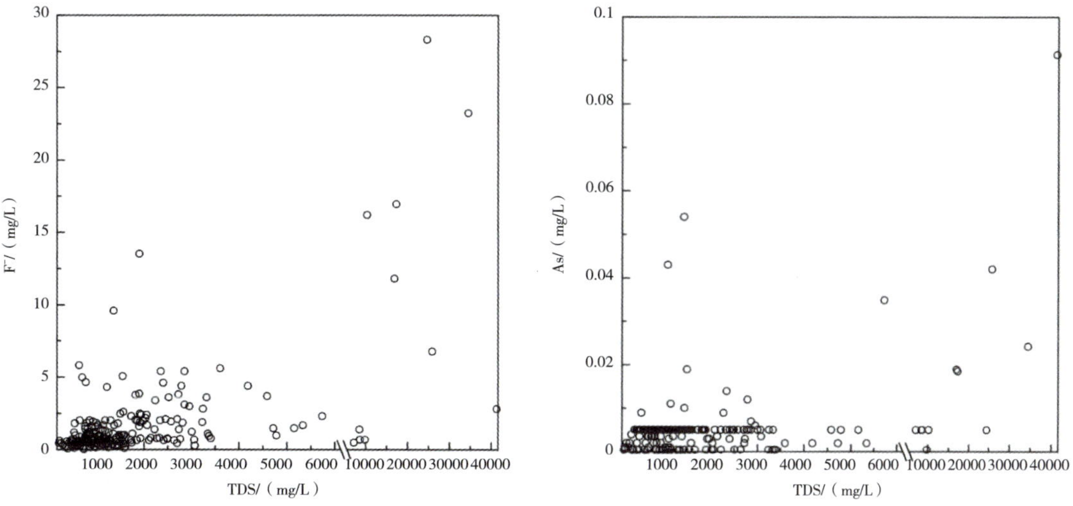


图8-7　塔里木盆地南缘地下水中氟和砷含量与TDS关系图

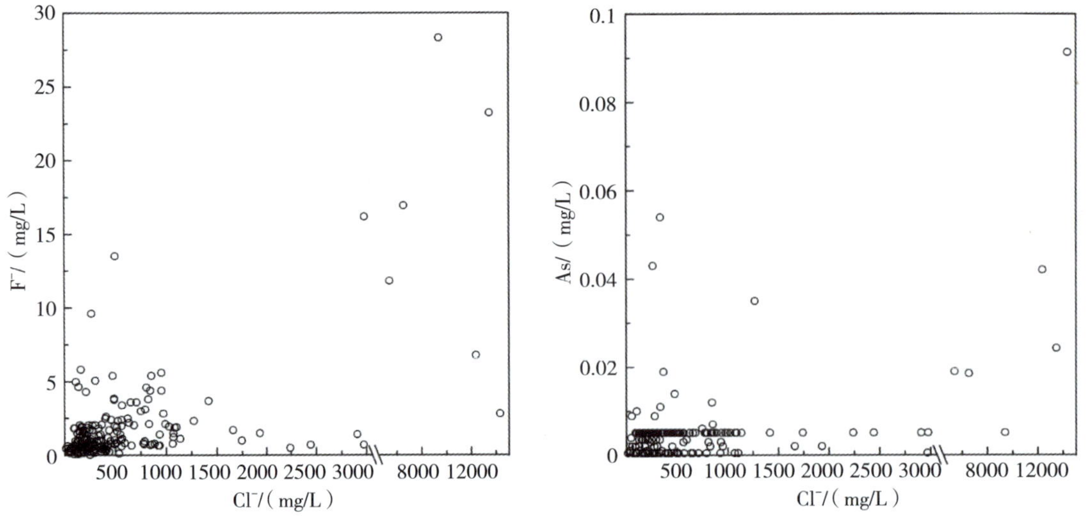


图8-8　塔里木盆地南缘地下水中氟和砷含量与Cl⁻关系图

一般高砷地下水具有较高的$HCO_3^-$含量，这是由于$HCO_3^-$可以同砷竞争铁锰氧化物表面的吸附位，从而导致地下水中砷的解吸附（Anawar等，2003），高含量的$HCO_3^-$也可以置换出土壤胶体表面吸附的氟（戴志鹏等，2019）。如图8-9所示，研究区地下水中$HCO_3^-$含量最高可达3954.03mg/L，高含量的$HCO_3^-$可能来源强烈的蒸发浓缩作用和有机物降解。地下水中砷、氟含量有随$HCO_3^-$含量升高而升高的趋势，因此，高含量的$HCO_3^-$是影响地下水砷、氟共富集的因素之一。

由地下水砷浓度与Eh关系可知（图8-10），低砷地下水大多位于氧化环境中，这

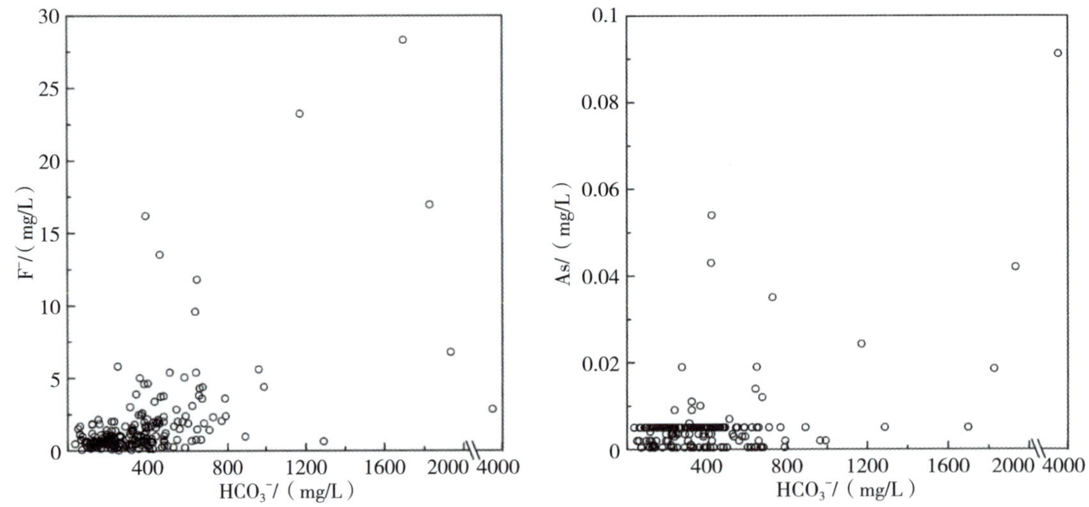


图8-9　塔里木盆地南缘地下水中氟和砷含量与$HCO_3^-$关系图

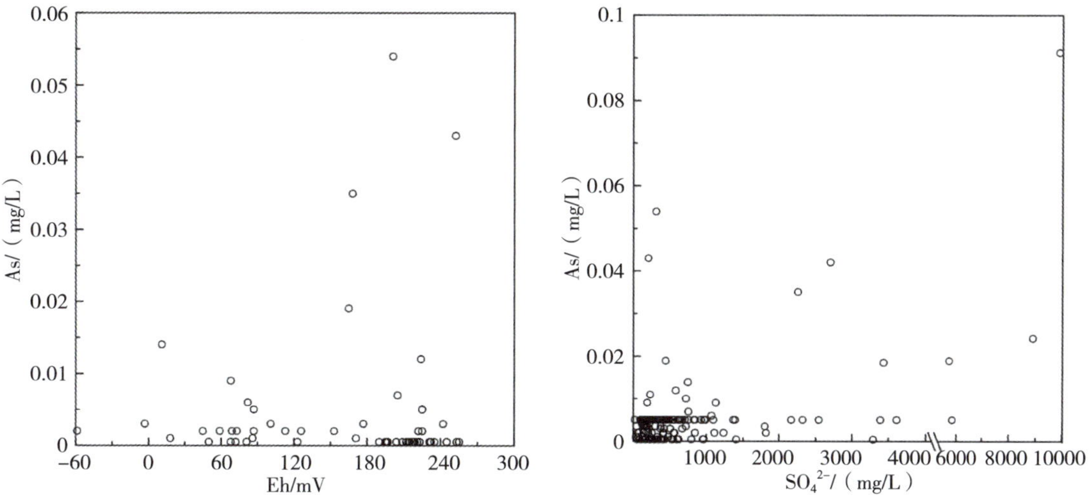


图8-10　塔里木盆地南缘地下水中砷含量与Eh、$SO_4^{2-}$关系图

与其他研究的结果一致（郭华明等，2013），表明研究区地下水中砷的富集受厌氧环境的影响。高砷地下水中$SO_4^{2-}$含量大多偏低（图8-10），也表现出还原环境。由图8-11可知，地下水$F^-$含量随$Ca^{2+}$、$Mg^{2+}$含量的增加而整体呈降低趋势，表明$F^-$与$Ca^{2+}$、$Mg^{2+}$生成$CaF_2$与$MgF_2$，使得水中$F^-$含量降低。

从砷浓度与$NH_4^+$、$NO_3^-$含量关系图（图8-12）可看出，高砷地下水点中$NO_3^-$浓度普遍较低，$NH_4^+$含量普遍较高，表明地下水中的$NO_3^-$可能被还原为$NH_4^+$、$NO_2^-$或$N_2$等。Fe与Mn的化学性质相似，已有研究表明，铁锰氧化物和氢氧化物在还原环境下能被还原

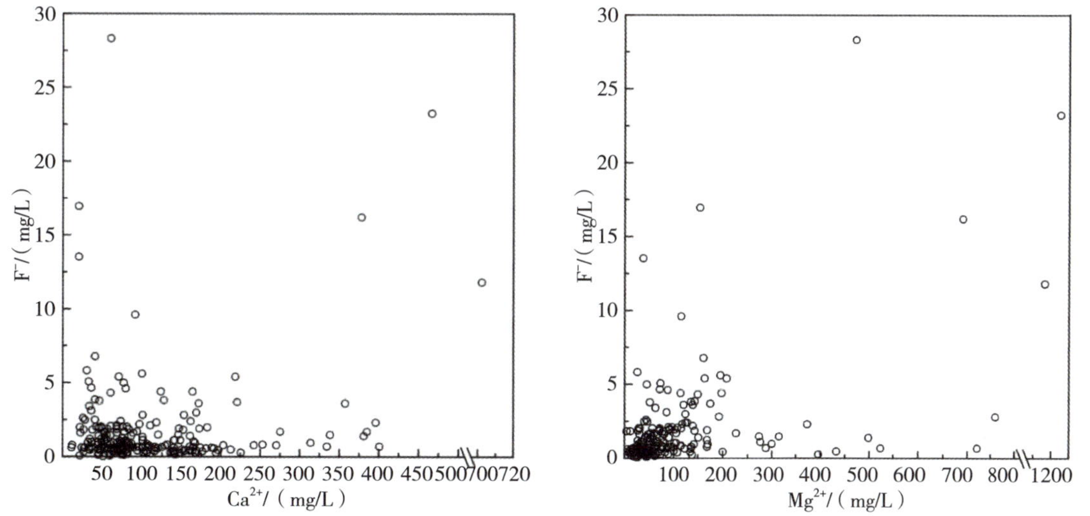


图8-11　塔里木盆地南缘地下水中氟含量与$Ca^{2+}$、$Mg^{2+}$关系图

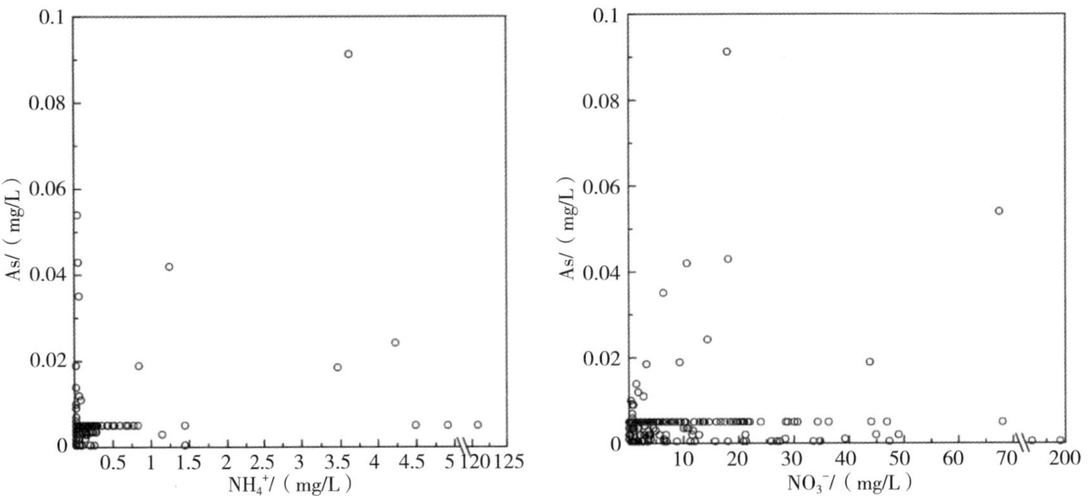


图8-12　塔里木盆地南缘地下水中砷含量与$NH_4^+$、$NO_3^-$关系图

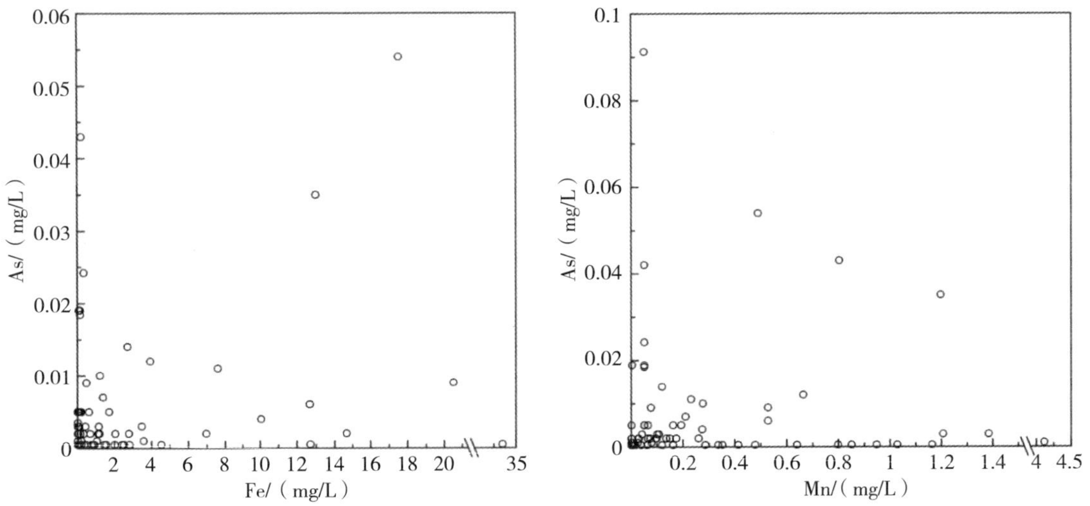


图8-13　塔里木盆地南缘地下水中砷含量与Fe、Mn关系图

为高溶解性的$Fe^{2+}$与$Mn^{2+}$，使得矿物表面被吸附的砷释放到地下水中（Guo等，2011）。由砷含量与Fe、Mn含量的关系图（图8-13）可知，研究区地下水中砷含量有随着Fe、Mn含量升高而升高的趋势。研究区全部地下水点Fe含量超标率为20.1%，高砷地下水点Fe含量超标率为50%，全部地下水点Mn含量超标率为15.6%，高砷地下水点Mn含量超标率为50%，可见，研究区地下水中砷的富集与铁锰氧化物的还原性溶解有关，这与其他学者在西北地区的研究结果一致（郭琦，2020；Han等，2013）。

由于$Cl^-$不会参与氧化还原反应，不易被黏土吸附或产生矿物沉淀，且其含量主要受蒸发、盐的溶解、离子扩散等影响，因此$SO_4^{2-}/Cl^-$的当量比值可以不受蒸发浓缩作

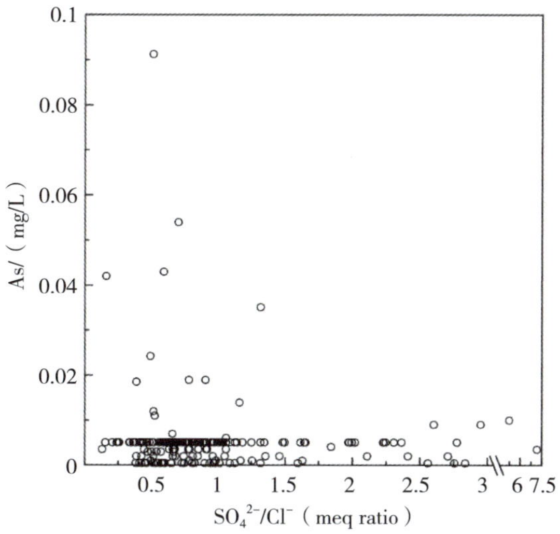


图8-14　塔里木盆地南缘地下水中砷含量与$SO_4^{2-}/Cl^-$当量比值（meq ratio）关系图

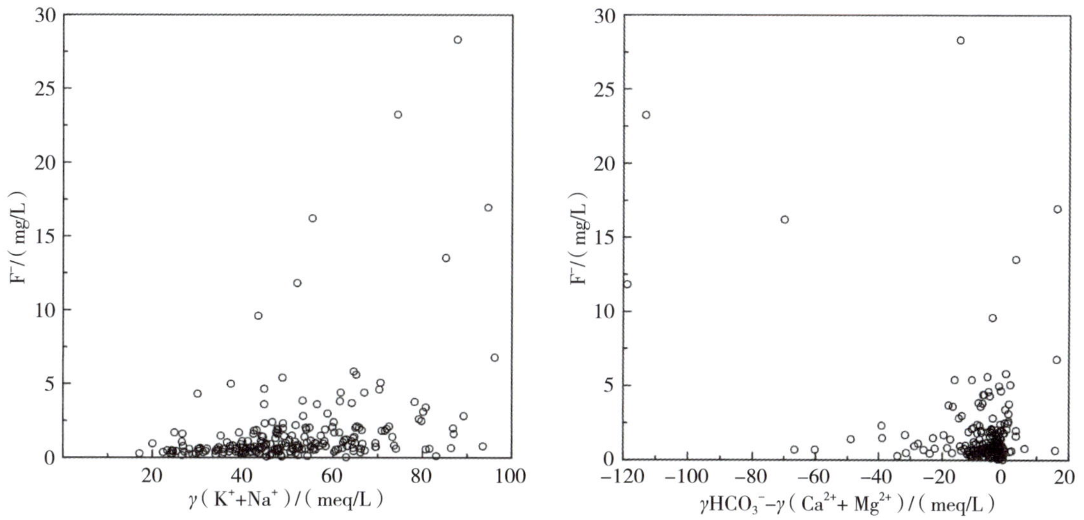


图8-15　塔里木盆地南缘地下水中氟含量与$\gamma$（$K^+$+$Na^+$）、$\gamma HCO_3^-$-$\gamma$（$Ca^{2+}$+ $Mg^{2+}$）关系图

用及矿物溶解的影响而体现地下水的氧化还原过程。由图8-14可知，地下水砷含量较低的区域，$SO_4^{2-}/Cl^-$的当量比值范围为0.13～7.18，均值为0.94，砷含量较高的区域，$SO_4^{2-}/Cl^-$的当量比值范围为0.16～1.32，均值为0.67。可见由山前低砷地下水至平原高砷地下水，地下水中部分$SO_4^{2-}$发生了还原反应，而高砷地下水中$SO_4^{2-}$含量较低，表明研究区地下水中砷的富集与$SO_4^{2-}$的还原过程有关。

研究区地下水中$F^-$含量与$\gamma$（$K^+$+$Na^+$）、$\gamma HCO_3^-$-$\gamma$（$Ca^{2+}$+$Mg^{2+}$）均呈正相关关系（图8-15），表明$HCO_3^-$和$Na^+$富集的碱性苏打水化学环境利于$F^-$的富集。

## 8.2.3 高氟高砷共存地下水形成的水化学过程

### 8.2.3.1 蒸发浓缩作用

干旱–半干旱的内陆盆地，高砷高氟共存地下水化学特征会受到蒸发浓缩作用的影响。采用Gibbs图来研究蒸发浓缩作用对研究区浅层地下水化学特征的影响（Gibbs，1970）。Gibbs图是一种半对数坐标图，一般认为离子起源的自然控制因素分为岩石风化型（RWD）、大气降水控制型（APD）和蒸发浓缩型（ECD）。由图8–16和图8–17可看出，研究区浅层地下水样点基本分布在蒸发浓缩作用控制区，少部分样点分布在岩石风

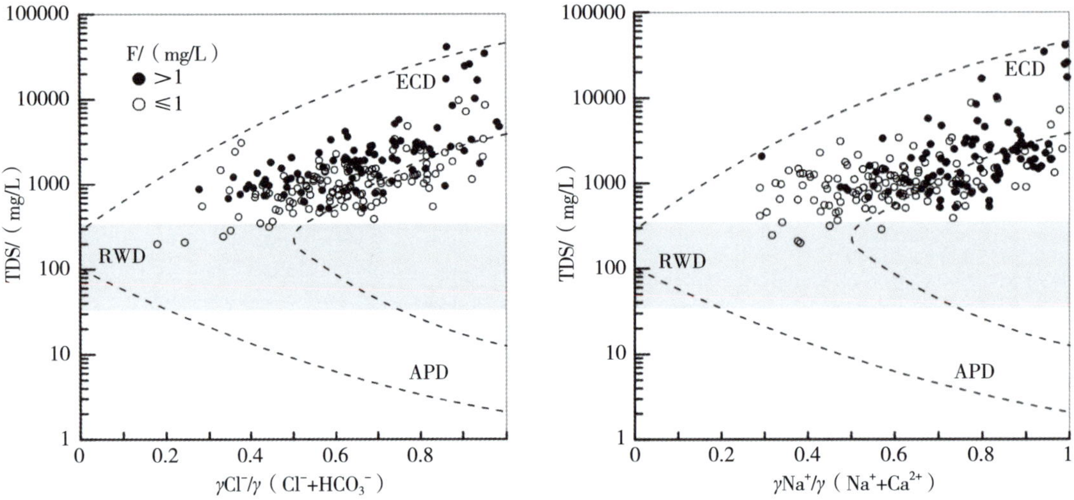


图8–16 塔里木盆地南缘高氟地下水的Gibbs图

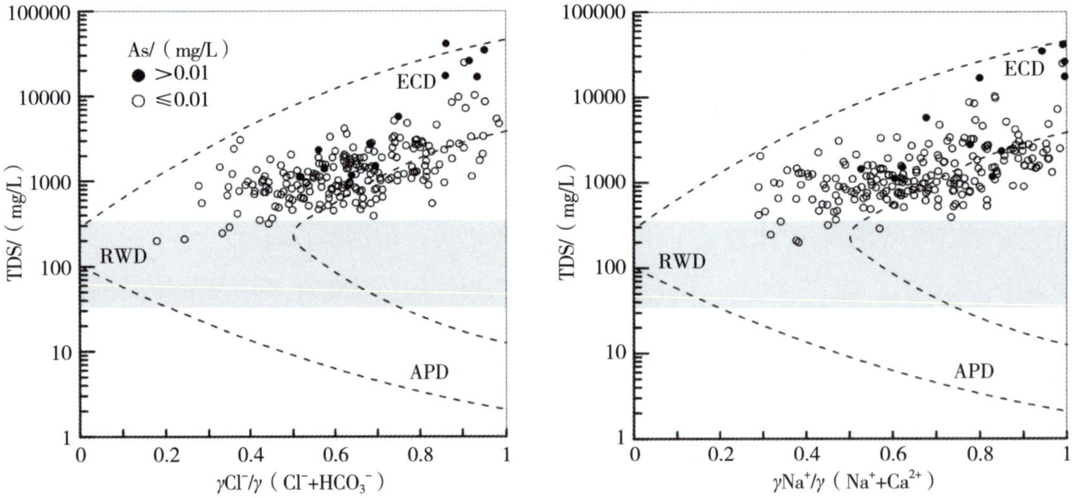


图8–17 塔里木盆地南缘高砷地下水的Gibbs图

化作用控制区，表明高氟高砷共存地下水与蒸发浓缩作用有关。由于研究区干旱少雨，大气降水作用对研究区地下水化学组分几乎没有影响。

#### 8.2.3.2　岩石风化作用

由Gibbs图可知，部分样点的水化学成分受到了岩石风化作用的影响，为进一步确定与研究区地下水化学特征有关的岩石风化源类型，绘制$\gamma Ca^{2+}/\gamma Na^{+}$、$\gamma Mg^{2+}/\gamma Na^{+}$与$\gamma HCO_3^{-}/\gamma Na^{+}$比值端元图。由图8-18和图8-19可以看出，研究区地下水样点主要分布在硅酸盐岩和蒸发盐岩控制端元之间，且偏向硅酸盐岩控制端元，说明研究区高氟高砷共存地下水化学成分主要来自硅酸盐岩和蒸发盐岩的风化过程。取样点远离碳酸盐岩控制

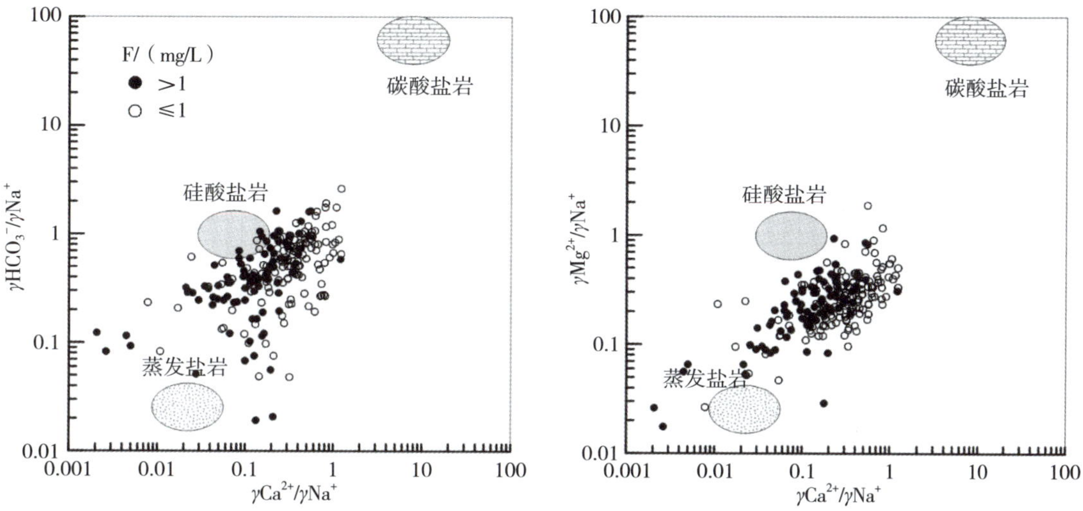


图8-18　塔里木盆地南缘高氟地下水离子比值端元图

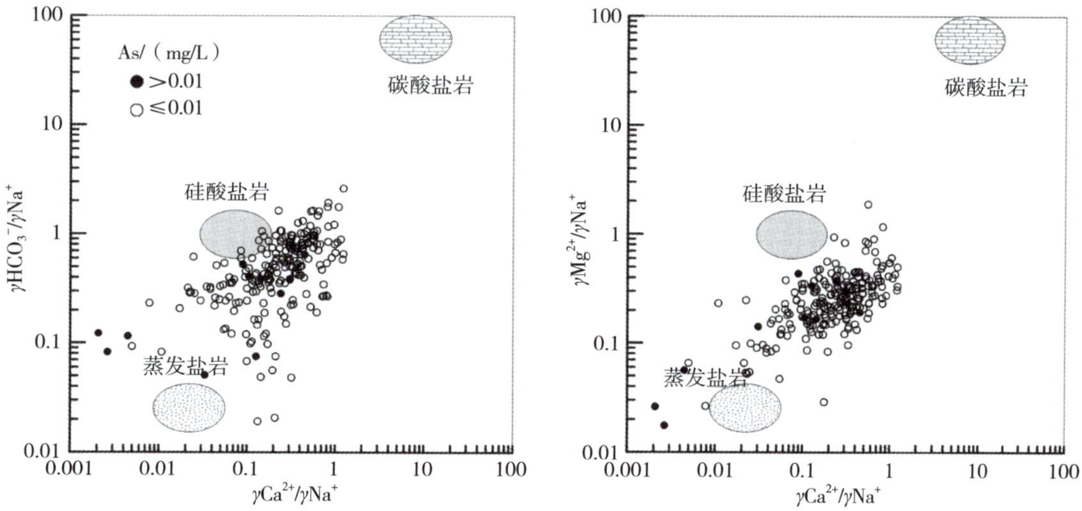


图8-19　塔里木盆地南缘高砷地下水离子比值端元图

端元，表明研究区地下水主要离子受碳酸盐岩的作用较小。研究表明，水体中$SO_4^{2-}$主要来源蒸发盐岩矿物的溶解；$Ca^{2+}$主要来源岩石中石灰石和石膏的溶解；$Mg^{2+}$主要来源为碳酸盐、蒸发盐和硅酸盐岩矿物；$Na^+$、$K^+$主要来自火成岩或者变质岩，如钠长石、正长石和云母等硅酸盐岩矿物，且两种离子在地下水中比例的增大主要与蒸发浓缩有关（沈照理，1986）。

#### 8.2.3.3 溶解–沉淀作用

采用PHREEQC水文地球化学模拟软件对研究区224组浅层地下水水样的各矿物饱和指数（SI）进行计算。

SI＞0时，表示该矿物相对溶液处于过饱和状态；SI=0时，表示矿物相对溶液正好处于平衡状态；SI＜0时，表示该矿物相对溶液未达到饱和状态，矿物将发生溶解。

通过计算，得到各矿物饱和指数如表8-3所示。由表可知，研究区浅层地下水全部水样的$SI_{硬石膏}$和$SI_{岩盐}$小于零，硬石膏和岩盐处于溶解状态，因此地下水中的$SO_4^{2-}$含量较高（图8-20），由前所述，高砷地下水中$SO_4^{2-}$含量普遍偏低，进一步说明高砷水中低含量的$SO_4^{2-}$是由还原环境导致的，$SO_4^{2-}$在水中成为有机质氧化的电子受体；全部水样的$SI_{针铁矿}$和$SI_{赤铁矿}$大于零，针铁矿和赤铁矿处于过饱和状态；大部分水样的$SI_{文石}$、$SI_{方解石}$、和$SI_{白云石}$大于零，文石、方解石和白云石处于过饱和状态；表明研究区地下水中可形成针铁矿、赤铁矿、文石、方解石和白云石的沉淀，因此地下水中的$Ca^{2+}$、$Mg^{2+}$含量相对较低，针铁矿与赤铁矿为水中砷的吸附剂，高含量的铁会促进含铁矿物与砷产生共沉淀（李勇等，2017）。

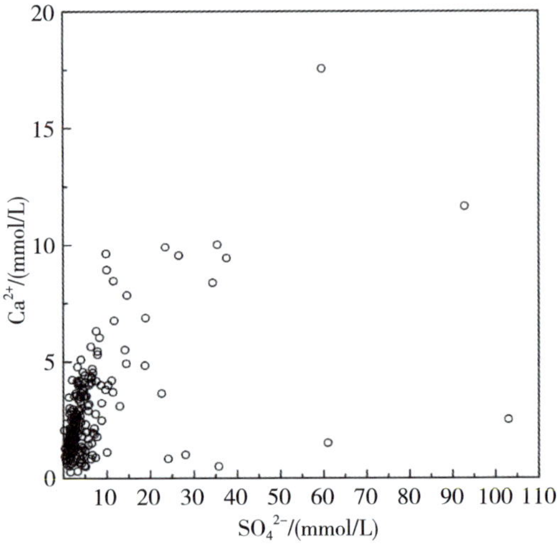

图8-20 塔里木盆地南缘地下水中$SO_4^{2-}$与$Ca^{2+}$含量对比图

表8-3 塔里木盆地南缘地下水矿物饱和指数计算

| SI | 硬石膏 | 文石 | 方解石 | 白云石 | 萤石 | 针铁矿 | 石膏 | 岩盐 | 赤铁矿 | 褐铁矿 | 菱铁矿 |
|---|---|---|---|---|---|---|---|---|---|---|---|
| 最大值 | −0.19 | 1.96 | 2.10 | 5.25 | 1.26 | 9.83 | 0.02 | −2.54 | 21.66 | 15.82 | 1.56 |
| 最小值 | −2.62 | −1.25 | −1.11 | −1.82 | −4.46 | 4.97 | −2.40 | −7.98 | 11.95 | −19.24 | −10.67 |
| 平均值 | −1.51 | 0.54 | 0.68 | 1.55 | −1.29 | 7.32 | −1.29 | −5.69 | 16.65 | −8.75 | −2.17 |

由图8-21也可看出，绝大多数的水样的方解石和白云石饱和指数＞0，而大部分水样中萤石的饱和指数＜0，且地下水中$F^-$含量随着萤石饱和指数的增大而呈对数增大趋

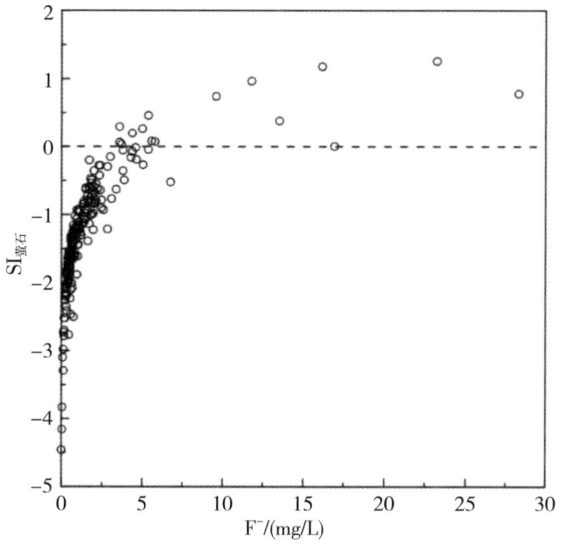


（a）$F^-$与$SI_{萤石}$的关系

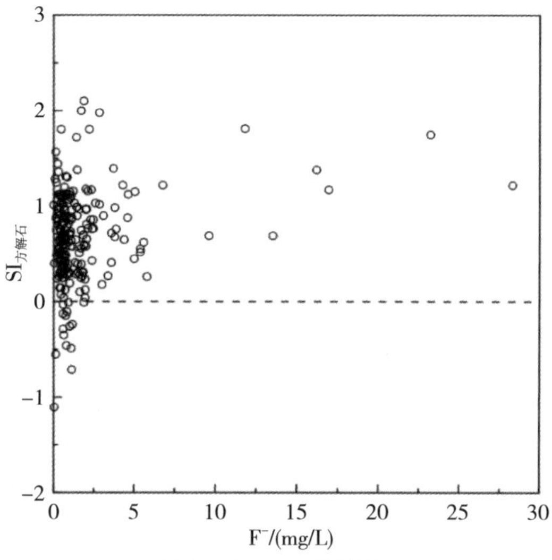


（b）$F^-$与$SI_{方解石}$的关系

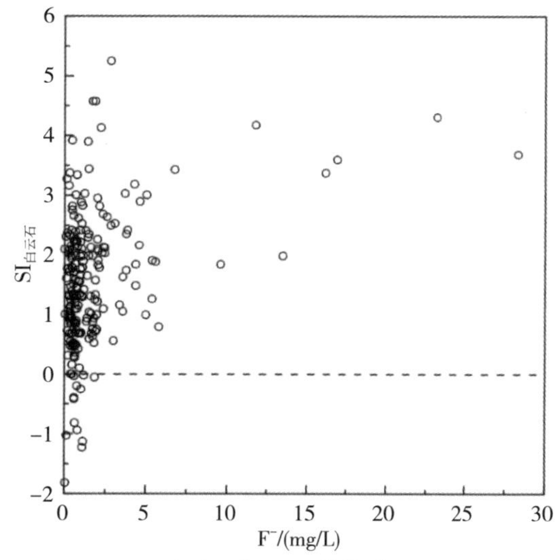


（c）$F^-$与$SI_{白云石}$的关系

图8-21　塔里木盆地南缘地下水中$F^-$与各矿物饱和指数关系图

势，表明研究区地下水中$F^-$主要来源于萤石溶解。

从浅层地下水中$Ca^{2+}$与$F^-$活度关系图（图8-22）可知，研究区大部分样点均位于萤石溶解平衡线以下，表明大部分水样中的$F^-$与$Ca^{2+}$含量受萤石溶解控制，位于萤石溶解平衡线以上的样点，其$F^-$与$Ca^{2+}$含量可能还受其他含氟矿物及含钙矿物溶解的控制。当地下水中只有萤石溶解时，$F^-$和$Ca^{2+}$活度关系沿趋势线1方向进行；当方解石和萤石按照200：1的质量比同时在水中溶解时，$F^-$和$Ca^{2+}$活度关系沿趋势线2方向进行；当发生阳离子交换作用和/或方解石沉淀时，$F^-$和$Ca^{2+}$活度关系沿趋势线3方向进行（吕晓立等，2020）。研究区位于萤石溶解平衡线以下的地下水样点大多数位于趋势线2和3之间，表明地下水中$Ca^{2+}$来源于萤石和方解石等矿物溶解，且$F^-$含量受到萤石和方解石大于1∶200混合溶解作用控制。而位于趋势线1和3之间的样点则发生了矿物沉淀和/或阳离子交换作用，少部分样点位于趋势线2下方表明其萤石和方解石的溶解质量比小于1∶200。

8.2.3.4　阳离子交换作用

（$K^++Na^+-Cl^-$）与（$Ca^{2+}+Mg^{2+}$）-（$SO_4^{2-}+HCO_3^-$）的关系常用来判断地下水是否发生阳离子交换作用，即水中的$Ca^{2+}$和$Mg^{2+}$将黏土矿物表面吸附的$K^+$和$Na^+$置换出来，从而使地下水中的$K^+$和$Na^+$含量增大而$Ca^{2+}$和$Mg^{2+}$含量减小。若发生阳离子交换作用，其关系将表现出负相关性，斜率为-1（Xiao等，2015）。研究区地下水样（$K^++Na^+-Cl^-$）与（$Ca^{2+}+Mg^{2+}$）-（$SO_4^{2-}+HCO_3^-$）有较强相关性，且比值在-1左右（图8-23），说明发生了阳离子交换作用，同时解释了Gibbs图（图8-16和图8-17）中部分样点落在控制线外的现象。

地下水中的$K^++Na^+$含量与$Ca^{2+}$、$Mg^{2+}$含量应呈现负相关关系，而实际未表现负相关性，表明地下水中的$K^++Na^+$不仅为阳离子交换作用产生，其含量也与蒸发浓缩作用有关（图8-24）。

氯碱指数可以进一步研究阳离子交换作用强度（党慧慧等，2015；Thakur等，2016）。

$$\text{CAI-I}=\text{Cl}^- - \frac{\text{Na}^+ + \text{K}^+}{\text{Cl}^-} \tag{8-1}$$

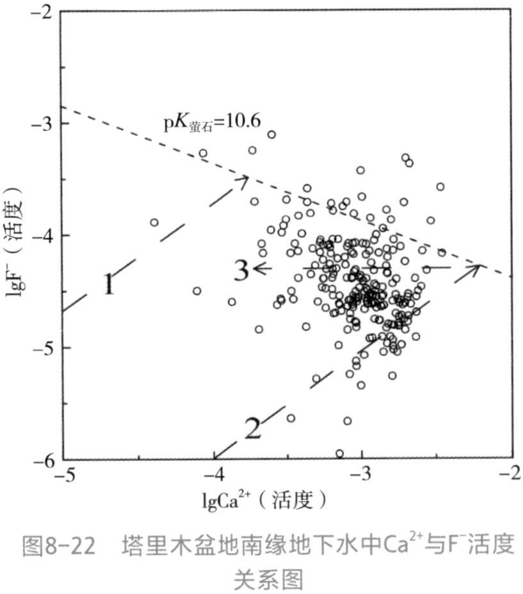


图8-22　塔里木盆地南缘地下水中$Ca^{2+}$与$F^-$活度关系图

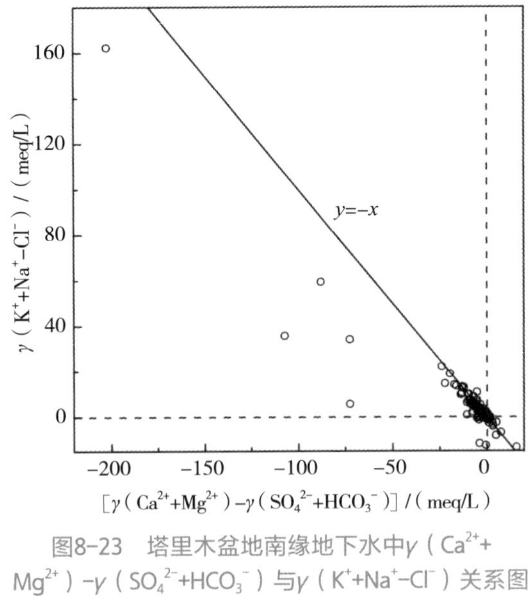


图8-23　塔里木盆地南缘地下水中γ（$Ca^{2+}+Mg^{2+}$）-γ（$SO_4^{2-}+HCO_3^-$）与γ（$K^++Na^+-Cl^-$）关系图

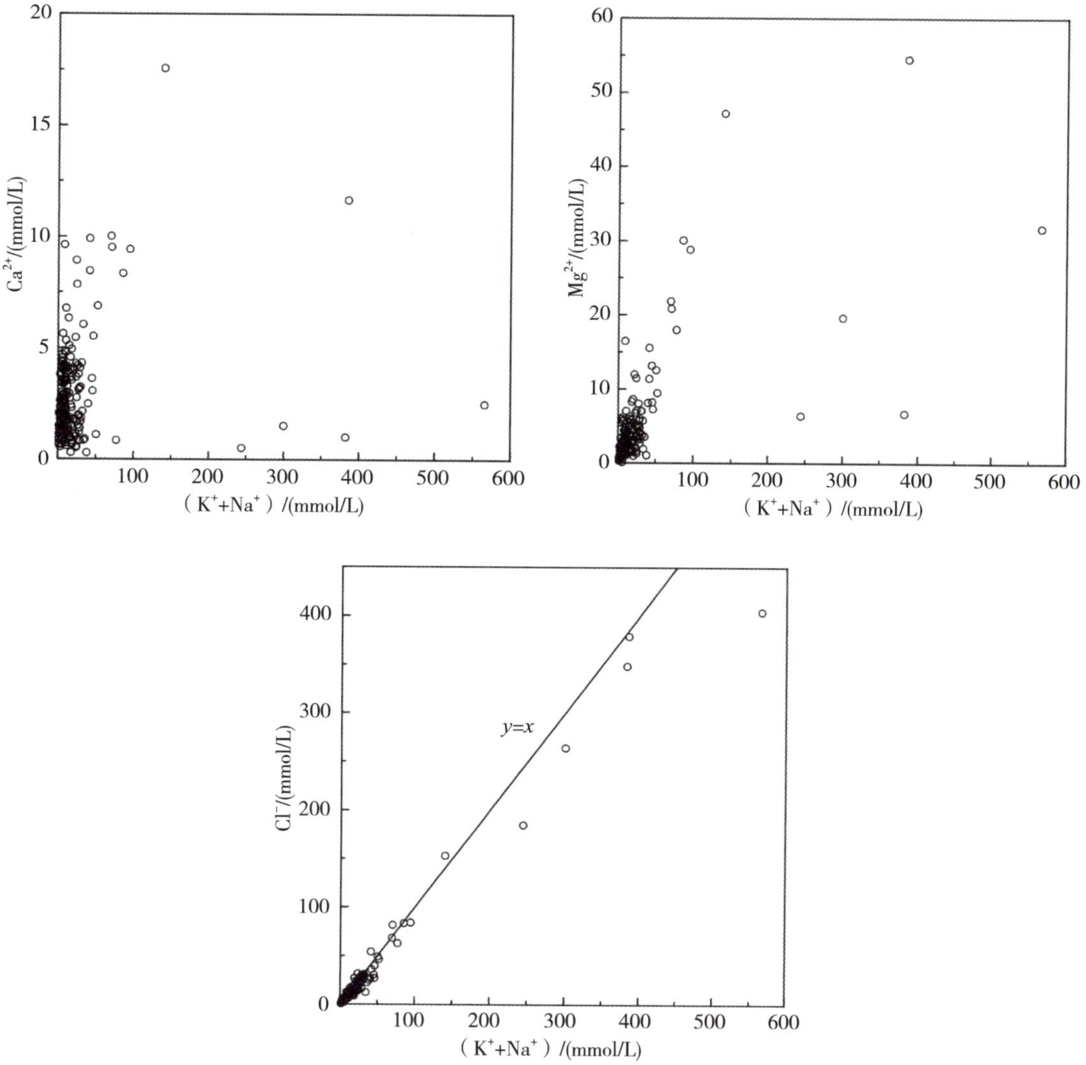


图8-24　塔里木盆地南缘地下水中$K^+$+$Na^+$与$Ca^{2+}$、$Mg^{2+}$、$Cl^-$含量对比图

$$CAI-Ⅱ=Cl^- - \frac{Na^+ + K^+}{SO_4^{2-}} + HCO_3^- + CO_3^{2-} + NO_3^- \quad (8-2)$$

当CAI-Ⅰ和CAI-Ⅱ大于零时，说明地下水中的$K^+$、$Na^+$与含水介质中的$Ca^{2+}$、$Mg^{2+}$发生了阳离子交换，当CAI-Ⅰ和CAI-Ⅱ小于零时，则说明地下水中的$Ca^{2+}$、$Mg^{2+}$与含水介质中的$K^+$、$Na^+$发生了阳离子交换。研究区浅层地下水的CAI-Ⅰ和CAI-Ⅱ均大于零（图8-25），表明水中的$K^+$、$Na^+$与含水介质中的$Ca^{2+}$、$Mg^{2+}$发生了阳离子交换。

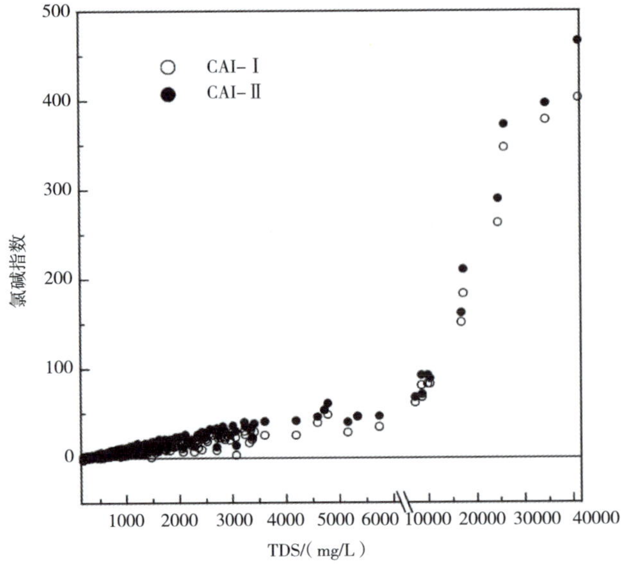

图8-25 塔里木盆地南缘地下水氯碱指数与TDS关系图

## 8.2.4 健康风险评价

### 8.2.4.1 三角模糊数理论

由于健康风险评价参数具有一定模糊性，为准确评价其危害效应，采用三角模糊数将其表示为一定区间范围的数值进行风险评价。设$a_1$，$a_2$，$a_3$分别为模糊概念Ã的最小可能值、最可能值和最大可能值，则数组（$a_1$，$a_2$，$a_3$）构成三角模糊数，令Ã=（$a_1$，$a_2$，$a_3$），$a_1$，$a_2$，$a_3$为实数，且$a_1 < a_2 < a_3$。其隶属函数为（Chen等，2018）：

$$\mu_{\tilde{A}}(x)=\begin{cases}0, x<a_1\\ \dfrac{x-a_1}{a_2-a_1}, a_1<x\leqslant a_2\\ \dfrac{a_3-x}{a_2-a_1}, a_2<x\leqslant a_3\\ 0, x>a_3\end{cases} \tag{8-3}$$

根据数理统计方法，正态分布或近似正态分布的数列，95%以上的数据落入（$\bar{x}\pm 2\sigma$）之间，将$\bar{x}-2\sigma$的值确定为$a_1$，数据平均值$\bar{x}$为$a_2$，$\bar{x}+2\sigma$为$a_3$。三角模糊数的隶属度大小表示最小可能值和最大可能值区间内各数据相对可信度的大小，不同可信度水平$\alpha$（$0\leqslant\alpha\leqslant 1$）代表不同的数据区间。将三角模糊数转化为与可信度水平$\alpha$对应的区间数：

$$\tilde{A}^{\alpha}=\{x \mid \mu_{A}(x)\geqslant\alpha, x\in X\} \tag{8-4}$$

$$\tilde{A}^{\alpha}=\left(a_L^{\alpha}, a_R^{\alpha}\right)=\left[\left(a_2-a_1\right)\alpha+a_1, -\left(a_3-a_2\right)\alpha+a_3\right] \tag{8-5}$$

8.2.4.2 基于三角模糊数理论的健康风险评价模型

经饮水摄入是对人体健康造成威胁的主要暴露途径之一，暴露剂量计算公式为（Wu等，2016）：

$$D = \frac{C \times \mathrm{IR}}{\mathrm{BW}} \tag{8-6}$$

式中 $D$——经饮用水暴露剂量，mg/（kg·d）；

$C$——水中污染物的平均浓度，mg/L；

IR——饮水量，L/d；

BW——体重，kg。

致癌和非致癌风险评价模型计算公式为：

$$R_i = q_i \times D_i \tag{8-7}$$

$$\mathrm{HQ}_j = D_j / \mathrm{RfD}_j \tag{8-8}$$

式中 $R_i$——致癌健康风险；

$q_i$——致癌强度系数，kg·d/mg；

$D_i$——经饮用水暴露剂量，mg/（kg·d）；

$\mathrm{HQ}_j$——非致癌健康风险；

$D_j$——经饮用水暴露剂量，mg/（kg·d）；

$\mathrm{RfD}_j$——非致癌物的参考剂量，mg/（kg·d）。

参数$q_i$和$\mathrm{RfD}_j$值见表8-4（Li等，2016）。

表8-4 致癌强度系数与非致癌物饮水途径参考剂量

| 致癌物 | $q_i$/（kg·d/mg） | 非致癌物 | $\mathrm{RfD}_j$/［mg/（kg·d）］ |
|---|---|---|---|
| As | 1.5 | $F^-$ | 0.06 |

对不同的可信度水平$\alpha$（0≤$\alpha$≤1），地下水健康风险评价模糊模型为：

$$R_i^\alpha = \frac{q_i \times C_i^\alpha \times \mathrm{IR}^\alpha}{\mathrm{BW}^\alpha} \tag{8-9}$$

$$\mathrm{HQ}_j^\alpha = \frac{C_j^\alpha \times \mathrm{IR}^\alpha}{\mathrm{RfD}_j \times \mathrm{BW}^\alpha} \tag{8-10}$$

污染物浓度（$C$）、饮水量（IR）和体重（BW）为三角模糊数。

8.2.4.3 健康风险评价结果

根据美国国家环境保护局推荐的人体健康风险评价参数值，结合中国人口统计数据并参考相关文献（郑德凤等，2015；陈洁，2017），确定地下水健康风险评价模糊模型中成人日饮水量（L/d）的三角模糊数为（1.6,2.2,2.8），成人体重（kg）的三角模糊数为（45,65,85）。根据数理统计方法确定各重金属浓度的三角模糊数，统计结果见表8-5。

表8-5 塔里木盆地南缘浅层地下水污染物含量的三角模糊数

| 隶属度 | As | $F^-$ |
|---|---|---|
| $a_1$ | 0.0005 | 0.03 |
| $a_2$ | 0.005 | 1.76 |
| $a_3$ | 0.02 | 8.18 |

对于不同隶属度$\alpha$，可将上述三角模糊参数表示为区间形式，计算得到不同隶属度的健康风险。$\alpha$=0分别为可能风险值的上限和下限值，$\alpha$=1为最可能风险。研究区砷氟经饮水途径造成的人体致癌风险与非致癌风险隶属度曲线见图8-26。当$\alpha$=0，致癌风险值区间为$1.41\times10^{-5}\sim2.07\times10^{-3}$，最可能风险值（$\alpha$=1）为$2.72\times10^{-4}$。非致癌风险值区间为0.008～8.48，最可能风险值（$\alpha$=1）为0.99。实际应用中，一般取$\alpha$=0.8，计算得到饮用地下水所导致的人体健康风险，见表8-6。健康风险评价结果表明，$\alpha$=0.8时，研究区浅层地下水致癌风险较高，范围为$1.99\times10^{-4}\sim4.98\times10^{-4}$，高于美国国家环境保护局建议最大可接受致癌风险值$1\times10^{-4}$，非致癌风险范围为0.71～1.93，高于非致癌风险允许限值1.0，表明通过饮水途径砷和氟会对人体健康造成不利影响。因此氟和砷应作为研究区首要健康风险管理控制指标，需要采取相应措施降低当地健康风险，采取除氟除砷净水工艺，降低地下水中氟和砷含量，保障当地饮用水安全。由图8-26可知，随隶属度减小，致癌和非致癌风险上下限不断增大，即数据的模糊性呈增强趋势。同时，比较致癌风险和非致癌风险的区间大小，非致癌风险的不确定性较强，对重金属的含量变化更敏感。可见，考虑污染物含量不确定性的风险评价结果对健康风险管理更具有指导意义。

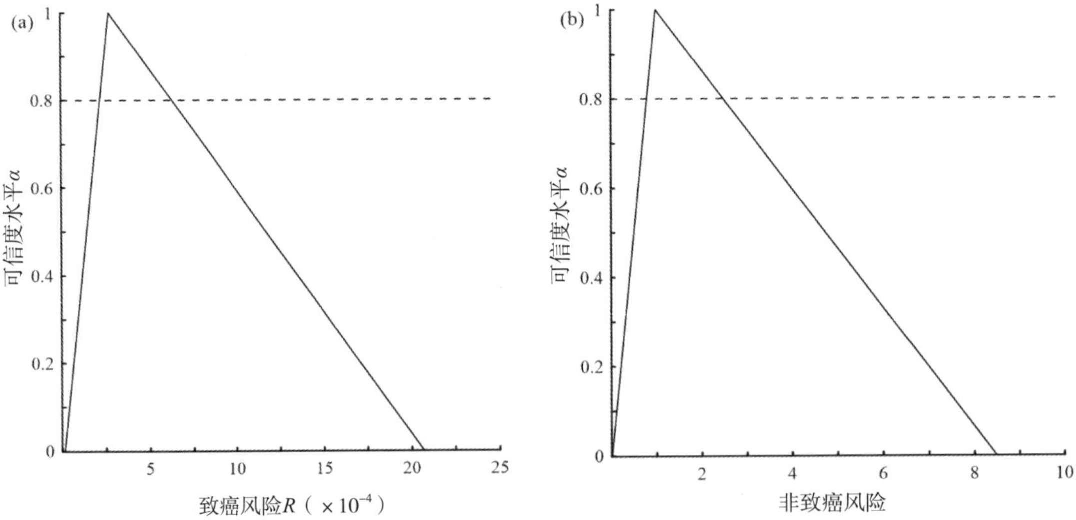


图8-26 塔里木盆地南缘地下水致癌风险（a）和非致癌风险（b）隶属函数曲线

表8-6　塔里木盆地南缘饮水途径化学致癌物所致人体健康风险（$\alpha$=0.8）

| 指标 | 致癌物 | 非致癌物 |
|---|---|---|
| | As（$\times10^{-4}$） | $F^-$ |
| 风险值 | [1.99,4.98] | [0.71,1.93] |

# 8.3　高氟高砷地下水形成机制

## 8.3.1　土壤中砷、氟含量分布特征

采集地下水砷、氟共存超标较严重的民丰县和于田县的表层土壤（0～20cm），分析其砷、氟含量分布与地下水中砷、氟含量的关系。由表8-7可知，表层土壤砷含量均值未超过中国土壤均值（9.2mg/kg），而氟含量均值已超过中国土壤均值（440mg/kg），研究区未发现高砷表层土，而土壤中氟的富集则成为地下水中氟的来源之一。

表8-7　塔里木盆地南缘土壤中砷、氟含量　　单位：mg/g

| 取样地点 | 样品数/个 | 砷含量 | | 氟含量 | |
|---|---|---|---|---|---|
| | | 范围 | 均值 | 范围 | 均值 |
| 于田县 | 1503 | 2.9～39.6 | 8.81 | 288～886 | 522.48 |
| 民丰县 | 736 | 5.3～17.2 | 8.83 | 271～967 | 480.95 |

## 8.3.2　地下水化学指标的聚类分析

聚类分析是一种对样品或指标进行分类的多元统计方法，依据样品或指标的相似程度产生分类，分为Q型聚类和R型聚类两种类型，Q型聚类主要是对样本进行分类，R型聚类主要是对变量进行分类。为了研究和田绿洲区地下水中砷、氟含量与其他水化学指标间的联系，选取As、$F^-$、Fe、Mn、TDS、pH、$Cl^-$、$SO_4^{2-}$、$HCO_3^-$、$NH_4^+$、$NO_3^-$、$K^+$+$Na^+$、$Ca^{2+}$、$Mg^{2+}$、Eh 15个指标对224组水样进行R型聚类分析。

研究区地下水化学指标聚类分析结果见图8-27。15个地下水化学指标可以分为2类，即以As、$F^-$、Fe、Mn、pH、$Cl^-$、$SO_4^{2-}$、$HCO_3^-$、$NH_4^+$、$NO_3^-$、$K^+$+$Na^+$、$Ca^{2+}$、$Mg^{2+}$、Eh为一类，TDS为一类。

选择同上的指标再对224组水样进行Q型聚类分析，得到结果见表8-8。研究区224组水样可以分为2类。第一类的水样点有218组，TDS均小于15000mg/L，pH、$K^+$+$Na^+$、

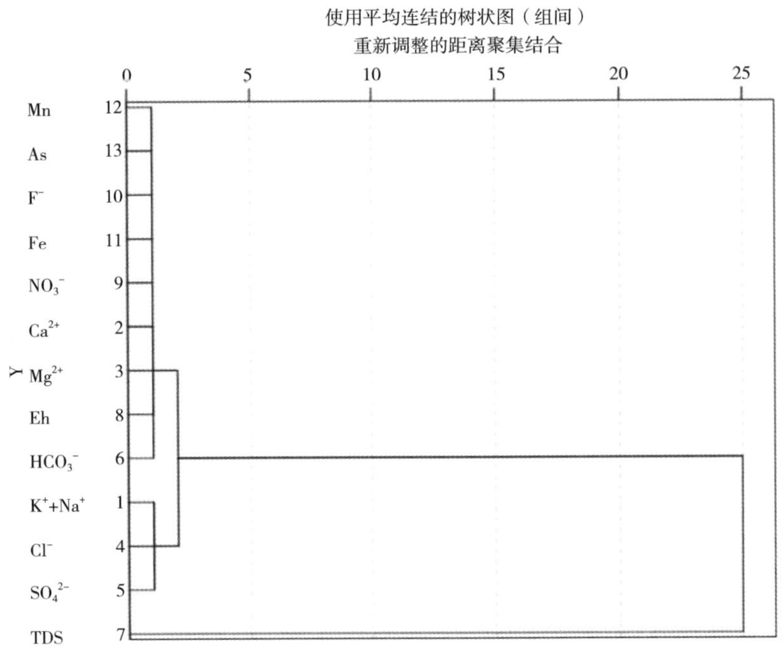


图8-27　塔里木盆地南缘地下水样聚类分析结果

$Ca^{2+}$、$Mg^{2+}$、$Cl^-$、$SO_4^{2-}$、$HCO_3^-$、$NH_4^+$、$NO_3^-$含量比第二类的含量低。第二类的6组水样点位于民丰县，TDS均大于15000mg/L，As、$F^-$含量较第一类高，83.3%的水样中As含量高于0.01mg/L，最高达0.09mg/L，$F^-$平均含量达到14.99mg/L。可见，高砷高氟共存地下水的化学特征和形成与铁锰氧化物的溶解、碱性还原性环境、水文地质条件、强烈的蒸发作用有不可分割的联系。

表8-8　塔里木盆地南缘水化学指标聚类结果分类统计

| 指标 | 第一类（$n$=218） | | | 第二类（$n$=6） | | |
|---|---|---|---|---|---|---|
| | 最小值 | 最大值 | 均值 | 最小值 | 最大值 | 均值 |
| As/（mg/L） | ND | 0.054 | 0.005 | ND | 0.09 | 0.03 |
| $F^-$/（mg/L） | 0.03 | 16.20 | 1.40 | 2.83 | 28.31 | 14.99 |
| pH | 6.86 | 10.50 | 7.93 | 8.25 | 8.90 | 8.53 |
| Eh/mV | –59 | 255 | 159.71 | — | — | — |
| TDS/（mg/L） | 198.50 | 10249.74 | 1639.14 | 16851.83 | 41282.73 | 26678.20 |
| （$K^+$+$Na^+$）/（mg/L） | 26.09 | 2363.80 | 358.21 | 3502.18 | 14160.41 | 8409.19 |
| $Ca^{2+}$/（mg/L） | 11.63 | 401.12 | 106.97 | 20.06 | 702.10 | 231.53 |

续表

| 指标 | 第一类（$n$=218） | | | 第二类（$n$=6） | | |
|---|---|---|---|---|---|---|
| | 最小值 | 最大值 | 均值 | 最小值 | 最大值 | 均值 |
| $Mg^{2+}$/（mg/L） | 3.66 | 720.50 | 85.03 | 153.31 | 1307.97 | 664.33 |
| $Cl^-$/（mg/L） | 14.36 | 2976.01 | 438.34 | 5420.60 | 14348.64 | 10256.62 |
| $SO_4^{2-}$/（mg/L） | 19.00 | 3607.56 | 464.06 | 2696.22 | 9889.67 | 6083.88 |
| $HCO_3^-$/（mg/L） | 36.62 | 1288 | 328.53 | 647.20 | 3954.03 | 1871.79 |
| Fe/（mg/L） | 0.01 | 33.50 | 1.09 | 0.08 | 0.36 | 0.20 |
| Mn/（mg/L） | ND | 4.11 | 0.14 | ND | 0.19 | 0.07 |
| $NO_3^-$/（mg/L） | 0.03 | 186.60 | 10.19 | 3.26 | 17.97 | 10.84 |
| $NH_4^+$/（mg/L） | ND | 4.91 | 0.16 | 0.84 | 120.81 | 22.37 |

## 8.3.3 氟、砷与其他化学组分相关性分析

由前一节聚类分析已确定As、$F^-$、Fe、Mn、pH、$Cl^-$、$SO_4^{2-}$、$HCO_3^-$、$NH_4^+$、$NO_3^-$、$K^+$+$Na^+$、$Ca^{2+}$、$Mg^{2+}$、Eh为一类，TDS为一类。本节通过分析研究区地下水中As、$F^-$与各化学指标的相关关系，进一步明确地下水中砷、氟共存形成的主要影响因素。

地下水中砷、氟含量与其他化学指标的相关性见表8-9。由表8-9可知，As与$K^+$+$Na^+$、$Mg^{2+}$、$Cl^-$、$SO_4^{2-}$、$HCO_3^-$、TDS、$F^-$、Fe呈显著正相关关系，相关系数分别为0.671、0.367、0.623、0.57、0.632、0.637、0.177、0.249，即随着地下水中$K^+$+$Na^+$、$Mg^{2+}$、$Cl^-$、$SO_4^{2-}$、$HCO_3^-$、TDS、$F^-$、Fe含量增加，As含量也会呈增加趋势。$F^-$含量与$K^+$+$Na^+$、$Ca^{2+}$、$Mg^{2+}$、$Cl^-$、$SO_4^{2-}$、$HCO_3^-$、TDS、As、$NH_4^+$呈显著正相关关系，相关系数分别为0.603、0.214、0.566、0.638、0.627、0.473、0.64、0.177、0.581，随着地下水中$K^+$+$Na^+$、$Ca^{2+}$、$Mg^{2+}$、$Cl^-$、$SO_4^{2-}$、$HCO_3^-$、TDS、As、$NH_4^+$含量增加，$F^-$含量会呈增加趋势。

表8-9 塔里木盆地南缘地下水砷、氟与其他化学指标的相关系数表

| 指标 | $K^++Na^+$ | $Ca^{2+}$ | $Mg^{2+}$ | $Cl^-$ | $SO_4^{2-}$ | $HCO_3^-$ | TDS | Eh | $NO_3^-$ | $F^-$ | Fe | Mn | As | pH | $NH_4^+$ |
|---|---|---|---|---|---|---|---|---|---|---|---|---|---|---|---|
| $K^++Na^+$ | 1 | | | | | | | | | | | | | | |
| $Ca^{2+}$ | 0.212** | 1 | | | | | | | | | | | | | |
| $Mg^{2+}$ | 0.669** | 0.664** | 1 | | | | | | | | | | | | |
| $Cl^-$ | 0.987** | 0.283** | 0.72** | 1 | | | | | | | | | | | |
| $SO_4^{2-}$ | 0.894** | 0.509** | 0.893** | 0.901** | 1 | | | | | | | | | | |
| $HCO_3^-$ | 0.833** | 0.08 | 0.488** | 0.773** | 0.691** | 1 | | | | | | | | | |
| TDS | 0.985** | 0.35** | 0.782** | 0.988** | 0.952** | 0.796** | 1 | | | | | | | | |
| Eh | –0.269* | 0.062 | –0.143 | –0.19 | –0.189 | –0.071 | –0.200 | 1 | | | | | | | |
| $NO_3^-$ | 0.014 | 0.244** | 0.035 | 0.019 | 0.028 | 0.064 | 0.032 | 0.166 | 1 | | | | | | |
| $F^-$ | 0.603** | 0.214** | 0.566** | 0.638** | 0.627** | 0.473** | 0.64** | –0.065 | –0.017 | 1 | | | | | |
| Fe | 0.075 | 0.233** | 0.231** | 0.07 | 0.175* | 0.13 | 0.117 | –0.147 | –0.011 | 0.003 | 1 | | | | |
| Mn | –0.015 | 0.127 | 0.023 | –0.014 | –0.001 | 0.077 | –0.004 | –0.006 | –0.009 | 0 | 0.228** | 1 | | | |
| As | 0.671** | 0.117 | 0.367** | 0.623** | 0.57** | 0.632** | 0.637** | 0.066 | 0.071 | 0.177** | 0.249** | 0.056 | 1 | | |
| pH | 0.171* | –0.274** | 0.044 | 0.157* | 0.104 | 0.075 | 0.140* | –0.281* | –0.184** | 0.107 | –0.196** | –0.206** | 0.091 | 1 | |
| $NH_4^+$ | 0.362** | –0.024 | 0.19** | 0.375** | 0.35** | 0.281** | 0.369** | 0.02 | 0.004 | 0.581** | –0.02 | 0.008 | 0.028 | 0.067 | 1 |

注：*表示在0.05水平上显著相关，**表示在0.01水平（双侧）上显著相关。

# 9 结论与建议

# 9.1 主要结论

（1）塔里木盆地绿洲带：补给区、过渡区和蒸发区地下水化学类型分别以$HCO_3 \cdot SO_4$–Na·（Ca）·（Mg）型、$SO_4 \cdot$Cl–Na·Ca·（Mg）型和$SO_4 \cdot$Cl–Na·（Ca）·（Mg）型为主。单一结构潜水、承压水区潜水、浅层承压水和深层承压水化学类型分别以$SO_4 \cdot$Cl–Na·（Ca）·（Mg）型、$SO_4 \cdot$Cl–Na·（Ca）·（Mg）型、$SO_4 \cdot$Cl–Na·（Ca）·（Mg）型和$HCO_3 \cdot SO_4 \cdot$Cl–Na·（Ca）·（Mg）型为主。塔里木盆地绿洲带地下水质量类别Ⅰ~Ⅴ类水样分别占总水样的0.1%、3.9%、9.2%、14.8%和72.0%，超标的水样分别占总水样的86.8%，表明绿洲带地下水质量整体较差。由补给区至过渡区，再至蒸发区，地下水水样超标占比增加。

（2）和田河流域绿洲区：1980年、2014年和2017年质量等级为Ⅳ类及以上的水样占总水样比例分别为61.8%、91.1%、72.5%，表明绿洲区浅层地下水质量总体较差。影响水质的关键指标除了TDS、TH、$Cl^-$、$Na^+$和$SO_4^{2-}$等常量指标外，还有F、Fe、Mn、苯并[a]芘等微量指标。2014—2017年地下水中$Na^+$+$K^+$、$Mg^{2+}$含量由出山口处向东西两侧及北侧延伸呈逐渐升高的趋势，$Ca^{2+}$含量以河间地块为中心向东西两侧是逐渐降低的；$Cl^-$、$SO_4^{2-}$和$HCO_3^-$含量在水平方向上的变化趋势大体一致。高氟低碘、高铁锰是绿洲区地下水重要的水化学特征。地下水的“三氮”污染较轻，从1980—2017年有加重趋势。$NO_3^-$–N为地下水中“三氮”的主要存在形态。绿洲区第四纪沉积物中存在着大量碳酸盐、石膏和岩盐，以及黑云母、金云母、角闪石、磁铁矿、绿帘石和绿泥石等含氟矿物和含铁锰矿物，为地下水中的化学成分提供了重要的物质来源。从补给来看，绿洲区地下水中化学成分很大程度继承了上游地下水的化学成分，沿途在溶滤含水介质中可溶性物质的同时，不断接受着地表水、灌溉水中化学物质的补给。冲洪积细土平原区中上部为径流排泄条件良好的强烈循环带，地下水以溶滤作用为主，蒸发浓缩作用极其微弱，因此地下水中的化学成分不易累积，TDS一般在500~1000mg/L，水化学类型以HSL–NCM型为主，水中阴阳离子的优势性不明显。冲洪积细土平原区尾部地下水径流缓慢，以垂向循环为主。蒸发浓缩作用不断加强，水中化学成分不断累积，TDS一般在1000mg/L以上，$Cl^-$和$Na^+$含量急剧上升，水化学类型逐渐过渡到以L–N型、LS–NC型为主。强烈的蒸发浓缩作用是导致这一区域地下水化学演化的主要因素。

（3）2011—2014年焉耆盆地平原区地下水化学类型由$HCO_3$–Ca型过渡到$SO_4 \cdot$Cl–Na型。2014年平原区地下水化学类型均呈现为山前冲洪积扇向博斯腾湖$HCO_3 \rightarrow SO_4 \rightarrow$Cl顺序变化；由山前倾斜平原的$HCO_3$–Ca型水过渡到细土平原$HCO_3 \cdot SO_4$–Na·Ca型水，最终在末端变为Cl·$SO_4$–Na·Ca型水。焉耆盆地平原区1999—2014年地下水化学类型主要有三大类：$HCO_3$–Ca型水、$HCO_3 \cdot SO_4$–Na·Ca型水及Cl·$SO_4$–Na·Ca型水。1999年与2014年地下水

TDS总体存在显著差异性；在时间尺度上，1983—2014年地下水TDS均值整体呈现先升高再有所降低而后又升高再降低的趋势；在空间尺度上，1999—2014年地下水TDS小于1g/L区域面积呈增加的趋势。影响地下水TDS变化的因素主要包括地表水水质、包气带岩性、含水层特性、地下水位埋深等自然因素和土地利用方式及工业与生活污染源等人为因素。水解过程、蒸发浓缩过程、阳离子交换过程、溶解沉淀过程和氧化还原过程是焉耆盆地平原区地下水演化的主要水文地球化学过程。

（4）塔里木盆地绿洲带地下水碘含量变化范围为ND～4000.0μg/L，均值为53.7μg/L。缺碘水（碘含量＜20.0μg/L）、适碘水（碘含量为20.0～100.0μg/L）、高碘水（碘含量为100.0~300.0μg/L）和超高碘水（碘含量＞300.0μg/L）占比分别为54.2%、38.5%、5.3%和2.0%。绿洲带从补给区至过渡区，再至蒸发区，地下水碘含量逐渐升高，高碘水化学类型以$SO_4\cdot Cl$型和Cl型为主。地下水碘含量在浅层承压水中最高，其次为单一结构潜水和承压水区潜水，深层承压水中碘含量普遍较低。第四纪成因类型中洪积–湖积物为绿洲带地下水碘的富集提供了来源。绿洲带地下水Gibbs图、离子比值端元图、矿物相的饱和指数和氯碱指数结果表明，浅层高碘地下水受蒸发作用、蒸发盐岩风化溶解的影响较大，且高碘水中岩盐的溶解状态更趋于平衡。地下水中的碘受铁（氧）氢氧化物矿物的还原性溶解作用和有机质的微生物降解作用的影响；细粒岩土、平缓的地势、地下水浅埋条件和弱还原环境均有利于地下水碘的富集。

（5）1985—2014年喀什地区西部各地下水化学类型分区面积变幅较大，$SO_4$型水的面积整体呈降低趋势，Cl型水、$HCO_3$型水的面积整体呈增长趋势，而2017年13组地下水水样的化学类型均为$SO_4$型水。2014年喀什地区西部地下水质量极差，地下水中TDS、TH、$Na^+$、$Cl^-$、$SO_4^{2-}$、$F^-$、As、Fe和Mn的点位超标率较高，是导致地下水劣化的主要指标。北部克孜勒苏河地下水系统中地下水质量从优到劣依次为潜水、浅层承压水、深层承压水，南部盖孜河地下水系统中地下水质量从优到劣依次为深层承压水、浅层承压水、潜水。研究区劣质地下水主要受到原生地质环境、气候、水文地质、地表水水质、地下水化学环境（pH）及人类活动（地下水开采和生活、工业、农业污染）等因素的共同影响。其中，气候条件是影响浅层地下水劣化的主要因素，水文地质条件和地下水开采是影响北部克孜勒苏河地下水系统深层承压水劣化的主要因素。研究区地下水劣化受生活和工业污染源的影响较大，而只在局部区域受到农业污染源的影响。研究区地下水化学形成与演化过程主要受到溶滤、蒸发浓缩、阳离子交换、脱硫酸和混合等作用的影响。地表水和地下水的$\delta D$和$\delta^{18}O$之间的关系表明降水补给过程中有一定程度的蒸发，垂向上潜水、浅层承压水和深层承压水有较密切的水力联系。

（6）阿克苏河流域平原区地下水As含量变化范围为ND～0.099mg/L，平均值为0.010mg/L，As含量超过0.01mg/L的样品占总样品的26.09%，典型流域高砷地下水砷的形态主要为毒性较低的As（V）；地下水$F^-$含量变化范围为ND～4.9mg/L，平均值为

1.5mg/L，$F^-$含量超过1.0mg/L的样品占总样品的60.87%；砷氟共富集样品占总样品的18.12%。垂向分布上地下水砷主要赋存在10～20m深的承压水区潜水含水层和80～100m深的浅层承压含水层中，氟主要赋存在10～30m深的承压水区潜水含水层和80～100m深的浅层承压含水层中。阿克苏河流域高砷地下水主要分布于阿克苏河中下游的第四纪冲积平原。高氟地下水主要分布于阿克苏河中下游的第四纪冲积平原、阿克苏河和台兰河河间地块的洪积平原。地下水砷氟共富集区域主要分布于阿克苏河流域的中下游过渡区和蒸发区，该区域靠近沙漠边缘，地下水径流滞缓，地下水环境碱性和还原性均较强。阿克苏河流域地下水化学特征与地质条件、水文地质条件、地下水赋存的水化学环境和土地利用类型有密切关系，地下水砷氟共富集主要受平缓的地形、较浅的地下水位埋深、弱还原和偏碱性的地下水环境、较强的蒸发浓缩作用、蒸发盐岩风化溶解、阳离子交换和农业灌溉等作用的共同影响。砷氟共富集地下水的形成主要与萤石和雄黄、雌黄的溶解密切相关。

（7）塔里木盆地南缘地下水氟超标率为41.1%，砷超标率为5.4%，砷氟共存超标率为4.0%。高氟高砷共存地下水主要分布于民丰县东北部。高砷地下水化学类型主要为$SO_4$·Cl–Na型，高氟地下水化学类型主要为$HCO_3$·$SO_4$·Cl–Na·Mg型，高砷高氟共存地下水化学类型主要为$SO_4$·Cl–Na型。随着井深的增加地下水中砷、氟含量也呈现增加趋势。研究区地下水碱性还原环境、强烈的蒸发浓缩作用、铁锰氧化物的溶解、碱性苏打水化学环境均利于水中砷、氟的共富集。蒸发浓缩作用、硅酸岩和蒸发岩的风化作用、萤石等矿物溶解、阳离子交换作用均为控制高砷高氟共存地下水的主要因素。地下水砷氟健康风险评价结果表明，致癌风险和非致癌风险均超过了允许限值，通过饮水途径砷和氟会对人体健康造成不利影响。

## 9.2 建议

（1）进一步开展绿洲区地下水“三氮”污染机理研究。目前地下水“三氮”污染来源的识别仅从统计数据进行分析，下一步可进行绿洲区地下水“三氮”相关同位素的检测，识别绿洲区地下水中“三氮”的污染来源。

（2）进一步开展和田河流域平原区地下水中苯并[a]芘的来源识别研究。目前只进行了定性分析，下一步可从多个环境介质对苯并[a]芘进行综合研究，尤其是从土壤及包气带中苯并[a]芘的含量及垂向分布特征等方面做定量研究，以查明各环境介质中苯并[a]芘的污染特征并有助于识别地下水中苯并[a]芘的来源。

（3）进一步开展塔里木盆地绿洲带地下水砷、碘富集机制的研究。补充检测地下水碳稳定同位素和铁同位素，进一步揭示地下水循环过程中有机质和铁氧化物/氢氧化物对地下水碘富集的生物地球化学过程；开展室内微生物还原实验，对地下水碘富集机制进行更深入的定量分析。目前仅对个别典型流域高砷地下水砷形态进行了初步研究，后期可从微生物和有机质等方面就As（V）在还原环境中富集机理做进一步研究。

（4）进一步开展劣质地下水来源及形成机制研究。本次研究仅采集了地下水和地表水的D和$^{18}O$同位素，在今后研究中，补充采集其他相关同位素样品（$^{34}S$、$^{13}C$、$^{37}Cl$、$^{87}Sr/^{86}Sr$），以进一步研究劣质地下水的来源及形成机理。

（5）进一步加强地下水水质年内季节性变化规律的研究。采样时间还可考虑增加不同时间（如不同季节）的水样采取工作，以便分析地下水化学演化控制因素的季节性变化。

# 参考文献


[1] Amachi S. Microbial contribution to global iodine cycling: volatilization, accumulation, reduction, oxidation, and sorption of iodine [J]. Microbes and environments, 2008, 23 (4): 269–276.

[2] Amiri V, Sohrabi N, Dadgar MA. Evaluation of groundwater chemistry and its suitability for drinking and agricultural uses in the Lenjanat plain, central Iran [J]. Environmental earth sciences, 2015, 74 (7): 6163–6176.

[3] Anawar HM, Akai J, Komaki K, et al. Geochemical occurrence of arsenic in groundwater of Bangladesh: sources and mobilization processes [J]. Journal of geochemical exploration, 2003, 77 (2–3): 109–131.

[4] Cartwright I, Weaver TR, Fulton S, et al. Hydrogeochemical and isotopic constraints on the origins of dryland salinity, Murray Basin, Victoria, Australia [J]. Applied geochemistry, 2004, 19 (8): 1233–1254.

[5] Chae GT, Yun ST, Mayer B, et al. Fluorine geochemistry in bedrock groundwater of South Korea [J]. Science of the total environment, 2007, 385: 272–283.

[6] Chen J, Qian H, Gao Y, et al. Human health risk assessment of contaminants in drinking water based on triangular fuzzy numbers approach in Yinchuan City, northwest China [J]. Exposure and Health, 2018, 10 (3): 155–166.

[7] Chen J, Qian H, Wu H. Nitrogen contamination in groundwater in an agricultural region along the New Silk Road, northwest China: distribution and factors controlling its fate [J]. Environmental science and pollution research, 2017, 24 (15): 13154–13167.

[8] Chen L, Wang GC, Hu FS, et al. Groundwater hydrochemistry and isotope geochemistry in the Turpan Basin, northwestern China [J]. Journal of Arid Land, 2014, 6 (4): 378–388.

[9] Clark I D, Fritz P. Environmental isotopes in hydrogeology [M]. Springer–Verlag, 1997.

[10] Craig H. Isotopic variations in meteoric waters [J]. Science, 1961, 133: 1702–1703.

[11] Ding T, Tan T T, Wang J, et al. Field and zircon U–Pb geochronological evidence for the occurrence of Cambrian banded iron formations in the West Kunlun Orogenic Belt, China [J]. Gondwana research, 2021, 98: 1–16.

[12] Dixit, S., Hering, J.G. Comparison of arsenic (V) and arsenic (Ⅲ) sorption onto iron oxide minerals: Implications for arsenic mobility [J]. Environmental science and technology, 2003, 37 (18): 4182–4189.

[13] Dzombak DA, Morel FMM. Surface complexation modeling: hydrous ferric oxide [M]. New York: USA, 1990.

[14] Edmunds WM, Smedley PL. Fluoride in natural waters [J]. Essentials of medical geology, 2012, (11): 311–336.

[15] Edmunds WM, Ma J, Aeschbach–Hertig W, et al. Groundwater recharge history and hydrogeochemical evolution in the Minqin Basin, North West China [J]. Applied geochemistry, 2006, 21 (12): 2148–2170.

[16] Elaid M, Hind M, Abdelmadiid B, et al. Contribution of hydrogeochemical and isotopic tools to the

management of upper and middle Cheliff aquifers [ J ]. Journal of earth science, 2020, 31 ( 5 ): 993–1006.

[ 17 ] Faye S, Maloszewski P, Stichler W, et al. Groundwater salinization in the Saloum ( Senegal ) delta aquifer: minor elements and isotopic indicators [ J ]. Science of the total environment, 2005, 343 ( 1–3 ): 243–259.

[ 18 ] Gaillardet J, Dupré B, Louvat P, et al. Global silicate weathering and $CO_2$ consumption rates deduced from the chemistry of large rivers [ J ]. Chemical geology, 1999, 159 ( 1 ): 3–30.

[ 19 ] Gao ZP, Jia YF, Guo HM, et al. Quantifying geochemical processes of arsenic mobility in groundwater from an inland basin using a reactive transport model [ J ]. Water resources research, 2020, 56 ( 2 ) .

[ 20 ] Garcia SA, Moyano A, Mayorga P. High arsenic contents in groundwater of central Spain [ J ]. Environmental geology, 2005, 47 ( 6 ): 847–854.

[ 21 ] Gibbs RJ. Mechanisms controlling world water chemistry [ J ]. Science, 1970 ( 3962 ) : 1088–1090.

[ 22 ] Guo HM, Zhang B, Li Y, et al. Hydrogeological and biogeochemical constrains of As mobilization in shallow aquifers from the Hetao Basin, Inner Mongolia [ J ]. Environmental pollution, 2011, 159: 876–883.

[ 23 ] Han SB, Zhang FC, Zhang H, et al. Spatial and temporal patterns of groundwater arsenic in shallow and deep groundwater of Yinchuan Plain, China [ J ]. Journal of geochemical exploration, 2013, 135: 71–78.

[ 24 ] Hao S, Li FD, Li YH, et al. Stable isotope evidence for identifying the recharge mechanisms of precipitation, surface water, and groundwater in the Ebinur Lake basin [ J ]. Science of the total environment, 2019, 657: 1041–1050.

[ 25 ] Hasan AM, Matin K, Sracek O, et al. Arsenic in shallow groundwater of Bangladesh: Investigations from three different physiographic settings [ J ]. Hydrogeology journal, 2007, 15 ( 8 ): 1507–1522.

[ 26 ] Hu QH, Zhao PH, Moran JE, et al. Sorption and transport of iodine species in sediments from the Savannah River and Hanford Sites [ J ]. Journal of contaminant hydrology, 2005, 78 ( 3 ): 185–205.

[ 27 ] Jack G, Bhattacharya P, Chaudhary V, et al. Controls on the genesis of some high–fluoride groundwaters in India [ J ]. Applied geochemistry, 2005, 20 ( 2 ): 221–228.

[ 28 ] Kalaiarasan E, Palvannan T. Removal of phenols from acidic environment by horseradish peroxidase ( HRP ): aqueous thermostabilization of HRP by polysaccharide additives [ J ]. Journal of the Taiwan institude of chemical engineers, 2014, 45 ( 2 ): 625–634.

[ 29 ] Koh EH, Lee SH, Kaowu D, et, al. Impacts of land use change and groundwater management on long–term nitrate–nitrogen and chloride trends in groundwater of Jeju Island, Korea [ J ]. Environmental earth sciences,2017, 76 ( 4 ): 176.

[ 30 ] Lasaga AC, Soler JM, Ganor J, et al. Chemical weathering rate laws and global geochemical cycles [ J ]. Geochimica et cosmochimica acta, 1994, 58 ( 10 ): 2361–2386.

[ 31 ] Li CC,Gao XB,Wang YX. Hydrogeochemistry of high–fluoride groundwater at Yuncheng basin, northern China [ J ]. Science of the total environment, 2015, 508: 155–165.

[ 32 ] Li JX, Wang YT, Xue XB, et al. Mechanistic insights into iodine enrichment in groundwater during the transformation of iron minerals in aquifer sediments [ J ]. Science of the total environment, 2020, 745: 140922–140960.

[33] Li JX, Wang YX, Guo W, et al. Iodine mobilization in groundwater system at Datong basin, China: Evidence from hydrochemistry and fluorescence characteristics [J]. Science of the total environment, 2014, 468–469: 738–745.

[34] Li JX, Wang YX, Xie XJ, et al. Hydrogeochemistry of high iodine groundwater: a case study at the Datong Basin, Northern China [J]. Environmental science: processes & impacts, 2013, 15 (4): 848–859.

[35] Li JX, Wang YX, Xie XJ. Cl/Br ratios and chlorine isotope evidences for groundwater salinization and its impact on groundwater arsenic, fluoride and iodine enrichment in the Datong basin, China [J]. Science of the total environment, 2016, 544: 158–167.

[36] Li JX, Wang YX, Xie XJ, et al. Effects of water–sediment interaction and irrigation practices on iodine enrichment in shallow groundwater [J]. Journal of hydrology, 2016, 543: 293–304.

[37] Li PY, Li X, Meng X, et al. Appraising groundwater quality and health risks from contamination in a semiarid region of northwest China [J]. Exposure and health, 2016, 8 (3): 361–379.

[38] Li PY, Wu JH, Qian H. Assessment of groundwater quality for irrigation purposes and identification of hydrogeochemical evolution mechanisms in Pengyang County, China [J]. Environmental earth sciences, 2013, 69 (7): 2211–2225.

[39] Li Q, Jia RL, Zhou JL, et al. Preliminary analysis of high–fluoride groundwater in Aksu Prefecture, Xinjiang, China [J]. Advanced materials research, 2012, 610–613: 1041–1046.

[40] Luo T, Hu S, Cui J, et al. Comparison of arsenic geochemical evolution in the Datong Basin (Shanxi) and Hetao Basin (Inner Mongolia), China [J]. Applied geochemistry, 2012, 27 (12): 2315–2323.

[41] Malekian R, Abedi–koupai J, Eslamian S S, et al. Ion–exchange process for ammonium removal and release using natural Iranian zeolite [J]. Applied clay science, 2011, 51 (3): 323–329.

[42] More S, Dhakate R, Ratnalu GV, et al. Hydrogeochemistry and health risk assessment of groundwater and surface water in fluoride affected area of Yadadri–Bhuvanagiri District, Telangana State, India [J]. Environmental earth sciences, 2021, 80 (7): 1–18.

[43] Nese O, Duygu K. Adsorption of boron from aqueous solutions using fly ash:Batch and column studies [J]. Journal of hazardous materials, 2005, 127 (1–3): 81–88.

[44] Pang ZH, Kong YL, Li J, et al. An isotopic geoindicator in the hydrological cycle [J]. Procedia earth and planetary science, 2017, 17: 534–537.

[45] Park JM, Lee JS, Lee JU, et al. Microbial effects on geochemical behavior of arsenic in As–contaminated sediments [J]. Journal of geochemical exploration, 2006, 88 (1–3): 134–138.

[46] Pazand K, Khosravi D, Ghaderi MR, et al.Identification of the hydrogeochemical processes and assessment of groundwater in a semi–arid region using major ion chemistry: a case study of Ardestan basin in central Iran [J]. Groundwater for sustainable development, 2018, 6: 245–254.

[47] Podgorski J, Berg M. Global threat of arsenic in groundwater [J]. Science, 2020, 368 (6493): 845–850.

[48] Qian C, Wu X, Mu WP, et al. Hydrogeochemical characterization and suitability assessment of groundwater in an agro–pastoral area, Ordos Basin, NW China [J]. Environmental earth sciences, 2016, 75 (20): 1356–1371.

[49] Sivaraj R, Namasivayam C, Kadirvelu K. Orange peel as an adsorbent in the removal of acid violet 17 (acid dye) from aqueous solutions [J]. Waste manage, 2001, 21 (1): 105–110.

[50] Rashid A, Guan DX, Farooqi A, et al. Fluoride prevalence in groundwater around a fluorite mining area

in the flood plain of the River Swat, Pakistan [ J ]. Science of the total environment, 2018, 635: 203–215.

[ 51 ] Richard A, Banks DA, Mercadier J, et al. An evaporated seawater origin for the ore–forming brines in unconformity–related uranium deposits ( Athabasca Basin, Canada ): Cl/Br and $\delta^{37}Cl$ analysis of fluid inclusions [ J ]. Geochimica et cosmochimica acta, 2011, 75 ( 10 ): 2792–2810.

[ 52 ] Saxena V, Ahmed S. Inferring the chemical parameters for the dissolution of fluoride in groundwater [ J ]. Environmental geology, 2003, 43 ( 6 ): 731–736.

[ 53 ] Smedley PL, Nicolli HB, Macdonald DMJ, et al. Hydrogeochemistry of arsenic and other inorganic constituents in groundwater from La Pampa, Argentina [ J ]. Appllied geochemistry, 2002, 17: 259–284.

[ 54 ] Smedley PL, Kinniburgh DG. A review of the source, behaviour and distribution of arsenic in natural waters [ J ]. Applied geochemistry, 2002, 17 ( 5 ): 517–568.

[ 55 ] Su CL, Wang YX, Xie XJ, et al. Aqueous geochemistry of high–fluoride groundwater in Datong Basin, Northern China [ J ]. Journal of geochemical exploration, 2013, 135: 79–92.

[ 56 ] Su H, Kang WD, Kang N, et al. Hydrogeochemistry and health hazards of fluoride–enriched groundwater in the Tarim Basin, China [ J ]. Environmental research, 2021, 200: 111476.

[ 57 ] Swapnil S, Alok S, Abhrajyoti T. Polycyclic aromatic hydrocarbons ( PAHs ) concentration levels, pattern, source identification and soil toxicity assessment in urban traffic soil of Dhanbad, India [ J ]. Science of the total environment, 2016, 545: 353–360.

[ 58 ] Tang D, Zhang G. Efficient removal of fluoride by hierarchical Ce–Fe bimetal oxides adsorbent: Thermodynamics, kinetics and mechanism [ J ]. Chemical engineering journal, 2016, 283: 721–729.

[ 59 ] Thakur T, Rishi MS, Naik PK, et al. Elucidating hydrochemical properties of groundwater for drinking and agriculture in parts of Punjab, India [ J ]. Environmental earth sciences, 2016, 75 ( 6 ): 467.

[ 60 ] Thornton SF, Quigley S, Spence MJ, et al. Processes controlling the distribution and natural attenuation of dissolved phenolic compounds in a deep sandstone aquifer [ J ]. Journal of contaminant hydrology, 2001, 53 ( 3–4 ): 233–267.

[ 61 ] Vengosh A, Hening S, Ganor J, et al. New isotopic evidence for the origin of groundwater from the Nubian Sandstone Aquifer in the Negev, Israel [ J ]. Applied geochemistry, 2007, 22 ( 5 ): 1052–1073.

[ 62 ] Wang H, Jiang XW, Wan L, et al. Hydrogeochemical characterization of groundwater flow systems in the discharge area of a river basin [ J ]. Journal of hydrology, 2015, 527: 433–441.

[ 63 ] Wang YX, Shvartsev SL, So C L. Genesis of arsenic/fluoride–enriched soda water:a case study at Datong,northern China [ J ]. Applied geochemistry , 2009, 24 ( 4 ): 641–649.

[ 64 ] Wang ZH, Shen D, Shen F, et al. Phosphate adsorption on lanthanum loaded biochar [ J ]. Chemosphere, 2016, 150: 1–7.

[ 65 ] Wu JH, Sun ZC. Evaluation of shallow groundwater contamination and associated human health risk in an alluvial plain impacted by agricultural and industrial activities, mid–west China [ J ]. Exposure and ealth, 2016, 8 ( 3 ): 311–329.

[ 66 ] Xue XB, Li JX, Xie XJ, et al. Effects of depositional environment and organic matter degradation on the enrichment and mobilization of iodine in the groundwater of the North China Plain [ J ]. Science of the total environment, 2019, 686: 50–62.

[67] Yamanaka M, Nakano T, Tase N. Sulfate reduction and sulfide oxidation in anoxic confined aquifers in the northeastern Osaka Basin, Japan [J]. Journal of hydrology, 2007, 335: 55–67.
[68] Yang JK, Park YJ, Kim KH, et al. Effect of co-existing copper and calcium on the removal of As (V) by reused aluminum oxides [J]. Water science and technology. 2013, 67 (1): 187–192.
[69] Yu Y, Wang CH, Guo X, et al. Modification of carbon derived from Sargassum sp. By lanthanum for enhanced adsorption of fluoride [J]. Journal of colloid and interface science, 2015, 441: 113–120.
[70] Zhang YJ, Li JF, Hao QC, et al. Sources and hydrogeological conditions that cause high iodine concentrations in deep groundwater in the Zhangwei watershed, North China Plain [J]. Environmental earth sciences, 2021, 80 (5): 1–13.
[71] Zhang Y, Yu Q, Shi CW, et al. Environmental isotopes and Cl/Br ratios evidences for delineating arsenic mobilization in aquifer system of the Jianghan Plain, central China [J]. Journal of earth science, 2020, 1–30.
[72] Zheng Y, Stute M, Van Geen A, et al. Redox control of arsenic mobilization in Bangladesh groundwater [J]. Applied geochemistry, 2004, 19 (2): 201–214.
[73] Zhou YZ, Guo HM, Zhang Z, et al. Characteristics and implication of stable carbon isotope in high arsenic groundwater systems in the northwest Hetao Basin, Inner Mongolia, China [J]. Journal of asian earth sciences, 2018, 163: 70–79.
[74] 邴智武．松嫩平原地下水氟、砷的富集规律及影响因素研究［D］．长春：吉林大学，2009.
[75] 曹烨，孙小虹，唐尧，等．中国砷矿成矿规律概要［J］．地质论评，2015，61（S1）：806–807.
[76] 昌盛，耿梦娇，刘琰，等．滹沱河冲洪积扇地下水中多环芳烃的污染特征［J］．中国环境科学，2016，36（7）：2058–2066.
[77] 陈洁，钱会，吴昊，等．基于三角模糊数的地下水饮用水源地水环境健康风险评价［J］．南水北调与水利科技，2017，15（3）：80–85.
[78] 陈倩，钟金先，李长顺．数理统计方法在区域浅层地下水水文地球化学研究中的应用［J］．现代地质，2012，26（3）：607–612.
[79] 乘程哲．盐池地区地下淡水形成机理研究［D］．西安：长安大学，2013.
[80] 戴志鹏，罗艳丽，王翔．新疆奎屯河流域高砷、氟地下水的分布特征［J］．环境保护科学，2019，45（4）：81–86.
[81] 党慧慧，董军，岳宁，等．贺兰山以北乌兰布和沙漠地下水化学特征演化规律研究［J］．冰川冻土，2015，37（3）：793–802.
[82] 邓红梅．西江流域水体有机污染物及大分子有机质的研究［D］．广州：中国科学院研究生院（广州地球化学研究所），2006.
[83] 邓娅敏．河套盆地西部高砷地下水系统中的地球化学过程研究［D］．武汉：中国地质大学（武汉），2008.
[84] 董德明，康春莉，花修艺．环境化学［M］．北京：北京大学出版社，2010.
[85] 董新光，邓铭江．新疆地下水资源［M］．乌鲁木齐：新疆科学技术出版社，2005.
[86] 窦妍．鄂尔多斯盆地北部白垩系地下水水文地球化学演化及循环规律研究［D］．西安：长安大学，2010.
[87] 范薇．塔里木盆地南缘高氟高砷地下水形成机理与处理技术研究［D］．乌鲁木齐：新疆农业大学，2020.

[88] 高存荣，刘文波，冯翠娥，等．干旱、半干旱地区高砷地下水形成机理研究：以中国内蒙古河套平原为例［J］．地学前缘，2014，21（4）：13-29.
[89] 高存荣，王俊桃．我国69个城市地下水有机污染特征研究［J］．地球学报，2011，32（5）581-591.
[90] 高轮船．新疆伊犁河谷地下水污染与防污性能研究［D］．西安：长安大学，2015.
[91] 管宇．实用多元统计分析［M］．浙江：浙江大学出版社，2011.
[92] 郭华明，郭琦，贾永锋，等．中国不同区域高砷地下水化学特征及形成过程［J］．地球科学与环境学报，2013，35（3）：83-96.
[93] 郭华明，杨素珍，沈照理．富砷地下水研究进展［J］．地球科学进展，2007（11）：1109-1117.
[94] 郭琦．银川盆地北部浅层地下水水文地球化学特征及砷的富集机理［D］．北京：中国地质大学（北京），2014.
[95] 郭亚祺．改性水滑石对废水中砷氟的同时去除［D］．长沙：湖南农业大学，2014.
[96] 国家环境保护总局．GB3838-2002，地表水环境质量标准［S］．北京：中国环境科学出版社，2002.
[97] 国家环境保护总局．HJ/T164-2004，地下水环境监测技术规范［S］．北京：中国环境科学出版社，2004.
[98] 何晓群．多元统计分析［M］．北京：中国人民大学出版社，2019.
[99] 何薪．河套平原农业灌溉影响下地下水中砷迁移富集规律研究［D］．武汉：中国地质大学，2010.
[100] 侯青叶，杨忠芳，余涛，等．中国土壤地球化学参数［M］．北京：地质出版社，2020.
[101] 黄莹，李永霞，杨健，等．山东省某小城镇生活垃圾堆积场土壤污染特征及风险评价［J］．地球与环境，2014，42（3）：375-382.
[102] 纪媛媛．新疆喀什地区地下水质量与污染评价［D］．乌鲁木齐：新疆农业大学，2022.
[103] 姜凌．干旱区绿洲地下水化学成分形成及演化机制研究［D］．西安：长安大学，2009.
[104] 姜体胜，杨忠山，黄振芳，等．北京郊区浅层地下水总硬度变化趋势及其机理浅析［J］．水文地质工程地质，2010，37（4）：33-36.
[105] 晋红展．新疆阿克苏地区矿产资源分布及勘查现状［J］．矿产勘查，2017，8（2）：325-330.
[106] 孔晓乐，王仕琴，赵焕，等．华北低平原区地下水中氟分布特征及形成原因：以南皮县为例［J］．环境科学，2015，36（11）：4051-4059.
[107] 李常锁，武显仓，孙斌，等．济南北部地热水水化学特征及其形成机理［J］．地球科学，2018，43（S1）：313-325.
[108] 李家熙，吴功建．中国生态环境地球化学图集［M］．北京：地质出版社，1999.
[109] 李建成，董克鹏，艾合买提江，等．新疆和田地区地表水水资源评价［R］．和田：新疆和田水文水资源勘测局，2014.
[110] 李玲，周金龙，齐万秋，等．新疆和田河流域绿洲区地下水质量现状与分析［J］．新疆农业大学学报，2017，40（3）：223-228.
[111] 李巧，贾瑞亮，周金龙，等．新疆阿克苏地区高氟地下水化学特征分析［J］．干旱区资源与环境，2013，27（12）：87-92.
[112] 李勇，高旭波，张鑫，等．运城盆地高砷区地下水-沉积物中砷的地球化学特征研究［J］．安全与环境工程，2017，24（5）：68-74.

［113］ 李文鹏，郝爱兵，郑跃军，等．塔里木盆地区域地下水环境同位素特征及其意义［J］．地学前缘，2006，13（1）：191–198．
［114］ 林丽，曾妍妍，周金龙．塔里木盆地平原区深层承压水成化成因分析［J］．人民黄河，2017，39（5）：72–75．
［115］ 林年丰，汤洁．新疆塔里木西部平原生态环境地质综合研究［M］．长春：吉林大学出版社，1992．
［116］ 刘菲，王苏明，陈鸿汉．欧美地下水有机污染调查评价进展［J］．地质通报，2010，29（6）：907–917．
［117］ 刘永林．不同构造单元水体水化学特征及硒区域分异机制［D］．北京：中国科学院，2013．
［118］ 栾风娇，周殷竹，周金龙，等．新疆石河子地区地下水氟分布及富集因素分析［J］．人民黄河，2016，38（3）：64–67，71．
［119］ 罗泽娇，靳孟贵．地下水三氮污染的研究进展［J］．水文地质工程地质，2002，29（4）：65–69．
［120］ 吕晓立，刘景涛，朱亮，等．甘肃省秦王川盆地地下水氟富集特征及影响因素［J］．干旱区资源与环境，2020，34（3）：188–195．
［121］ 马雷，钱家忠，赵卫东，等．基于GIS的地下水化学类型空间分区方法［J］．煤炭学报，2012，37（3）：490–494．
［122］ 孟彩侠．基于不同方法的和田绿洲水循环要素变化特征研究［D］．西安：西安理工大学，2006．
［123］ 纳麦提·托合提，张峰，师庆东．克里雅河流域水中氟离子的空间分布特征［J］．干旱区研究，2016，33（5）：1125–1131．
［124］ 乃尉华，常志勇，陆成新，等．新疆喀什经济开发区水文地质环境地质调查评价报告［M］．北京：地质出版社，2017，42–44．
［125］ 钱会，马致远．水文地球化学（第二版）［M］．北京：地质出版社，2000．
［126］ 钱会，马致远，李培月，等．水文地球化学［M］．北京：地质出版社，2005．
［127］ 秦国强．“三条红线”制度控制下焉耆盆地灌溉农业可持续开发研究［D］．乌鲁木齐：新疆农业大学，2015．
［128］ 沈照理，朱宛华，钟佐燊．水文地球化学基础［M］．北京：地质出版社，1993．
［129］ 沈照理．水文地球化学基础［M］．北京：地质出版社，1986．
［130］ 苏吾比努尔·热克甫，玉散·吐拉甫，迪丽努尔·塔力甫，等．和田市城区PM2．5化学组成特征及来源分析［J］．环境科学研究，2018，31（5）：823–833．
［131］ 孙英，周金龙，曾妍妍，等．环博斯腾湖地区地下水有机污染现状评价［J］．干旱区资源与环境，2018，32（12）：183–189．
［132］ 孙英．塔里木盆地绿洲带地下水碘的来源与富集机理研究［D］．乌鲁木齐：新疆农业大学，2022．
［133］ 田夏，费宇红，李亚松，等．南襄盆地浅层地下水质量影响因子解析［J］．南水北调与水利科技，2017，15（6）：132–136．
［134］ 托合提姑丽·沙比尔．喀什市吐曼河水质变化特征及污染控制对策［D］．乌鲁木齐：新疆师范大学，2013．
［135］ 王彩华．新疆维吾尔自治区环境地质图集［M］．昌吉：新疆金版印务有限公司，2005．
［136］ 王冬．陕西澄城县高氟地下水分布特征及成因分析［D］．长春：吉林大学，2016．

［137］王根绪，程国栋．西北干旱区水中氟的分布规律及环境特征［J］．地理科学，2000，20（2）：153-159．
［138］王金魁，杨家军．基于GIS的新疆农村饮水安全环境空间现状分析［J］．新疆水利，2016，（3）：10-14，41．
［139］王强民，孙洁，刘基，等．神府榆矿区地表水化学特征及水环境质量评价［J］．干旱区资源与环境，2018，32（9）：190-195．
［140］王文科，段磊，李文江，等．新疆喀什经济开发区地下水循环演化与生态效应研究报告［R］．西安：长安大学，2015．
［141］王文祥，王瑞久，李文鹏，等．塔里木盆地河水氢氧同位素与水化学特征分析［J］．水文地质工程地质，2013，40（4）：29-35．
［142］王晓曦，王文科，王周锋，等．滦河下游河水及沿岸地下水化学特征及其形成作用［J］．水文地质工程地质，2014，41（1）：25-33．
［143］王焰新，郭华明，阎世龙，等．浅层孔隙地下水系统环境演化及污染敏感性研究［M］．北京：科学出版社，2004．
［144］王燕梅．MIL-88（Fe）去除水体中磷、砷及MIL-101（Cr）去除水体中氟的研究［D］．昆明：云南大学，2015．
［145］王永福，李文林．阿克苏地区成矿地质特征及控矿因素［J］．世界有色金属，2018．（11）：102，104．
［146］魏国孝．现代吉兰泰盆地地下水演化规律及古大湖补给水源研究［D］．兰州：兰州大学，2011．
［147］文冬光，林良俊，孙继朝，等．区域性地下水有机污染调查与评价方法［J］．中国地质，2008，35（5）：814-819．
［148］吴昆明．天然磁铁矿化学改性及其除砷性能［D］．北京：中国地质大学（北京），2018．
［149］肖静．载铁活性炭吸附剂的制备及除砷机理研究［D］．湘潭：湘潭大学，2013．
［150］谢学锦，任天祥，孙焕振．中国地球化学图集［M］．北京：地质出版社，2012．
［151］颜璐．新疆农户化肥施用影响因素研究［D］．乌鲁木齐：新疆农业大学，2011．
［152］杨振宁．鲁北高氟地下水形成的水化学及水循环演化作用分析［D］．北京：中国地质大学（北京），2016．
［153］叶含春，陈国新．阿克苏地区地下水资源及其合理开发利用［J］．塔里木农垦大学学报，2000（3）：64-67．
［154］于畅，王荣芳，刘贺丹，等．基于ICE-SSD联用的地下水中苯并[a]芘生态风险评价-以下辽河平原地下水为例［J］．环境科学学报，2018，38（6）：2525-2533．
［155］曾溅辉，刘文生．浅层地下水氟的溶解/沉淀作用的定量研究［J］．地球科学，1996（3）：337-340．
［156］曾妍妍，周金龙，高业新，等．新疆石河子地区地下水污染评价及成因分析［J］．干旱区资源与环境，2016，30（7）：197-202．
［157］曾妍妍，周殷竹，周金龙，等．新疆喀什地区西部地下水质量现状评价［J］．新疆农业大学学报，2016，39（2）：167-172．
［158］曾妍妍．新疆喀什地区西部劣质地下水形成机理研究［D］．乌鲁木齐：新疆农业大学，2018．
［159］张晟瑀．宁夏南部西吉县劣质地下水形成机理及治理技术研究［D］．长春：吉林大学，2013．

[160] 张贵，胡文君，李倩，等. 金沙江河谷巧家段地下水化学特征［J］. 中国岩溶，2017，36（3）：339–345.
[161] 张海婷，张永敏，王天慧，等. 镧改性介孔材料对砷、磷的吸附［J］. 环境工程学报，2019，13（8）：1791–1799.
[162] 张慧，马英杰，樊自立，等. 塔里木河地表及地下水中氟离子的分布和变化规律［J］. 环境科学学报，2000，20（5）：579–583.
[163] 张杰，周金龙，乃尉华，等. 叶尔羌河流域平原区高氟地下水成因分析［J］. 干旱区资源与环境，2020，34（4）：100–106.
[164] 张立军，任英华. 多元统计分析实验［M］. 北京：中国统计出版社，2009.
[165] 张人权，梁杏，靳孟贵，等. 水文地质学基础［M］. 北京：地质出版社，2018.
[166] 张威，傅新锋，张甫仁. 地下水中氟含量与温度、pH值、（$Na^{+}$+$K^{+}$）/$Ca^{2+}$的关系——以河南省永城矿区为例［J］. 地质与资源，2004（2）：109–111+95.
[167] 张伟娜. 环境水体中碘的存在形态及其影响因素研究［D］. 长春：吉林大学，2012.
[168] 张岩，董维红，李满洲，等. 河南平原浅层地下水化学分布特征及其污染成因分析［J］. 干旱区资源与环境，2011，25（5）：148–153.
[169] 张艳，吴勇，杨军，等. 阆中市思依镇水化学特征及其成因分析［J］. 环境科学，2015，36（9）：3230–3237.
[170] 张扬. 内蒙古河套平原高砷地下水化学演化过程［D］. 北京：中国地质大学（北京），2012.
[171] 张应华，仵彦卿，温小虎，等. 环境同位素在水循环研究中的应用［J］. 水科学进展，2006（5）：738–747.
[172] 张志高，迟云平，脱世博，等. 塔里木盆地西北缘库孜贡苏剖面晚白垩世—早中新世沉积物岩石磁学研究［J］. 沉积学报，2012，30（5）：919–927.
[173] 赵江涛，周金龙，曾妍妍，等. 新疆焉耆盆地平原区地下水质量评价与污染成因探讨［J］. 地球与环境，2015，43（6）：628–636.
[174] 赵江涛，周金龙，高业新，等. 新疆焉耆盆地平原区地下水有机污染评价及污染成因［J］. 中国环境科学，2016，36（1）：117–124.
[175] 赵江涛. 新疆焉耆盆地平原区地下水化学特征及演化研究［D］. 乌鲁木齐：新疆农业大学，2016.
[176] 郑德凤，赵锋霞，孙才志，等. 考虑参数不确定性的地下饮用水源地水质健康风险评价［J］. 地理科学，2015，35（8）：1007–1013.
[177] 周绍辉. $TiO_2$制备条件的优化及$TiO_2$–La砷氟共除性能研究［D］. 济南：山东建筑大学，2017.
[178] 周天骧. 塔里木河干流流域环境中的氟与地方性氟中毒的关系［J］. 干旱区地理，1994（1）：76–82.
[179] 周晓曦. 气候变化和人类活动对和田河上游径流量的影响研究［D］. 乌鲁木齐：新疆大学，2017.
[180] 周殷竹，孙英，周金龙，等. 新疆石河子地区地下水砷、碘分布规律及共富集因素分析［J］. 环境化学，2021，40（11）：3464–3473.
[181] 周殷竹，郭华明，逯海. 高砷地下水中溶解性有机碳和无机碳稳定同位素特征［J］. 现代地质，2015，29（2）：252–259.
[182] 周长进，董锁成. 柴达木盆地主要河流的水质研究及水环境保护［J］. 资源科学，2002，24（2）：37–41.